模糊数学与系统及其应用丛书　6

广义积分论

张德利　著

科学出版社
北京

内 容 简 介

积分论一直是分析学的核心领域,近年来产生的非可加积分、集值积分与模糊值积分理论发展迅速,且在信息论、控制论、数量经济、决策过程、人工智能和大数据等领域有着广泛的应用.本书系统介绍非可加积分、集值积分与模糊值积分领域的最新理论成果,因为其涵盖了经典的 Lebesgue 积分,所以定名为"广义积分论".内容有:单值积分,包括抽象 Lebesgue 积分、Bochner 积分、模糊积分、(N)模糊积分、半模模糊积分、广义模糊积分、Choquet 积分、拟积分、广义 Choquet 积分、格值广义模糊积分;集值积分,包括 Aumann 积分、Debreu 积分、集值模糊积分、集值 Choquet 积分;模糊值积分,包括模糊值 Aumann 积分、模糊值模糊积分、模糊值 Choquet 积分;关于模糊数测度的积分;关于模糊数模糊测度的模糊积分、广义模糊积分、广义 Choquet 积分;广义模糊数理论.

本书可作为大学数学、计算机、管理学等专业高年级本科生和研究生教材,亦可供相关领域学者和工程技术人员学习参考.

图书在版编目 (CIP) 数据

广义积分论/张德利著. —北京: 科学出版社, 2021.12
(模糊数学与系统及其应用丛书; 6)

ISBN 978-7-03-070301-9

Ⅰ. ①广··· Ⅱ. ①张··· Ⅲ. ①广义积分 Ⅳ. ①O172.2

中国版本图书馆 CIP 数据核字 (2021) 第 218508 号

责任编辑: 李静科 贾晓瑞 / 责任校对: 彭珍珍
责任印制: 吴兆东 / 封面设计: 无极书装

科学出版社 出版
北京东黄城根北街 16 号
邮政编码: 100717
http://www.sciencep.com
北京科印技术咨询服务有限公司数码印刷分部印刷
科学出版社发行 各地新华书店经销
*
2021 年 12 月第 一 版 开本: 720×1000 1/16
2025 年 2 月第二次印刷 印张: 20 1/2
字数: 388 000
定价: 128.00 元
(如有印装质量问题, 我社负责调换)

《模糊数学与系统及其应用丛书》序

自然科学和工程技术, 表现的是人类对客观世界有意识的认识和作用, 甚至表现了这些认识和作用之间的相互影响, 例如, 微观层面上量子力学的观测问题.

当然, 人类对客观世界最主要的认识和作用, 仍然在人类最直接感受、感知的介观层面发生, 虽然往往需要以微观层面的认识和作用为基础, 以宏观层面的认识和作用为延拓.

而人类在介观层面认识和作用的行为和效果, 可以说基本上都是力图在意识、存在及其相互作用关系中, 对减少不确定性, 增加确定性的一个不可达极限的逼近过程; 即使那些目的在于利用不确定性的认识和作用行为, 也仍然以对不确定性的具有更多确定性的认识和作用为基础.

正如确定性以形式逻辑的同一律、因果律、排中律、矛盾律、充足理由律为形同公理的准则而界定和产生一样, 不确定性本质上也是对偶地以这五条准则的分别缺损而界定和产生. 特别地, 最为人们所经常面对的, 是因果律缺损所导致的随机性和排中律缺损所导致的模糊性.

与随机性被导入规范的定性、定量数学研究对象范围已有数百年的情况不同, 人们对模糊性进行规范性认识的主观需求和研究体现, 仅仅开始于半个世纪前 1965 年 Zadeh 具有划时代意义的 *Fuzzy sets* 一文.

模糊性与随机性都具有难以准确把握或界定的共同特性, 而从 Zadeh 开始延续下来的 "以赋值方式量化模糊性强弱程度" 的模糊性表现方式, 又与已经发展数百年而高度成熟的 "以赋值方式量化可能性强弱程度" 的随机性表现方式, 在基本形式上平行——毕竟, 模糊性所针对的 "性质", 与随机性所针对的 "行为", 在基本的逻辑形式上是对偶的. 这也就使得 "模糊性与随机性并无本质差别" "模糊性不过是随机性的另一表现" 等疑虑甚至争议, 在较长时间和较大范围内持续.

然而时至今日, 应该说不仅如上由确定性的本质所导出的不确定性定义已经表明模糊性与随机性在本质上的不同, 而且人们也已逐渐意识到, 表现事物本身性质的强弱程度而不关乎其发生与否的模糊性, 与表现事物性质发生的可能性而不关乎其强弱程度的随机性, 在现实中的影响和作用也是不同的.

例如, 当情势所迫而必须在 "于人体有害的可能为万分之一" 和 "于人体有害的程度为万分之一" 这两种不同性质的 150 克饮料中进行选择时, 结论就是不言而喻的, 毕竟前者对 "万一有害, 害处多大" 没有丝毫保证, 而后者所表明的 "虽然有害, 但极微小" 还是更能让人放心得多. 而这里, 前一种情况就是 "有害" 的随机性表现, 后一种情况就是 "有害" 的模糊性表现.

　　模糊性能在比自身领域更为广泛的科技领域内得到今天这一步的认识, 的确不是一件容易的事, 到今天, 模糊理论和应用的研究所涉及和影响的范围也已几乎无远弗届. 这里有一个非常基本的原因: 模糊性与随机性一样, 是几种基本不确定性中, 最能被人类思维直接感受, 也是最能对人类思维产生直接影响的.

　　对于研究而言, 易感知、影响广本来是一个便利之处, 特别是在当前以本质上更加逼近甚至超越人类思维的方式而重新崛起的人工智能的发展已经必定势不可挡的形势下. 然而也正因为如此, 我们也都能注意到, 相较于广度上的发展, 模糊性研究在理论、应用的深度和广度上的发展, 还有很大的空间; 或者更直接地说, 还有很大的发展需求.

　　例如, 在理论方面, 思维中模糊性与直感、直观、直觉是什么样的关系? 与深度学习已首次形式化实现的抽象过程有什么样的关系? 模糊性的本质是在于作为思维基本元素的单体概念, 还是在于作为思维基本关联的相对关系, 还是在于作为两者统一体的思维基本结构, 这种本质特性和作用机制以什么样的数学形式予以刻画和如何刻画才能更为本质深刻和关联广泛?

　　又例如, 在应用方面, 人类是如何思考和解决在性质强弱程度方面难以确定的实际问题的? 是否都是以条件、过程的更强定量来寻求结果的更强定量? 是否可能如同深度学习对抽象过程的算法形式化一样, 建立模糊定性的算法形式化? 在比现在已经达到过的状态、已经处理过的问题更复杂、更精细的实际问题中, 如何更有效地区分和结合 "性质强弱" 与 "发生可能" 这两类本质不同的情况? 从而更有效、更有力地在实际问题中发挥模糊性研究本来应有的强大效能?

　　这些都是模糊领域当前还需要进一步解决的重要问题; 而这也就是作为国际模糊界主要力量之一的中国模糊界研究人员所应该、所需要倾注更多精力和投入的问题.

　　针对相关领域高等院校师生和科技工作者, 推出这套《模糊数学与系统及其应用丛书》, 以介绍国内外模糊数学与模糊系统领域的前沿热点方向和最新研究成果, 从上述角度来看, 是具有重大的价值和意义的, 相信能在推动我国模糊数学与模糊系统乃至科学技术的跨越发展上, 产生显著的作用.

　　为此, 应邀为该丛书作序, 借此将自己的一些粗略的看法和想法提出, 供中国模糊界同仁参考.

罗懋康

国际模糊系统协会 (IFSA) 副主席 (前任)

国际模糊系统协会中国分会代表

中国系统工程学会模糊数学与模糊系统专业委员会主任委员

2018 年 1 月 15 日

前　言

现实世界中的现象纷繁复杂, 但可分为确定性现象和非确定性现象.

确定性现象, 如自由落体运动, 其运动的速度和下落的距离是确定的, 即 $v = gt$, $h = gt^2/2$. 处理这类现象的数学可称为确定性数学, 经典数学的绝大部分即为确定性数学.

非确定性现象主要包含两类 (有学者认为是三类, 包含不可知现象): 一是随机现象, 如在刚体平面上投骰子, 每次投掷后出现的结果事先无法预料, 但每个点出现的可能性是有规律的, 这就是概率 $P = 1/6$, 处理这类现象的数学被称为随机数学, 概率论与数理统计即为随机数学; 二是模糊现象, 如人类自然语言中常说的 "高个子""年轻人""秃子""大胖子", 此类现象用传统确定性数学和随机数学无法处理, 必须引入新的数学, 即模糊数学来完成这样的使命. 1965 年, 美国控制论专家 L. A. Zadeh 教授从控制理论发展需要出发, 引入了模糊集的概念, 从而开辟了模糊数学新分支. 在短短的五十几年间, 模糊集理论与经典数学交叉融合, 形成了模糊代数、模糊分析、模糊拓扑、模糊逻辑等众多分支, 形成了丰富多彩的模糊数学理论. 同时, 模糊集理论在自动控制、模式识别、图像处理、计算机科学、人工智能、大数据、决策过程、人文社会科学等领域有着广泛的应用, 显现了异常旺盛的生命力和光明的前景. Zadeh 是通过隶属函数来定义模糊集的, 用隶属函数的值 "隶属度" 来刻画一个元素属于模糊集的程度, 无疑 Zadeh 的模糊集概念是成功的.

模糊现象与随机现象同属于不确定性现象, 而随机现象可以用概率测度来刻画, 那么模糊现象可否用 "模糊测度" 来刻画呢? 1974 年, 日本学者 M. Sugeno 提出了刻画模糊现象的另一种工具——模糊测度, 并定义了与之相伴的模糊积分, 从而标志着模糊测度和模糊积分论的诞生. 对于一个元素 x 与集合 A, 作为模糊现象, 我们无法判定 x 与 A 的隶属关系, 可用模糊测度值 $\mu(A)$ 表示 "$x \in A$" 的一种猜测或可能性, 若 $A \subseteq B$, 则 "$x \in A$" 的可能性一定不会大于 "$x \in B$" 的可能性, 即 $\mu(A) \leqslant \mu(B)$, 这是模糊测度的本质特征——"单调性", 用单调性代替概率测度中的可加性, 就得到了模糊测度, 因此模糊测度是非可加的, 也称为非可加测度. 而现实世界中, "可加" 只是理想状态, "非可加" 更普遍存在, 如在非刚体平面掷骰子, 两个人 "有效" 合作的工作效率. Sugeno 最早把模糊测度与模糊积分理论应用于系统辨识和综合评判, 得到了良好的效果, 如今这一理论已被广泛应用于决策函数、机器学习、自动机等领域, 成为处理模糊现象的又一有力工具. 因为模糊测度是概率测度的拓展, 所以从理论数学上有更深入的研究价值. 关于可加测度的结果, 如 Lebesgue 定理、Egoroff 定理、Lusin 定理在模糊测度意义下都得到很好的延展.

积分与测度相伴而生, 经典的积分论可分为两个领域, 一是单值积分, 包括 Riemann 积分、Riemann-Stieltjes 积分、Lebesgue 积分、Bochner 积分、Denjoy 积分、Pettis 积分、Henstock 积分等; 二是集值积分, 包括 Aumann 积分、Debreu 积分、Aumann-Pettis 积分等. 与之相对照, 从 Sugeno 的模糊测度与模糊积分开始, 发展起来的不同于 Lebesgue 积分的非线性积分或称为单调积分, 我们仍然称其为模糊积分, 可分为三个领域, 即单值模糊积分、集值模糊积分与模糊值模糊积分, 目前每个领域都包含极其丰富的内容.

作者自 20 世纪 80 年代末, 在东北师范大学王子孝教授的指导下攻读硕士学位, 开始了模糊积分的学习与研究, 接着在哈尔滨工业大学吴从炘教授的指导下攻读博士学位, 后又在吉林大学刘大有教授的指导下做博士后研究, 始终在这一领域深耕, 取得了一定的成果, 并在 2004 年出版了专著《模糊积分论》. 本书就是在此基础上, 结合作者近些年取得的新成果扩充而成, 因为所涉及的积分种类超出了经典积分论的范畴, 且其中的某些积分以 Lebesgue 积分为特款, 所以定名为《广义积分论》, 内容包含了作者在单值、集值、模糊值模糊积分三个方面及广义模糊数领域的成果, 共分 10 章, 第 1 章至第 6 章是关于单值情形的, 第 7 章至第 9 章是关于集值与模糊值情形的, 第 10 章是关于广义模糊数的理论.

第 1 章作为预备知识, 介绍了抽象 Lebesgue 积分论的基本框架.

第 2 章简介了模糊测度的概念, 讨论了模糊测度序列与可测函数列的收敛问题.

第 3 章介绍了单值情形的 Sugeno 模糊积分、(N) 模糊积分、半模模糊积分, 重点给出了与作者相关的广义半模模糊积分的基本理论.

第 4 章介绍了 Choquet 积分的基本理论, 包括非负函数的 Choquet 积分、非对称 Choquet 积分、Fubini 定理, 以及对称 Choquet 积分、新 Choquet-like 积分等.

第 5 章介绍了 (SM) 拟可加积分、Choquet-like 积分, 进一步研究了半环上的拟积分, 给出了 Fubini 定理、积分转化定理、广义 Minkowski 不等式、Jensen

不等式等, 并基于改进的拟积分定义了广义 Choquet 积分, 使其能够涵盖模糊积分、Choquet 积分、Choquet-Stieltjes 积分等, 并建立了比较完整的积分理论.

第 6 章推广现有的格值模糊积分为格值广义半模模糊积分, 并给出了 n 维向量值函数的广义半模模糊积分的基本结果.

第 7 章介绍了 Aumann 等集值积分, 研究了模糊集值函数的 Aumann 积分, 给出了可列可加性和 Fubini 定理; 同时建立了模糊值函数关于模糊数测度的积分理论.

第 8 章介绍了作者开辟的领域——集值模糊积分论的工作, 包括集值模糊积分, 集值模糊测度, 集值函数的实值上、下 Choquet 积分, 集值 Choquet 积分, 同时把这些集值情形的积分推广到了模糊集值函数, 得到了模糊集值模糊积分、Choquet 积分.

第 9 章是作者的又一代表性工作, 介绍了模糊数模糊测度、模糊值函数关于模糊数模糊测度的模糊积分、广义模糊积分、Choquet 积分等模糊值模糊积分.

第 10 章是关于模糊数的推广, 指出了 CH 广义模糊数的局限, 介绍了作者重新定义的广义模糊数及其基本理论.

限于作者的学识及偏好, 所选的内容有限, 难免 “挂一漏万”, 更多精彩的积分内容没有涉及, 如 Zhengyuan 积分、Mesiar 的积分泛函、Kawabe 的非线性积分泛函、Universal 积分、凹积分、Pan-积分、广义 Lebesgue 积分等, 有兴趣的读者可自行研习之. 再者, 模糊积分理论之生命在于应用, 这方面涉及的领域颇多、文献海量, 本书亦没有涉及, 读者可参阅王熙照教授的《模糊测度和模糊积分及在分类技术中的应用》等著作.

在本人的学术生涯中, 王子孝教授引我入门并为我打下了坚实的基础, 吴从炘教授又指导我进一步盖起来高楼大厦, 刘大有教授为我创造了三年美好的静心做学问时光. 三位恩师严谨求实钻研学问的态度、崇高的敬业精神和海人不倦的品格使我受益终生, 并永远是我的精神财富. 遇到三位如此学识渊博、德高望重的导师, 是我的人生之幸, 感恩三位导师! 东北师范大学谷文祥教授是本科阶段授课、帮助和指导我最多的老师, 正是他的 “模糊数学” 这一名词的最早介绍, 使我对这一学科产生兴趣, 并有机会保研时选择模糊数学方向, 在此特别感谢!

本科同学、硕士师弟王贵军教授给了我很多帮助和指导; 博士师兄哈明虎教授、宋士吉教授、李雷教授把他们的博士学位论文最早赠我; 师弟吴冲教授三年同窗互助学业, 友好胜似亲兄弟; 师弟陈德刚教授在模糊代数和粗糙集、同学裴东河教授在奇点理论领域的造诣拓展了我的学术视野; 亦师亦友的薛小平教授和程立新教授他们扎实的数学功底使我受益良多, 在此一并致谢!

特别感谢我的长期合作者长春大学郭彩梅教授对我的支持和帮助!

感谢科学出版社编辑李静科女士对本书的出版所付出的艰辛劳动!

本书是国家自然科学基金项目 (10271035, 10871035, 11271063), 吉林省自然科学基金项目 (201215190, 20190201014JC) 的成果, 并得到了长春师范大学学术出版基金的支持, 在此一并致谢!

由于作者学识所限, 本书疏漏与不足之处在所难免, 恳请读者见谅并指正!

张德利

2021 年春于长春

目　　录

第 1 章 积分论大意

本章将概要介绍经典积分论的内容, 包括测度、可测函数、积分、重积分、Radon-Nikodym 定理等, 这些是构建积分论的基本框架. 本章借鉴了文献 [3] 的第一章, 详细内容建议读者参看 [1]—[5] 等.

本书中, 将用到以下的符号和约定:

N 表示正整数集, Q 表示有理数集, $R = (-\infty, \infty)$ 表示实数集 (R^+ 表示非负实数集), $\bar{R} = R \cup \{\pm\infty\}(\bar{R}^+ = R^+ \cup \{\infty\})$, 称为广义实数 (非负) 集. 对于

$$\forall a \in R, \quad a \pm \infty = \pm\infty, \quad a \cdot \infty = \begin{cases} \infty, & a > 0, \\ -\infty, & a < 0, \end{cases} \quad a \cdot (-\infty) = \begin{cases} -\infty, & a > 0, \\ \infty, & a < 0, \end{cases}$$

$$\infty + \infty = \infty, \quad (-\infty) + (-\infty) = -\infty, \quad (\pm\infty) \cdot (\pm\infty) = \infty, \quad (\infty) \cdot (-\infty) = -\infty,$$

$$0 \cdot \pm\infty = 0, \quad \infty - \infty = 0.$$

1.1 测度与可测函数

1.1.1 测度

记 $\varnothing$ 为空集. 给定任一非空集合 X, 称其所有子集构成的集合为 X 的幂集, 记为 2^X 或 $P(X)$.

称非空集族 $\Sigma \subseteq 2^X$ 为 σ-代数, 若满足:

(1) $\varnothing \in \Sigma$;

(2) $A \in \Sigma \Rightarrow A^c \in \Sigma$;

(3) $\{A_n : n \geqslant 1\} \subseteq \Sigma \Rightarrow \bigcup\limits_{n=1}^{\infty} A_n \in \Sigma$.

显然, 若 Σ 是 σ-代数, 则其关于集合的并、交、差、补 (不超过可数次) 运算封闭.

称二元组 (X, Σ) 为可测空间.

定义 1.1.1 给定可测空间 (X, Σ). 若集函数 $m : \Sigma \to [0, \infty]$ 满足下列条件, 则称为测度.

(1) $m(\varnothing) = 0$;

(2) (可列可加性)$m\left(\bigcup\limits_{n=1}^{\infty} A_n\right) = \sum\limits_{n=1}^{\infty} m(A_n),$

其中 $\{A_n : n \geqslant 1\} \subseteq \Sigma; A_i \cap A_j = \varnothing (i \neq j)$.

特别地,

若 $m(X) = 1$, 则称 m 为概率, 通常记为 P;

若 $m(X) < \infty$, 则称其为有限测度;

若存在 $\{A_n : n \geqslant 1\} \subseteq \Sigma, A_n \uparrow X$ 且 $m(A_n) < \infty, n \geqslant 1$, 则称 m 为 σ-有限测度.

称三元组 (X, Σ, m) 为测度空间 (或由 m 的有限、σ-有限称其为有限测度空间、σ-有限测度空间).

定义 1.1.2　给定测度 $m : \Sigma \to [0, \infty]$. 若 $A \in \Sigma$, 且 $m(A) = 0$, 则称 A 为 m-零集. 若所有 m-零集的子集都属于 Σ, 则称 m 为 Σ 上的完备测度, 称 (X, Σ, m) 为完备测度空间.

定义 1.1.3　给定测度空间 (X, Σ, m), 记 $\bar{\Sigma} = \Sigma \cup \{B : B \subset A \in \Sigma, m(A) = 0\}$. 若存在测度 $\bar{m} : \bar{\Sigma} \to [0, \infty]$ 满足 $\bar{m}(A) = m(A), A \in \Sigma$, 则称 $\bar{m}$ 是 m 的完备化测度, $(X, \bar{\Sigma}, \bar{m})$ 是 (X, Σ, m) 的完备化测度空间.

性质 1.1.4　测度 m 具有下列性质:

(1) (单调性) $A \subseteq B \Rightarrow m(A) \leqslant m(B)$;

(2) (有限可加性) $A \cap B = \varnothing \Rightarrow m(A \cup B) = m(A) + m(B)$;

(3) (下半连续性) $A_n \uparrow A \Rightarrow m(A_n) \uparrow m(A)$;

(4) (上半连续性) $A_n \downarrow A, \exists n_0 \geqslant 0, m(A_{n_0}) < \infty \Rightarrow m(A_n) \downarrow m(A)$.

例 1.1.5　记 $R = (-\infty, \infty)$ 是实数集, $R^n = R \times R \times \cdots \times R (n$ 个), 定义欧氏距离

$$d(x, y) = \sqrt{\sum_{i=1}^{n} (x_i - y_i)},$$

这里 $x = (x_1, x_2, \cdots, x_n), y = (y_1, y_2, \cdots, y_n) \in R^n$.

称包含 R^n 的所有开集的最小 σ-代数为 Borel 域, 记为 $B(R^n)$, 称其中的元素为 Borel 可测集.

记 $I^n = [a_1, b_1] \times [a_2, b_2] \times \cdots \times [a_n, b_n]$, I^n 被称为 n 维闭区间. 类似地, 可以定义 n 维开、半开区间. 定义区间体积为

$$\lambda(I^n) = \prod_{i=1}^{n} |b_i - a_i|,$$

则由 λ 扩张到 $B(R^n)$ 所得到的测度称为 Borel 测度, 称 $(R^n, B(R^n), \lambda)$ 为 Borel 测度空间, 称其完备化空间为 Lebesgue 测度空间, 记为 $(R^n, L(R^n), \lambda)$, 称 λ 为 Lebesgue 测度.

Lebesgue 测度是长度、面积、体积的推广.

例 1.1.6 给定 Lebesgue 测度空间 $(R, L(R), \lambda)$. 设 $\alpha : [0, \infty] \to [0, \infty]$ 是单调递增右连续函数, 满足 $\alpha(0) = 0$(称为分布函数). 由

$$m^*((a, b]) = \lambda([\alpha(a+0), \alpha(b)]) = \alpha(b) - \alpha(a+0)$$

生成的 $L(R)$ 上的测度, 称为 Lebesgue-Stieltjes 测度.

1.1.2 可测函数

给定可测空间 (X, Σ), 记 $\bar{R} = [-\infty, \infty]$.

定义 1.1.7 函数 $f : X \to \bar{R}$ 称为 Σ-可测 (简记为可测) 的, 若对 $\forall t \in R$, 均有 $(f \geqslant t) = \{x \in X : f(x) \geqslant t\} \in \Sigma$.

性质 1.1.8 函数 $f : X \to \bar{R}$ 为可测的当且仅当下列条件之一成立:

(1) 对 $\forall t \in R$, 均有 $(f > t) = \{x \in X : f(x) > t\} \in \Sigma$;

(2) 对 $\forall t \in R$, 均有 $(f \leqslant t) = \{x \in X : f(x) \leqslant t\} \in \Sigma$;

(3) 对 $\forall t \in R$, 均有 $(f < t) = \{x \in X : f(x) < t\} \in \Sigma$.

性质 1.1.9 函数 $f : X \to R$ 为可测的当且仅当下列条件之一成立:

(1) 对任意开集 $G \subset R$, 均有 $f^{-1}(G) = \{x \in X : f(x) \in G\}$;

(2) 对任意闭集 $F \subset R$, 均有 $f^{-1}(F) = \{x \in X : f(x) \in F\}$;

(3) 对任意 Borel 集 $B \subset B(R)$, 均有 $f^{-1}(B) = \{x \in X : f(x) \in B\}$.

定理 1.1.10 设 f, g 是可测函数, 则

$$f + g, \quad f - g, \quad f \cdot g, \quad f/g, \quad f \vee g = \max\{f, g\}, \quad f \wedge g = \min\{f, g\}, \quad |f|$$

均为可测函数.

定理 1.1.11 设 $\{f_n\}$ 是可测函数列, 且 $f_n \to f$, 则 f 是可测的.

定理 1.1.12 设 $\{f_n\}$ 是可测函数列, 则 $\lim\limits_{n \to \infty} \sup f_n, \lim\limits_{n \to \infty} \inf f_n$ 是可测函数.

例 1.1.13 设 $A \in \Sigma$, 定义 A 的特征函数为

$$\chi_A(x) = \begin{cases} 1, & x \in A, \\ 0, & x \in X - A, \end{cases}$$

则 χ_A 是可测的.

例 1.1.14 设 $s = \sum\limits_{i=1}^{n} a_i \chi_{A_i}$, 其中 $\{A_1, A_2, \cdots, A_n\} \subseteq \Sigma, A_i \cap A_j = \varnothing (i \neq j)$, 则 s 是可测的, 且称为简单函数.

例 1.1.15 若函数 $f : R \to R$ 是连续的, 则 f 是 $B(R)$-可测的.

给定 $f : X \to \bar{R}$, 记

$$f^+ = \max\{f, 0\}, \quad f^- = \max\{0, -f\},$$

则 $f = f^+ - f^-$, $|f| = f^+ + f^-$.

定理 1.1.16 函数 f 是可测的当且仅当 f^-, f^+ 是可测的.

定理 1.1.17 函数 $f : X \to \bar{R}$ 是可测的当且仅当存在简单函数列 $\{s_n\}$, 满足 $|s_1| \leqslant |s_2| \leqslant \cdots$, 且 $s_n \to f$. 进一步:

(1) 若 f 是有界的, 则 $s_n \to f$ 是一致的;

(2) 若 f 是非负的, 则 $s_n \uparrow f$.

证明 只证 f 是非负的情形. 设 $A_{i,n} = (f > i/2^n)$, 取函数 $s_n = \dfrac{1}{2^n} \sum_{i=1}^{4^n} \chi_{A_{i,n}}$, 易知 $s_n \uparrow f$.

1.2 积 分

1.2.1 定义、性质与收敛定理

给定测度空间 (X, Σ, m).

定义 1.2.1 (1) 设 $s = \sum_{i=1}^{n} \alpha_i \chi_{A_i}$ 是非负简单函数, 则其积分为

$$\int_A s \, dm = \sum_{i=1}^{n} \alpha_i m(A \cap A_i);$$

(2) 设 $f : X \to [0, \infty]$ 是非负可测函数, 则其积分为

$$\int_A f \, dm = \sup \left\{ \int_A s \, dm : 0 \leqslant s \leqslant f, s \text{是简单函数} \right\};$$

(3) 设 $f : X \to [-\infty, \infty]$ 是可测函数, 则其积分定义为

$$\int_A f \, dm = \int_A f^+ \, dm - \int_A f^- \, dm.$$

当 $\left| \int_A f \, dm \right| < \infty$ 时, 称 f 在 A 上关于 m 可积;

当 $\int_X f \, dm = \infty$ 或 $-\infty$ 时, 称 f 在 X 上关于 m 积分存在.

通常符号 "$\int_X$" 简记为 "$\int$".

注 1.2.2 (1) 在概率空间 (X,Σ,P) 上, 通常称可测函数 f 为随机变量, 其积分通常称为均值, 记为 $E(f)$.

(2) 关于 "几乎处处"(a.e.): 设在给定测度空间 (X,Σ,m) 上一个与 $x\in A\in\Sigma$ 有关的命题 $P(x)$. 若存在 $N\in\Sigma$, 使得 $P(x)$ 在 $A-N$ 上成立, 且 $P(N)=0$, 则称 $P(x)$ 在 A 上几乎处处成立, 记为 $P(x)m\text{-}a.e.$(或 $a.e.$) 于 A.

基于此, 我们有 "a.e. 有限, a.e. 相等, a.e. 收敛" 等概念.

性质 1.2.3 可积函数的积分具有下列性质:

(1) $\int_A fdm = \int \chi_A \cdot fdm;$

(2) $\int (f+g)dm = \int fdm + \int gdm;$

(3) $A\cap B = \varnothing \Rightarrow \int_{A\cup B} fdm = \int_A fdm + \int_B fdm;$

(4) $\int cfdm = c\int fdm, c\in R;$

(5) $f\leqslant g \Rightarrow \int fdm \leqslant \int gdm;$

(6) $f\geqslant 0, A\subseteq B \Rightarrow \int_A fdm \leqslant \int_B fdm;$

(7) $\left|\int fdm\right| \leqslant \int |f|dm.$

定理 1.2.4(单调递增收敛定理) 设 $\{f_n\}$ 是非负可测函数列, 则

$$f_n\uparrow f \Rightarrow \int f_n dm \uparrow \int fdm.$$

推论 1.2.5(Fatou 引理) 设 $\{f_n\}$ 是非负可测函数列, 则

$$\int \liminf_{n\to\infty} f_n dm \leqslant \liminf_{n\to\infty} \int f_n dm.$$

定理 1.2.6(控制收敛定理) 设 $\{f_n\}$ 是可测函数列, 且 $f_n\to f$. 若存在非负可积函数 g, 使得对任意 $n\geqslant 1$, 均有 $|f_n|\leqslant g$, 则 $\int f_n dm \to \int fdm.$

1.2.2 Fubini 定理

设 (X,Σ,μ) 与 (Y,Γ,ν) 是 σ-有限测度空间. 令 $\Sigma\times\Gamma = \sigma(\{A\times B : A\in\Sigma, B\in\Gamma\})$ 且记 $\mu\times\nu$ 是其上的乘积测度, 称 $(X\times Y, \Sigma\times\Gamma, \mu\times\nu)$ 为乘积空间.

定理 1.2.7(Fubini 定理) 设 $f: X\times Y\to[0,\infty]$ 是可测函数, 则

(1) $f_y(x) = f(x, y), \forall y \in Y, a.e.$ 是 Σ-可测函数;

(2) $I(y) = \displaystyle\int_X f(x, y) d\mu(x)$ 是 Γ-可测函数;

(3) $\displaystyle\int_{X \times Y} f d(\mu \times \nu) = \int I(y) d\nu.$

(1)—(3) 中的 x 与 y 的地位是同等的.

由 Fubini 定理可以得到积分转化定理.

定理 1.2.8(积分转化定理)　设 $f : X \to [0, \infty]$ 是可测函数, 则

$$\int_A f dm = \int_0^\infty m((f \geqslant \alpha) \cap A) d\lambda,$$

这里 λ 是 Lebesgue 测度.

1.2.3　Radon-Nikodym 定理

设 μ, ν 是 (X, Σ) 上的测度. 若 $\mu(A) = 0 \Rightarrow \nu(A) = 0$, 则称 ν 关于 μ 绝对连续, 记为 $\nu \ll \mu$.

定理 1.2.9(Radon-Nikodym 定理)　设 μ, ν 是 (X, Σ) 上的 σ-有限测度, 则下列陈述等价:

(1) $\nu \ll \mu$;

(2) 存在可测函数 $f : X \to [0, \infty]$, 使得 $\nu(A) = \displaystyle\int_A f d\mu$, 对一切 $A \in \Sigma$ 成立.

参 考 文 献

[1] Halmos P R. Measure Theory. New York: Van Nostrand, 1950.

[2] Hewitt E, Stromberg K. Real and Abstract Analysis. Berlin: Springer-Verlag, 1978.

[3] Garling D J H. A Journey into Linear Analysis——Inequalities. Cambridge: Cambridge University Press, 2007.

[4] Jones H. Lebesgue Integration on Euclidean Space. Boston: Jones and Bartlett Publishers, UK, 2001.

[5] 朱成熹. 测度论基础. 北京: 科学出版社, 1983.

第 2 章　模糊集、模糊测度与可测函数

为描述现实世界中的模糊现象, Zadeh[13] 提出了模糊集的概念, Sugeno[10] 引入了模糊测度, 二者均为处理模糊现象的有力工具, 并在理论上得到了迅猛的发展. 作为预备知识, 本章分三节, 简单介绍模糊集、模糊测度的基础知识, 并介绍与模糊测度相关的模糊测度序列和可测函数列收敛的有关结果.

2.1　模糊集基础

本节给出模糊集的定义、运算及分解定理、表现定理及扩张原理, 是属于 Zadeh[13] 的.

定义 2.1.1　给定论域 $U(\neq \varnothing)$, 映射 $\tilde{A}: U \to [0,1]$ 称为 U 上的模糊子集, 简称为模糊集, 此映射也称为模糊集 $\tilde{A}$ 的隶属函数.

U 上全体模糊集称为模糊幂集, 记为 $\tilde{P}(U)$.

记 $\tilde{P}_0(U) = \tilde{P}(U)\backslash\{\varnothing\}$.

定义 2.1.2　对 $\tilde{A} \in \tilde{P}_0(U)$ 及 $\forall \lambda \in [0,1]$, λ-截集 (或水平集) 及 λ-强截集分别定义为

$$A_\lambda = \{u \in U : \tilde{A}(u) \geqslant \lambda\} \quad \text{与} \quad A_{\lambda+} = \{u \in U : \tilde{A}(u) > \lambda\}.$$

若 U 为拓扑空间, 记 $\mathrm{supp}\tilde{A} = \mathrm{cl}\{u \in U : \tilde{A}(u) > 0\}$, 称为 $\tilde{A}$ 的支集, 易知 $\mathrm{supp}\tilde{A} = \mathrm{cl}\left(\bigcup_{\lambda > 0} A_\lambda\right) = \mathrm{cl}\left(\bigcup_{n=1}^{\infty} A_{\lambda_n}\right)$, 这里 $\lambda_n \downarrow 0$. 因为用水平集定义 $A_0 = U$, 在后文中, 把支集默认为 A_0.

定义 2.1.3　给定模糊集 $\tilde{A}, \tilde{B}$ 及模糊集族 $\{\tilde{A}_t | t \in T\}$, 规定

$$\tilde{A} \subseteq \tilde{B} \Leftrightarrow \tilde{A}(u) \leqslant \tilde{B}(u), \quad \forall u \in U;$$
$$\tilde{A} = \tilde{B} \Leftrightarrow \tilde{A}(u) = \tilde{B}(u), \quad \forall u \in U;$$
$$\left(\bigcup_{t \in T} \tilde{A}_t\right)(u) = \bigvee_{t \in T} \tilde{A}(u), \quad \forall u \in U;$$
$$\left(\bigcap_{t \in T} \tilde{A}_t\right)(u) = \bigwedge_{t \in T} \tilde{A}(u), \quad \forall u \in U;$$

$$\tilde{A}^c(u) = 1 - \tilde{A}(u).$$

定理 2.1.4　设模糊集 $\tilde{A}, \tilde{B}$ 及模糊集族 $\{\tilde{A}_t | t \in T\}$，则

$$\tilde{A} \subseteq \tilde{B} \Leftrightarrow A_\lambda \subseteq B_\lambda, \quad \forall \lambda \in (0,1];$$
$$\tilde{A} = \tilde{B} \Leftrightarrow A_\lambda = B_\lambda, \quad \forall \lambda \in (0,1];$$
$$(\tilde{A} \cup \tilde{B})_\lambda = A_\lambda \cup B_\lambda, \quad \forall \lambda \in (0,1];$$
$$(\tilde{A} \cap \tilde{B})_\lambda = A_\lambda \cap B_\lambda, \quad \forall \lambda \in (0,1];$$
$$\left(\bigcup_{t \in T} \tilde{A}_t \right)_\lambda = \bigcup_{t \in T} A_\lambda, \quad \forall \lambda \in (0,1];$$
$$\left(\bigcap_{t \in T} \tilde{A}_t \right)_{\lambda+} = \bigcap_{t \in T} A_{\lambda+}, \quad \forall \lambda \in (0,1].$$

定理 2.1.5(分解定理 I)　设 $\tilde{A}$ 是模糊集，则

$$\tilde{A}(u) = \sup_{\lambda \in [0,1]} \{\lambda \in [0,1] : u \in A_\lambda\} = \sup_{\lambda \in [0,1]} \{\lambda \in [0,1] : u \in A_{\lambda+}\}$$

或

$$\tilde{A} = \bigcup_{\lambda \in [0,1]} \lambda \cdot A_\lambda = \bigcup_{\lambda \in [0,1]} \lambda \cdot A_{\lambda+},$$

这里 $\lambda \cdot A_\lambda$ 表示模糊集，其隶属函数为 $(\lambda \cdot A_\lambda)(u) = \lambda \cdot \chi_{A_\lambda}(u) = \begin{cases} \lambda, & u \in A_\lambda, \\ 0, & u \notin A_\lambda. \end{cases}$

定理 2.1.6(分解定理 II)　给定模糊集 $\tilde{A}$，设映射

$$H : [0,1] \to P(U); \quad \lambda \mapsto H(\lambda)$$

满足 $\forall \lambda \in [0,1]$，$A_{\lambda+} \subseteq H(\lambda) \subseteq A_\lambda$，则

(1) $\tilde{A} = \bigcup\limits_{\lambda \in [0,1]} \lambda \cdot H(\lambda)$;

(2) $\lambda_1 \leqslant \lambda_2 \Rightarrow H(\lambda_1) \supseteq H(\lambda_2)$;

(3) $A_\lambda = \bigcap\limits_{\beta < \lambda} H(\beta)$, $A_{\lambda+} = \bigcup\limits_{\beta > \lambda} H(\beta)(\lambda \neq 1)$.

定理 2.1.7(表现定理 I)　设映射 $H : [0,1] \to P(U); \lambda \mapsto H(\lambda)$，满足 $\lambda_1 \leqslant \lambda_2 \Rightarrow H(\lambda_1) \supseteq H(\lambda_2)$(称为集合套)，则

$$\tilde{A} = \bigcup_{\lambda \in [0,1]} \lambda \cdot H(\lambda)$$

是模糊集, 且

$$A_\lambda = \bigcap_{\beta < \lambda} H(\beta), \quad A_{\lambda+} = \bigcup_{\beta > \lambda} H(\beta) \quad (\lambda \neq 1).$$

进一步, 若满足

$$\lambda_n \uparrow \lambda \in (0, 1] \Rightarrow H(\lambda) = \bigcap_{n=1}^{\infty} H(\lambda_n),$$

则 $A_\lambda = H(\lambda)(\lambda \in (0, 1])$.

定理 2.1.8(扩张原理) 给定论域 U_1, U_2, V 及映射 $f : U_1 \times U_2 \to V$, 则由 f 可以诱导出映射

$$\tilde{f} : P(\tilde{U}_1) \times P(\tilde{U}_2) \to P(\tilde{V}); \quad (\tilde{A}_1, \tilde{A}_2) \mapsto \tilde{f}(\tilde{A}_1, \tilde{A}_2) \in P(\tilde{V}),$$

其隶属函数为

$$\tilde{f}(\tilde{A}_1, \tilde{A}_2)(v) = \bigvee_{f(u_1, u_2) = v} (\tilde{A}_1(u_1) \wedge \tilde{A}_2(u_2)).$$

定义 2.1.9 设论域 U 为线性空间, 模糊集 $\tilde{A} : U \to [0, 1]$ 称为模糊凸的, 若

$$\tilde{A}(\alpha u + (1 - \alpha)v) \geqslant \tilde{A}(u) \wedge \tilde{A}(v), \quad \forall \alpha \in [0, 1].$$

包含 $\tilde{A}$ 的所有模糊凸集的交称为 $\tilde{A}$ 的凸包, 记为 $\text{co}\tilde{A}$.

定理 2.1.10 模糊集 $\tilde{A}$ 为凸的当且仅当 A_λ 为凸集, 且 $(\text{co}\tilde{A})_\lambda = \text{co}(A_\lambda)$, $\forall \lambda \in [0, 1]$.

2.2 模 糊 测 度

本节围绕模糊测度, 给出了集函数的基本概念以及各种结构特征, 包括可加性、自连续性等, 同时研究了模糊测度序列.

2.2.1 定义与例子

本小节取自 [2, 11, 12].

给定可测空间 (X, Σ).

定义 2.2.1 设集函数 $\mu : \Sigma \to \bar{R}^+$ 及下列性质:

(1) $\mu(\varnothing) = 0$;

(2) (单调性)$\forall A, B \in \Sigma, A \subseteq B \Rightarrow \mu(A) \leqslant \mu(B)$;

(3) (下半连续性)$\forall \{A_n(n \geqslant 1), A\} \subseteq \Sigma$,

$$A_1 \subseteq A_2 \subseteq \cdots \subseteq A_n \to A(\text{记为} A_n \uparrow A) \Rightarrow \mu(A_n) \uparrow \mu(A);$$

(4) (上半连续性)$\forall\{A_n(n \geqslant 1), A\} \subseteq \Sigma$,

$$A_1 \supseteq A_2 \supseteq \cdots \supseteq A_n \to A(\text{记为} A_n \downarrow A), \exists n_0 \geqslant 1, \mu(A_{n_0}) < \infty \Rightarrow \mu(A_n) \downarrow \mu(A).$$

若 μ 满足 (1), (2), 则称其为模糊测度 (或单调测度、准测度); 若 μ 是模糊测度, 则称三元组 (X, Σ, μ) 为模糊测度空间.

若 $\mu(X) = 1$, 则称其为正规的;

若 μ 满足 (3), 则称其为下半连续的;

若 μ 满足 (4), 则称其为上半连续的;

若 μ 满足 (3), (4), 则称其为连续的.

正规连续的模糊测度也称为容度.

定义 2.2.2   给定集函数 $\mu : \Sigma \to \bar{R}$. 定义下列性质:

(1) 有限性: $-\infty < \mu(X) < \infty$;

(2) 次模可加或凹性: $\forall A, B \in \Sigma$,

$$\mu(A \cup B) + \mu(A \cap B) \leqslant \mu(A) + \mu(B);$$

(3) 超模可加或凸性: $\forall A, B \in \Sigma$,

$$\mu(A \cup B) + \mu(A \cap B) \geqslant \mu(A) + \mu(B);$$

(4) 模可加性: $\forall A, B \in \Sigma$,

$$\mu(A \cup B) + \mu(A \cap B) = \mu(A) + \mu(B);$$

(5) 次可加性: $\forall A, B \in \Sigma$, $A \cap B = \varnothing$,

$$\mu(A \cup B) \leqslant \mu(A) + \mu(B);$$

(6) 超可加性: $\forall A, B \in \Sigma$, $A \cap B = \varnothing$;

$$\mu(A \cup B) \geqslant \mu(A) + \mu(B);$$

(7) 可加性: $\forall A, B \in \Sigma$, $A \cap B = \varnothing$,

$$\mu(A \cup B) = \mu(A) + \mu(B);$$

(8) $\vee$-可加性, 模糊可加性: $\forall A, B \in \Sigma$, $\mu(A \cup B) = \mu(A) \vee \mu(B)$;

(9) $\wedge$-可加性: $\mu(A \cap B) = \mu(A) \wedge \mu(B)$;

(10) 序连续性: $\forall\{A_n\} \subseteq \Sigma$, $A_n \downarrow \varnothing \Rightarrow \mu(A_n) \downarrow 0$.

例 2.2.3 设 $m : \Sigma \to \bar{R}^+$ 是测度 (σ-可加的), 则 m 是连续的模糊测度.

例 2.2.4 设 $m : \Sigma \to \bar{R}^+$ 是有限测度, $g : \bar{R}^+ \to \bar{R}^+$ 是严格增函数, 则 $g \circ m : \Sigma \to \bar{R}^+$ 是模糊测度, 称为扭曲测度.

(1) 若 m 是概率测度且 $g(1) = 1$, 则 $g \circ m$ 是正规模糊测度, 称其为扭曲概率;

(2) 若 g 是连续的, 则 $g \circ m$ 是连续的;

(3) 若 g 是凹函数, 则 $g \circ m$ 是凹的;

(4) 若 g 是凸函数, 则 $g \circ m$ 是凸的.

例 2.2.5 设 X 是无限集, $\Sigma = 2^X$. 令

$$\mu(A) = \begin{cases} 0, & A \text{ 有限}, \\ 1, & \text{其他}, \end{cases}$$

则 μ 是凹模糊测度.

例 2.2.6 设 $\psi : X \to [0,1]$ 是一个函数, 对 $\forall A \in \Sigma$, 定义 $\mu(A) = \sup\limits_{x \in A} \psi(x)$, 则 $\mu : \Sigma \to [0,1]$ 是下半连续的可能性测度 ($\vee$-可加模糊测度).

例 2.2.7 设 $g_\lambda : \Sigma \to \bar{R}^+$, 满足

(1) $g_\lambda(\varnothing) = 0$;

(2) $A \cap B = \varnothing \Rightarrow g_\lambda(A \cup B) = g_\lambda(A) + g_\lambda(B) + \lambda g_\lambda(A) g_\lambda(B)$,

其中 $\lambda \in \left(-\dfrac{1}{\sup \mu}, \infty \right)$, $\sup \mu = \sup\limits_{E \in \Sigma} \mu(E)$. 则 g_λ 是模糊测度, 称为 g_λ 测度.

2.2.2 模糊测度的结构特征

本小节取自 [5, 7, 11, 12].

定义 2.2.8 集函数 $\mu : \Sigma \to \bar{R}$ 是零可加的当且仅当

$$\forall A, B \in \Sigma, A \cap B = \varnothing, \quad \mu(A) = 0 \Rightarrow \mu(A \cup B) = \mu(B).$$

例 2.2.9 若集函数 $\mu : \Sigma \to \bar{R}$ 满足条件 $\mu(A) > 0$ 对一切非空集 $A \in \Sigma$ 成立, 则 μ 是零可加的.

例 2.2.10 设 $X = \{1,2\}, \Sigma = 2^X$, 且

$$\mu(A) = \begin{cases} 1, & A = X, \\ 0, & A \neq X. \end{cases}$$

则 μ 是非零可加的.

定理 2.2.11 对于模糊测度 $\mu : \Sigma \to \bar{R}^+$, 下列陈述等价:

(1) μ 是零可加的;

(2) $\forall A, B \in \Sigma, \mu(A) = 0 \Rightarrow \mu(B \cap A) = \mu(B)$;

(3) $\forall A, B \in \Sigma, \mu(A) = 0 \Rightarrow \mu(B - A) = \mu(B)$;

(4) $\forall A, B \in \Sigma, A \subset B, \mu(A) = 0 \Rightarrow \mu(B - A) = \mu(B)$;

(5) $\forall A, B \in \Sigma, \mu(A) = 0 \Rightarrow \mu(B \Delta A) = \mu(B)$.

定理 2.2.12 设 μ 是零可加且上半连续的模糊测度, $\{B_n\} \subset \Sigma$ 是递减集列. 若 $\lim\limits_{n \to \infty} \mu(B_n) = 0$ 且存在 $n_0 \geqslant 1$, 使得当 $\mu(A) < \infty$ 时 $\mu(A \cup B_{n_0}) < \infty$, 则对一切 $A \in \Sigma$, 有 $\lim\limits_{n \to \infty} \mu(A \cup B_n) = \mu(A)$.

证明 若 $\mu(A) = \infty$, 则对任意 $n \geqslant 1$, 由 $\mu(A \cup B_n) \geqslant \mu(A)$ 知 $\mu(A \cup B_n) = \infty$, 结论成立.

设 $\mu(A) < \infty$. 记 $B = \bigcap\limits_{n=1}^{\infty} B_n$, 由 μ 的上半连续性, 知

$$\mu(B) = \mu \left(\bigcap_{n=1}^{\infty} B_n \right) = \lim_{n \to \infty} \mu(B_n) = 0.$$

再由 $A \cup B_n \downarrow A \cup B$ 及 μ 的上半连续性和零可加性可得

$$\lim_{n \to \infty} \mu(A \cup B_n) = \mu(A \cup B) = \mu(A).$$

证毕.

定理 2.2.13 设 μ 是零可加且连续的模糊测度及递减集列 $\{B_n\} \subset \Sigma$. 若 $\lim\limits_{n \to \infty} \mu(B_n) = 0$, 则对一切 $A \in \Sigma$, 有 $\lim\limits_{n \to \infty} \mu(A - B_n) = \mu(A)$.

定义 2.2.14 集合 $N \in \Sigma$ 称为零集当且仅当对任意 $\forall A \in \Sigma$, 有 $\mu(A \cup N) = \mu(A)$.

例 2.2.15 对于零可加的模糊测度 μ, 若 $\mu(B) = 0$, 则 B 是零集.

定理 2.2.16 零集具有下列性质:

(1) 空集是零集;

(2) 零集的可测子集是零集;

(3) 零集的有限并集是零集;

(4) 若 μ 是下半连续的, 则零集的可列并是零集;

(5) 零集的模糊测度均为 0;

(6) 若 μ 是次可加的, 则零测度集是零集.

定理 2.2.17 可测子集 N 是零集当且仅当对 $\forall A \in \Sigma$, 有

$$\mu(A \cup N^c) = \mu(A).$$

定义 2.2.18 集函数 $\mu : \Sigma \to \bar{R}$ 是上自连续 (对应地, 下自连续) 的当且仅当对 $\forall A \in \Sigma, B_n \in \Sigma, A \cap B_n = \varnothing$(对应地, $B_n \subseteq A$), $n \geqslant 1$, $\lim\limits_{n \to \infty} \mu(B_n) = 0$, 有

$$\lim_{n \to \infty} \mu(A \cup B_n) = \mu(A) \quad (\text{对应地}, \lim_{n \to \infty} \mu(A - B_n) = \mu(A)).$$

μ 是自连续的当且仅当其同时是上自连续及下自连续的.

定理 2.2.19 若 $\mu : \Sigma \to \bar{R}$ 是上自连续或下自连续的, 则 μ 是零可加的.

定理 2.2.20 若 $\mu : \Sigma \to \bar{R}^+$ 是单调增加的, 则 μ 是自连续的当且仅当对一切 $\forall A \in \Sigma, \{B_n\} \subset \Sigma,\ \lim\limits_{n \to \infty} \mu(B_n) = 0$, 有 $\lim\limits_{n \to \infty} \mu(A \Delta B_n) = \mu(A)$.

定义 2.2.21 集函数 $\mu : \Sigma \to \bar{R}$ 是一致上自连续 (对应地, 一致下自连续) 的当且仅当对 $\forall \varepsilon > 0$, 总存在 $\delta = \delta(\varepsilon) > 0$, 使得对 $\forall A, B \in \Sigma, A \cap B = \varnothing$(对应地, $B \subseteq A$), $|\mu(B)| \leqslant \delta$, 有 $\mu(A) - \varepsilon \leqslant \mu(A \cup B) \leqslant \mu(A) + \varepsilon$(对应地, $\mu(A) - \varepsilon \leqslant \mu(A - B) \leqslant \mu(A) + \varepsilon$).

μ 是一致自连续的当且仅当其同时是一致上自连续及一致下自连续的.

定理 2.2.22 集函数 $\mu : \Sigma \to \bar{R}$ 是一致上自连续 (对应地, 一致下自连续) 的蕴含 μ 是上自连续 (对应地, 下自连续) 的.

定理 2.2.23 若集函数 $\mu : \Sigma \to \bar{R}$ 是单调增加的, 则下列陈述等价:

(1) μ 是一致自连续的;

(2) μ 是一致上自连续的;

(3) μ 是一致下自连续的;

(4) $\forall \varepsilon > 0$, 总存在 $\delta = \delta(\varepsilon) > 0$, 使得对 $\forall A, B \in \Sigma, |\mu(B)| \leqslant \delta$, 有

$$\mu(A) - \varepsilon \leqslant \mu(A \Delta B) \leqslant \mu(A) + \varepsilon.$$

例 2.2.24 (1) 若 μ 是 λ-测度, 则其是自连续的, 若 μ 进一步是有限的, 则其是一致自连续的;

(2) 若模糊测度 μ 是次可加的, 则其是一致自连续的;

(3) 若模糊测度 μ 是可加的, 则其是一致自连续的;

(4) 若模糊测度 μ 是模糊可加的, 则其是一致自连续的;

(5) 若 $\{\mu_i(1 \leqslant i \leqslant n)\}$ 是零可加 (对应地, 自连续、一致自连续) 的, 则 $\sum\limits_{i=1}^{n} \mu_i$ 是零可加 (对应地, 自连续、一致自连续) 的.

定义 2.2.25 集函数 $\mu : \Sigma \to \bar{R}$ 是强单调上自连续 (对应地, 下自连续) 的当且仅当对 $\forall A \in \Sigma, B_n \in \Sigma, B_n \downarrow B, \mu(B) = 0, A \cap B_n = \varnothing$(对应地, $B_n \subseteq A$), $n \geqslant 1$, 有 $\lim\limits_{n \to \infty} \mu(A \cup B_n) = \mu(A)$(对应地, $\lim\limits_{n \to \infty} \mu(A - B_n) = \mu(A)$).

μ 是强单调自连续的当且仅当其同时是强单调上自连续及强单调下自连续的.

定理 2.2.26 设 μ 是模糊测度, 则 μ 是强单调上自连续 (对应地, 下自连续) 的当且仅当 μ 是零可加且上半连续 (对应地, 下半连续) 的.

定义 2.2.27 集函数 $\mu : \Sigma \to \bar{R}$ 是单调上自连续 (对应地, 下自连续) 的当且仅当对 $\forall A \in \Sigma, B_n \in \Sigma, B_n \downarrow, \mu(B_n) \downarrow 0, A \cap B_n = \varnothing$(对应地, $B_n \subseteq A$),

$n \geqslant 1$, 有 $\lim\limits_{n\to\infty} \mu(A \cup B_n) = \mu(A)$(对应地, $\lim\limits_{n\to\infty} \mu(A - B_n) = \mu(A)$).

μ 是单调自连续的当且仅当其同时是单调上自连续及单调下自连续的.

显然 μ 是单调上自连续蕴含 μ 是零可加的.

定理 2.2.28 设 μ 是模糊测度.

(1) 若 μ 是强单调上 (对应地, 下) 自连续的, 则 μ 是单调上 (对应地, 下) 自连续的;

(2) 若 μ 是单调上 (对应地, 下) 自连续且序连续的, 则 μ 是强单调上 (对应地, 下) 自连续的.

2.2.3　模糊测度序列

本小节取自 [14, 15].

定义 2.2.29 设 $\{\mu_n\}$ 是可测空间 (X, Σ) 上的一列集函数, 对一切 $A \in \Sigma$, 记

$$\left(\liminf_{n\to\infty} \mu_n\right)(A) = \liminf_{n\to\infty} \mu_n(A),$$

$$\left(\limsup_{n\to\infty} \mu_n\right)(A) = \limsup_{n\to\infty} \mu_n(A).$$

若存在 (X, Σ) 上的集函数 μ, 使得对一切 $A \in \Sigma$, 均有 $\left(\liminf\limits_{n\to\infty} \mu_n\right)(A) = \left(\limsup\limits_{n\to\infty} \mu_n\right)(A) = \mu(A)$, 则称 $\{\mu_n\}$ 收敛于 μ, 简记为 $\lim\limits_{n\to\infty} \mu_n = \mu$ 或 $\mu_n \to \mu$, 若此种收敛关于 $A \in \Sigma$, 还是一致的, 则称 $\{\mu_n\}$ 一致收敛于 μ, 记为 $\mu_n \overset{u}{\to} \mu$.

显然, 若 $\mu_n \to \mu$, 则 μ 是唯一的.

定义 2.2.30 设 $\mu_1, \mu_2 : \Sigma \to [0, \infty]$ 是集函数, 若对一切 $A \in \Sigma$, 均有 $\mu_1(A) \leqslant \mu_2(A)$, 则称 μ_1 小于等于 μ_2, 记为 $\mu_1 \leqslant \mu_2$.

定理 2.2.31 设 $\mu_n (n \geqslant 1), \mu : \Sigma \to [0, \infty]$ 是集函数, 且 $\mu_n \to \mu$, 则

(1) $\mu_n(\varnothing) = 0 \, (n \geqslant 1) \Rightarrow \mu(\varnothing) = 0$;

(2) $\mu_n (n \geqslant 1)$ 是单调的 $\Rightarrow \mu$ 是单调的;

(3) $\mu_n (n \geqslant 1)$ 是上 (下) 连续的, 未必蕴含 μ 是上 (下) 连续的.

(1), (2) 的正确性是显然的, 为指出 (3) 的正确性, 只需给出反例即可, 为此先给出一个引理.

引理 2.2.32 设 $\mu_1, \mu_2 : \Sigma \to [0, \infty]$ 是上、下连续的模糊测度, 且对任意 $A \in \Sigma$ 规定

$$(\mu_1 \vee \mu_2)(A) = \mu_1(A) \vee \mu_2(A),$$

$$(\mu_1 \wedge \mu_2)(A) = \mu_1(A) \wedge \mu_2(A),$$

则 $\mu_1 \vee \mu_2, \mu_1 \wedge \mu_2$ 是 (上、下连续) 模糊测度.

反例 2.2.33 设 $X = (0,1], \Sigma = B((0,1])$ 是 $(0,1]$ 上的 Borel 域, 对固定的 $x_n = \dfrac{1}{n} \, (n \geqslant 1)$, 定义

$$\mu_n(A) = \begin{cases} 1, & x_n \in A, \\ 0, & x_n \notin A, \end{cases}$$

$A \in \Sigma, n \geqslant 1$, 则 $\{\mu_n\}$ 是一列连续的模糊测度 (事实上, 是 Dirac 测度).

令 $g_n = \bigwedge\limits_{k=1}^{n} \mu_k, g = \bigwedge\limits_{n=1}^{\infty} \mu_n$, 则由引理 2.2.32 知 $\{g_n\}$ 是一列连续的模糊测度, 且 $g_n \to g$. 下面我们来指出 g 不是下半连续的.

取 $B_k = (a_k, 1], k \geqslant 1$, 且 $a_k \downarrow 0$, 则 $B_k \in \Sigma, B_k \uparrow X$. 显然 $g(X) = 1$, 但 $g(B_k) \to 0 \, (k \to \infty)$. 事实上, 对每一个固定的 k, 总存在 n_0, 使 $\dfrac{1}{n_0} \notin (a_k, 1]$, 则对 $m \geqslant n_0$, 有 $g_m(B_k) = 0$, 故 $g(B_k) = 0$, 从而说明 g 不是下半连续的.

反例 2.2.34 设 $X = [0,1), \Sigma = B([0,1))$, 对固定的 $x_n = 1 - \dfrac{1}{n} \, (n \geqslant 1)$, 规定

$$\mu_n(A) = \begin{cases} 1, & x_n \in A, \\ 0, & x_n \notin A, \end{cases}$$

$A \in \Sigma, n \geqslant 1$. 令 $g_n = \bigvee\limits_{k=1}^{n} \mu_k, g = \bigvee\limits_{k=1}^{\infty} \mu_k$, 则 $g_n \to g$. 取 $B_k = (a_k, 1), a_k \to 1$, 则 $B_k \downarrow \varnothing$, 因而 $g\left(\bigcap\limits_{k=1}^{\infty} B_k\right) = 0$. 但 $g_m(B_k) = 1$, 从而 g 不是上半连续的.

上述两个反例说明, 定理 2.2.31 中的 (3) 是正确的.

定理 2.2.35 设 $\{\mu_n\}$ 是一列模糊测度,

(1) 若 $\mu_n \uparrow \mu$, 且 $\mu_n \, (n \geqslant 1)$ 是下半连续的, 则 μ 是下半连续的;

(2) 若 $\mu_n \downarrow \mu$, 且 $\mu_n \, (n \geqslant 1)$ 是上半连续的, 则 μ 是上半连续的.

证明 (1) 取 $A_k \in \Sigma \, (k \geqslant 1), A \in \Sigma$, 且 $A_k \uparrow A$. 由 $\mu_n \uparrow \mu$ 知

$$\begin{aligned} \mu(A) &= \left(\lim_{n\to\infty} \mu_n\right)(A) \\ &= \bigvee_{n=1}^{\infty} \mu_n(A) \\ &= \bigvee_{n=1}^{\infty} \mu_n\left(\bigcup_{k=1}^{\infty} A_k\right) \\ &= \bigvee_{n=1}^{\infty} \bigvee_{k=1}^{\infty} \mu_n(A_k) \end{aligned}$$

$$= \bigvee_{k=1}^{\infty} \bigvee_{n=1}^{\infty} \mu_n\left(A_k\right)$$

$$= \bigvee_{k=1}^{\infty} \mu\left(A_k\right)$$

$$= \lim_{k\to\infty} \mu\left(A_k\right),$$

故 μ 是下半连续的. 证毕.

(2) 同理.

定理 2.2.36　设 $\mu_n : \Sigma \to [0,\infty]\,(n \geqslant 1)$ 是单调连续集函数, 若 $\mu_n \overset{u}{\to} \mu$, 则 μ 是连续的.

证明　首先证明下半连续性.

取 $A_k, A \in \Sigma\,(k \geqslant 1)$, $A_k \uparrow A$, 记 $r = \mu(A)$.

(1) 当 $r < \infty$ 时, 由 $\mu_n \overset{u}{\to} \mu$, 则对 $\forall \varepsilon > 0$, 存在自然数 N_1, 当 $n > N_1$ 时, 有

$$\left|\mu_n\left(A_k\right) - \mu\left(A_k\right)\right| < \frac{\varepsilon}{2}, \quad k = 1,2,\cdots.$$

又 $r = \mu(A) = \lim_{n\to\infty} \mu_n(A)$, 则存在自然数 N_2, 当 $n > N_2$ 时, 有

$$\left|\mu_n\left(A\right) - \mu\left(A\right)\right| < \frac{\varepsilon}{2}.$$

根据每个 μ_n 的连续性及 $A_k \uparrow A$ 可知, 对每个 $n > N_2$ 有

$$\lim_{k\to\infty} \left|\mu_n\left(A_k\right) - \mu\left(A\right)\right| < \frac{\varepsilon}{2}.$$

进而存在自然数 N_3, 当 $k > N_3, n > N_2$ 时, 有

$$\left|\mu_n\left(A_k\right) - \mu\left(A\right)\right| < \frac{\varepsilon}{2}.$$

取 $N = \max\{N_1, N_2, N_3\}$, 再取定 $n_0 > N$, 则有

$$\left|\mu_{n_0}\left(A_k\right) - \mu\left(A_k\right)\right| < \frac{\varepsilon}{2}, \quad k = 1,2,\cdots,$$

$$\left|\mu_{n_0}\left(A_k\right) - \mu\left(A\right)\right| < \frac{\varepsilon}{2}, \quad k > N,$$

从而对一切 $k > N$, 有

$$\left|\mu(A_k) - \mu(A)\right| \leqslant \left|\mu\left(A_k\right) - \mu_{n_0}\left(A_k\right)\right| + \left|\mu_{n_0}\left(A_k\right) - \mu\left(A\right)\right|$$

$$< \frac{\varepsilon}{2} + \frac{\varepsilon}{2} = \varepsilon,$$

此即为 $\mu(A_k) \uparrow \mu(A)$.

(2) 当 $r = \infty$ 时, 若 $\lim\limits_{k \to \infty} \mu(A_k) < \infty$, 则可设 $\lim\limits_{k \to \infty} \mu(A_k) = r'$, 从而

$$\lim_{k \to \infty} \lim_{n \to \infty} \mu_n(A_k) = \lim_{n \to \infty} \lim_{k \to \infty} \mu_n(A_k) = \mu(A) = \infty,$$

矛盾, 故 $\mu(A_k) \to \infty$.

综上, 我们证明了 μ 的下半连续性.

下面考虑 μ 是上半连续的证明.

取 $A_k, A \in \Sigma \, (k \geqslant 1)$, $A_k \downarrow A$, 且存在自然数 n_0, 使 $\mu(A_{n_0}) < \infty$. 由 $\mu_n \to \mu$, 则可知 $\lim\limits_{n \to \infty} \mu_n(A_{n_0}) = \mu(A_{n_0})$是有限的, 因而必存在自然数 m_0, 使 $n > m_0$ 时, 有 $\mu_n(A_{n_0}) < \infty$. 令 $l = m_0 \vee n_0 + 1$, 则把 μ_n 从 l 项以后算起, 就可以运用下半连续的证明过程来证明 μ 亦是上半连续的.

综上, μ 是连续的. 证毕.

推论 2.2.37 设 $\mu_n : \Sigma \to [0, \infty] \, (n \geqslant 1)$ 是集函数,

(1) 若 $\mu_n \to \mu$, 则 $\mu_n \, (n \geqslant 1)$ 是模糊测度蕴含 μ 是模糊测度;

(2) 若 $\mu_n \xrightarrow{u} \mu$, 则 $\mu_n \, (n \geqslant 1)$ 是连续模糊测度蕴含 μ 是连续模糊测度.

注 2.2.38 设 $\mu_n \to \mu$, 或 $\mu_n \xrightarrow{u} \mu$, 我们还可以由 $\mu_n \, (n \geqslant 1)$ 的结构特征 (零可加、自连续等) 来讨论 μ 的结构特征, 亦有一些有趣的结论, 如

(1) 若 $\mu_n \to \mu$, 则 $\mu_n(n \geqslant 1)$ 是零可加的蕴含 μ 是零可加的;

(2) 若 $\mu_n \xrightarrow{u} \mu$, 则 $\mu_n(n \geqslant 1)$ 是自连续的蕴含 μ 是自连续的.

为行文简明, 我们略去这方面的讨论.

2.3 可测函数列

本节回顾关于模糊测度的几乎处处、拟几乎处处等概念, 并定义了模糊测度意义下可测函数列的各种收敛, 如几乎处处、几乎一致、依测度收敛, 阐明了各种收敛之间的关系. 主要取自 [4, 7, 9, 11, 12].

给定模糊测度空间 (X, Σ, μ), 记 $F(X)$ 为可测函数的全体, 约定 $\infty - \infty = 0$.

定义 2.3.1 设 $P(x)$ 是与 $x \in A \in \Sigma$ 有关的命题. 若存在 $N \in \Sigma$ 且 $\mu(N) = 0$(对应地, N 是零集) 使得 $P(x)$ 在 $A - N$ 上成立, 则称 $P(x)$ 在 A 上几乎处处 (对应地, 拟几乎处处) 成立, 记为 "$P(x)a.e.A$"(对应地, "$P(x)p.a.e.A$").

注 2.3.2 由此, 可测函数列 $\{f_n\}$ 在 $A \in \Sigma$ 上几乎处处收敛于 f, 简记为 $f_n \xrightarrow{a.e.A} f$, $f_n \xrightarrow{p.a.e.A} f$ 意义自明. $f_n \xrightarrow{a.e.A} f$ 与 $f_n \xrightarrow{p.a.e.A} f$ 是两种完全不同的收敛, 除非 μ 是可加的.

定义 2.3.3 设 $\{f_n(n \geqslant 1), f\} \subset F(X)$, $A \in \Sigma$. 若存在 $\{B_k\} \subset \Sigma$ 且 $\lim\limits_{k \to \infty} \mu(B_k) = 0$(对应地, $\lim\limits_{k \to \infty} \mu(A - B_k) = \mu(A)$), 使得对任一固定的 $k \geqslant 1$, 有

$\{f_n\}$ 在 $A - B_k$ 上一致收敛于 f, 则称 $\{f_n\}$ 在 A 上几乎一致收敛于 f, 记为 $f_n \xrightarrow{a.u.A} f$(对应地, $\{f_n\}$ 在 A 上拟几乎一致收敛于 f, 记为 $f_n \xrightarrow{p.a.u.A} f$).

定义 2.3.4　设 $\{f_n(n \geqslant 1), f\} \subset F(X)$, $A \in \Sigma$. 若对 $\forall \varepsilon > 0$, 均有

$$\lim_{n \to \infty} \mu(\{x : |f_n(x) - f(x)| \geqslant \varepsilon\} \cap A) = 0$$

(对应地, $\lim_{n \to \infty} \mu(\{x : |f_n(x) - f(x)| < \varepsilon\} \cap A) = \mu(A)$),

则称 $\{f_n\}$ 在 A 上依测度收敛于 f, 记为 $f_n \xrightarrow{\mu.A} f$(对应地, 称 $\{f_n\}$ 在 A 上拟依测度收敛于 f, 记为 $f_n \xrightarrow{p.\mu.A} f$).

注 2.3.5　在所用上述符号中, 当 $A = X$ 时, X 可以被省略, 如 "$\xrightarrow{a.e.X}$" 简记为 "$\xrightarrow{a.e.}$".

定理 2.3.6　设 $\{f_n(n \geqslant 1), f\} \subset F(X)$ 且 μ 是零可加的模糊测度, 则 $f_n \xrightarrow{a.e.} f \Rightarrow f_n \xrightarrow{p.a.e.} f$.

定理 2.3.7　设 $\{f_n(n \geqslant 1), f\} \subset F(X)$, 则 $f_n \xrightarrow{\mu} f \Rightarrow f_n \xrightarrow{p.\mu} f$ 当且仅当 μ 是下自连续的.

定理 2.3.8　设 $\{f_n(n \geqslant 1), f\} \subset F(X)$ 且 μ 是有限的连续模糊测度. 若 $f_n \to f$, 则 $f_n \xrightarrow{a.u} f$, $f_n \xrightarrow{p.a.u} f$.

定理 2.3.9　设 $\{f_n(n \geqslant 1), f\} \subset F(X)$, 则

(1) $f_n \xrightarrow{a.u} f \Rightarrow f_n \xrightarrow{a.e.} f$;

(2) $f_n \xrightarrow{p.a.u} f \Rightarrow f_n \xrightarrow{p.a.e.} f$.

定理 2.3.10　设 $\{f_n(n \geqslant 1), f\} \subset F(X)$ 且 μ 是有限的上半连续模糊测度, 则

(1) $f_n \xrightarrow{a.e.} f \Rightarrow f_n \xrightarrow{\mu} f$;

(2) $f_n \xrightarrow{p.a.e.} f \Rightarrow f_n \xrightarrow{p.\mu} f$.

定理 2.3.11(广义 Riesz 定理)　设 $\{f_n(n \geqslant 1), f\} \subset F(X)$ 且 μ 是下半连续且上自连续的模糊测度. 若 $f_n \xrightarrow{\mu} f$, 则存在 $\{f_{n_k}\} \subset \{f_n\}$, 且 $f_{n_k} \xrightarrow{a.e.} f$, $f_{n_k} \xrightarrow{p.a.e.} f$.

定理 2.3.12　设 $\{f_n(n \geqslant 1), f\} \subset F(X)$, 则

(1) $f_n \xrightarrow{a.u} f \Rightarrow f_n \xrightarrow{\mu} f$;

(2) $f_n \xrightarrow{p.a.u} f \Rightarrow f_n \xrightarrow{p.\mu} f$.

2.4　进展与注

由于控制理论的需要, Zadeh[13] 教授于 1965 年引入了描述 "模糊性" 的工具——模糊集, 由此产生了一门新的数学——模糊数学, 短短的五十几年间, 这一理论得到了迅猛的发展, 产生了模糊代数、模糊分析、模糊拓扑、模糊逻辑等多个数学分支, 并在自动控制、系统辨识、模式识别、人工智能、决策过程等诸多领域得到了广泛的应用. 所谓论域 U 上的模糊集 $\tilde{A}$, 是由隶属函数 $\tilde{A}: U \to [0,1]$ 确定的, $\tilde{A}(u)$ 表示 u 对 $\tilde{A}$ 的隶属程度. 当 $\tilde{A}$ 取值于 $\{0, 1\}$ 时, 即为特征函数, $\tilde{A}$ 就退化为普通集合, 因此模糊集为普通集的推广.

从另一个角度看, 模糊性和随机性同属于不确定性, 而随机性能用概率测度来刻画, 那么模糊性能否用一种所谓的 "模糊测度" 来刻画呢?

考虑论域 X 中的任意对象 x, 对 X 中每一个非模糊子集 A 给定一个值 $\mu_x(A) \in [0,1]$, 表示语句 "$x \in A$" 的模糊性程度, 也就是一种猜测、主观相信程度或可能性. 可以看出 $\mu_x(A)$ 具有性质: ① 正规性: $\mu_x(\varnothing) = 0$, $\mu_x(X) = 1$, 解释为 "$x \in \varnothing$" 的可能性为 0, "$x \in X$" 的可能性为 1; ② 单调性: $A \subseteq B \Rightarrow \mu_x(A) \leqslant \mu_x(B)$, 解释为 "$x \in A$" 的可能性不大于 "$x \in B$" 的可能性. 正是基于此, 日本学者 Sugeno[10] 于 1974 年在他的博士学位论文中提出了模糊测度的概念, 还定义了与模糊测度相伴的模糊积分, 标志着模糊测度论诞生. 模糊测度定义的关键是以 "单调性" 代替了概率测度的可加性, 因而以概率测度为特款, 且更符合人类日常的推断活动. 事实上, 客观实际当中不可加的情形是更多的, 如搬一件物品, 单个人搬不动, 记为 $p(A) = 0, p(B) = 0$, 但是两个人合作就可以搬得动, 这就是 $p(A \cup B) = 1$. 再如, 在刚体平面上掷骰子时, 每个面出现的情况符合概率规律, 但在非刚体平面上掷骰子时, 每个面出现的情况概率测度无法描述, 而模糊测度可以描述. Ralescu[6] 率先把模糊测度的值域拓展到 $\bar{R}^+$, Wang[11,12] 引入了 "自连续" "零可加" 等重要概念, Ha[3] 等深化了对模糊测度的结构特征的讨论, 基于模糊测度的三大定理 (Lebesgue 定理、Egoroff 定理、Riesz 定理) 也得以建立[3,4,9]. 与经典测度相应, 模糊测度的扩张也有很好的结果 [3,11].

追溯满足单调性的集函数, 人们发现法国数学家 Choquet[1] 在 1953 年最早定义了 "容度", 是一种特殊的模糊测度, 因此有的学者也称模糊测度为容度、单调测度.

本章中的模糊测度序列的内容是属于作者的 [14, 15]. 基于模糊测度的模糊积分及其推广形式种类繁多, 这是本书的主要内容.

参 考 文 献

[1] Choquet G. Theory of capacities. Ann. lnst. Fourier, 1953, 5: 131-295.

[2] Denneberg D. Non-Additive Measure and Integral. Dordrecht: Kluwer Academic, 1994.

[3] 哈明虎, 杨兰珍, 吴从炘. 广义模糊集值测度引论. 北京: 科学出版社, 2009.

[4] Li J, Ouyang Y, Mesiar R. Generalized convergence theorems for monotone measures. Fuzzy Sets and Systems, 2021, 412: 53-64.

[5] Murofushi T, Sugeno M. A theory of fuzzy measures: representations, the Choquet integral, and null sets. J. Math. Anal. Appl., 1991, 159: 532-549.

[6] Ralescu D, Adams G. The fuzzy integral. J. Math. Anal. Appl., 1980, 75: 562-570.

[7] Rébillé Y. Autocontinuity and convergence theorems for the Choquet integral. Fuzzy Sets and Systems, 2012, 194: 52-65.

[8] Shafer G. A Mathematical Theory of Evidence. Princeton, NJ: Princeton University Press, 1976.

[9] Song J, Li J. Lebesgue theorems in non-additive measure theory. Fuzzy Sets and Systems, 2005, 149: 543-548.

[10] Sugeno M. Theory of fuzzy integrals and its applications. Ph. D. Thesis, Tokyo Institute of Technology, 1974.

[11] Wang Z Y, Klir G J. Generalized Measure Theory. Boston: Springer, 2009.

[12] Wang Z Y. The autocontinuity of set function and the fuzzy integral. J. Math. Anal. Appl., 1984, 99: 195-218.

[13] Zadeh L A. Fuzzy sets. Information and Control, 1965, 8: 338-353.

[14] Zhang D L, Guo C M. On the convergence of sequences of fuzzy measures and generalized convergence theorems of fuzzy integrals. Fuzzy Sets and Systems, 1995, 72: 349-356.

[15] 张德利, 郭彩梅. 模糊积分论. 长春: 东北师范大学出版社, 2004.

第 3 章 模 糊 积 分

模糊积分是日本学者 Sugeno[31] 在其博士学位论文中首次提出, 标志着模糊积分论的诞生. 其在综合评价、决策过程、机器学习等领域的有效应用, 引起了人们广泛的关注. 从数学理论上看, 推广 Sugeno 的模糊积分一直是主攻方向. 本章分三节, 在 3.1 节介绍了 Sugeno 模糊积分, 在 3.2 节介绍了 (N) 模糊积分与半模模糊积分之后, 在 3.3 节重点介绍了广义模糊积分. 其中包括将广义模糊积分推广为广义半模模糊积分、广义收敛定理、测度序列关于广义模糊积分的弱收敛、水平收敛定理、表示定理、由广义模糊积分定义的集函数等工作.

本章中, 我们将用到如下的符号: (X, Σ) 是可测空间, $\mu : \Sigma \to \bar{R}^+$ 是模糊测度, 其全体记为 $M(X)$, $f : X \to R^+$ 为非负可测函数, 其全体记为 $F^+(X)$.

3.1 Sugeno 模糊积分

最早的模糊积分是由 Sugeno[31] 引入的, 所涉及的被积函数与模糊测度取值于 $[0, 1]$, Ralescu[20] 把其取值推广到 $\bar{R}^+$, 下面我们采用 Ralescu 的定义且在后文中仍称其为 Sugeno 模糊积分或模糊积分.

3.1.1 定义

本小节内容可参见 [20, 36, 37].

设非负可测简单函数 $s = \sum\limits_{i=1}^{n} \alpha_i \chi_{A_i}$, $\alpha_i \neq \alpha_j (i \neq j)$, 对 $A \in \Sigma$, 记

$$Q_A(s) = \bigvee_{i=1}^{n} \alpha_i \wedge \mu(A \cap A_i).$$

定义 3.1.1 设 $f \in F^+(X)$, $\mu \in M(X)$, 则 f 在 $A \in \Sigma$ 上关于 μ 的模糊积分为

$$(S) \int_A f d\mu = \sup_{s \leqslant f} Q_A(s).$$

若 $A = X$, 记 $Q(s) = Q_X(s)$, 则记 $(S) \int f d\mu = \sup\limits_{s \leqslant f} Q(s)$.

在不混淆时, "$(S) \int$" 中的 S 也可省略, 简记为 "$\int$".

设 $f \in F^+(X)$, 记 $F_\alpha = \{x \in X : f(x) \geqslant \alpha\}$, $F_{\alpha+} = \{x \in X : f(x) > \alpha\}$, 则我们有下面的结论.

引理 3.1.2   (1) $F_\alpha, F_{\alpha+}$ 关于 $\alpha \in R^+$ 是非增的, 且 $\alpha < \beta \Rightarrow F_{\alpha+} \supset F_\beta$.

(2) $\lim\limits_{\beta \to \alpha-} F_\beta = \lim\limits_{\beta \to \alpha-} F_{\beta+} = F_\alpha \supset F_{\alpha+} = \lim\limits_{\beta \to \alpha+} F_\beta = \lim\limits_{\beta \to \alpha+} F_{\beta+}$.

定理 3.1.3   设 $f \in F^+(X)$, $\mu \in M(\Sigma)$, 则

$$
\begin{aligned}
(S)\int_A f d\mu &= \sup_{\alpha \in [0,\infty]} [\alpha \wedge \mu(A \cap F_\alpha)] \\
&= \sup_{\alpha \in [0,\infty)} [\alpha \wedge \mu(A \cap F_\alpha)] \\
&= \sup_{\alpha \in [0,\infty]} [\alpha \wedge \mu(A \cap F_{\alpha+})] \\
&= \sup_{\alpha \in [0,\infty)} [\alpha \wedge \mu(A \cap F_{\alpha+})] \\
&= \sup_{E \in \Sigma} \left[\inf_{x \in E} f(x) \wedge \mu(A \cap E) \right].
\end{aligned}
$$

我们约定 $\inf\limits_{x \in \varnothing} f(x) = \infty$, $\sup\limits_{x \in \varnothing} f(x) = 0$.

例 3.1.4   设 $X = [0,1]$, Σ 是 Borel 集, μ 是 Lebesgue 测度, $f(x) = \sqrt{x}$. 则 $F_\alpha = \{x \in [0,1] : \sqrt{x} \geqslant \alpha\} = [\alpha^2, 1]$,

$$
(S)\int_X f d\mu = \sup_{\alpha \in [0,1]} [\alpha \wedge \mu(F_\alpha)] = \sup_{\alpha \in [0,1]} [\alpha \wedge (1 - \alpha^2)].
$$

因为 $1 - \alpha^2$ 是减函数, 所以上述极值存在, 且为 $\alpha = 1 - \alpha^2$, 解此方程, 得 $\alpha = \dfrac{\sqrt{5} - 1}{2}$.

3.1.2   性质

本节内容可参见 [36, 37].

定理 3.1.5   模糊积分具有下列性质:

(1) $\mu(A) = 0 \Rightarrow (S)\displaystyle\int_A f d\mu = 0$;

(2) 若 μ 是下半连续的, 则 $(S)\displaystyle\int_A f d\mu = 0 \Rightarrow \mu(A \cap F_{0+}) = 0$;

(3) $f_1 \leqslant f_2 \Rightarrow (S)\displaystyle\int_A f_1 d\mu \leqslant (S)\displaystyle\int_A f_2 d\mu$;

(4) $(S) \displaystyle\int_A f d\mu = (S) \displaystyle\int_A f \cdot \chi_A d\mu;$

(5) $(S) \displaystyle\int_A a d\mu = a \wedge \mu(A), a \geqslant 0;$

(6) $(S) \displaystyle\int_A (f \wedge a) d\mu = a \wedge (S) \displaystyle\int_A f d\mu, a \geqslant 0;$

(7) $(S) \displaystyle\int_A (f \vee a) d\mu = [a \wedge \mu(A)] \vee (S) \displaystyle\int_A f d\mu, a \geqslant 0;$

(8) $(S) \displaystyle\int_A (f + a) d\mu \leqslant (S) \displaystyle\int_A f d\mu + (S) \displaystyle\int_A a d\mu, a \geqslant 0;$

(9) $f \sim g(见定义 4.1.16) \Rightarrow (S) \displaystyle\int (f \vee g) d\mu = (S) \displaystyle\int f d\mu \vee (S) \displaystyle\int g d\mu;$

(10) $(S) \displaystyle\int f d\mu = (S) \displaystyle\int (f \wedge a) d\mu \vee (S) \displaystyle\int f_a^\vee d\mu,$

这里 $a \geqslant 0, f_a^\vee = \begin{cases} 0, & f < a, \\ f, & f \geqslant a. \end{cases}$

推论 3.1.6 (1) $A \subset B \Rightarrow (S) \displaystyle\int_A f d\mu \leqslant (S) \displaystyle\int_B f d\mu;$

(2) $(S) \displaystyle\int_A (f_1 \vee f_2) d\mu \geqslant (S) \displaystyle\int_A f_1 d\mu \vee (S) \displaystyle\int_A f_2 d\mu;$

(3) $(S) \displaystyle\int_A (f_1 \wedge f_2) d\mu \leqslant (S) \displaystyle\int_A f_1 d\mu \wedge (S) \displaystyle\int_A f_2 d\mu;$

(4) $(S) \displaystyle\int_{A \cup B} f d\mu \geqslant (S) \displaystyle\int_A f d\mu \vee (S) \displaystyle\int_B f d\mu;$

(5) $(S) \displaystyle\int_{A \cap B} f d\mu \leqslant (S) \displaystyle\int_A f d\mu \wedge (S) \displaystyle\int_B f d\mu.$

定理 3.1.7 $|f_1 - f_2| \leqslant a \Rightarrow \left| (S) \displaystyle\int_A f_1 d\mu - (S) \displaystyle\int_A f d\mu \right| \leqslant a,$ 这里 $a \geqslant 0.$

定理 3.1.8 $(S) \displaystyle\int_A f d\mu \leqslant \alpha \vee \mu(A \cap F_{\alpha+}) \leqslant \alpha \vee \mu(A \cap F_\alpha).$

定理 3.1.9 $(S) \displaystyle\int_A f d\mu = \infty \Leftrightarrow \forall \alpha \in [0, \infty), \mu(A \cap F_\alpha) = \infty.$

定理 3.1.10 对 $\forall \alpha \in [0, \infty),$ 下列结论成立:

(1) $(S) \displaystyle\int_A f d\mu \geqslant \alpha \Leftrightarrow \forall \beta < \alpha, \mu(A \cap F_\beta) \geqslant \alpha \Leftarrow \mu(A \cap F_\alpha) \geqslant \alpha;$

(2) (S) $\int_A f d\mu < \alpha \Leftrightarrow \exists \beta < \alpha, \mu(A \cap F_\beta) < \alpha \Rightarrow \mu(A \cap F_\alpha) < \alpha \Rightarrow$
$\mu(A \cap F_{\alpha+}) < \alpha$;

(3) (S) $\int_A f d\mu \leqslant \alpha \Leftrightarrow \mu(A \cap F_{\alpha+}) \leqslant \alpha \Leftarrow \mu(A \cap F_\alpha) \leqslant \alpha$;

(4) (S) $\int_A f d\mu > \alpha \Leftrightarrow \mu(A \cap F_{\alpha+}) > \alpha \Rightarrow \mu(A \cap F_\alpha) > \alpha$;

(5) (S) $\int_A f d\mu = \alpha \Leftrightarrow \forall \beta < \alpha, \mu(A \cap F_\beta) \geqslant \alpha \geqslant \mu(A \cap F_{\alpha+}) \Leftarrow \mu(A \cap F_\alpha) = \alpha$;

(6) 若 $\mu(A) < \infty$, μ 上半连续, 则 (S) $\int_A f d\mu \geqslant \alpha \Leftrightarrow \mu(A \cap F_\alpha) \geqslant \alpha$;

(7) 若 $\mu(A) < \infty$, μ 上半连续, 则 (S) $\int_A f d\mu = \alpha \Leftrightarrow \mu(A \cap F_\alpha) \geqslant \alpha \geqslant \mu(A \cap F_{\alpha+})$.

定理 3.1.11 $f_1 = f_2$ a.e. $\Rightarrow$ (S) $\int f_1 d\mu =$ (S) $\int f_2 d\mu$ 当且仅当 μ 是零可加的.

3.1.3 收敛定理

本节内容可参见 [36, 37].

定理 3.1.12(单调递增收敛定理) 设 μ 是下半连续模糊测度, 则

$$f_n \uparrow f \Rightarrow (S) \int f_n d\mu \uparrow (S) \int f d\mu.$$

定理 3.1.13(单调递减收敛定理) 设 μ 是上半连续模糊测度, 且 $\exists n_0 \in N$, 使得 $\mu\left(\left\{x : f_{n_0}(x) > (S) \int f d\mu\right\}\right) < \infty$, 则

$$f_n \downarrow f \Rightarrow (S) \int f_n d\mu \downarrow (S) \int f d\mu.$$

推论 3.1.14 设 μ 是上半连续模糊测度, 且 $\exists n_0 \in N$ 及常数 $c \leqslant$ (S) $\int f d\mu$, 使得 $\mu(\{x : f_{n_0}(x) > c\}) < \infty$, 则

$$f_n \downarrow f \Rightarrow (S) \int f_n d\mu \downarrow (S) \int f d\mu.$$

推论 3.1.15 设 μ 是上半连续的有限模糊测度, 则

$$f_n \downarrow f \Rightarrow (S) \int f_n d\mu \downarrow (S) \int f d\mu.$$

定理 3.1.16(Fatou 引理) 设 $\{f_n\} \subset F^+(X)$.

(1) 若 μ 是下半连续模糊测度, 则 (S) $\displaystyle\int \liminf_{n\to\infty} f_n d\mu \leqslant \liminf_{n\to\infty}$ (S) $\displaystyle\int f_n d\mu$.

(2) 若 μ 是上半连续模糊测度, 且 $\exists n_0 \in N$ 及常数 $c \leqslant$ (S) $\displaystyle\int \limsup_{n\to\infty} f_n d\mu$, 使得 $\mu\left(\left\{x : \displaystyle\sup_{n\geqslant n_0} f_{n_0}(x) > c\right\}\right) < \infty$, 则

$$(\mathrm{S}) \int \limsup_{n\to\infty} f_n d\mu \geqslant \limsup_{n\to\infty} (\mathrm{S}) \int f_n d\mu.$$

定理 3.1.17(Fatou 引理) 设 μ 是连续模糊测度, $\{f_n\} \subset F^+(X)$. 若 $\exists n_0 \in N$ 及常数 $c \leqslant$ (S) $\displaystyle\int \limsup_{n\to\infty} f_n d\mu$, 使得 $\mu\left(\left\{x : \displaystyle\sup_{n\geqslant n_0} f_{n_0}(x) > c\right\}\right) < \infty$, 则

$$f_n \to f \Rightarrow (\mathrm{S}) \int f_n d\mu \to (\mathrm{S}) \int f d\mu.$$

注 3.1.18 若 μ 是零可加的, 则把定理 3.1.17 中的 $f_n \to f$ 替代成 $f_n \to f$ $a.e.$, 结论依然成立.

定理 3.1.19 设 μ 是连续模糊测度, $\{f_n(n \geqslant 1), f\} \subset F^+(X)$. 则 $f_n \xrightarrow{\mu} f \Rightarrow$ (S) $\displaystyle\int f_n d\mu \to$ (S) $\displaystyle\int f d\mu$ 的充要条件是 μ 是自连续的.

定理 3.1.20 设 μ 是连续模糊测度, $\{f_n(n \geqslant 1), f\} \subset F^+(X)$, 则

$$f_n \xrightarrow{u} f \Rightarrow (\mathrm{S}) \int f_n d\mu \to (\mathrm{S}) \int f d\mu.$$

例 3.1.21 (1) 设 $s \in F^+(X)$ 是简单函数, 即

$$s = \bigvee_{i=1}^{n} a_i \chi_{A_i},$$

这里 $A_1 \supset A_2 \supset \cdots \supset A_n, a_1 \leqslant a_2 \leqslant \cdots \leqslant a_n$, 则

$$(\mathrm{S}) \int s d\mu = \bigvee_{i=1}^{n} [a_i \wedge \mu(A_i)].$$

(2) 设 $f \in F^+(X)$, 存在简单函数列 $\{s_n\} \subset F^+(X)$, 且 $s_n \uparrow f$. 则对于下半连续的模糊测度 μ 及单调递增收敛定理, 我们有

$$(\mathrm{S}) \int f d\mu = \lim_{n\to\infty} (\mathrm{S}) \int s_n d\mu.$$

注 3.1.22 本例也可作为模糊积分的另一定义.

3.1.4　转化定理, 由积分定义的集函数

本小节内容详情可参见 [20, 36, 37, 39].

定理 3.1.23(积分转化定理)　设 $f \in F^+(X)$, 则

$$(\mathrm{S}) \int_A f d\mu = (\mathrm{S}) \int_0^\infty \mu(A \cap F_\alpha) d\lambda,$$

这里 λ 是 Lebesgue 测度.

定义 3.1.24　设 ν, μ 是定义在 (X, Σ) 上的连续模糊测度, 定义如下:

(1) $\nu \ll_{\mathrm{I}} \mu$ 当且仅当 $\mu(A) = 0 \Rightarrow \nu(A) = 0$;

(2) $\nu \ll_{\mathrm{II}} \mu$ 当且仅当 $A_n \downarrow \mu(A_n) \to 0 \Rightarrow \nu(A_n) \to 0$;

(3) $\nu \ll_{\mathrm{III}} \mu$ 当且仅当 $\mu(A_n) \to 0 \Rightarrow \nu(A_n) \to 0$.

定理 3.1.25　设 $f \in F^+(X)$, 则由模糊积分定义的集函数

$$\nu(A) = (\mathrm{S}) \int_A f d\mu, \quad A \in \Sigma$$

是 (X, Σ) 上的模糊测度, 且

(1) $\nu \ll_{\mathrm{I,II,III}} \mu$;

(2) μ 零可加 $\Rightarrow \nu$ 零可加;

(3) μ 次可加性 $\Rightarrow \nu$ 次可加性;

(4) μ 下半连续 $\Rightarrow \nu$ 下半连续;

(5) μ 有限且上半连续 $\Rightarrow \nu$ 有限且上半连续;

(6) μ 上、下自连续 $\Rightarrow \nu$ 上、下自连续;

(7) μ 一致自连续 $\Rightarrow \nu$ 一致自连续.

3.1.5　上、下 Sugeno 积分

上、下模糊积分由 Murofushi[18] 提出, 是关于取值于 [0, 1] 的模糊测度与函数的, 其优越之处在于其适用于全体非负函数 (未必可测). 这里我们把 [0, 1] 推广为 $\bar{R}^+$, 所有结论的证明可参考文献 [18].

引理 3.1.26　设 f 是非负可测函数, 则

$$(\mathrm{S}) \int f d\mu = \inf_{E \in \Sigma} \left(\sup_{x \in X - E} f(x) \vee \mu(E) \right).$$

定义 3.1.27　设 f 是非负函数 (可能是非可测的), 则其上、下 Sugeno 积分为

$$(\mathrm{S_U}) \int_A f d\mu = \inf_{F \in \Sigma} \left[\mu(F) \vee \sup_{x \in A - F} f(x) \right],$$

$$(\mathrm{S_L}) \int_A f d\mu = \sup_{F \in \Sigma} \left[\mu(F) \wedge \inf_{x \in A \cap F} f(x) \right].$$

给定模糊测度空间 (X, Σ, μ), 对任意 $A \in 2^X$, 规定

$$\mu_*(A) = \sup\{\mu(B) : B \subseteq A, B \in \Sigma\}, \quad \sup \varnothing = 0,$$

$$\mu^*(A) = \inf\{\mu(B) : B \supseteq A, B \in \Sigma\}, \quad \inf \varnothing = \infty,$$

则 μ_*, μ^* 为定义在 2^X 上的集函数.

性质 3.1.28 (1) μ_*, μ^* 是模糊测度, 分别称为 μ 的内模糊测度与外模糊测度;

(2) μ 下半连续 $\Rightarrow \mu_*$ 下半连续;

(3) μ 上半连续 $\Rightarrow \mu^*$ 上半连续.

定理 3.1.29 上、下 Sugeno 积分可表示为关于外、内模糊测度的 Sugeno 积分, 即

(1) $(S_U) \displaystyle\int_A f d\mu = (S) \int_A f d\mu^*$;

(2) $(S_L) \displaystyle\int_A f d\mu = (S) \int_A f d\mu_*$,

这里 μ_*, μ^* 分别为 μ 的内、外模糊测度.

若函数 f, 对 $\forall \alpha \geqslant 0$ 满足 $\mu_*(\{f > \alpha\}) = \mu^*(\{f > \alpha\})$, 则称 f 为上半 μ-可测函数, 这里 $\{f > \alpha\} = \{x \in X : f(x) > \alpha\}$.

推论 3.1.30 (1) $(S_U) \displaystyle\int \chi_A d\mu = \mu^*(A), (S_L) \int \chi_A d\mu = \mu_*(A)$;

(2) $(S_U) \displaystyle\int_A f d\mu \geqslant (S_L) \int_A f d\mu$;

(3) 若 f 是上半 μ 可测函数, 则 $(S_U) \displaystyle\int_A f d\mu = (S_L) \int_A f d\mu$;

(4) 若 f 是可测函数, 则 $(S_U) \displaystyle\int_A f d\mu = (S_L) \int_A f d\mu = (S) \int f d\mu$.

3.2 (N) 模糊积分与半模模糊积分

3.2.1 (N) 模糊积分

(N) 模糊积分由赵汝怀[57,58] 提出, 其本质是用普通乘法 "·" 代替 Sugeno 模糊积分中的取小运算 "∧", 从而得到的一种新积分. (N) 模糊积分具有与 Sugeno 模糊积分相似的性质, 且有独特的优势. 作为此种积分特例的 Shilkret 积分, 较早由 Shilkret[28] 定义, 但是关于模糊可加测度的. 本小节介绍 (N) 模糊积分的主要结果, 详情参见 [57, 58].

设非负有限可测简单函数 $s = \sum\limits_{i=1}^{n} \alpha_i \chi_{A_i}$, $\alpha_i \neq \alpha_j (i \neq j)$, 对 $A \in \Sigma$, 记

$$Q_A(s) = \bigvee_{i=1}^{n} \alpha_i \mu(A \cap A_i).$$

定义 3.2.1　设 $f \in F^+(X)$, $\mu \in M(X)$, 则 f 在 $A \in \Sigma$ 上关于 μ 的 (N) 模糊积分定义为

$$(\mathrm{N}) \int_A f d\mu = \sup_{s \leqslant f} Q_A(s).$$

若 $A = X$, 记 $Q(s) = Q_X(s)$, 则记 $(\mathrm{N}) \int f d\mu = \sup\limits_{s \leqslant f} Q(s)$.

定理 3.2.2　设 $f \in F^+(X)$, $\mu \in M(X)$, 则

$$
\begin{aligned}
(\mathrm{N}) \int_A f d\mu &= \sup_{\alpha \in [0,\infty]} [\alpha \mu(A \cap F_\alpha)] \\
&= \sup_{\alpha \in [0,\infty)} [\alpha \mu(A \cap F_\alpha)] \\
&= \sup_{\alpha \in [0,\infty]} [\alpha \mu(A \cap F_{\alpha+})] \\
&= \sup_{\alpha \in [0,\infty)} [\alpha \mu(A \cap F_{\alpha+})] \\
&= \sup_{E \in \Sigma} \left[\inf_{x \in E} f(x) \mu(A \cap E) \right].
\end{aligned}
$$

定理 3.2.3　设 $f \in F^+(X)$, $\mu \in M(X)$, 则

$$(\mathrm{N}) \int_A f d\mu \geqslant \left[(\mathrm{S}) \int_A f d\mu \right]^2.$$

定理 3.2.4　(N) 模糊积分具有下列性质:

(1) 对任意 $f \in F^+(X)$, $\mu(A) = 0 \Rightarrow (\mathrm{N}) \int_A f d\mu = 0$;

(2) 若 μ 是下半连续的, 则 $(\mathrm{N}) \int_A f d\mu = 0 \Rightarrow \mu(A \cap F_{0+}) = 0$;

(3) $f_1 \leqslant f_2 \Rightarrow (\mathrm{N}) \int_A f_1 d\mu \leqslant (\mathrm{N}) \int_A f_2 d\mu$;

(4) $(\mathrm{N}) \int_A f d\mu = (\mathrm{N}) \int_A f \cdot \chi_A d\mu$;

(5) $(\mathrm{N}) \int_A a d\mu = a\mu(A)$, $a \geqslant 0$;

(6) $(\mathrm{N})\displaystyle\int_A af d\mu = a(\mathrm{N})\int_A f d\mu, a \geqslant 0;$

(7) $(\mathrm{S})\displaystyle\int_A (f \vee a)d\mu = a\mu(A) \vee (\mathrm{S})\int_A f d\mu, a \geqslant 0;$

(8) $f \sim g \Rightarrow (\mathrm{N})\displaystyle\int (f \vee g)d\mu = (\mathrm{N})\int f d\mu \vee (\mathrm{N})\int g d\mu;$

(9) $(\mathrm{N})\displaystyle\int f d\mu = (\mathrm{N})\int (f \wedge a)d\mu \vee (\mathrm{N})\int f_a^{\vee} d\mu,$

这里 $a \geqslant 0, f_a^{\vee} = \begin{cases} 0, & f < a, \\ f, & f \geqslant a. \end{cases}$

定理 3.2.5(积分转化定理) 设 $f \in F^+(X)$, 则

$$(\mathrm{N})\int_A f d\mu = (\mathrm{N})\int_0^{\infty} \mu(A \cap F_\alpha)d\lambda,$$

这里 λ 是 Lebesgue 测度.

注 3.2.6 (N) 模糊积分也有同 Sugeno 模糊积分类似的收敛定理.

3.2.2 半模模糊积分

本小节介绍 García 和 Álvarez[25,26] 的工作. 首先给出三角模、三角半模、三角余模、三角余半模的概念, 以此为基础, 然后定义两类模糊积分, 这种新积分以 $[0,1]$ 区间值的 Sugeno 积分和 (N) 模糊积分为特款. 本节所涉及的函数及模糊测度均取值于 $[0,1]$.

定义 3.2.7 给定函数 $T : [0,1] \times [0,1] \to [0,1]$ 及条件:

(1) $T(x,1) = T(1,x) = x, \forall x \in [0,1];$

(1′) $T'(x,0) = T'(0,x) = x, \forall x \in [0,1];$

(2) $x_1 \leqslant x_2, x_3 \leqslant x_4 \Rightarrow T(x_1,x_3) \leqslant T(x_2,x_4), \forall x_i(1 \leqslant i \leqslant 4) \in [0,1];$

(3) $T(x,y) = T(y,x), \forall x,y \in [0,1];$

(4) $T(T(x,y),z) = T(x,T(y,z)), \forall x,y,z \in [0,1].$

若 T 满足 (1)—(4), 则称为三角模 (或 t-模);

若 T 满足 (1′)—(4), 则称为三角余模 (或 t-余模);

若 T 满足 (1) 和 (2), 则称为三角半模 (或 t-半模);

若 T 满足 (1′) 和 (2), 则称为三角余半模 (或 t-余半模).

例 3.2.8 下列函数为三角模:

(1) $T_1(x,y) = x \wedge y;$

(2) $T_2(x,y) = xy;$

(3) $T_3(x, y) = 0 \vee (x + y - 1)$;

(4) $T_{4,p}(x, y) = 1 - \{1 \wedge [(1 - x)^p + (1 - y)^p]^{\frac{1}{p}}\}, p \geqslant 1$;

(5) $T_{5,\lambda}(x, y) = \begin{cases} x \wedge y, & x \vee y \geqslant \lambda, \\ 0, & x \vee y < \lambda, \end{cases} \quad \lambda \in [0, 1]$.

例 3.2.9   下列函数为三角余模:

(1) $S_1(x, y) = x \vee y$;

(2) $S_2(x, y) = x + y - xy$;

(3) $S_3(x, y) = 1 \wedge (x + y)$;

(4) $S_{4,p}(x, y) = 1 \wedge (x^p + y^p)^{\frac{1}{p}}, p \geqslant 1$;

(5) $S_{5,\lambda}(x, y) = \begin{cases} x \vee y, & x \wedge y \leqslant \lambda, \\ 1, & x \wedge y > \lambda, \end{cases} \quad \lambda \in [0, 1]$.

易知, S 是三角余模当且仅当存在三角模 T, 使得

$$S(x, y) = 1 - T(1 - x, 1 - y), \quad \forall x, y \in [0, 1]. \tag{3.2.1}$$

注 3.2.10   满足 (3.2.1) 的 S, T 称为对偶的. 例 3.2.8 和例 3.2.9 中的对应的三角模和三角余模是互为对偶的. 对任意三角余模 S, 有

$$S_1(x, y) \leqslant S(x, y) \leqslant S_{5,0}(x, y), \quad \forall x, y \in [0, 1].$$

设非负有限可测简单函数 $s = \sum_{i=1}^{n} \alpha_i \chi_{A_i}$, $\alpha_i \neq \alpha_j (i \neq j)$, 对 $A \in \Sigma$, 记

$$Q_A^{ST}(s) = \mathop{S}_{i=1}^{n} \{T[\alpha_i, \mu(A \cap A_i)]\},$$

这里 S, T 分别为三角余半模、三角半模, 且规定

$$\mathop{S}_{i=1}^{n} (x_i) = S\{S[\cdots S(x_1, x_2), x_3, \cdots, x_n]\}, \quad S(x) = S(0, x) = x, \quad \forall x \in [0, 1].$$

定义 3.2.11   设 $f \in F^+(X)$, $\mu \in M(X)$. 则 f 在 $A \in \Sigma$ 上关于 μ 的 (ST) 半模模糊积分定义为

$$(ST) \int_A f d\mu = \sup_{s \leqslant f} Q_A^{ST}(s).$$

若 $A = X$, 记 $Q(s) = Q_X(s)$, 则记 $(ST) \int f d\mu = \sup_{s \leqslant f} Q^{ST}(s)$.

显然, 若 $S = \vee, T = \wedge$, 则 (ST) 半模模糊积分为 Sugeno 积分;

若 $S = \vee, T = \cdot$, 则 (ST) 半模模糊积分为 (N) 模糊积分.

定理 3.2.12 (ST) 半模模糊积分具有下列性质:

(1) $f_1 \leqslant f_2 \Rightarrow (ST) \int f_1 d\mu \leqslant (ST) \int f_2 d\mu;$

(2) $A \subseteq B \Rightarrow (ST) \int_A f d\mu \leqslant (ST) \int_B f d\mu;$

(3) $\mu(A) = 0 \Rightarrow (ST) \int_A f d\mu = 0;$

(4) $(ST) \int a d\mu = a \Leftrightarrow S(x,y) = x \vee y.$

取 $S = \vee$, 则 (ST) 半模模糊积分即为 $(\vee T)$ 半模模糊积分, 我们有进一步的结论.

定理 3.2.13

$$(\vee T) \int_A f d\mu = \sup_{\alpha \in [0,1]} T[\alpha, \mu(A \cap F_\alpha)] = \sup_{E \in \Sigma} T\left[\inf_{x \in E} f(x), \mu(A \cap E)\right].$$

定理 3.2.14 (1) $(\vee T) \int (a \vee f) d\mu = a \vee (\vee T) \int f d\mu;$

(2) $(\vee T) \int a d\mu = a;$

(3) $(\vee T) \int \chi_A d\mu = \mu(A);$

(4) $(\vee T) \int_A f d\mu = (\vee T) \int (f \wedge \chi_A) d\mu;$

(5) $(\vee T) \int f d\mu = (\vee T) \int f^M d\mu,$

这里 $M = (\vee T) \int f d\mu, f^M = M \wedge f.$

注 3.2.15 关于半模模糊积分的收敛定理及由其定义的模糊测度, 有 Liu[14,15] 的讨论, 这里略去, 我们将在下一节其进一步的推广形式——广义半模模糊积分那里给出.

3.3 广义半模模糊积分

吴从炘等[41,42,44] 引入一种更广义的运算——广义三角模, 以此为基础定义了广义模糊积分, 本节进一步推广广义模糊积分为广义半模模糊积分使得前述模糊积分、(N) 模糊积分及 (∨T) 半模模糊积分成为特款, 包括广义半模模糊积分的定义与性质、广义收敛定理、模糊测度序列的弱收敛、水平收敛定理、表示定理, 由广义模糊积分定义的模糊测度等.

3.3.1 定义与性质

我们首先给出广义三角模和广义模糊积分的概念.

定义 3.3.1 设 $D = [0, \infty] \times [0, \infty] - \{(0, \infty), (\infty, 0)\}$, 映射 $S : D \to [0, \infty]$ 及条件:

(1) 有边界: $\forall x \in [0, \infty), S[0, x] = S[x, 0] = 0$;

(2) 有恒等元: $\exists e \in (0, \infty]$, 使 $S[e, x] = S[x, e] = x, \forall x \in (0, \infty)$, e 称为 S 的恒等元;

(3) 单调性: $\forall (x_i, y_i) \in D \, (i = 1, 2), x_1 \leqslant x_2, y_1 \leqslant y_2 \Longrightarrow S[x_1, y_1] \leqslant S[x_2, y_2]$;

(4) 对称性: $S[x, y] = S[y, x], \forall (x, y) \in D$;

(5) 半连续性: $\forall \{(x_n, y_n)\} \subset D, (x, y) \in D, x_n \uparrow x, y_n \downarrow y \Longrightarrow S[x_n, y_n] \to S[x, y]$;

(6) 连续性: $\forall \{(x_n, y_n)\} \subset D, (x, y) \in D, x_n \to x, y_n \to y \Longrightarrow S[x_n, y_n] \to S[x, y]$.

若 S 满足 (1), (3), 则称为广义三角半模;

若 S 满足 (1)—(4), 则称为广义三角模;

若 S 满足 (5), 则称是半连续的;

若 S 满足 (6), 则称是连续的.

注 3.3.2 半连续的广义三角模是 [44] 中的广义三角模.

性质 3.3.3 若 S 是半连续的广义三角模, 则下列陈述等价:

(1) $\forall \{(x_n, y_n)\} \subset D, (x, y) \in D, x_n \downarrow x, y_n \uparrow y \Longrightarrow S[x_n, y_n] \to S[x, y]$;

(2) $\forall \{(x_n, y_n)\} \subset D, (x, y) \in D, x_n \uparrow x, y_n \downarrow y \Longrightarrow S[x_n, y_n] \to S[x, y]$;

(3) $\forall \{(x_n, y_n)\} \subset D, (x, y) \in D, x_n \to x, y_n \to y \Longleftrightarrow S[x_n, y_n] \to S[x, y]$.

证明 由 S 的对称性知 (1)⇔(2). 又 (3)⟹(2) 是直接的, 只需证 (2)⟹(3). 取 $\{(x_n, y_n)\} \subset D, (x, y) \in D$.

若 $x_n \uparrow x$, 则对一切 y, 由 S 的半连续性有 $S[x_n, y] \uparrow S[x, y]$. 又由 S 的对称性可知, 若 $y_n \uparrow y$, 则有 $S[x, y_n] \uparrow S[x, y]$ 对一切 x 成立. 因而由 S 的单调性知, 当 $x_n \uparrow x, y_n \uparrow y$ 时, 有 $S[x_n, y_n] \uparrow S[x, y]$. 同理, 当 $x_n \downarrow x, y_n \downarrow y$ 时, 有 $S[x_n, y_n] \downarrow S[x, y]$. 由 S 的单调性, 若 $x_n \to x, y_n \to y$, 则有

$$S[x, y] = S\left[\lim_{n \to \infty} \inf x_n, \lim_{n \to \infty} \inf y_n\right] \leqslant \lim_{n \to \infty} \inf S[x_n, y_n]$$

$$\leqslant \lim_{n\to\infty} \sup S\left[x_n, y_n\right] \leqslant S\left[\lim_{n\to\infty} \sup x_n, \lim_{n\to\infty} \sup y_n\right]$$
$$= S\left[x, y\right],$$

此即 $S\left[x_n, y_n\right] \to S\left[x, y\right]$. 证毕.

注 3.3.4 对于广义三角模, 半连续等价于连续.

定义 3.3.5 设 (X, Σ, μ) 是模糊测度空间, S 是广义三角半模, $f \in F^+(X)$, 则 f 在 $A \in \Sigma$ 上关于 μ 的广义半模模糊积分为

$$(\text{G}) \int_A f d\mu = \sup_{s \leqslant f} Q_A(s, \mu).$$

此处 $s = \sum_{i=0}^{n} \alpha_i \cdot \chi_{A_i}, \alpha_i > 0\,(i \geqslant 1), \alpha_i \neq \alpha_j\,(i \neq j), A_i \in \Sigma\,(i \geqslant 1)$, χ_{A_i} 是 A_i 的特征函数, 而 $Q_A(s, \mu) = \bigvee_{1 \leqslant i \leqslant n} S[\alpha_i, \mu(A \cap A_i)]$, 规定 $\vee \{i | i \in \varnothing\} = 0$.

当 $A = X$ 时, 简记 $(\text{G}) \int_A f d\mu$ 为 $(\text{G}) \int f d\mu$.

定理 3.3.6 对于广义半模模糊积分, 有以下等价表达形式, 即

$$(\text{G}) \int_A f d\mu = \sup_{\alpha \geqslant 0} S[\alpha, \mu(A \cap (f \geqslant \alpha))]$$
$$= \sup_{E \in \Sigma, \inf f(x) > 0, x \in E} S\left[\inf_{x \in E} f(x), \mu(A \cap E)\right].$$

若进一步, S 还是连续的, 则有

$$(\text{G}) \int_A f d\mu = \sup_{\alpha \geqslant 0} S\left[\alpha, \mu(A \cap (f > \alpha))\right],$$

此处 $(f \geqslant \alpha) = \{x \in X | f(x) \geqslant \alpha\}$, $(f > \alpha) = \{x \in X | f(x) > \alpha\}$.

定理 3.3.7 广义半模模糊积分具有下列性质:

(1) $f_1 \leqslant f_2 \Rightarrow (\text{G}) \int_A f_1 d\mu \leqslant (\text{G}) \int_A f_2 d\mu$;

(2) $\mu(A) = 0 \Rightarrow (\text{G}) \int_A f d\mu = 0$;

(3) $\int_A f d\mu = \int f \cdot \chi_A d\mu$;

(4) $(\text{G}) \int_A c d\mu = S[c, \mu(A)], c \in [0, \infty]$;

(5) $(G)\int_A (c\vee f)d\mu = (G)\int_A cd\mu \vee (G)\int_A fd\mu;$

(6) $A\subset B \Rightarrow (G)\int_A fd\mu \leqslant (G)\int_B fd\mu;$

(7) $f_1 \leqslant f_2, \mu_1 \leqslant \mu_2 \Rightarrow (G)\int_A f_1 d\mu_1 \leqslant (G)\int_B f_2 d\mu_2.$

推论 3.3.8　(1) $(G)\int_A (f_1\vee f_2)d\mu \geqslant (G)\int_A f_1 d\mu \vee (G)\int_A f_2 d\mu;$

(2) $(G)\int_A (f_1\wedge f_2)d\mu \leqslant (G)\int_A f_1 d\mu \wedge (G)\int_A f_2 d\mu;$

(3) $(G)\int_{A\cap B} fd\mu \leqslant (G)\int_A fd\mu \wedge (G)\int_B fd\mu;$

(4) $(G)\int_{A\cup B} fd\mu \geqslant (G)\int_A fd\mu \vee (G)\int_B fd\mu;$

(5) $\mu_1 \leqslant \mu_2 \Rightarrow (G)\int_A fd\mu_1 \leqslant (G)\int_A fd\mu_2;$

(6) $(G)\int_A \left(\bigvee_{n=1}^{\infty} f_n\right)d\mu \geqslant \bigvee_{n=1}^{\infty} (G)\int_A f_n d\mu;$

(7) $(G)\int_A \left(\bigwedge_{n=1}^{\infty} f_n\right)d\mu \leqslant \bigwedge_{n=1}^{\infty} (G)\int_A f_n d\mu;$

(8) $(G)\int_{\bigcup_{n=1}^{\infty} A_n} fd\mu \geqslant \bigvee_{n=1}^{\infty} (G)\int_{A_n} fd\mu;$

(9) $(G)\int_{\bigcap_{n=1}^{\infty} A_n} fd\mu \leqslant \bigwedge_{n=1}^{\infty} (G)\int_{A_n} fd\mu.$

定理 3.3.9　设 μ 是模糊可加的模糊测度, 且 S 对 $\vee$ 具有分配律, 即对 $\forall a,b,c\in[0,+\infty]$, 有 $S[a,b\vee c]=S[a,b]\vee S[a,c]$, 则

$$(G)\int_A (f\vee g)d\mu = (G)\int_A fd\mu \vee (G)\int_A gd\mu.$$

证明　由定理 3.3.6, 有

$$(G) \int_A (f \vee g) d\mu = \sup_{\alpha \geqslant 0} S[\alpha, \mu(A \cap (f \vee g) \geqslant \alpha)]$$

$$= \sup_{\alpha \geqslant 0} S[\alpha, \mu(A \cap ((f \geqslant \alpha) \cup (g \geqslant \alpha)))]$$

$$= \sup_{\alpha \geqslant 0} S[\alpha, \mu(A \cap (f \geqslant \alpha)) \vee \mu(A \cup (g \geqslant \alpha))]$$

$$= \sup_{\alpha \geqslant 0} S[\alpha, \mu(A \cap (f \geqslant \alpha))] \vee S[\alpha, \mu(A \cap (g \geqslant \alpha))]$$

$$= \sup_{\alpha \geqslant 0} S[\alpha, \mu(A \cap (f \geqslant \alpha))] \vee \sup_{\alpha \geqslant 0} S[\alpha, \mu(A \cap (g \geqslant \alpha))]$$

$$= (G) \int_A f d\mu \vee (G) \int_A g d\mu.$$

证毕.

定理 3.3.10 若 μ 是零可加的, 则对一切 $f_1, f_2 \in F^+(X)$ 且 $f_1 = f_2$ a.e. 有 $(G) \int f_1 d\mu = (G) \int f_2 d\mu$; 反之, 设 S 具有恒等元, 若对一切 $f_1, f_2 \in F^+(X)$ 且 $f_1 = f_2$ a.e. 都有 $(G) \int_X f_1 d\mu = (G) \int_X f_2 d\mu$, 则 μ 是零可加的.

定理 3.3.11(积分转化定理) 设 $f \in F^+(X)$, 若 S 是连续的且具有对称性, 则

$$(G) \int_A f d\mu = (G) \int_0^\infty \mu(A \cap (f \geqslant \alpha)) \, d\lambda,$$

其中 λ 为 Lebesgue 测度, 右侧的积分 $\int_0^\infty$ 仍为广义半模模糊积分.

证明 见 [41, 44].

3.3.2 收敛定理

本节中恒设 S 为连续的有恒等元的广义三角半模.

定理 3.3.12 设 $\mu \in M(X)$. 则对一切 $\{f_n (n \geqslant 1), f\} \subset F^+(X)$, $f_n \xrightarrow{\mu} f$ 蕴含 $(G) \int_A f_n d\mu \to (G) \int_A f d\mu$ 的充要条件是

(1) μ 是自连续的;

(2) $S\left[\dfrac{1}{n}, \infty\right] \to 0$ 或 $\inf\limits_{\mu(A)>0, A\in\Sigma} \mu(A) > 0$.

证明 同 [42] 定理 7.1.

定理 3.3.13(单调递增收敛定理) 设 $\{f_n (n \geqslant 1), f\} \subset F^+(X)$, μ 是下半连

续的模糊测度. 若 $f_n \uparrow f$, 则

$$(\mathrm{G}) \int f_n d\mu \uparrow (\mathrm{G}) \int f d\mu.$$

证明   由积分的单调性, 显然有 $(\mathrm{G}) \int f_n d\mu \uparrow$. 记

$$a = \lim_{n \to \infty} (\mathrm{G}) \int f_n d\mu, \text{则 } a \leqslant (\mathrm{G}) \int f d\mu.$$

若 $a = \infty$ 或 $f = 0$, 则结论显然成立. 以下设 $a < \infty$ 或 $f > 0$.

对任意 $s, 0 < s \leqslant f, s = \sum_{i=0}^{k} \alpha_i \cdot \chi_{A_i}, \alpha_i \neq \alpha_j (i \neq j), \bigcup_{i=1}^{k} A_i = X, A_i \in$
$\Sigma (i = 1, 2, \cdots, k)$, 设 $c \in (0,1)$, 令 $E_n = \{x | f_n(x) \geqslant cs(x)\}$, 则 $E_n \uparrow X$.

由积分的单调性, 有

$$a \geqslant (\mathrm{G}) \int f_n d\mu \geqslant (\mathrm{G}) \int_{E_n} f_n d\mu$$
$$\geqslant (\mathrm{G}) \int_{E_n} cs(x) d\mu \geqslant (\mathrm{G}) \bigvee_{i=1}^{k} S[c\alpha_i, \mu(A_i)].$$

令 $c \to 1$, 则 $a \geqslant \bigvee_{i=1}^{k} S[\alpha_i, \mu(A_i)]$. 由 s 的任意性, 有 $a \geqslant (\mathrm{G}) \int f d\mu$. 证毕.

定理 3.3.14(单调递减收敛定理)   设 $\{f_n (n \geqslant 1), f\} \subset F^+(X)$, μ 是上半连续的模糊测度且设 $\lim_{n \to \infty} S\left[\dfrac{1}{n}, \infty\right] \leqslant (\mathrm{G}) \int_A f d\mu$, 且对 $\forall \varepsilon > 0, \exists n_0 \in N$ 和 $\delta \in (0, \varepsilon)$, 满足 $\mu((f_{n_0} \geqslant c_0 + \delta) \cap A) < \infty$, 其中 $c_0 = \sup\left\{a > 0 \middle| S[a, \infty] \leqslant (\mathrm{G}) \int_A f d\mu\right\}$, 若 $f_n \downarrow f$, 则

$$(\mathrm{G}) \int_A f_n d\mu \downarrow (\mathrm{G}) \int_A f d\mu.$$

证明   类似 [14, 29] 中相应定理的证明.

定理 3.3.15(Fatou 引理)   设 $\{f_n\} \subset F^+(X)$, μ 是下半连续的模糊测度, 则

$$(\mathrm{G}) \int \liminf_{n \to \infty} f_n d\mu \leqslant \liminf_{n \to \infty} (\mathrm{G}) \int f_n d\mu.$$

证明   记 $g = \liminf_{n \to \infty} f_n, g_n = \inf_{k \geqslant n} g$, 由 f_n 的可测性, 可知 $g, g_n (n \geqslant 1)$ 均为可测函数, 且可看出 $g_n \uparrow g$. 由积分的单调性及定理 3.3.12, 有

$$(\mathrm{G}) \int_A g d\mu = (\mathrm{G}) \int_A \lim_{n \to \infty} f_n d\mu$$

$$= \lim_{n\to\infty} (\mathrm{G}) \int_A g_n d\mu \leqslant \lim_{n\to\infty} \inf_{k\geqslant n} (\mathrm{G}) \int f_k d\mu = \lim_{n\to\infty} \inf (\mathrm{G}) \int_A f_n d\mu.$$

证毕.

定理 3.3.16(Fatou 引理) 设 $\{f_n\} \subset F^+(X)$, μ 是上半连续的模糊测度. 若 $\lim\limits_{n\to\infty} S\left[\dfrac{1}{n},\infty\right] \leqslant (\mathrm{G}) \int_A \lim\limits_{n\to\infty} \sup f_n d\mu$, 且对 $\forall \varepsilon > 0, \exists n_0 \in N$ 和 $\delta \in (0,\varepsilon)$, 满足 $\mu\left(\left(\sup\limits_{n\geqslant n_0} f_n \geqslant c_0 + \delta\right) \cap A\right) < \infty$, 其中

$$c_0 = \sup\left\{ a > 0 \,\middle|\, S\,[a,\infty] \leqslant (\mathrm{G}) \int_A \lim_{n\to\infty} \sup f_n d\mu \right\},$$

则

$$\lim_{n\to\infty} \sup (\mathrm{G}) \int_A f_n d\mu \leqslant (\mathrm{G}) \int_A \lim_{n\to\infty} \sup f_n d\mu.$$

定理 3.3.17 设 $\{f_n\,(n\geqslant 1), f\} \subset F^+(X)$, μ 是连续的模糊测度, 且设 $\lim\limits_{n\to\infty} S\left[\dfrac{1}{n},\infty\right] \leqslant (\mathrm{G}) \int_A f d\mu$, 且对 $\forall \varepsilon > 0, \exists n_0 \in N$ 和 $\delta \in (0,\varepsilon)$, 满足 $\mu((f_{n_0} \geqslant c_0 + \delta) \cap A) < \infty$, 其中 $c_0 = \sup\left\{ a > 0 \,\middle|\, S\,[a,\infty] \leqslant (\mathrm{G}) \int_A f d\mu \right\}$, 若 $f_n \to f$, 则

$$\lim_{n\to\infty} (\mathrm{G}) \int_A f_n d\mu = (\mathrm{G}) \int f d\mu.$$

定理 3.3.18 设 $\{\mu_n\,(n\geqslant 1), \mu\} \subset M(X)$, S 有有限恒等元, 若对一切 $f \in F^+(X)$, 均有 $(\mathrm{G}) \int f d\mu_n \to (\mathrm{G}) \int f d\mu$, 则 $\mu_n \to \mu$.

证明 任取 $A \in \Sigma$, 令

$$f(x) = \begin{cases} e, & x \in A, \\ 0, & x \notin A, \end{cases}$$

则

$$(\mathrm{G}) \int f d\mu_n = (\mathrm{G}) \int_A e d\mu_n = \mu_n(A),$$

$$(\mathrm{G}) \int f d\mu = (\mathrm{G}) \int_A e d\mu = \mu(A),$$

故由 $(\mathrm{G}) \int f d\mu_n \to (\mathrm{G}) \int f d\mu$, 知 $\mu_n \to \mu$. 证毕.

定理 3.3.19　设 $\{\mu_n\,(n \geqslant 1)\,,\mu\} \subset M\,(X)$, $A \in \Sigma$ 且 $\mu_n \uparrow \mu$, 则对一切 $f \in F^+\,(X)$, 均有

$$(\mathrm{G})\int_A f d\mu_n \uparrow (\mathrm{G})\int_A f d\mu.$$

证明　由定理 3.3.12, 有

$$\lim_{n\to\infty}\int_A f d\mu_n = \bigvee_{n=1}^{\infty} (\mathrm{G})\int_A f d\mu_n.$$

$$= \bigvee_{n=1}^{\infty} \bigvee_{a\geqslant 0} S[\alpha,\mu_n\,(A\cap(f\geqslant\alpha))].$$

$$= \bigvee_{a\geqslant 0} \bigvee_{n=1}^{\infty} S[\alpha,\mu_n\,(A\cap(f\geqslant\alpha))].$$

由 S 的连续性和单调性, 进而

$$\text{上式} = \bigvee_{a\geqslant 0} S\left[\alpha, \bigvee_{n=1}^{\infty}\mu_n\,(A\cap(f\geqslant\alpha))\right].$$

$$= \bigvee_{a\geqslant 0} S[\alpha,\mu\,(A\cap(f\geqslant\alpha))].$$

$$= (\mathrm{G})\int_A f d\mu.$$

证毕.

定理 3.3.20　设 $\{\mu_n\,(n\geqslant 1)\,,\mu\}\subset M(X)$, $A \in \Sigma$ 且 $\mu_n\to\mu$. 若 $S\left[\dfrac{1}{n},\infty\right]\to 0\,(n\to\infty)$, 则对一切 $f \in F^+\,(X)$, 均有

$$(\mathrm{G})\int_A f d\mu_n \to (\mathrm{G})\int_A f d\mu.$$

证明　由广义模糊积分的转化定理 3.3.11, 有

$$(\mathrm{G})\int_A f d\mu_n = (\mathrm{G})\int_0^{\infty} \mu_n\,(A\cap(f\geqslant\alpha))\,d\lambda,$$

$$(\mathrm{G})\int_A f d\mu = (\mathrm{G})\int_0^{\infty} \mu\,(A\cap(f\geqslant\alpha))\,d\lambda.$$

记 $g_n\,(\alpha) = \mu_n\,(A\cap(f\geqslant\alpha))$, $g\,(\alpha) = \mu\,(A\cap(f\geqslant\alpha))$, 由 $\mu_n \to \mu$ 知 $g_n \to g$, 当然 $g_n \xrightarrow{\lambda} g$. 又 λ 是 Lebesgue 测度, 因而是自连续的. 由定理 3.3.12 可得 $(\mathrm{G})\displaystyle\int_0^{\infty} g_n\,(\alpha)\,dm \to (\mathrm{G})\int_0^{\infty} g\,(\alpha)\,dm.$ 证毕.

推论 3.3.21 在定理 3.3.20 的条件下, 若 $\mu_n \downarrow \mu$, 则

$$(\mathrm{G}) \int_A f d\mu_n \downarrow (\mathrm{G}) \int_A f d\mu.$$

推论 3.3.22 在定理 3.3.20 的条件下, 若 S 还具有有限恒等元, 则 $\mu_n \to \mu$ 等价于 $(\mathrm{G}) \int_A f d\mu_n \to (\mathrm{G}) \int_A f d\mu$ 对一切 $f \in F^+(X)$ 成立.

下面给出包含模糊测度序列的积分收敛定理, 这些定理被称为广义收敛定理.

定理 3.3.23 设 $\{\mu_n(n \geqslant 1), \mu\} \subset M(X), \{f_n(n \geqslant 1), f\} \subset F^+(X), \mu$ 是下半连续的, $A \in \Sigma$. 又若 $\mu_n \uparrow \mu, f_n \uparrow f$, 则

$$(\mathrm{G}) \int_A f_n d\mu_n \uparrow (\mathrm{G}) \int_A f d\mu.$$

证明 因 $\mu_n \uparrow \mu, f_n \uparrow f$, 所以 $\left\{ (\mathrm{G}) \int_A f_n d\mu_n \right\}$ 是单调增加的, 故 $\lim_{n \to \infty} \int_A f_n d\mu_n$ 存在. 又由 $f_n \uparrow f$, 有

$$(\mathrm{G}) \int_A f_n d\mu \uparrow (\mathrm{G}) \int_A f d\mu.$$

再由 $\mu_n \uparrow \mu$ 知

$$(\mathrm{G}) \int_A f d\mu_n \uparrow (\mathrm{G}) \int_A f d\mu.$$

记 $(\mathrm{G}) \int_A f d\mu = a.$

(1) 若 $a < \infty$, 且假设 $\lim_{n \to \infty} (\mathrm{G}) \int_A f_n d\mu_n < a$, 则 $\exists \varepsilon_0 > 0$, 使得

$$\lim_{n \to \infty} (\mathrm{G}) \int_A f_n d\mu_n < a - \varepsilon_0 < (\mathrm{G}) \int_A f d\mu.$$

由 $(\mathrm{G}) \int_A f d\mu = a$ 知 $\lim_{n \to \infty} (\mathrm{G}) \int_A f d\mu_n = a$, 从而 $\exists n_0 \in N$, 使得 $(\mathrm{G}) \int_A f d\mu_{n_0} > a - \varepsilon_0$, 进而 $\lim_{m \to \infty} (\mathrm{G}) \int_A f_m d\mu_{n_0} > a - \varepsilon_0$, 故又 $\exists m_0 \in N$, 使 $(\mathrm{G}) \int_A f_{m_0} d\mu_{n_0} > a - \varepsilon_0$. 取 $k = \max\{m_0, n_0\}$, 则 $(\mathrm{G}) \int_A f_k d\mu_k > a - \varepsilon_0$, 这与 $\lim_{n \to \infty} (\mathrm{G}) \int_A f_n d\mu_n < a$ 矛盾.

(2) 若 $a = \infty$, 则对 $\forall M > 0$, 有 $(\mathrm{G}) \int_A f d\mu > M$.

同理 $\exists k \in N$ 使 $(\mathrm{G}) \int_A f_k d\mu_k > M$, 故 $\lim_{n \to \infty} (\mathrm{G}) \int_A f_n d\mu_n = \infty$.

综上, 有

$$\lim_{n \to \infty} (G) \int_A f_n d\mu_n = (G) \int_A f d\mu.$$

证毕.

定理 3.3.24　设 $\{\mu_n (n \geqslant 1), \mu\} \subset M(X), \{f_n (n \geqslant 1), f\} \subset F^+(X), A \in \Sigma.$ 又设 $S\left[\dfrac{1}{n}, \infty\right] \to 0 (n \to \infty)$, μ 是上半连续的, 且对 $\forall \varepsilon > 0, \exists n_0 \in N$ 和 $\delta \in (0, \varepsilon)$, 满足 $\mu((f_{n_0} \geqslant c_0 + \delta) \cap A) < \infty$, 其中 $c_0 = \sup\left\{a > 0 \,\middle|\, S[a, \infty] \leqslant (G)\int_A f d\mu\right\}$, 则 $\mu_n \downarrow \mu, f_n \downarrow f$ 蕴含

$$(G) \int_A f_n d\mu_n \downarrow (G) \int_A f d\mu.$$

定理 3.3.25　设 $\left\{\mu_n (n \geqslant 1), \liminf\limits_{n \to \infty} \mu_n\right\} \subset M(X), \{f_n\} \subset F^+(X), A \in \Sigma.$ 若 $\liminf\limits_{n \to \infty} \mu_n$ 是下半连续的, 则

$$(G) \int_A \left(\liminf_{n \to \infty} f_n\right) d\left(\liminf_{n \to \infty} \mu_n\right) \leqslant \liminf_{n \to \infty} (G) \int_A f_n d\mu_n.$$

证明　记 $g_n = \bigwedge\limits_{k=n}^{\infty} f_k, g = \liminf\limits_{n \to \infty} f_n$, 则 $g_n \uparrow g$. 又记 $\gamma_n = \bigwedge\limits_{k=n}^{\infty} \mu_k, \gamma = \liminf\limits_{n \to \infty} \mu_n$, 则 $\gamma_n \uparrow \gamma$. 由题设条件, 可以应用定理 3.3.23, 故

$$(G) \int_A \left(\liminf_{n \to \infty} f_n\right) d\left(\liminf_{n \to \infty} \mu_n\right) = (G) \int_A g d\gamma$$

$$= (G) \int_A \lim_{n \to \infty} g_n d \lim_{n \to \infty} \gamma_n$$

$$= \lim_{n \to \infty} (G) \int_A g_n d\gamma_n$$

$$= \lim_{n \to \infty} (G) \int_A \bigwedge_{k=n}^{\infty} f_k d \bigwedge_{k=n}^{\infty} \mu_k$$

$$\leqslant \lim_{n \to \infty} \bigwedge_{k=n}^{\infty} (G) \int_A f_k d\mu_k$$

$$= \liminf_{n \to \infty} (G) \int_A f_n d\mu_n.$$

证毕.

定理 3.3.26 设 $\left\{\mu_n\,(n\geqslant 1),\,\lim\limits_{n\to\infty}\sup\mu_n\right\}\subset M\,(X),\,\{f_n\}\subset F^+(X),\,A\in$

$\Sigma.$ 又设 $S\left[\dfrac{1}{n},\infty\right]\to 0\,(n\to\infty),\,\lim\limits_{n\to\infty}\sup\mu_n$ 是上半连续的, 且对 $\forall\varepsilon>0,\exists n_0\in$

N 和 $\delta\in(0,\varepsilon)$, 满足 $\lim\limits_{n\to\infty}\sup\left(\mu_n\left(\sup\limits_{k\geqslant n_0}f_k\geqslant c_0+\delta\right)\cap A\right)<\infty,$ 其中

$$c_0=\sup\left\{a>0\,\middle|\,S\,[a,\infty]\leqslant (\mathrm{G})\int_A\left(\lim\limits_{n\to\infty}\sup f_n\right)d\left(\lim\limits_{n\to\infty}\sup\mu_n\right)\right\},$$

则

$$\lim\limits_{n\to\infty}\sup (\mathrm{G})\int_A f_n d\mu_n\leqslant (\mathrm{G})\int_A\left(\lim\limits_{n\to\infty}\sup f_n\right)d\left(\lim\limits_{n\to\infty}\sup\mu_n\right).$$

定理 3.3.27 在定理 3.3.25 和定理 3.3.26 的共同条件下, 若 $f_n\to f,\mu_n\to\mu$, 则

$$(\mathrm{G})\int_A f_n d\mu_n\to (\mathrm{G})\int_A f d\mu.$$

注 3.3.28 在上述各广义收敛定理中, 若令 $\mu_n=\mu$ 或 $f_n=f\,(n\geqslant 1)$, 则各广义收敛定理就是前文的几个收敛定理, 同时还可以得到关于模糊测度序列上、下极限的 Fatou 引理.

3.3.3 模糊测度序列在广义半模模糊积分意义下的弱收敛

下面我们给出模糊测度序列在广义模糊积分意义下的弱收敛概念并加以讨论, 这里我们约定 S 是具有有限恒等元 e 的连续广义三角半模.

定义 3.3.29 设 $(X,d,B\,(X))$ 是可测度量空间, 其中 $B\,(X)$ 是 X 的 Borel 域. 设其上有限连续模糊测度全体记为 $M\,(X)$, 对于每一个 $\mu\in M\,(X)$, 取全体下述形式的集合作为 μ 点的邻域基:

$$\left\{\gamma\in M\,(X):\left|(\mathrm{G})\int_X f_i d\gamma-(\mathrm{G})\int_X f_i d\mu\right|<\varepsilon,i=1,2,\cdots,k\right\},$$

其中 $\varepsilon>0,k$ 为任一整数, $f_i\in C_b^+(X)\,(X$ 上非负有界连续函数组成的空间), $i=1,2,\cdots,k$, 这便产生了 $M\,(X)$ 上的一个拓扑, 称之为 $M\,(X)$ 上的弱收敛拓扑. 如果 $M\,(X)$ 中的序列 $\{\mu_n\}$ 在弱收敛拓扑下收敛于μ, 则我们就说它弱收敛于 μ, 记为 $\mu_n\Longrightarrow\mu$.

性质 3.3.30 $\mu_n\Longrightarrow\mu$ 等价于对一切 $f\in C_b^+(X)$ 均有 $(\mathrm{G})\displaystyle\int_X f d\mu_n\to$ $(\mathrm{G})\displaystyle\int_X f d\mu.$

引理 3.3.31[46] 设 $T\subset X$, 则对每一个 $f\in C_b^+(T)$ 都存在 f 的延拓 $g\in$ $C_b^+(X).$

定理 3.3.32　设 $\{\mu_n\,(n \geqslant 1)\,,\mu\} \subset M\,(X)$, 若 $\mu_n \Longrightarrow \mu$, 则 $\mu_n\,(X) \to \mu\,(X)$, 且对任意闭集 F 都有 $\lim\limits_{n \to \infty} \sup \mu_n\,(F) \leqslant \mu\,(F)$.

证明　首先取 $f = e(S$ 的恒等元$)$, 则

$$(\mathrm{G})\int_X f d\mu_n = \mu_n\,(X)\,, \quad (\mathrm{G})\int_X f d\mu = \mu\,(X)\,.$$

因为 $f \in C_b^+\,(X)$, 则 $\mu_n\,(X) \to \mu\,(X)$.

现在设 F 为 X 的任一闭子集, 令 $G_k = \left\{x \Big| d\,(x,F) < \dfrac{1}{k}\right\}$, 则 $G_k \downarrow F$. 由 μ 的连续性可知, 对 $\forall \varepsilon > 0$, 必存在 k, 使 $\mu\,(G_k) < \mu\,(F) + \varepsilon$, 令

$$f^k\,(x) = \begin{cases} e, & x \in F, \\ 0, & x \in G_k^{\mathrm{c}}. \end{cases}$$

显然 $f^k \in C_b^+\,(F \cup G_k^c)$, 由上述引理, f^k 可以延拓成 $\widetilde{f^k} \in C_b^+\,(X)$, 且满足 $0 \leqslant \widetilde{f^k} \leqslant e$, 于是

$$\mu_n\,(F) = (\mathrm{G})\int_F f^k\,(x)\,d\mu_n \leqslant (\mathrm{G})\int_X \widetilde{f^k}\,(x)\,d\mu_n,$$

从而

$$\lim\limits_{n \to \infty} \sup \mu_n\,(F) \leqslant (\mathrm{G})\int_X \widetilde{f^k}\,(x)\,d\mu \leqslant (\mathrm{G})\int_X \chi_{G_k} \cdot e d\mu = \mu\,(G_k) < \mu\,(F) + \varepsilon.$$

由 ε 的任意性, 有

$$\lim\limits_{n \to \infty} \sup \mu_n\,(F) \leqslant \mu\,(F)\,.$$

证毕.

定理 3.3.33　设 $\{\mu_n\,(n \geqslant 1)\,,\mu\} \subset M\,(X)$, 若 $\mu_n \Longrightarrow \mu$, 则 $\mu_n\,(X) \to \mu\,(X)$, 且对任意开集 G, 都有 $\lim\limits_{n \to \infty} \inf \mu_n\,(G) \geqslant \mu\,(G)$.

证明　$\mu_n\,(X) \to \mu\,(X)$ 的证明与定理 3.3.32 相同.

对 X 的任意开子集 G, 取 X 的闭子集 $F_n\,(n \geqslant 1)\,, F_n \subset G, F_n \uparrow G$. 对每个固定的 k, 取函数

$$f_k\,(x) = \begin{cases} e, & x \in F_k, \\ 0, & x \in G^c. \end{cases}$$

同理, f_k 可延拓成 X 上的函数 $\widetilde{f_k} \in C_b^+\,(X)$, 且 $0 \leqslant \widetilde{f_k} \leqslant e$. 故

$$\mu_n\,(G) \geqslant (\mathrm{G})\int_X \widetilde{f_k} d\mu_n.$$

从而 $\lim\limits_{n\to\infty}\inf\mu_n(G) \geqslant (G)\displaystyle\int_X \widetilde{f}_k d\mu \geqslant (G)\displaystyle\int_X f_k d\mu = \mu(F_k)$. 由 μ 的连续性, 令 $k \to \infty$, 则

$$\lim\limits_{n\to\infty}\inf\mu_n(G) \geqslant \mu(G).$$

证毕.

注 3.3.34 因为定理 3.3.32、定理 3.3.33 的结论之间是不等价的 (这与经典测度论中相应结论不同), 故定理 3.3.33 也需证明.

定义 3.3.35 设 $\mu \in M(X)$, 可测集 $A \in B(X)$ 称为μ-连续集, 若 $\mu(\dot{A}) = \mu(A) = \mu(\bar{A})$, 这里 $\dot{A}$ 表示其开核, $\bar{A}$ 表示其闭包.

定理 3.3.36 设 $\{\mu_n (n \geqslant 1), \mu\} \subset M(X)$, 若 $\mu_n \Longrightarrow \mu$, 则对每一个$\mu$-连续集 A, 都有 $\lim\limits_{n\to\infty}\mu_n(A) = \mu(A)$.

证明 由定理 3.3.32、定理 3.3.33 及模糊测度的单调性, 有

$$\mu(\dot{A}) \leqslant \lim\limits_{n\to\infty}\inf\mu_n(A) \leqslant \lim\limits_{n\to\infty}\sup\mu_n(A) \leqslant \lim\limits_{n\to\infty}\sup\mu_n(\bar{A})$$
$$\leqslant \mu(A).$$

由 A 是μ-连续集知, $\mu(\dot{A}) = \mu(\bar{A})$, 从而 $\lim\limits_{n\to\infty}\mu_n(A)$ 存在且等于 $\mu(A)$. 证毕.

推论 3.3.37 设 $\mu_1, \mu_2 \in M(X)$, 且对 $\forall f \in C_b^+(X)$, 有 $(G)\displaystyle\int_X f d\mu_1 = (G)\displaystyle\int_X f d\mu_2$, 则

(1) 对任意开集 G, 有 $\mu_1(G) = \mu_2(G)$;

(2) 对任意闭集 F, 有 $\mu_1(F) = \mu_2(F)$.

证明 只证 (1), 因为 (2) 是同理的. 令 $\hat{\mu}_n = \mu_1(n \geqslant 1)$, 则 $\hat{\mu}_n \Rightarrow \mu_2$, 故对任意开集 G 有

$$\mu_1(G) = \lim\limits_{n\to\infty}\inf\hat{\mu}_n(G) \geqslant \mu_2(G).$$

注意 μ_1 与 μ_2 的地位是相同的, 故还有 $\mu_1(G) \leqslant \mu_2(G)$, 因而 $\mu_1(G) = \mu_2(G)$. 证毕.

定义 3.3.38 设 $\mu \in M(X), A \in B(X)$, 若

$$\mu(A) = \sup\{(F) | F \subset A, F\text{是闭集}\} = \inf\{\mu(G) | G \supset A, G\text{为开集}\},$$

则称 A 是 μ-正则的. 若一切 $A \in B(X)$ 均是 μ-正则的, 则称 μ 是正则模糊测度.

推论 3.3.39 若 $\mu_1, \mu_2 \in M(X)$ 是正则的, 则 $\mu_1 = \mu_2$ 当且仅当对一切 $f \in C_b^+(X)$, 有 $(G)\displaystyle\int_X f d\mu_1 = (G)\displaystyle\int_X f d\mu_2$.

推论 3.3.40　设 $\{\mu_n\,(n \geqslant 3),\mu_1,\mu_2\} \subset M(X)$, 且 μ_1,μ_2 是正则的, 则 $\mu_n \Rightarrow$ $\mu_1, \mu_n \Rightarrow \mu_2$ 蕴含 $\mu_1 = \mu_2$.

此推论说明, 对正则模糊测度而言, 其弱收敛的极限是唯一的.

最后, 我们给出一个关于模糊测度序列各种收敛之间关系的定理.

定理 3.3.41　设 $S\left[\dfrac{1}{n},\infty\right] \to 0\,(n \to \infty),\{\mu_n\,(n \geqslant 1),\mu\} \subset M(X)$, 则

$$\mu_n \overset{u}{\to} \mu \Rightarrow \mu_n \to \mu \Rightarrow \mu_n \Rightarrow \mu.$$

3.3.4　广义半模模糊积分的水平收敛定理

本节始终假设 (X,Σ,μ) 是连续模糊测度空间, S 是连续的有恒等元的广义三角半模.

定义 3.3.42[23]　设 $^- : \Sigma \to \Sigma, A \to \bar{A}$ 是一映射, 如果满足性质

(1) $A \subset \bar{A}, \forall A \in \Sigma$;

(2) $\bar{\bar{A}} = \bar{A}, \forall A \in \Sigma$;

(3) $A, B \in \Sigma, A \subset B \Rightarrow \bar{A} \subset \bar{B}$,

则 "$^-$" 被称为 Moore 意义下的闭包算子.

定义 3.3.43[23]　设 $\{A_n\,(n \geqslant 1),A\} \subset \Sigma$, 则 $\{A_n\}$ 的上极限、下极限分别为

$$\lim_{n \to \infty} \sup A_n = \bigcap_{n=1}^{\infty} \overline{\left[\bigcup_{k=n}^{\infty} A_k\right]}.$$

$$\lim_{n \to \infty} \inf A_n = \bigcup_{n=1}^{\infty} \overline{\left[\bigcap_{k=n}^{\infty} A_k\right]}.$$

如果 $A = \lim\limits_{n \to \infty} \sup A_n = \lim\limits_{n \to \infty} \inf A_n$, 则称 $\{A_n\}$ 收敛于 A, 简记为 $\lim\limits_{n \to \infty} A_n = A$ 或 $A_n \to A$.

定义 3.3.44　设 $\{f_n\,(n \geqslant 1),f\} \subset F^+(X)$, 如果对一切 $\alpha > 0$, 均有 $(f_n \geqslant \alpha) \to (f \geqslant \alpha)$, 则称 $\{f_n\}$ 水平收敛于 f, 记为 $f_n \overset{L}{\to} f$.

定义 3.3.45　设 $\{f_n\,(n \geqslant 1),f\} \subset F^+(X)$, 若 $\mathrm{End}(f_n) \to \mathrm{End}(f)$, 则称 $\{f_n\}$ Γ-收敛于 f, 简记为 $f_n \overset{\Gamma}{\to} f$, 这里

$$\mathrm{End}(f) = \{(x,a)\,|\,f(x) \geqslant a\} \subset X \times [0,\infty],$$

$$\mathrm{End}(f_n) = \{(x,a)\,|\,f_n(x) \geqslant a\} \subset X \times [0,\infty].$$

关于可测函数列的各种收敛之间关系如下.

性质 3.3.46　若 $f_n \xrightarrow{L} f$, 且对 $\forall \alpha \in (0, \infty]$, 有 $(f_n \geqslant \alpha)\,(n \geqslant 1)$ 均是闭集, 则 $f_n \to f$; 若 μ 还是有限的, 则 $f_n \xrightarrow{\Gamma} f$.

性质 3.3.47　设 "$-$" 是恒等算子, 即 $A = \bar{A}$, 则 $f_n \xrightarrow{L} f$ 等价于 $f_n \xrightarrow{\Gamma} f$.

性质 3.3.48　设 $\{A_n\} \in \Sigma$, 且 $\mu(A_n) = \mu(\bar{A}_n)$. 若 $A_n \to A$, 且 $\exists n_0 \in N$, 使 $\mu\left(\bigcup\limits_{k=n_0}^{\infty} A_k\right) < \infty$, 则 $\mu(A_n) \to \mu(A)$.

下面给出本小节的主要结果.

定理 3.3.49(水平收敛定理)　设 $\{f_n\,(n \geqslant 1), f\} \subset F^+(X)$, 且对 $\forall \alpha \in (0, \infty]$, 有 $\mu((f_n \geqslant \alpha)) = \mu(\overline{(f_n \geqslant \alpha)})$, $(f \geqslant \alpha) = \overline{(f \geqslant \alpha)}$. 又设 $\mu\left(\bigcup\limits_{n=1}^{\infty} (f_n > 0)\right) < \infty$, 则在 S 满足 $S\left[\dfrac{1}{n}, \infty\right] \to 0\,(n \to \infty)$ 的条件下, $f_n \xrightarrow{L} f$ 蕴含 $\int f_n d\mu \to \int f d\mu$.

证明　由 $f_n \xrightarrow{L} f$, 则对 $\forall \alpha > 0$, 有 $(f_n \geqslant \alpha) \to (f \geqslant \alpha)$, 进而由性质 3.3.48, 有 $\mu(f_n \geqslant \alpha) \to \mu(f \geqslant \alpha)$, 由积分转化定理 (定理 3.3.11) 有

$$(G) \int f_n d\mu = (G) \int_0^\infty \mu((f_n \geqslant \alpha)) d\lambda,$$

$$(G) \int f d\mu = (G) \int_0^\infty \mu((f \geqslant \alpha)) d\lambda.$$

这里 λ 是 Lebesgue 测度, 因而它是自连续的.

进而由广义模糊积分的依测度收敛定理有

$$(G) \int_0^\infty \mu((f_n \geqslant \alpha)) d\lambda \to (G) \int_0^\infty \mu((f \geqslant \alpha)) d\lambda.$$

从而定理得证. 证毕.

用水平收敛定理可以刻画模糊测度的连续性. 如果广义模糊积分中的模糊测度不考虑连续性, 则我们有下面的定理.

定理 3.3.50　设 μ 是有限模糊测度, "$-$" 是恒等闭包算子. 若 S 的恒等元 e 有限, 且满足条件 $S\left[\dfrac{1}{n}, \infty\right] \to 0\,(n \to \infty)$, 则下面两个陈述等价:

(1) μ 是连续的;

(2) $f_n \xrightarrow{L} f$ 蕴含 $(G) \int f_n d\mu \to (G) \int f d\mu$.

证明　(1)$\Rightarrow$(2) 是定理 3.3.49 的结论, 往证 (2)$\Rightarrow$(1).

任取一单调可测集列 $\{A_n\} \subset B(X)$, 且 $A_n \to A$. 令

$$f_A(x) = \begin{cases} e, & x \in A, \\ 0, & x \notin A, \end{cases} \qquad f_{A_n}(x) = \begin{cases} e, & x \in A_n, \\ 0, & x \notin A_n. \end{cases}$$

则由 $A_n \to A$ 可知, 对 $\alpha > 0$, 有 $(f_n \geqslant \alpha) \to (f \geqslant \alpha)$, 从而 $f_{A_n} \overset{L}{\to} f$, 由已知条件就有 $(\mathrm{G}) \displaystyle\int_X f_{A_n} d\mu \to (\mathrm{G}) \int_X f_A d\mu$, 但

$$(\mathrm{G}) \int f_{A_n} d\mu = \mu(A_n), \quad (\mathrm{G}) \int f_A d\mu = \mu(A),$$

故 $\mu(A_n) \to \mu(A)$, 这就证明了 μ 的连续性. 证毕.

3.3.5 广义半模模糊积分的表示

设 (X, Σ) 是可测空间, S 是广义三角半模, 且满足对于 $\forall a, b, c \in [0, \infty]$: ① $a, b < \infty \Rightarrow S[a, b] < \infty$; ② $S[a + b, c] \leqslant a + S[b, c]$. 这样的 S 是存在的, 如 "$\wedge$".

定义 3.3.51 函数 $f, g \in F^+(X)$ 称为共同单调的, 若对 $\forall x, y \in X$, 都有 $(f(x) - f(y))(g(x) - g(y)) \geqslant 0$.

定义 3.3.52 泛函 $I: F^+(X) \to [0, \infty)$ 称为共同单调 $\vee$-可加的, 如果 f, g 共同单调 $\Rightarrow I(f \vee g) = I(f) \vee I(g)$.

引理 3.3.53 设 f 是非负简单函数, 即 $f = \displaystyle\sum_{i=1}^{n} a_i \cdot \chi_{A_i}$, 这里

$$a_i \in (0, \infty], \quad A_i \in \Sigma, \quad i = 1, 2, \cdots, n, \quad A_i \cap A_j = \varnothing \quad (i \neq j).$$

(1) 若 $a_1 \geqslant a_2 \geqslant \cdots \geqslant a_n > 0$, 则

$$(\mathrm{G}) \int_X f d\mu = \bigvee_{i=1}^{n} S\left[\alpha_i, \mu\left(\bigcup_{j=1}^{i} A_j\right)\right].$$

(2) 若 $0 = a_0 \leqslant a_1 \leqslant a_2 \leqslant \cdots \leqslant a_n$, 则

$$(\mathrm{G}) \int_X f d\mu = \bigvee_{i=1}^{n} S\left[a_i, \mu\left(\bigcup_{j=i}^{n} A_j\right)\right].$$

定理 3.3.54(Riesz 表示定理) 设 $I: F^+(X) \to [0, \infty)$ 是具有下述性质的泛函:

(1) $f \leqslant g \to I(f) \leqslant I(g)$;

(2) I 共同单调 $\vee$-可加的;

(3) $I(a \cdot \chi_A) = S[a, I(e \cdot \chi_A)]$,

这里 $a \in [0, \infty)$, e 是 S 的恒等元, χ_A 是 $A \in \Sigma$ 的特征函数, 则存在模糊测度 μ, 使得

$$I(f) = (\mathrm{G}) \int f d\mu.$$

证明 令 $\mu(A) = I(e \cdot \chi_A)$, 由 (1), (3) 条件知是 μ 模糊测度. 下面证明 $I(f) = (G) \int f d\mu$, 分两步来完成.

第一步, 当 f 是简单函数的情形.

不失一般性, 设 $f = \sum\limits_{i=1}^{n} a_i \cdot \chi_{A_i}$, 其中 $a_i \in (0, \infty], A_i \in \Sigma, i = 1, 2, \cdots, n, A_i \cap A_j = \varnothing \, (i \neq j)$. 我们还假定 $a_1 \geqslant a_2 \geqslant \cdots \geqslant a_n > 0$, 用数学归纳法.

(1) 当 $n = 1$ 时, $f = a_i \cdot \chi_{A_i}$, 有

$$I(f) = I(a_i \cdot \chi_{A_i}) = S[a_i, I(e \cdot \chi_{A_i})]$$
$$= S[a_i, \mu(A_i)] = (G) \int_{A_i} a_i d\mu = (G) \int_X f d\mu,$$

故命题在 $n = 1$ 时成立.

(2) 假设命题在 $n - 1$ 时成立, 往证对 n 也成立. 由引理 3.3.53, 有

$$(G) \int f d\mu = \bigvee_{i=1}^{n-1} S\left[\alpha_i, \mu\left(\bigcup_{j=1}^{i} A_j\right)\right].$$

令简单函数

$$g = \sum_{i=1}^{n-1} \alpha_i \cdot \chi_{A_i}, \quad h = \alpha_n \cdot \chi_{\bigcup\limits_{j=1}^{i} A_j},$$

则 g, h 是共同单调的, 且 $f = g \vee h$. 由已知条件 (2) 及假设 (2), 有

$$I(f) = I(g \vee h) = I(g) \vee I(h)$$
$$= \left(\bigvee_{i=1}^{n-1} S\left[a_i, \mu\left(\bigcup_{j=1}^{i} A_j\right)\right]\right) \vee S\left[a_n, \mu\left(\bigcup_{j=1}^{i} A_j\right)\right].$$
$$= \bigvee_{i=1}^{n} S\left[a_i, \mu\left(\bigcup_{j=1}^{i} A_j\right)\right] = (G) \int f d\mu.$$

这样我们就完成了第一步的证明.

第二步, 设 $f : X \to [0, M]$ 是任一可测函数, M 是 f 的上确界, 考虑简单函数 $f_n = M \sum\limits_{k=1}^{2^n} \dfrac{k-1}{2^n} \cdot \chi_{E_n^k}$, $g_n = M \sum\limits_{k=1}^{2^n} \dfrac{k}{2^n} \cdot \chi_{E_n^k}$, 这里 $E_n^k = \left\{x \in X \,\middle|\, \dfrac{M(k-1)}{2^n} < f(x) \leqslant \dfrac{Mk}{2^n}\right\}$, $n = 1, 2, \cdots, k = 1, 2, \cdots, n$. 由此可以看出 $\{f_n\}$ 单调增加, $\{g_n\}$ 单调减少, 且 $f_n \leqslant f \leqslant g_n, n = 1, 2, \cdots$.

由第一步的证明, 我们有

$$I(g_n) - I(f_n)$$

$$= (G) \int g_n d\mu - (G) \int f_n d\mu.$$

$$= \bigvee_{k=1}^{2^n} S\left[\frac{k}{2^n}M, \mu\left(\bigcup_{i=k}^{2^n} E_n^i\right)\right] - \bigvee_{k=1}^{2^n} S\left[\frac{k-1}{2^n}M, \mu\left(\bigcup_{i=k}^{2^n} E_n^i\right)\right].$$

由 S 满足的性质, 有

$$S\left[\frac{k}{2^n}M, \mu\left(A_k\right)\right] \leqslant \frac{M}{2^n} + S\left[\frac{k-1}{2^n}M, \mu\left(A_k\right)\right],$$

这里 $A_k = \bigcup_{i=k}^{2^n} E_n^i$. 从而

$$\bigvee_k S\left[\frac{k}{2^n}M, \mu\left(A_k\right)\right] \leqslant \frac{M}{2^n} + \bigvee_k S\left[\frac{k-1}{2^n}M, \mu\left(A_k\right)\right].$$

故我们可以得到

$$0 \leqslant I(g_n) - I(f_n) \leqslant \frac{M}{2^n}.$$

令 $n \to \infty$, 则

$$\lim_{n\to\infty} \left(I(g_n) - I(f_n)\right) = 0. \tag{3.3.1}$$

由积分的单调性

$$(G) \int f_n d\mu \leqslant (G) \int f d\mu \leqslant (G) \int g_n d\mu \tag{3.3.2}$$

及第一步的证明, 有

$$(G) \int f_n d\mu = I(f_n) \leqslant I(f) \leqslant I(g_n) = (G) \int g_n d\mu. \tag{3.3.3}$$

由上述三个式子作比较, 可得

$$I(f) = (G) \int f d\mu.$$

证毕.

定义 3.3.55 设 (X, Σ, m) 是一个有限测度空间 (可加的), 如果 $f, g \in F^+(X)$ 满足 $m(f \geqslant \alpha) \leqslant m(g \geqslant \alpha)$ 对一切 $\alpha \in [0, \infty]$ 成立, 则称 f 随机小于 g, 记为 $f \prec g$.

显然 $f \leqslant g$ 蕴含 $f \prec g$, 反之则不然.

定理 3.3.56 设 $I : F^+(X) \to [0, \infty]$ 是具有下述性质的泛函:

(1) $f \prec g \Rightarrow I(f) \leqslant I(g)$;

(2) 是 I 共同单调 $\vee$-可加的;

(3) $I(a \cdot \chi_A) = S[a, I(e \cdot \chi_A)], a \in [0, \infty)$,

则存在一个扭曲测度 $\varphi(m)$ (即关于 m 的函数), 使得 I 表示成广义模糊积分

$$I(f) = (\mathrm{G}) \int_X f d\varphi(m).$$

证明 首先指出定理 3.3.54 中的条件被满足. 事实上, 若 $f \leqslant g$, 则 $f \prec g$, 进而 $I(f) \leqslant I(g)$, 因而定理 3.3.54 中 (1) 满足, 又 (2), (3) 是给出的, 故由定理 3.3.54 可知, 存在模糊测度 μ, 使得

$$I(f) = (\mathrm{G}) \int f d\mu, \quad f \in F^+(X).$$

往证存在扭曲函数 φ, 使 $\mu = \varphi(m)$. 为此, 先定义等价关系 $f \sim g \iff f \prec g, g \prec f$.

对于 $A, B \in \Sigma$, 且满足 $m(A) = m(B)$, 则 $\chi_A \sim \chi_B$. 进而可知 $I(e \cdot \chi_A) = I(e \cdot \chi_B)$, 此即 $\mu(A) = \mu(B)$. 这就指出了 $m(A) = m(B) \Rightarrow \mu(A) = \mu(B)$, 因而 μ 是 m 的函数, 不妨设为 φ, 即 $\mu = \varphi(m)$, 则

$$I(f) = (\mathrm{G}) \int f d\varphi(m).$$

证毕.

定理 3.3.57 设 $I : F^+(X) \to [0, \infty)$ 具有性质:

(1) $I(f \vee g) = I(f) \vee I(g)$;

(2) $I(a \cdot \chi_A) = S[a, I(e \cdot \chi_A)], a \in [0, \infty)$,

则存在一个模糊可加模糊测度 μ, 使

$$I(f) = (\mathrm{G}) \int f d\mu.$$

证明 由 (1) 知定理 3.4.54 中的条件被满足, 故存在 $\mu(A) = I(e \cdot \chi_A)$, 使 $I(f) = (\mathrm{G}) \int f d\mu$. 又由 (1) 及 μ 的定义, μ 自然具有模糊可加性. 证毕.

以下考虑值域为 $[0, \infty]$ 的模糊测度与广义模糊积分.

定义 3.3.58 设 (X, Σ, μ) 是模糊测度空间, $f \in F^+(X), A \in \Sigma$. 称

$$F : [0, \infty] \to [0, \infty], t \to F(t) = \mu(A \cap (f \geqslant t))$$

为 f 在 A 上关于 μ 的分布函数. 令

$$f^*(s) = \begin{cases} \sup\{t \geqslant 0 | F(t) = s\}, \\ t, \quad F(t^+) \leqslant s < F(t), \quad s \text{ 属于 } F \text{ 的值域}, \\ 0, \quad F(0) < s, \end{cases}$$

则称 f^* 为 f 的递减重排.

显然, $\mu(A \cap (f \geqslant t)) = \lambda(A \cap (f^* \geqslant t))$.

定理 3.3.59 设 S 是连续广义三角半模, 则对于 $f \in F^+(X)$, $A \in \Sigma$, 有

$$(\mathrm{G}) \int_A f d\mu = (\mathrm{G}) \int_0^\infty f^* d\lambda,$$

这里 λ 为 $[0, \infty]$ 上的 Lebesgue 测度.

定理 3.3.60(中值定理) 设 (X, Σ, μ) 是拓扑模糊测度空间, 即 X 上存在拓扑 J, 且 $\Sigma = \mathrm{Borel}(J)$. 若 $A \in \Sigma$ 是 X 的连通紧致子集, f 是 A 上的非负连续函数, S 是连续广义三角半模, 则存在 $\bar{x} \in A$, 使得

$$(\mathrm{G}) \int_A f d\mu = S[f(\bar{x}), \mu(A)].$$

证明 由 f 的连续性及 A 的紧致性, 可知 f 在 A 上有界, 即 $\exists m, M \in (0, \infty)$, 使 $m \leqslant f(x) \leqslant M, x \in A$. 由广义模糊积分的单调性, 有

$$S[m, \mu(A)] \leqslant (\mathrm{G}) \int_A f d\mu \leqslant S[M, \mu(A)].$$

又 S 是连续的, 故 $S[f(x), \mu(A)]$ 在 A 上连续, 从而

$$S[m, \mu(A)] \leqslant S[f(x), \mu(A)] \leqslant S[M, \mu(A)].$$

故存在 $\bar{x} \in A$, 使

$$(\mathrm{G}) \int_A f d\mu = S[f(\bar{x}), \mu(A)].$$

证毕.

定理 3.3.61 设 $f \in F^+(X)$, $A \in \Sigma$, 则等式

$$(\mathrm{G}) \int_A f d\mu = (\mathrm{G}) \int_A f^{\mu(A)} d\mu$$

成立的充要条件是: 对 $\forall \varepsilon > 0, \exists \alpha_0(\varepsilon) \in [0, \mu(A)]$, 使对一切 $\alpha > \mu(A)$, 都有 $S[\alpha_0, \mu((f \geqslant \alpha_0) \cap A)] > S[\alpha, \mu((f \geqslant \alpha_0) \cap A)] - \varepsilon$, 此处若使 $\alpha > \mu(A)$ 的 α 不存在, 则规定 $S[\varnothing, 0] = 0$, 这里 $f^{\mu(A)}(x) = \min\{\mu(A), f(x)\}$.

3.3.6 由广义半模模糊积分定义的模糊测度

给定模糊测度空间 (X, Σ, μ), 且 S 是连续的广义三角半模.

定理 3.3.62 设 $f \in F^+(X)$, 则由

$$\gamma(A) = (G)\int_A f d\mu, \quad \forall A \in \Sigma \tag{3.3.4}$$

定义的集函数是 Σ 上的模糊测度, 且称为由广义模糊积分定义的模糊测度.

下面来讨论 γ 的连续性与 μ 的连续性之关系.

定理 3.3.63 若 μ 是下半连续的, 则 γ 也是下半连续的.

证明 任取 $\{A_n(n \geqslant 1), A\} \subset \Sigma, A_n \uparrow A$, 由 μ 的下半连续性有 $\mu(A_n) \uparrow$ $\mu(A)$. 由广义模糊积分的单调性, 可知 $\{\gamma(A_n)\}$ 是单调增加的, 因而 $\lim\limits_{n \to \infty} \gamma(A_n)$ 存在, 不妨设其为 a, 则有 $a \leqslant \gamma(A)$.

假设 $a < \gamma(A)$, 则有

$$(G)\int_A f d\mu = \bigvee_{a \geqslant 0} S[\alpha, \mu((f \geqslant \alpha) \cap A)] > a,$$

从而 $\exists \alpha_0 \in [0, \infty]$, 使 $S[\alpha_0, \mu((f \geqslant \alpha_0) \cap A)] > a$.

由 $A_n \uparrow A$ 知, $A_n \cap (f \geqslant \alpha_0) \uparrow A \cap (f \geqslant \alpha_0)$, 进而 $\mu(A_n \cap (f \geqslant \alpha_0)) \uparrow$ $\mu(A \cap (f \geqslant \alpha_0))$, 从而

$$S[\alpha_0, \mu(A_n \cap (f \geqslant \alpha_0))] \uparrow S[\alpha_0, \mu(A \cap (f \geqslant \alpha_0))],$$

故可找到一个 n_0, 使 $S[\alpha_0, \mu((f \geqslant \alpha_0) \cap A_{n_0})] > a$, 这便与假设 $\gamma(A_n) \uparrow a$ 矛盾. 故 $a = \gamma(A)$, 此即为 $\gamma(A_n) \uparrow \gamma(A)$. 证毕.

定理 3.3.64 设 μ 是上半连续的, 且存在 $[0, \infty]$ 的可数稠密子集 $\{\alpha_i\}$, 使 得 $\mu(f \geqslant \alpha_i) < \infty, i \geqslant 1$, 则 γ 也是上半连续的.

证明 取 $\{A_n(n \geqslant 1), A\} \subset \Sigma$, 且 $A_n \downarrow A$, 若 $\gamma(A) < \infty$, 往证 $\gamma(A_n) \to$ $\gamma(A)$. 显然 $\lim\limits_{n \to \infty} \gamma(A_n)$ 存在, 且若设其为 a, 则 $a \geqslant \gamma(A)$.

若 $a > \gamma(A)$, 则 $\exists \varepsilon_0 > 0$, 使

$$(G)\int_A f d\mu = \bigvee_{a \geqslant 0} S[\alpha, \mu((f \geqslant \alpha) \cap A)] < a - \varepsilon_0,$$

从而对每个 $\alpha_i, i \geqslant 1$, 有 $S[\alpha_i, \mu((f \geqslant \alpha_i) \cap A)] < a - \varepsilon_0$. 由已知条件 $\mu(f \geqslant \alpha_i) < \infty$ 知, $\mu((f \geqslant \alpha_i) \cap A) < \infty$, 故由 μ 的连续性知 $\mu((f \geqslant \alpha_i) \cap A_n) \downarrow \mu((f \geqslant \alpha_i) \cap A)(n \to \infty)$. 由 S 的连续性, 有

$$S[\alpha_i, \mu((f \geqslant \alpha_i) \cap A_n)] \downarrow S[\alpha_i, \mu((f \geqslant \alpha_i) \cap A)].$$

进而, 对每个 $i \geqslant 1$, 总 $\exists n_i \in N$, 使

$$S\left[\alpha_i, \mu\left((f \geqslant \alpha_i) \cap A_{n_i}\right)\right] < a - \varepsilon_0,$$

取 $n_0 = \min\{n_i | i \geqslant 1\}$, 则 $A_{n_i} \subset A_{n_0}, i \geqslant 1$, 从而可以得到

$$\mu\left((f \geqslant \alpha_i) \cap A_{n_i}\right) \leqslant \mu\left((f \geqslant \alpha_i) \cap A_{n_0}\right).$$

进一步, 有

$$S\left[\alpha_i, \mu\left((f \geqslant \alpha_i) \cap A_{n_i}\right)\right] \leqslant S\left[\alpha_i, \mu\left((f \geqslant \alpha_i) \cap A_{n_0}\right)\right] < a - \varepsilon_0,$$

故 $\displaystyle\bigvee_{i=1}^{\infty} S\left[\alpha_i, \mu\left((f \geqslant \alpha_i) \cap A_{n_0}\right)\right] \leqslant a - \varepsilon_0.$

由 $\{\alpha_i\}$ 在 $[0, \infty]$ 中的稠密性, 不难看出

$$\gamma\left(A_{n_0}\right) = (\mathrm{G})\int_{A_{n_0}} f d\mu = \bigvee_{i=1}^{\infty} S\left[\alpha_i, \mu\left((f \geqslant \alpha_i) \cap A_{n_0}\right)\right] \leqslant a - \varepsilon_0.$$

这与假设 $\gamma(A_n) \downarrow a$ 矛盾, 从而 $\gamma(A_n) \downarrow \gamma(A)$. 证毕.

推论 3.3.65　若 μ 是有限的, 则 μ 是上半连续的蕴含 γ 是上半连续的.

推论 3.3.66　若 μ 是有限的, 则 μ 是连续的模糊测度蕴含 γ 是连续的模糊测度.

注 3.3.67　与文献 [39] 类似, 可以讨论模糊测度 μ 的各种结构特征 (如自连续、零可加) 对 γ 的遗传性; 在文献 [40] 中, Wang 等给出模糊测度 21 种绝对连续的概念, 并讨论了它们之间的关系, 我们也可以做同样的讨论, 为行文简明, 这里略去.

3.4 进展与注

利用模糊测度, Sugeno[31] 定义了一种相应的单调泛函, 被称为模糊积分, 将模糊积分与 Lebesgue 积分作比较, 不难发现二者已有本质差别. 模糊积分把 Lebesgue 积分中的运算 "$+, \cdot$" 取代为 "$\vee, \wedge$", 因而积分性质也就失去了可加性. Sugeno 最早把模糊积分应用于主观评判过程, 取得了较好的效果, 因而这一理论也就倍受人们重视. Ralescu[20] 率先把模糊测度与模糊积分的值域推广到整个的正半轴 $[0, \infty]$, 并且利用简单函数重新定义了模糊积分, 证明了它与 Sugeno 模糊积分的等价性, 同时给出了模糊积分转化定理. 为了得到模糊积分收敛定理, Ralescu 给模糊测度附加了一个 "次可加性" 的条件, 而 "次可加" 无疑是太强了, 为了进一步探讨模糊积分的收敛理论, Wang[38] 于 1984 年引入了一个重要的概

念——集函数的自连续, 把它加于模糊测度上, 是一个较弱的条件, 但可得到各种有效的积分收敛定理. 与此相关, 后来王震源又引入了 "伪自连续" "一致自连续" "伪一致自连续" "零可加" "伪零可加" 等概念. 利用这些概念, 他还讨论了模糊测度空间上的函数列的收敛问题, 把经典测度论中著名的 Lebesgue 定理、Riesz 定理以及 Egoroff 定理等推广到模糊测度上. 这些工作被总结在 Wang 和 Kir[36,37] 的专著 *Fuzzy Measure Theory*, *Generalized Measure Theory* 中.

因为由经典的 Lebesgue 积分可以定义可加测度, 那么由模糊积分是否可以定义模糊测度呢? 这一问题被 Suzuki[32] 发现并解决. 他指出由模糊积分可以定义模糊测度, 且所定义的模糊测度关于各种结构特征对原来的模糊测度具有遗传性. Suzuk[33] 还对模糊测度的原子作了探讨. 模糊测度与模糊积分的收敛问题始终是一个核心问题, 与此相关的还有张德利[48-50], 哈明虎[9], Greco 和 Bassanezi[10], Román-Flores 和 Flores-Franulič[23] 等的工作. 类似于函数空间上的有关线性泛函在一定条件下可以表示成 Lebesgue 积分的 Riesz 表示定理[34], 那么函数空间上的单调泛函在一定条件下能否表为模糊积分? 这一问题 Ralescu[21] 作了探讨, 得到了一个表示定理. 同时, 关于模糊积分还有其他形式的表示定理[30]. 此外, 类似于经典乘积测度, 王子孝[35]、张广全[54]、何家儒[11] 对乘积模糊测度进行了研究, 得到了 Fubini 定理; Mesiar 和 Sipos[17] 还研究了模糊测度的 Radon-Nikodym 导数问题, 给出了一些特殊的 Radon-Nikodym like 定理. 关于 Sugeno 的模糊积分, 尚有一些其他人所做的工作, 如 Murofushi[18] 的上下模糊积分、乔忠[19] 的模糊集上的模糊积分等.

仍然考虑 Sugeno 的模糊测度, 观察其模糊积分的定义, 不难看出, 它主要是选用了两种不同于 Lebesgue 积分的运算, 即逻辑加 "$\vee$" 与逻辑乘 "$\wedge$". 而这两种运算的局限性是明显的, 按此运算有时则会失掉很多信息. 考虑实际问题的需要, 自然可以选取其他类型的运算. 按此思路, 赵汝怀[57,58]把 "$\wedge$" 代之以普通乘法 "$\cdot$", 于 1981 年给出 (N) 模糊积分, 张文修[55,56] 给出 (T) 模糊积分, 即用三角模 "T" 代替 "$\wedge$", García 与 Álvarez[25,26] 又用 "三角半模" 代替 "$\wedge$", 于 1986 得到半模模糊积分. 吴从炘等[44] 研究了模糊积分运算的特点, 于 1990 年提出了一种称为 "广义三角模" 的运算. 用广义三角模 "S" 去代替 Sugeno 模糊积分中的运算 "$\wedge$", 就得到了广义模糊积分. 对于一种新的积分来说, 其收敛定理的建立是至关重要的, 广义模糊积分能否有类似于王震源的收敛定理呢? 这一问题被吴从炘、马明与宋士吉[42] 所解决, 并总结在宋士吉[29] 的博士学位论文中. 这些收敛定理还是在模糊测度自连续的条件下, 把王震源的相应收敛定理作了本质的深化. 我们减弱了广义三角模的条件, 提出了广义三角半模, 并定义了广义三角半模模糊积分[8], 同时给出了广义模糊积分的广义收敛定理[5]、表示定理[45,48]、由广义模糊积分定义的集函数[7] 等.

本章在介绍了 Sugeno 模糊积分、(N) 模糊积分与半模模糊积分之后, 重点介绍了与作者相关的工作, 集中在广义模糊积分. 在所给出的结果中, 我们实际上已经把广义模糊积分推广为广义半模模糊积分, 所给出的广义收敛定理、测度序列关于广义模糊积分的弱收敛、水平收敛定理、表示定理、由广义模糊积分定义的集函数等是作者的工作. 关于 Fubini 定理, 将在第 5 章中详细讨论, 那里的讨论是关于更广泛的拟积分, 模糊积分是其特例. 本章没有涉及 Radon-Nikodym 导数问题, 读者可参阅 [17] 和 [30].

关于模糊积分的推广, 还有多种形式, 如基于拟加与拟乘的广义模糊积分[2]、Pan-积分[36]; 取值于实数集 $\bar{R}$(可为负值函数) 的模糊积分[43] 与对称模糊积分[4]等. 近年来, 关于模糊积分不等式的讨论成果丰硕, 如 Jensen 不等式[1,24]. 模糊积分的另外几种重要推广形式, 如格值模糊积分、集值模糊积分与模糊值模糊积分将在后续章节中给出.

参 考 文 献

[1] Abbaszadeh S, Gordji M E, Pap E, Szakái A. Jensen-type inequalities for Sugeno integral. Inf. Sci., 2017, 376: 148-157.

[2] Benvenuti P, Mesiar R, Vivona D. Monotone Set Functions-Based Integrals//Pap E, ed. Handbook of Measure Theory. New York: Elsevier, 2002: 1329-1379.

[3] Grabisch M. Fuzzy integral in multicriteria decision making. Fuzzy Sets and Systems, 1995, 69(3): 279-298.

[4] Grabisch M. Symmetric and asymmetric fuzzy integrals. Proc. Sixth Internat. Conf. on Soft Computing, Iizuka, Japan, 2000.

[5] Guo C M, Zhang D L. Generalized convergence theorems of generalized fuzzy integrals. J. Fuzzy Math., 1996, 4: 413-420.

[6] 郭彩梅, 李映红. 三角模的无限运算及应用. 长春大学学报, 2000, 10(5): 27-29.

[7] 郭彩梅, 张德利. 由广义半模 F 积分定义的集函数的连续性. 模糊系统与数学, 2008, 22(6): 72-75.

[8] 郭彩梅, 张德利. 广义 F 积分的推广. 模糊系统与数学, 2007, 21(5): 71-75.

[9] Ha M H, Wang X. Weak convergence of fuzzy measure sequences. J. Fuzzy Math., 1995, (3): 383-391.

[10] Greco G, Bassanezi R C. On the continuity of fuzzy integrals. Fuzzy Sets and Systems, 1993, 53: 87-91.

[11] 何家儒. S 型 Fuzzy 乘积测度与重积分. 四川师范大学学报 (自然科学版), 1987, (1): 1-10.

[12] Kaluszka M, Okolewski A, Boczek M. On the Jensen type inequality for generalized Sugeno integral. Inf. Sci., 2014, 266: 140-147.

[13] Kandel A, Byatt W J. Fuzzy sets, fuzzy algebra, and fuzzy statistics. Proc. IEEE 66, 1978, 66: 1619-1639.

[14] Liu X C. On fuzzy measures defined by seminormed fuzzy integrals and semiconormed fuzzy integrals. Fuzzy Sets and Systems, 1993, 56: 183-193.

[15] Liu X C. Further discussion on convergence theorems for seminormed fuzzy integrals and semiconormed fuzzy integrals. Fuzzy Sets and Systems, 1993, 55: 219-226.

[16] Marichal J L. On Sugeno integral as an aggregation function. Fuzzy Sets and Systems, 2000, 114: 347-365.

[17] Mesiar R. Sipos J. Radon-Nikodym like theorem for fuzzy measures. J. Fuzzy Math., 1993, (1): 873-878.

[18] Murofushi T. A note on upper and lower Sugeno integrals. Fuzzy Sets and Systems, 2003, 138: 551-558.

[19] Qiao Z. On fuzzy measure and fuzzy integral on fuzzy set. Fuzzy Sets and Systems, 1990, 37: 77-92.

[20] Ralescu D, Adams G. The fuzzy integral. J. Math. Anal. Appl., 1980, 75: 562-570.

[21] Ralescu D, Sugeno M. Fuzzy integral representation. Fuzzy Sets and Systems, 1996, 84: 127-133.

[22] Rébillé Y. Autocontinuity and convergence theorems for the Choquet integral. Fuzzy Sets and Systems, 2012, 194: 52-65.

[23] Román-Flores H, Flores-Franulič A, Bassanezi R C, et al. On the level-continuity of fuzzy integrals. Fuzzy Sets and Systems, 1996, 80: 339-344.

[24] Román-Flores H, Flores-Franulič A, Chalco-Cano Y. A Jensen type inequality for fuzzy integrals. Inf. Sci., 2007, 177: 3192-3201.

[25] García F S, Álvarez P G. Two families of fuzzy integrals. Fuzzy Sets and Systems, 1986, 18: 67-81.

[26] García F S, Álvarez P G. Measures of fuzziness of fuzzy events. Fuzzy Sets and Systems, 1987, 21: 147-151.

[27] Schweizer B, Sklar A. Probabilistic Metric Space. New York: Elsevier, 1983.

[28] Shilkret N. Maxitive measure and integration. Indag. Math., 1971, 33: 109-116.

[29] 宋士吉. 两类广义模糊积分与模糊微分方程. 哈尔滨工业大学博士学位论文, 1996.

[30] Squillante M, Ventre A. Representations of the fuzzy integral. Fuzzy Sets and Systems, 1989(29): 165-169.

[31] Sugeno M. Theory of fuzzy integrals and its applications. Ph. D. Thesis, Tokyo Inst. of Tech., 1974.

[32] Suzuki H. On fuzzy measures defined by fuzzy integrals. J. Math. Anal. Appl., 1988, 132: 87-101.

[33] Suzuki H. Atoms of fuzzy measures and fuzzy integrals. Fuzzy Sets and Systems, 1991, 41: 329-342.

[34] Taylor A E. Introduction to Functional Analysis. New York: Wiley, 1964.

[35] 王子孝. 模糊积分与模糊性度量. 模糊数学, 1982, 1: 57-68.

[36] Wang Z Y, Klir G J. Fuzzy Measure Theory. New York: Plenum Press, 1992.

[37] Wang Z Y, Klir G J. Generalized Measure Theory. Boston: Springer, 2009.

[38] Wang Z Y. The autocontinuity of set function and the fuzzy integral. J. Math. Anal. Appl., 1984, 99: 195-218.

[39] Wang Z Y, Klir G J, Harmanec D. The preservation of structural characteristics of monotonic set functions defined by fuzzyintegral. J. Fuzzy Math., 1999, 3: 229-240.

[40] Wang Z Y, Klir G J, Wang W. Fuzzy measures defined by fuzzy integral and their absolute continuity. J. Math. Anal. Appl., 1996, 203: 150-165.

[41] 吴从炘, 马明. 模糊分析学基础. 北京: 国防工业出版社, 1991.

[42] Wu C X, Ma M, Song S J. Generalized fuzzy integrals: Part 3, Convergent theorems. Fuzzy Sets and Systems, 1994, 70: 74-87.

[43] Wu C X, Mamadou T. An extension of Sugeno integral. Fuzzy Sets and Systems, 2003, 138: 537-550.

[44] Wu C X, Wang S L, Song S J. Generalized triangle norms and generalized fuzzy integrals. Proc. of Sino-Japan Sympo. on Fuzzy Sets and Systems, Beijing, 1990.

[45] 吴从炘, 张德利, 郭彩梅. 广义 F 积分的表示 (I). 模糊系统与数学, 1999, 13(1): 31-35.

[46] 吴智泉, 王向忱. 巴氏空间上的概率论. 长春: 吉林大学出版社, 1990.

[47] Zadeh L A. Fuzzy sets. Information and Control, 1965, 8: 338-353.

[48] 张德利, 郭彩梅. 广义 F 积分的表示 (II). 模糊系统与数学, 2000, 14(1): 19-21.

[49] 张德利, 郭彩梅, 王中海. Fuzzy 测度序列的收敛性和积分序列的收敛定理. 东北师范大学学报 (自然科学版), 1993, 4: 11-14.

[50] Zhang D L, Guo C M. On the convergence of sequences of fuzzy measures and generalized convergence theorems of fuzzy integrals. Fuzzy Sets and Systems, 1995, 72: 349-356.

[51] 张德利, 郭彩梅, 吴从炘. 模糊积分论进展. 模糊系统与数学, 2003, 17(4): 1-10.

[52] 张德利, 郭彩梅. 模糊积分论. 长春: 东北师范大学出版社, 2004.

[53] 张德利, 郭彩梅. 一类二元函数连续性的等价刻画及在三角模上应用. 模糊系统与数学, 2007, 21(4): 71-75.

[54] 张广全. 乘积空间上的 SC- Fuzzy 测度与 Fuzzy 积分. 河北大学学报 (自然科学版), 1988, 2: 1-11.

[55] 张文修. 模糊数学基础. 西安: 西安交通大学出版社, 1984.

[56] 张文修, 赵汝怀. 模糊测度与模糊积分的推广. 模糊数学, 1983, 3: 1-8.

[57] 赵汝怀. (N) 模糊积分. 数学研究与评论, 1981, (2): 55-72.

[58] 赵汝怀. (N) 模糊积分的连续性与 Fubini 定理. 新疆大学学报 (自然科学版), 1985, 2: 95-106.

第 4 章　Choquet 积分

第 3 章所给出的各种模糊积分, 其共同特点是具有单调性、无可加性. 沿着这样的路径追寻, 是否有其他的积分也满足单调性? 本章介绍一种由 Vitali[34] 最早在 1925 年定义, 由 Choquet[4] 于 1954 年再次提出的一种积分——现已被普遍称为 Choquet 积分. Choquet 积分是一种非可加积分, 其定义基于 Riemann 积分, 是 Lebesgue 积分的推广. 本章分四节, 将介绍 Choquet 积分的基本理论, 包括非负函数的 Choquet 积分、非对称 Choquet 积分、Fubini 定理, 以及对称 Choquet 积分、新 Choquet-like 积分等.

本章中, (X, Σ, μ) 是模糊测度空间.

4.1　非负函数的 Choquet 积分

4.1.1　定义和性质

本小节给出 Choquet 积分的定义及基本性质, 详细可参见 [40]. 若无特殊说明, 函数即指非负的.

定义 4.1.1　给定模糊测度空间 (X, Σ, μ). 可测函数 $f : X \to \bar{R}^+$ 在 $A \in \Sigma$ 上关于 μ 的 Choquet 积分定义为

$$(C) \int_A f d\mu = \int_0^\infty \mu(F_\alpha \cap A) d\alpha,$$

这里 $F_\alpha = \{x \in X : f(x) \geqslant \alpha\}$, $\alpha \in [0, \infty)$, 右侧的积分为广义 Riemann 积分.

若 $(C) \int_A f d\mu < \infty$, 则称 f 关于 μ 在 A 是 Choquet 可积的, 简称 (C) 可积.

若 $A = X$, 则 $(C) \int_X f d\mu$ 简记为 $(C) \int f d\mu$.

注 4.1.2　上述定义的 Choquet 积分是有意义的. 由 f 是可测的, 可知 $F_\alpha \in \Sigma$, 从而 $F_\alpha \cap A \in \Sigma$. 又 $F_\alpha \cap A$ 关于 $\alpha \in [0, \infty)$ 是单调递减的, 则由 μ 的单调性可知 $\mu(F_\alpha \cap A)$ 关于 $\alpha \in [0, \infty)$ 是单调递减的, 由此可以得到积分 $\int_0^\infty \mu(F_\alpha \cap A) d\alpha$ 存在.

若 μ 是测度 (σ-可加), 则由积分转化定理知, Choquet 积分退化为 Lebesgue 积分, 因此 Choquet 积分是 Lebesgue 积分的推广.

定理 4.1.3 设 $\mu(A) < \infty$, 则

$$(C)\int_A f d\mu = \int_0^\infty \mu(F_{\alpha+} \cap A)d\alpha,$$

这里 $F_{\alpha+} = \{x \in X : f(x) > \alpha\}$, $\alpha \in [0, \infty)$.

证明 对 $\forall \varepsilon > 0$, 有

$$\begin{aligned}
(C)\int_A f d\mu &= \int_0^\infty \mu(F_\alpha \cap A)d\alpha \geqslant \int_0^\infty \mu(F_{\alpha+} \cap A)d\alpha \\
&\geqslant \int_0^\infty \mu(F_{\alpha+\varepsilon} \cap A)d\alpha = \int_0^\infty \mu(F_{\alpha+\varepsilon} \cap A)d(\alpha + \varepsilon) \\
&= \int_\varepsilon^\infty \mu(F_\alpha \cap A)d\alpha = \int_0^\infty \mu(F_\alpha \cap A)d\alpha - \int_0^\varepsilon \mu(F_\alpha \cap A)d\alpha \\
&\geqslant \int_0^\infty \mu(F_\alpha \cap A)d\alpha - \int_0^\varepsilon \mu(A)d\alpha = \int_0^\infty \mu(F_\alpha \cap A)d\alpha - \varepsilon\mu(A) \\
&= (C)\int_A f d\mu - \varepsilon\mu(A).
\end{aligned}$$

因为 $\mu(A) < \infty$, 令 $\varepsilon \to 0$, 则

$$(C)\int_A f d\mu = \int_0^\infty \mu(F_{\alpha+} \cap A)d\alpha.$$

证毕.

定理 4.1.4 Choquet 积分具有如下性质:

(1) $(C)\int_A f d\mu = (C)\int f \cdot \chi_A d\mu$;

(2) $(C)\int_A 1 d\mu = (C)\int \chi_A d\mu = \mu(A)$;

(3) $f \leqslant g \Rightarrow (C)\int f d\mu \leqslant (C)\int g d\mu$;

(4) $\mu \leqslant \nu \Rightarrow (C)\int f d\mu \leqslant (C)\int f d\nu$;

(5) $A \subseteq B \Rightarrow (C)\int_A f d\mu \leqslant (C)\int_B f d\mu$;

(6) $(C)\int af d\mu = a(C)\int f d\mu, a \geqslant 0$;

(7) $\mu(F_{0+} \cap A) = 0 \Rightarrow (C)\int_A f d\mu = 0$;

(8) μ 是下半连续的, 且 $(C)\int_A f d\mu = 0 \Rightarrow \mu(F_{0+} \cap A) = 0$.

证明 (1)—(5) 是显然的, 下面证 (6), 事实上:

$$
(C)\int afd\mu = \int_0^\infty \mu(\{x \in X : af \geqslant \alpha\})d\alpha
$$

$$
= \int_0^\infty \mu\left(\left\{x \in X : f \geqslant \frac{\alpha}{a}\right\}\right)d\left(a \cdot \frac{\alpha}{a}\right)
$$

$$
= a\int_0^\infty \mu\left(\left\{x \in X : f \geqslant \frac{\alpha}{a}\right\}\right)d\left(\frac{\alpha}{a}\right)
$$

$$
= a\int_0^\infty \mu(\{x \in X : f \geqslant t\})dt
$$

$$
= a(C)\int fd\mu.
$$

再证 (7), 由 $\mu(F_{0+} \cap A) = 0$ 可知, 对 $\forall \alpha > 0$, 有 $\mu(F_\alpha \cap A) \leqslant \mu(F_{0+} \cap A) = 0$, 从而 $\mu(F_\alpha \cap A) = 0$. 因此 $(C)\int_A fd\mu = 0$.

下面来证 (8), 首先证 $\mu(F_\alpha \cap A) = 0$ 对一切 $\alpha > 0$ 成立. 用反证法, 假设存在 $\alpha_0 > 0$, 使得 $\mu(F_{\alpha_0} \cap A) = c > 0$, 则对 $\alpha \in (0, \alpha_0]$, 有 $\mu(F_\alpha \cap A) \geqslant \mu(F_{\alpha_0} \cap A) = c > 0$, 从而

$$
(C)\int_A fd\mu = \int_0^\infty \mu(F_\alpha \cap A)d\alpha \geqslant \int_0^{\alpha_0} \mu(F_\alpha \cap A)d\alpha \geqslant \int_0^{\alpha_0} cd\alpha = c\alpha_0 > 0,
$$

这与已知矛盾.

其次, 取 $\alpha_n \downarrow 0$, 由 $F_{0+} \cap A = \bigcup_{n=1}^\infty (F_{\alpha_n} \cap A)$ 可知, $F_{\alpha_n} \cap A \uparrow F_{0+} \cap A$. 又由于 μ 是下半连续的, 则 $\mu(F_{\alpha_n} \cap A) \uparrow \mu(F_{0+} \cap A)$, 从而 $\mu(F_{0+} \cap A) = 0$. 证毕.

4.1.2 模糊测度的表示, 共单调可加性

本小节旨在建立模糊测度与可加测度的联系及 Choquet 积分的共同单调可加性. 取自 [20].

定义 4.1.5 设 (X, Σ) 与 (X', Σ') 是可测空间. 如果映射 $H : \Sigma \to \Sigma'$ 满足:

(1) $H(\varnothing) = \varnothing$;

(2) $A \subset B \Rightarrow H(A) \subset H(B)$.

则称其为可测集的解释 (interpreter), 称三元组 (X', Σ', H) 为 (X, Σ) 的框架 (frame).

显然, 若 $H : \Sigma \to \Sigma'$ 是一个解释, $m : \Sigma' \to [0, \infty]$ 是测度, 则 $m \circ H : \Sigma \to \bar{R}^+$ 是模糊测度.

定义 4.1.6　设 (X, Σ, μ) 是模糊测度空间. 称四元组 (X', Σ', m, H) 是 μ (或 (X, Σ, μ)) 的表示 (representation), 如果 $m : \Sigma' \to \bar{R}^+$ 是测度, $H : \Sigma \to \Sigma'$ 是解释, 且 $\mu = m \circ H$.

定理 4.1.7　任一模糊测度 μ 均有其表示.

证明　令 $X' = (0, \mu(X)) \subseteq (-\infty, \infty)$, $\Sigma' = \mathrm{Borel}((0, \mu(X)))$, m 是 Σ' 上的 Lebesgue 测度. 定义解释 $H : \Sigma \to \Sigma'; H(A) = (0, \mu(A))$, 则 (X', Σ', m, H) 是 μ 的表示. 证毕.

下面来定义不同表示之间的等价.

若 (X', Σ', m, H) 是 (X, Σ) 的框架, 我们用 $\hat{\Sigma}$ 表示由 $\{H(A) : A \in \Sigma\}$ 生成的 σ-代数. 若 (X', Σ', m) 是经典测度空间, 我们用 (Σ', m) 表示与 (X', Σ', m) 相关的测度代数.

定义 4.1.8　设 $R_i = (Y_i, \Sigma_i, m_i, H_i)(i = 1, 2)$ 是 (X, Σ, μ) 的表示. 若存在同构映射 $T : (\hat{\Sigma}_1, m_1) \to (\hat{\Sigma}_2, m_2)$, 使得 $T \circ H_1 = H_2$, 则称 R_1 与 R_2 等价.

定义 4.1.9　给定可测空间 (X, Σ) 及子集族 $\theta \subseteq \Sigma$. 若满足:

(1) $\varnothing \notin \theta$;

(2) 若 $A \in \theta$, 且 $A \subset B$, 则 $B \in \theta$.

则称 θ 为 (X, Σ) 中的半滤子 (semi-filter).

记 S_X 为 (X, Σ) 中的所有半滤子,

$$H_X : \Sigma \to 2^{S_X}; H_X(A) = \{\theta \in S_X : A \in \theta\},$$
$$\Sigma_X = \sigma(\{H_X(A) : A \in \Sigma\}),$$

则称 (S_X, Σ_X, H_X) 为 (X, Σ) 的万有表示框架 (universal frame).

下一定理说明了称其为 "万有" 的原因.

定理 4.1.10　对 (X, Σ, μ) 的任意一个表示 $R = (Y, \Sigma, m, H)$, 总存在 Σ_X 上的测度 m_X, 使得 $(S_X, \Sigma_X, m_X, H_X)$ 是 μ 的关于 R 的等价表示.

证明　定义映射 $\tau : Y \to S_X, \tau(y) = \{A \in \Sigma : y \in H(A)\}$. 则 $H = \tau^{-1} \circ H_X$, 我们得到 τ 是可测的. 令 $m_X = m \circ \tau^{-1}$, 则 $(S_X, \Sigma_X, m_X, H_X)$ 是 μ 的表示. 又 $\Sigma_X = \sigma(\{H_X(A) : A \in \Sigma\})$, $\hat{\Sigma} = \sigma(\{H(A) : A \in \Sigma\})$, 且 $H = \tau^{-1} \circ H_X$, $m_X = m \circ \tau^{-1}$, 则 $T = \tau^{-1}$ 是 (Σ_X, m_X) 到 $(\hat{\Sigma}, m)$ 的同构映射, 所以 R_X 等价于 R. 证毕.

推论 4.1.11　任意模糊测度空间 (X, Σ, μ), 总存在其表示 $(S_X, \Sigma_X, m_X, H_X)$.

Choquet 积分与模糊测度表示有密切关系, 以下设 $(S_X, \Sigma_X, m_X, H_X)$ 为 (X, Σ, μ) 的表示.

定义 4.1.12 对于可测函数 $f : X \to \bar{R}^+$, 定义函数 $\eta(f) : Y \to \bar{R}^+$ 如下:

$$\eta(f)(y) = \sup\{r | y \in H(f > r)\}, \quad \forall r \in Y.$$

我们称 η 为由 H 诱导的 (关于 f) 的翻译.

注 4.1.13 (1) 由 H 诱导的 (关于 f) 的翻译 η 可以看作 H 的扩张, 因为对 $\forall A \in \Sigma$, 有 $\eta(\chi_A) = \chi_{H(A)}$.

(2) $\eta(f)$ 是可测函数, 因为 $\{y | \eta(f)(y) > r\} = \bigcup_{n=1}^{\infty} H(\{x | f(x) > r + 1/n\})$.

性质 4.1.14 对任意可测函数 f, 有

$$\eta(f)(y) = \sup_{A : y \in H(A)} \inf_{x \in A} f(x), \quad \forall y \in Y.$$

证明 对 $\forall y \in Y$, 记 $a = \sup\limits_{A : y \in H(A)} \inf\limits_{x \in A} f(x)$, 对任意 $s \leqslant a$, 总存在 $A \in \Sigma$ 使得 $y \in H(A)$ 且 $\inf\limits_{x \in A} f(x) > s$. 因对一切 $x \in A, f(x) > s$, 则 $y \in H(A) \subset H(f > s)$, 故 $\eta(f)(y) \geqslant s$, 所以 $\eta(f)(y) \geqslant a$.

下面证明相反的不等式. 对 $\forall t < \eta(f)(y)$, 令 $A = \{f > t\}$, 则 $y \in H(A)$. 因此, $t \leqslant \inf\limits_{x \in A} f(x) \leqslant a$, 故 $a \geqslant \eta(f)(y)$. 证毕.

定理 4.1.15 对任一可测函数 f, 有

$$(C) \int f d\mu = \int \eta(f) dm,$$

右侧为 Lebesgue 积分.

证明 对 $s > r$, 有 $H(\{f > s\}) \subset \{\eta(f) > r\}, \{\eta(f) > r\} \subset H(\{f > r\})$, 因此

$$\lim_{s \downarrow r} \mu(\{f > s\}) \leqslant m(\{\eta(f) > r\}) \leqslant \mu(\{f > r\}).$$

又由于 $\mu(\{f > r\})$ 是关于 r 的非增函数, 则除至多可数个 r 外, 我们有 $\mu(\{f > r\}) = m(\{\eta(f) > r\})$. 因此

$$\int_0^{\infty} \mu(\{f > r\}) dr = \int_0^{\infty} m(\{\eta(f) > r\}) dr,$$

此即所要证等式. 证毕.

第 3 章中我们给出过 "共同单调" 的概念, 这里给出另一种等价定义, 并加以讨论.

定义 4.1.16 给定 X 上的函数 $f, g, A \subseteq X$. 称 f, g 在 A 上是共同单调的 (co-monotonic, or compatible), 记为 $f \sim g |_A$, 若满足如下条件:

对任意 $s, t \in A$, 有 $f(s) < f(t) \Rightarrow g(s) \leqslant g(t)$.

若 $A = X$, 则称 f, g 共同单调, 记为 $f \sim g$.

性质 4.1.17　设 f, g, h 是具有相同定义域的函数, $\xi(\cdot, \cdot)$ 是关于每个变量不减的二元函数. 若 $f \sim g$, $f \sim h$, 则 $f \sim \xi(g, h)$.

推论 4.1.18　若 $f \sim g$, $f \sim h$, 则 $f \sim g + h$, $f \sim \max\{g, h\}$, $f \sim \min\{g, h\}$. 若 g, h 非负, 则 $f \sim gh$; 特别地, 对 $\forall a$, $f \sim a$, $f \sim \max\{g, a\}$, $f \sim \min\{g, a\}$, $f \sim g + a$, $f \sim ag(a \geqslant 0)$.

引理 4.1.19　若 $f \sim g|_A$, 则

(1) $\displaystyle\inf_{x \in A}(f(x) + g(x)) = \inf_{x \in A} f(x) + \inf_{x \in A} g(x)$;

(2) $\displaystyle\sup_{x \in A}(f(x) + g(x)) = \sup_{x \in A} f(x) + \sup_{x \in A} g(x)$.

证明　这里只证 (1), (2) 同理. 设 $s = \displaystyle\inf_{x \in A} f(x), t = \inf_{x \in A} g(x)$, 显然

$$\inf_{x \in A}(f(x) + g(x)) \geqslant s + t, \tag{4.1.1}$$

对 $\forall \varepsilon > 0$, 记 $B = \{x \in A \,|\, f(x) < s + 1/2\}$, $C = \{x \in A \,|\, g(x) < t + 1/2\}$. 因为 $f \sim g|_A$, 则 $B \cap C \neq \varnothing$, 因此

$$\inf_{x \in A}(f(x) + g(x)) \leqslant \inf_{x \in B \cap C}(f(x) + g(x)) < s + t + \varepsilon. \tag{4.1.2}$$

结合 (4.1.1) 与 (4.1.2) 知, 等式成立. 证毕.

定理 4.1.20　设 f, g 是可测函数, 且 $f \sim g$, 则

$$\eta(f + g) = \eta(f) + \eta(g).$$

证明　由性质 4.1.14 知, $\eta(f)(y) = \displaystyle\sup_{A : y \in H(A)} \inf_{x \in A} f(x)$.

对 $A \in \Sigma$, 记 $F(A) = \displaystyle\inf_{x \in A} f(x)$, $G(A) = \inf_{x \in A} g(x)$. 由 $f \sim g$ 可知 $F \sim G$. 由引理 4.1.19, 可得

$$
\begin{aligned}
\eta(f + g)(y) &= \sup_{A : y \in H(A)} \inf_{x \in A}(f(x) + g(x)) \\
&= \sup_{A : y \in H(A)} \left(\inf_{x \in A} f(x) + \inf_{x \in A} g(x) \right) \\
&= \sup_{A : y \in H(A)} (F(A) + G(A)) \\
&= \sup_{A : y \in H(A)} F(A) + \sup_{A : y \in H(A)} G(A) \\
&= \eta(f)(y) + \eta(g)(y).
\end{aligned}
$$

证毕.

定理 4.1.21 设 (S_X, Σ_X, H_X) 为 (X, Σ) 的万有表示框架, η_X 为 H_X 诱导的翻译, 对可测函数 f, g, 下列陈述等价:

(1) $f \sim g$;

(2) $\eta_X(f + g) = \eta_X(f) + \eta_X(g)$;

(3) (C) $\displaystyle\int (f + g) d\mu = $ (C) $\displaystyle\int f d\mu + $ (C) $\displaystyle\int g d\mu$.

证明 (1) $\Rightarrow$ (2), 定理 4.1.20.

(2) $\Rightarrow$ (3), 定理 4.1.15.

(3) $\Rightarrow$ (1), 用反证法, 假设 f, g 不是共同单调, 则存在 $x_0, y_0 \in X$, 使得 $f(x_0) < f(y_0)$ 且 $g(x_0) > g(y_0)$. 定义集函数 $\mu : \Sigma \to [0, \infty]$,

$$\mu(A) = \begin{cases} 1, & x_0 \in A \text{ 及 } y_0 \in A, \\ 0, & \text{其他}. \end{cases}$$

显然 μ 是模糊测度. 又易得

$$(C) \int (f + g) d\mu = \min\{f(x_0) + g(x_0), f(y_0) + g(y_0)\},$$

$$(C) \int f d\mu = f(x_0),$$

$$(C) \int g d\mu = g(y_0),$$

因此, (C) $\displaystyle\int (f + g) d\mu > $ (C) $\displaystyle\int f d\mu + $ (C) $\displaystyle\int g d\mu$, 这与已知矛盾. 证毕.

定理 4.1.22 若 W^c 是零集, 则对任一可测函数 f, 均有

$$(C) \int f d\mu = (C) \int f_W d\mu_W,$$

这里 f_W 是 f 在 W 上的限制函数, μ_W 是 μ 在 $\{A \cap W \mid A \in \Sigma\}$ 上的限制.

定理 4.1.23 给定可测集 $N \in \Sigma$, 则下列陈述等价:

(1) N 是零集;

(2) 对一切可测函数 f, g, 有 $f(x) = g(x), \forall x \in N^c$ 当且仅当

$$(C) \int f d\mu = (C) \int g d\mu.$$

证明 (1) $\Rightarrow$ (2) 是直接的.

下面来证 (2) ⇒ (1), 用反证法. 假设 N 不是零集, 则存在 $A \in \Sigma$, 使得 $\mu(A \cup N) \neq \mu(A)$. 取 $f = \chi_A$, $g = \chi_{A \cup N}$, 则 $f(x) = g(x), \forall x \in N^c$, 且

$$(\text{C}) \int f d\mu = \mu(A), \quad (\text{C}) \int g d\mu = \mu(A \cup N).$$

这与已知条件矛盾. 证毕.

定理 4.1.24 (共同单调可加性)   对于可测函数 f, g, 若 $f \sim g$ a.e., 则

$$(\text{C}) \int (f + g) d\mu = (\text{C}) \int f d\mu + (\text{C}) \int g d\mu.$$

推论 4.1.25 (水平可加性[1])   对于可测函数 f 及常数 $c \geqslant 0$, 则

$$(\text{C}) \int f d\mu = (\text{C}) \int (f \wedge c) d\mu + (\text{C}) \int f_c^+ d\mu,$$

这里 $f_c^+(x) = \begin{cases} f(x) - c, & f(x) \geqslant c, \\ 0, & f(x) < c. \end{cases}$

证明   因为 $f = f \wedge c + f_c^+$, 且 $f \wedge c \sim f_c^+$, 由定理 4.1.24 等式显然. 证毕.

4.1.3   广义收敛定理及 Choquet 积分表示

本小节给出以已有的单调收敛定理为特款的广义收敛定理, 取自 [10], 并对一类单调泛函可表示为 Choquet 积分的条件做刻画, 参考了文献 [1, 23, 28]. 给定可测空间 (X, Σ), 记 $F^+(X)$ 为其上所有非负可测函数的集合, $M(X)$ 为其上所有模糊测度的集合.

引理 4.1.26 (单调递增收敛定理)   设 $\{f_n\} \subset F^+(X), \mu \in M(X)$. 若 $f_n \uparrow f$, 且 μ 是下半连续的, 则 $(\text{C}) \int f_n d\mu \uparrow (\text{C}) \int f d\mu$.

定理 4.1.27 (Fatou 引理)   设 $\{f_n\} \subset F^+(X), \mu \in M(X)$ 且 μ 是下半连续的, 则 $(\text{C}) \int \varliminf_{n \to \infty} f_n d\mu \leqslant \varliminf_{n \to \infty} (\text{C}) \int f d\mu$.

引理 4.1.28 (单调递减收敛定理)   设 $\{f_n\} \subset F^+(X), \mu \in M(X)$ 且存在 $n_0 \geqslant 1$ 与可积函数 g 满足 $f_{n_0} \leqslant g$, 若 $f_n \downarrow f$ (单调递减收敛) 且 μ 是上半连续的, 则 $(\text{C}) \int f_n d\mu \downarrow (\text{C}) \int f d\mu$.

定理 4.1.29 (Fatou 引理)   设 $\{f_n\} \subset F^+(X), \mu \in M(X)$ 且存在 $n_0 \geqslant 1$ 与可积函数 g 满足 $\sup_{n \geqslant n_0} f_{n_0} \leqslant g$. 若 μ 是上半连续的, 则

$$(\text{C}) \varlimsup_{n \to \infty} \int f_n d\mu \leqslant (\text{C}) \int \varlimsup_{n \to \infty} f d\mu.$$

定理 4.1.30 (Lebesgue 收敛定理) 设 $\{f_n\} \subset F^+(X), \mu \in M(X)$ 且存在 $n_0 \geqslant 1$ 与可积函数 g 满足 $f_{n_0} \leqslant g$, 若 $f_n \to f$ 且 μ 是连续的, 则

$$(C)\int f_n d\mu \to (C)\int f d\mu.$$

定理 4.1.31 设 $f \in F^+(X), \{\mu_n, \mu\} \subset M(X)$. 若 $\mu_n \uparrow \mu$, 则

$$(C)\int f d\mu_n \uparrow (C)\int f d\mu.$$

定理 4.1.32 设 $f \in F^+(X), \{\mu_n, \mu\} \subset M(X)$. 若 $\mu_n \downarrow \mu$ 且存在 $n_0 \geqslant 1$ 使得 $(C)\int f d\mu_0 < \infty$, 则

$$(C)\int f d\mu_n \downarrow (C)\int f d\mu.$$

定理 4.1.33 设 $f \in F^+(X), \{\mu_n, \mu\} \subset M(X)$. 则

$$(C)\int f d\left(\liminf_{n\to\infty} \mu_n\right) \leqslant \liminf_{n\to\infty}(C)\int f d\mu_n.$$

定理 4.1.34 (Fatou 引理) 设 $f \in F^+(X), \{\mu_n, \mu\} \subset M(X)$ 且存在 $n_0 \geqslant 1$, 使得 $(C)\int f d\left(\sup_{n\geqslant n_0} \mu_{n_0}\right) < \infty$, 则

$$(C)\limsup_{n\to\infty}\int f d\mu_n \leqslant (C)\int f d\left(\limsup_{n\to\infty} \mu_n\right).$$

定理 4.1.35 (广义单调递增收敛定理) 设 $\{f_n\} \subset F^+(X), \{\mu_n, \mu\} \in M(X)$ 均为下半连续的. 若 $f_n \uparrow f, \mu_n \uparrow \mu$, 则

$$(C)\int f_n d\mu_n \uparrow (C)\int f d\mu.$$

定理 4.1.36 (广义单调递减收敛定理) 设 $\{f_n\} \subset F^+(X), \{\mu_n, \mu\} \in M(X)$ 均为上半连续的且存在 $n_0 \geqslant 1$ 与 $(\mu_{n_0}\text{-})$ 可积函数 g 满足 $f_{n_0} \leqslant g$. 若 $f_n \downarrow f, \mu_n \downarrow \mu$, 则

$$(C)\int f_n d\mu_n \downarrow (C)\int f d\mu.$$

根据单调增收敛定理, 我们可以探讨 Choquet 积分与 Lebesgue 积分的关系.

引理 4.1.37 设 s 是简单函数, 则

(1) s 可表示为

$$s = \sum_{i=1}^{n} c_i \chi_{C_i},$$

其中 $\{C_i(1 \leqslant i \leqslant n)\}, C_1 \supset C_2 \supset \cdots \supset C_n \supset \varnothing.$

(2) $(C)\int s d\mu = \sum_{i=1}^{n}(c_i - c_{i-1})\mu(C_i) = \sum_{i=1}^{n} c_i(\mu(C_i) - \mu(C_{i+1})),$

这里 $c_0 = 0, C_{n+1} = \varnothing.$

注 4.1.38 这里假设 $c_1 < c_2 < \cdots < c_n$, 因为任何一个简单函数都可以重排成此种形式.

定理 4.1.39 若模糊测度 μ 是经典的 σ-可加测度, 则 Choquet 积分退化为 Lebesgue 积分, 即

$$(C)\int f d\mu = \int f d\mu.$$

定理 4.1.40 设 μ 是下半连续的模糊测度, 则可测函数 f 的 Choquet 积分可表示成

$$(C)\int f d\mu$$

$$= \sup_{s \leqslant f}\left\{\sum_{i=1}^{n} c_i\mu(C_i) : s = \sum_{i=1}^{n} c_i\chi_{C_i}, c_i \geqslant 0, C_i \in \Sigma, C_1 \supset C_2 \supset \cdots \supset C_n \supset \varnothing\right\}.$$

下面的定理可称为泛函的 Choquet 积分表示定理.

定理 4.1.41 泛函 $L_c : F^+(X) \to [0, \infty]$ 可表示成 Choquet 积分当且仅当下列条件成立:

(1) $L_c(a\chi_C) = aL_c(\chi_C), \forall a \geqslant 0, C \in \Sigma;$

(2) $L_c(f) = L_c(f \wedge c) + L_c(f_c^+);$

(3) $f_n \uparrow f \Rightarrow L_c(f_n) \uparrow L_c(f).$

证明 由 Choquet 积分的性质, 必要性已知, 只需证充分性.

对 $\forall C \in \Sigma$, 令 $\mu(C) = L_c(\chi_A).$

由 (1) 可得 $\mu(\varnothing) = 0$; 由 (2) 可知 $A \subseteq B \Rightarrow \mu(A) \leqslant \mu(B)$; 由 (3) 可知 μ 是下半连续的.

对任意简单函数 s, 由性质 (1), (2) 可得

$$L_c(s) = \sum_{i=1}^{n} c_i L_c(\chi_{C_i}) = \sum_{i=1}^{n} c_i\mu(C_i) = (C)\int s d\mu.$$

对任 $f \in F^+(X)$, 存在简单函数列 $s_n \uparrow f$, 再由 (3) 单调增收敛定理, 可得

$$L_c(f) = \lim_{n\to\infty} L_c(s_n) = \lim_{n\to\infty}(C)\int s_n d\mu = (C)\int f d\mu,$$

充分性得证. 证毕.

4.1.4 Choquet 积分不等式

不等式理论是经典积分论的重要内容, 本节将给出若干 Choquet 积分不等式, 主要不等式是取自 [38], 但 Jensen 不等式是经我们修正的结果. 设 (X, Σ, μ) 是模糊测度空间, $F^+(X)$ 是非负可测函数的全体.

定理 4.1.42 (Markov 不等式 I) 设 $f \in F^+(X), c > 0, A \in \Sigma$, 则

$$\mu(A \cap \{f \geqslant c\}) \leqslant \frac{1}{c}(\mathrm{C}) \int_A f d\mu.$$

定理 4.1.43 (Markov 不等式 II) 设 $f \in F^+(X), A \in \Sigma$. 若 $g : [0, \infty] \to (0, \infty]$ 是单调非减函数, 则

$$\mu(A \cap \{f \geqslant t\}) \leqslant \frac{1}{g(t)}(\mathrm{C}) \int_A g \circ f d\mu.$$

推论 4.1.44 设 $f \in F^+(X), A \in \Sigma$. 则对一切 $p, t > 0$, 有

$$\mu(A \cap \{f \geqslant t\}) \leqslant \frac{1}{t^p}(\mathrm{C}) \int_A f^p d\mu.$$

定理 4.1.45 (Hölder 不等式) 设 $f, g \in F^+(X), 1 < p, q < \infty, \frac{1}{p} + \frac{1}{q} = 1$. 若 μ 是凹的下半连续模糊测度, 则

$$(\mathrm{C}) \int fg d\mu \leqslant \left((\mathrm{C}) \int f^p d\mu \right)^{\frac{1}{p}} \left((\mathrm{C}) \int g^q d\mu \right)^{\frac{1}{q}}.$$

定理 4.1.46 (Minkowski 不等式) 设 $f, g \in F^+(X), 1 \leqslant p < \infty$. 若 μ 是凹的下半连续模糊测度, 则

$$\left((\mathrm{C}) \int (f+g)^p d\mu \right)^{\frac{1}{p}} \leqslant \left((\mathrm{C}) \int f^p d\mu \right)^{\frac{1}{p}} + \left((\mathrm{C}) \int g^p d\mu \right)^{\frac{1}{p}}.$$

定义 4.1.47 设 $B \subseteq R$ 是凸集, $f : B \to R$ 是任一函数. 称 f 为凸 (对应地, 凹) 的若对 $\forall x, y \in B, \forall \lambda, \mu \in [0, 1], \lambda + \mu = 1$, 有

$$f(\lambda x + \mu y) \leqslant \lambda f(x) + \mu f(y)$$
$$(\text{对应地}, f(\lambda x + \mu y) \geqslant \lambda f(x) + \mu f(y)).$$

定理 4.1.48 给定函数 $\varphi : [a, b] \subseteq [0, \infty) \to [0, \infty)$ 及函数 $f : X \to (a, b)$. 设 f, φ 及 $\varphi \circ f$ Choquet 可积, $A \in \Sigma, \mu(A) = 1$.

(1) (Jensen 不等式) 若 φ 是单调递增凸函数, 则

$$\varphi\left((\mathrm{C})\int_A f d\mu\right) \leqslant (\mathrm{C})\int_A (\varphi \circ f)d\mu.$$

(2) (逆 Jensen 不等式) 若 φ 是单调递增凹函数, 则

$$\varphi\left((\mathrm{C})\int_A f d\mu\right) \geqslant (\mathrm{C})\int_A (\varphi \circ f)d\mu.$$

注 4.1.49 Wang[38] 给出的 Jensen 不等式, 没有 "φ 是单调递增" 的条件, 这是错误的. 事实上, 这一条件是必要的, 详细情况[43] 将在第 8 章中讨论, 这里略去.

4.1.5 上、下 Choquet 积分

Choquet 积分要求被积函数是可测函数, 这在一定程度上限制了其应用, 本小节对其进行推广, 引入上、下 Choquet 积分, 取自 [13].

定义 4.1.50 设 f 是非负函数 (未必可测), 则其关于 μ 的下、上 Choquet 积分分别为

$$(\mathrm{C_L})\int_A f d\mu = (\mathrm{C})\int_A f d\mu_* \quad \text{与} \quad (\mathrm{C_U})\int_A f d\mu = (\mathrm{C})\int_A f d\mu^*.$$

这里 μ_*, μ^* 是 μ 的内、外模糊测度.

当 $A = X$ 时, $(\mathrm{C_{L,U}})\int_A f d\mu$ 简记为 $(\mathrm{C_{L,U}})\int f d\mu$.

显然, 对任意非负可测函数 f, 有

$$(\mathrm{C_L})\int f d\mu = (\mathrm{C})\int f d\mu = (\mathrm{C_U})\int f d\mu,$$

所以上、下 Choquet 积分是 Choquet 积分的推广.

性质 4.1.51 f 为上半 μ-可测函数 $\Rightarrow (\mathrm{C_L})\int f d\mu = (\mathrm{C_U})\int f d\mu$.

例 4.1.52 设 $X = \{a, b, c\}, \Sigma = \{\varnothing, \{a\}, \{b,c\}, X\}$. 定义模糊测度

$$\mu : \mu(\varnothing) = 0, \mu(\{a\}) = 2, \quad \mu(\{b,c\}) = 4, \mu(X) = 5,$$

函数

$$f : f(a) = 10, f(b) = 20, f(c) = 5.$$

因为 $\{f > 15\} = \{b\} \notin \Sigma$, 所以 f 是非可测函数, 其 Choquet 积分不存在, 但我们可以计算其下、上 Choquet 积分.

首先求出下、上模糊测度:

对 $A \in \Sigma$, $\mu_*(A) = \mu^*(A) = \mu(A)$, 对其他的 $A \in 2^X - \Sigma$,

$$\mu^*(\{b\}) = \mu^*(\{c\}) = 4, \quad \mu^*(\{a,b\}) = \mu^*(\{a,c\}) = 5,$$
$$\mu_*(\{b\}) = \mu_*(\{c\}) = 0, \quad \mu_*(\{a,b\}) = \mu_*(\{a,c\}) = 2.$$

则

$$
\begin{aligned}
(\mathrm{C_U}) \int f d\mu &= f(c)\mu^*(X) + (f(a) - f(c))\mu^*(\{a,b\}) + (f(b) - f(a))\mu^*(\{a,b\}) \\
&= 5 \times 5 + (10 - 5) \times 5 + (20 - 10) \times 4 = 90, \\
(\mathrm{C_L}) \int f d\mu &= f(c)\mu_*(X) + (f(a) - f(c))\mu_*(\{a,b\}) + (f(b) - f(a))\mu_*(\{a,b\}) \\
&= 5 \times 5 + (10 - 5) \times 2 + (20 - 10) \times 0 = 35.
\end{aligned}
$$

性质 4.1.53 下、上 Choquet 积分具有下列性质:

(1) $(\mathrm{C_L}) \int \chi_A d\mu = \mu_*(A)$, $(\mathrm{C_U}) \int \chi_A d\mu = \mu^*(A)$, $\forall A \in 2^X$;

(2) $(\mathrm{C_U}) \int f d\mu \geqslant (\mathrm{C_L}) \int f d\mu$;

(3) $f \leqslant g \Rightarrow (\mathrm{C_L}) \int f d\mu \leqslant (\mathrm{C_L}) \int g d\mu$, $(\mathrm{C_U}) \int f d\mu \leqslant (\mathrm{C_U}) \int g d\mu$;

(4) $(\mathrm{C_L}) \int c f d\mu = c(\mathrm{C_L}) \int f d\mu$, $(\mathrm{C_U}) \int c f d\mu = c(\mathrm{C_U}) \int f d\mu$, $\forall c \geqslant 0$;

(5) $f \sim g \Rightarrow (\mathrm{C_L}) \int (f + g) d\mu = (\mathrm{C_L}) \int f d\mu + (\mathrm{C_L}) \int g d\mu$;

$(\mathrm{C_U}) \int (f + g) d\mu = (\mathrm{C_U}) \int f d\mu + (\mathrm{C_U}) \int g d\mu$.

定理 4.1.54 给定非负函数列 $\{f_n\}$, 非负函数 f 及模糊测度 μ.

(1) 设 μ 是下半连续的, 则 $f_n \uparrow f \Rightarrow (\mathrm{C_L}) \int f_n d\mu \uparrow (\mathrm{C_L}) \int f d\mu$;

(2) 设 μ 是上半连续的, 且存在 $n_0 \geqslant 1$, 使得 $(\mathrm{C_U}) \int f_{n_0} d\mu < \infty$, 则 $f_n \downarrow f \Rightarrow (\mathrm{C_U}) \int f_n d\mu \downarrow (\mathrm{C_U}) \int f d\mu$.

例 4.1.55 设 μ 是经典 σ-可加测度, 则 μ_*, μ^* 为内测度、外测度, 因此是连续

的模糊测度. 对任意非负函数 f, $(C_U)\int f d\mu$ 具有很好的性质, 且若 $f \in F^+(X)$, 我们有

$$(C_L)\int f d\mu = (L)\int f d\mu = (C_U)\int f d\mu.$$

因此它们是 Lebesgue 积分的推广, 我们可称之为上、下 Lebesgue 积分, 这是与经典积分论中由 Darboux 上、下和定义的上、下积分完全不同的积分.

4.2   非对称 Choquet 积分

4.1 节中关于 Choquet 积分所涉及的被积函数均为非负的, 本节将把它推广到一般函数, 所得到的推广积分因不具有对称性, 即 $(C)\int(-f)d\mu \neq -(C)\int f d\mu$, 所以称为非对称 Choquet 积分.

4.2.1   定义与性质

本小节主要参考了 [5] 和 [40]. 给定可测空间 (X,Σ), 设 μ 是其上的有限模糊测度, 即 $\mu(X) < \infty$. 对 $\forall A \in \Sigma$, 定义 $\mu^c(A) = \mu(X) - \mu(A^c)$, 则 μ^c 是模糊测度, 称为 μ 的对偶模糊测度.

定义 4.2.1   设 $f : X \to \bar{R}$ 是可测函数, 则 f 在 $A \in \Sigma$ 上关于 μ 的非对称 Choquet 积分为

$$(C_a)\int_A f d\mu = \int_{-\infty}^{0} (A \cap \mu(\{f > t\}) - \mu(A))dt + \int_0^{\infty} \mu(\{f > t\})dt.$$

若 $\left|(C_a)\int_A f d\mu\right| < \infty$, 则称 f 是 Choquet (非对称) 可积的.

当 $A = X$ 时, $(C_a)\int_X$ 简记为 $(C_a)\int$.

例 4.2.2   设简单函数 $s = \sum_{i=1}^{n}(c_i - c_{i+1})\chi_{C_i}$, 其中 $c_1 > c_2 > \cdots > c_n, c_{n+1} = 0, C_0 = \varnothing, C_1 \subset C_2 \subset \cdots \subset C_n = X$, 则

$$(C_a)\int s d\mu = \sum_{i=1}^{n}(c_i - c_{i+1})\mu(C_i).$$

性质 4.2.3   非对称 Choquet 积分具有下列性质:

(1) $(C_a)\int \chi_A d\mu = \mu(A), \forall A \in \Sigma$;

(2) $(C_a) \int cf d\mu = c(C_a) \int f d\mu, c \geqslant 0$;

(3) $(C_a) \int (-f) d\mu = -(C_a) \int f d\mu^c$;

(4) $f \leqslant g \Rightarrow (C_a) \int f d\mu \leqslant c(C_a) \int g d\mu$;

(5) $f \sim g \Rightarrow (C_a) \int (f+g) d\mu = (C_a) \int f d\mu + (C_a) \int g d\mu$;

(6) $(C_a) \int (f+c) d\mu = (C_a) \int f d\mu + c\mu(X), c \in R$;

(7) $(C_a) \int f d\mu = (C) \int f^+ d\mu - (C) \int f^- d\mu^c$.

注 4.2.4 (i) 由于性质 (3), 此种积分称为非对称 Choquet 积分. 后文中我们仍然用符号 "$(C) \int$" 表示非对称 Choquet 积分.

(ii) 性质 (6) 称为可转移性, Wang 和 Klir[35] 称此积分为可转移积分 (translatable Choquet integral).

(iii) 由性质 (7) 可知, 若 f 非负, 则非对称 Choquet 积分退化为 Choquet 积分, 因此是 Choquet 积分的推广.

性质 4.2.5 设 f 是可测函数, μ, ν 是模糊测度, 则

(1) 若 $c > 0$, 则 $c\mu$ 是模糊测度, 且 $(C) \int f d(c\mu) = c \cdot (C) \int f d\mu$;

(2) $\mu + \nu$ 是模糊测度, 且 $(C) \int f d(\mu + \nu) = (C) \int f d\mu + (C) \int f d\nu$;

(3) 若 $\mu(X) = \nu(X)$ 或 $f \geqslant 0$, 则 $\mu \leqslant \nu \Rightarrow (C) \int f d\mu \leqslant (C) \int f d\nu$;

(4) 若模糊测度序列 $\mu_n \uparrow \mu$, 则对有下界的可测函数 f, 有 $(C) \int f d\mu_n \uparrow (C) \int f d\mu$.

性质 4.2.6 设 μ 是次模 (凹) 可加的, 若对一切可测函数 f, g 且 $f, g > -\infty$ 或 μ 是下半连续的, 则

$$(C) \int (f+g) d\mu \leqslant (C) \int f d\mu + (C) \int g d\mu.$$

性质 4.2.7 设 μ 是超模可加 (凸) 的, f, g 是可测函数. 若 μ 是有限的且下列条件之一成立, 或是无限的,

(1) $f, g < \infty$;

(2) $f, g \geqslant 0$;

(3) μ 上半连续性,

则

$$(C) \int (f+g)d\mu \geqslant (C) \int f d\mu + (C) \int g d\mu.$$

4.2.2　收敛定理

本小节中的结果主要取自 [27]. 给定有限模糊测度空间 (X, Σ, μ). 记 $F_b(X)$ 为有界可测函数全体, $F_c(X)$ 为可测且 Choquet 可积函数的全体.

定理 4.2.8　(1) μ 是零可加且上半连续的当且仅当

$$\forall \{f_n(n \geqslant 1), f\} \subset F_c(X), g \in F_c(X), \exists n_0 \geqslant 1, f_{n_0} \leqslant g,$$

$$f_n \downarrow a.e.f \Rightarrow (C) \int f_n d\mu \downarrow (C) \int f d\mu;$$

(2) μ 是零可加且下半连续的当且仅当

$$\forall \{f_n(n \geqslant 1), f\} \subset F_b(X), g \in F_c(X), \exists n_0 \geqslant 1, f_{n_0} \geqslant g,$$

$$f_n \uparrow a.e.f \Rightarrow (C) \int f_n d\mu \uparrow (C) \int f d\mu.$$

(3) μ 是强单调自连续的当且仅当

$$\forall \{f_n(n \geqslant 1), f\} \subset F_b(X), g \in F_c(X),$$

$$|f_n| \leqslant g \ a.e., f_n \xrightarrow{a.e.} f \Rightarrow (C) \int f_n d\mu \to (C) \int f d\mu,$$

$$(C) \int f d\mu \leqslant (C) \int g d\mu.$$

定理 4.2.9　μ 是单调上自连续的当且仅当

(1) $\forall \{f_n(n \geqslant 1), f\} \subset F_b(X), g \in F_c(X), \exists n_0 \geqslant 1, f_{n_0} \leqslant g,$

$$f_n \downarrow a.uf \Rightarrow (C) \int f_n d\mu \downarrow (C) \int f d\mu;$$

(2) μ 是单调下自连续的当且仅当

$$\forall \{f_n(n \geqslant 1), f\} \subset F_b(X), g \in F_c(X), \exists n_0 \geqslant 1, f_{n_0} \geqslant g,$$

$$f_n \uparrow a.uf \Rightarrow (C) \int f_n d\mu \uparrow (C) \int f d\mu;$$

(3) μ 是单调自连续的当且仅当

$$\forall \{f_n(n \geqslant 1), f\} \subset F_b(X), g \in F_c(X),$$

$$|f_n| \leqslant g, f_n \xrightarrow{a.u} f \Rightarrow (\mathrm{C})\int f_n d\mu \to (\mathrm{C})\int f d\mu,$$

$$(\mathrm{C})\int f d\mu \leqslant (\mathrm{C})\int g d\mu.$$

定义 4.2.10 设 $\{f_n(n \geqslant 1), f\} \subset F_b(X)$. 若 $(\mathrm{C})\int |f_n - f| d\mu \to 0$, 则称 $\{f_n\}$ 平均收敛于 f, 记为 $f_n \xrightarrow{m} f$.

定理 4.2.11 下列陈述等价:

(1) μ 是自连续的;

(2) $\forall \{f_n(n \geqslant 1), f\} \subset F_b(X), g \in F_c(X)$,

$$|f_n|, |f| \leqslant g, f_n \xrightarrow{\mu} f \Rightarrow (\mathrm{C})\int f_n d\mu \to (\mathrm{C})\int f d\mu;$$

(3) $\forall \{f_n(n \geqslant 1), f\} \subset F_b(X), g \in F_c(X)$,

$$|f_n|, |f| \leqslant g, f_n \xrightarrow{m} f \Rightarrow (\mathrm{C})\int f_n d\mu \to (\mathrm{C})\int f d\mu.$$

定理 4.2.12 (1) μ 是上自连续的当且仅当

$$\forall \{f_n(n \geqslant 1), f\} \subset F_b(X), g \in F_c(X),$$

$$|f_n|, |f| \leqslant g, f_n \xrightarrow{\mu} f \Rightarrow \lim_{n \to \infty} \sup (\mathrm{C})\int f_n d\mu \leqslant (\mathrm{C})\int f d\mu;$$

(2) μ 是下自连续的当且仅当

$$\forall \{f_n(n \geqslant 1), f\} \subset F_b(X), g \in F_c(X),$$

$$|f_n|, |f| \leqslant g, f_n \xrightarrow{\mu} f \Rightarrow (\mathrm{C})\int f d\mu \leqslant \lim_{n \to \infty} \inf (\mathrm{C})\int f_n d\mu.$$

4.2.3 由 Choquet 积分定义的集函数

本小节研究由 Choquet 积分定义的集函数, 结果主要取自 [40].

定义 4.2.13 给定可测空间 (X, Σ). 设集函数 $\mu, \nu : \Sigma \to \bar{R}$.

(1) 称 ν 关于 μ 是 I 型绝对连续的, 记为 $\nu \ll_{\mathrm{I}} \mu$, 若 $\mu(A) = 0 \Rightarrow \nu(A) = 0$.

(2) 称 ν 关于 μ 是 II 型绝对连续, 记为 $\nu \ll_{\mathrm{II}} \mu$, 若 $\mu(A_n) \to 0 \Rightarrow \nu(A_n) \to 0$.

定理 4.2.14　设 μ 是 (X, Σ) 上的模糊测度, 对任一非负可测函数 f 及 $A \in \Sigma$, 记

$$\nu(A) = (\mathrm{C}) \int_A f d\mu,$$

则我们可以得到集函数 $\nu : \Sigma \to [0, \infty]$.

(1) ν 是模糊测度;

(2) $\nu \ll_{\mathrm{I}} \mu$;

(3) f Choquet 可积 $\Rightarrow \nu \ll_{\mathrm{II}} \mu$.

(4) μ 零可加 $\Rightarrow \nu$ 零可加;

(5) μ 拟零可加 $\Rightarrow \nu$ 拟零可加;

(6) μ 次可加 $\Rightarrow \nu$ 次可加;

(7) μ 超可加 $\Rightarrow \nu$ 超可加;

(8) μ 可加 $\Rightarrow \nu$ 可加;

(9) μ 次模可加 $\Rightarrow \nu$ 次模可加;

(10) μ 超模可加 $\Rightarrow \nu$ 超模可加;

(11) μ 模可加 $\Rightarrow \nu$ 模可加;

(12) $\mu \wedge$-可加 $\Rightarrow \nu \wedge$-可加;

(13) μ 上半连续 $\Rightarrow \nu$ 上半连续;

(14) μ 下半连续 $\Rightarrow \nu$ 下半连续;

(15) μ 连续 $\Rightarrow \nu$ 连续;

(16) μ 下自连续 $\Rightarrow \nu$ 下自连续;

(17) f Choquet 可积, μ 下自连续 $\Rightarrow \nu$ 下自连续;

(18) f Choquet 可积, μ 自连续 $\Rightarrow \nu$ 自连续.

注 4.2.15　从定理 4.2.14 可以看出, ν 保持了 μ 的几乎全部结构特征, 但有一个例外, 即 μ 是 $\vee$-可加的不能保证 ν 是 $\vee$-可加的.

反例 4.2.16　设 $X = \{a, b\}$, $\Sigma = 2^X$. 令

$$\mu(A) = \begin{cases} 1, & a \in A, \\ 0.5, & A = \{b\}, \\ 0, & A = \varnothing, \end{cases}$$

显然, 对 $\forall A, B \in 2^X$, 有 $\mu(A \cup B) = \mu(A) \vee \mu(B)$.

取 $f(x) = \begin{cases} 1, & x = b, \\ 0.5, & x = a, \end{cases}$ 通过计算可得

$$\nu(A) = \begin{cases} 0.7, & A = X, \\ 0.5, & A = \{a\}, \{b\}, \\ 0, & A = \varnothing, \end{cases}$$

因为 $\nu(\{a\} \cup \{b\}) \neq \nu(\{a\}) \vee \nu(\{b\})$, 所以 ν 不是 $\vee$-可加的.

4.3 Fubini 定理

本节探讨模糊测度的乘积问题, 给出 Choquet 积分的 Fubini 定理. 相关文献较少, 这里的内容均取自 [2]. 本节用 "$\int$" 记 Choquet 积分.

4.3.1 基于代数的 Fubini 定理

设 $X_i \neq \varnothing, A_i$ 是由 X_i 的子集构成的代数, $i = 1, 2, A = A_1 \times A_2$ 是 A_1, A_2 的乘积代数, 即 $A = \{A \times B : A \in A_1, B \in A_2\}$. 给定容度 $\nu_i : A_i \to [0, 1], i = 1, 2$.

定义 4.3.1 函数 $f : X_1 \times X_2 \to R$ 是截口共同单调的当且仅当

$$\forall (x_1, x_2) \in X_1 \times X_1, \quad f(x_1, \cdot) \sim f(x_2, \cdot)$$

及

$$\forall (y_1, y_2) \in X_2 \times X_2, \quad f(\cdot, y_1) \sim f(\cdot, y_2).$$

定义 4.3.2 $A \in A$ 是截口共同单调的当且仅当 χ_A 是截口共同单调的.

引理 4.3.3 设 $f : X_1 \times X_2 \to R$ 是有界 A-可测函数, 若累次积分 $\iint f d\nu_1 d\nu_2$ 与 $\iint f d\nu_2 d\nu_1$ 存在且相等, 则必有 f 是截口共同单调的.

注 4.3.4 截口共同单调函数是大量存在的, 如若 $f : X_1 \times X_2 \to R$ 关于每个变量都是单调的, 则其是截口共同单调的.

定理 4.3.5 设 $f : X_1 \times X_2 \to R$ 是截口共同单调的有界 A-可测函数, 则

(1) $f(\cdot, x_2)$ 是 A_1-可测函数, $x_2 \to \int f(\cdot, x_2) d\nu_1$ 是 A_2-可测函数; $f(x_1, \cdot)$ 是 A_2-可测函数, $x_1 \to \int f(x_1, \cdot) d\nu_2$ 是 A_1-可测函数;

(2) 累次积分 $\iint f d\nu_1 d\nu_2$ 与 $\iint f d\nu_2 d\nu_1$ 存在且相等, 即

$$\int \left(\int f(x_1, x_2) d\nu_1 \right) d\nu_2 = \int \left(\int f(x_1, x_2) d\nu_2 \right) d\nu_1;$$

(3) 模糊测度 $\nu : A \to [0, 1]$ 满足条件: 对任意截口共同单调的有界 A-可测函数 $f : X_1 \times X_2 \to R$, 有

$$\int f d\nu = \int \left(\int f(x_1, x_2) d\nu_1 \right) d\nu_2 = \int \left(\int f(x_1, x_2) d\nu_2 \right) d\nu_1$$

当且仅当 ν 满足对任意截口共同单调的 $A \in \mathrm{A}, \nu(A) = \int\int \chi_A d\nu_1 d\nu_2$. 称此种容度 ν 为 ν_1, ν_2 的 Fubini 独立乘积, 也称 ν 具有 Fubini 性质.

4.3.2 基于 σ-代数的 Fubini 定理

在 σ-代数上讨论 Fubini 定理, 需要容度的连续性. 首先讨论关于信任函数的 Fubini 定理, 先给出信任函数的概念, 这里 (X, Σ) 是任一可测空间.

定义 4.3.6[5,39] 容度 $\mu : X \to [0, 1]$ 称为信任函数 (信任测度), 若 μ 是全单调的: $\forall k \geqslant 2, A_1, A_2, \cdots, A_k \in \Sigma$,

$$\mu\left(\bigcup_{n=1}^{k} A_k\right) \geqslant \sum_{\substack{I \subset \{1,2,\cdots,k\} \\ I \neq \varnothing}} (-1)^{|I|+1} \mu\left(\bigcap_{i \in I} A_i\right).$$

显然信任函数是凸的.

凸容度 ν 是连续的当且仅当 ν 在 X 处是下半连续的[5].

定义 4.3.7[5] 设 ν 是容度. 称

$$C(\nu) = \{m : m \text{ 是测度, 且 } m(X) = \nu(X), m(A) \geqslant \nu(A), \forall A \in \Sigma\}$$

为 ν 的核 (core).

设 N 为正整数集. 记 $X_1 = X_2 = N, \Sigma_1 = \Sigma_2 = 2^N, \Sigma = \Sigma_1 \otimes \Sigma_2 = 2^N \otimes 2^N$ 是 $X = X_1 \times X_2$ 上的乘积 σ-代数.

我们称连续信任函数 $\nu : 2^X \to [0, 1]$ 的核 (唯一的) $m : 2^X \to [0, 1]$ 为 ν 的 Mobius (默比乌斯) 变换.

性质 4.3.8 设 ν 是 2^N 上连续的信任函数, 则存在唯一 $m : 2^N \to [0, 1]$ 满足

当 $A \in 2^N$ 无限时,

$$m(A) = 0, \qquad \sum_{A \in 2^N} m(A) = 1,$$

$$\nu(A) = \sum_{B \subset A} m(B), \quad \forall A \in 2^N.$$

当 $A \in 2^N$ 有限时,

$$m(A) = \sum_{B \subset A} (-1)^{|A-B|} \nu(B).$$

反过来, 设 $m : 2^X \to [0, 1]$, 当 $A = \varnothing$ 或无限时, $m(A) = 0$, 且 $\sum_{A \in 2^X} m(A) = 1$. 定义

$$\nu : 2^X \to [0, 1]; \quad A \mapsto \nu(A) = \sum_{B \subset A} m(B),$$

则 ν 是连续的信任函数, 且对任意有界函数 $f: X \to R$,

$$\int_N f d\nu = \sum_{A \in 2^N, A \text{ 有限}} m(A) \cdot \min f(A).$$

此性质表明, ν 是 2^N 上的连续信任函数当且仅当 Mobius 变换 m 在有限集上非负, 且对 $\forall A \in 2^X$, 有 $\nu(A)$ 是 A 的所有有限子集 B 的质量 $m(B)$ 和.

定理 4.3.9 设 $\nu_i: 2^X \to [0,1], i = 1,2$ 是两个连续的信任函数, $m_i, i = 1,2$ 是对应的 Mobius 变换. 设 $f: N \times N \to R$ 是有界截口共同单调函数, 则累次积分 $\iint f d\nu_1 d\nu_2$ 与 $\iint f d\nu_2 d\nu_1$ 存在且相等, 且

$$\iint f d\nu_1 d\nu_2 = \sum_{\substack{A_1 \times A_2 \\ A_1, A_2 \text{ 有限}}} m_1(A_1) \cdot m_2(A_2) \cdot \min f(A_1, A_2) = \iint f d\nu_2 d\nu_1.$$

进一步, 存在唯一连续的信任函数 $\nu: 2^N \otimes 2^N \to [0,1]$, 称为 ν_1, ν_2 的 Fubini 独立乘积, 使得

$$\int f d\nu = \iint f d\nu_1 d\nu_2 = \iint f d\nu_2 d\nu_1.$$

这里 ν 唯一决定于其 Mobius 变换,

$$m: 2^N \times 2^N \to [0,1], m(A) = \begin{cases} m_1(A_1) \cdot m_2(A_2), & A_1, A_2 \text{ 有限}, \\ 0, & \text{其他}. \end{cases}$$

证明 由上述性质, 我们有

$$\int f d\nu = \sum_{A \in 2^{N \times N} \text{ 且有限}} m(A) \cdot \min f(A),$$

$$\iint f d\nu_1 d\nu_2 = \int \left[\int f(\cdot, x_2) d\nu_1 \right] d\nu_2$$

$$= \int \left[\sum_{A_1 \text{ 有限}} m_1(A_1) \cdot \min f(A_1, x_2) \right] d\nu_2$$

$$= \sum_{\substack{A_1 \times A_2 \\ A_1, A_2 \text{ 有限}}} m_1(A_1) \cdot m_2(A_2) \cdot \min f(A_1, A_2)$$

$$= \iint f d\nu_2 d\nu_1.$$

对 $\forall E \in 2^N \times 2^N$, 考虑 ν 在 E 上的限制 $\nu|_E$, 对每个截口共同单调集 $F \in 2^E$, 由

ν 的定义, 有 $\nu(F) = \iint \chi_F d\nu_2 d\nu_1$. 我们可以计算其 Mobius 变换值为

$$
m(A) = \begin{cases} m_1(A_1) \cdot m_2(A_2), & A_1, A_2 \text{ 有限矩形,} \\ 0, & \text{其他.} \end{cases}
$$

由 ν 是连续的信任函数, 其 Mobius 变换在无限集上的值为零, 所以 ν 由其 Mobius 变换 m 唯一确定, 且满足结论要求. 证毕.

4.3.3　一般情形的乘积容度与 Fubini 定理

引理 4.3.10[5]　给定可测空间 (X, Σ). 设 $\mu : \Sigma \to \bar{R}^+$ 是凹 (次模可加) 模糊测度, $C(X)$ 是共同单调的 Choquet 可积函数族, 则存在可加集函数 $\alpha : \Sigma \to [0, \infty]$, 使得 $\alpha \leqslant \mu$, 且 $\forall f \in C(X)$, $\int f d\mu = \int f d\alpha$.

若 μ 有限, 则 $\mu_* \leqslant \alpha \leqslant \mu^*$;

若 μ 连续, 则 α 连续, 因而 α 是经典测度.

给定容度空间 $(X_i, \Sigma_i, \nu_i), i = 1, 2$, 记 $(X, \Sigma) = (X_1 \times X_2, \Sigma_1 \times \Sigma_2)$ 为乘积可测空间.

定理 4.3.11　设 ν_1, ν_2 是凸或凹的连续容度, $f : X \to R$ 是截口共同单调的有界 Σ-可测函数, ν 是满足 Fubini 性质的乘积容度. 则

(1) $f(\cdot, x_2)$ 是有界 Σ_1-可测的, $x_2 \mapsto \int f(\cdot, x_2) d\nu_1$ 是有界 Σ_2-可测的;

(2) $f(x_1, \cdot)$ 是有界 Σ_2-可测的, $x_1 \mapsto \int f(x_1, \cdot) d\nu_2$ 是有界 Σ_1-可测的;

(3) 累次积分 $\iint f d\nu_1 d\nu_2$ 与 $\iint f d\nu_2 d\nu_1$ 存在且相等, 即

$$
\iint f d\nu_1 d\nu_2 = \iint f d\nu_2 d\nu_1.
$$

证明　我们的证明思路是: 存在 (X_i, Σ_i) 上的概率 P_i, $i = 1, 2$, 使得

$$
\iint f d\nu_1 d\nu_2 = \iint f dP_1 dP_2,
$$
$$
\iint f d\nu_2 d\nu_1 = \iint f dP_2 dP_1.
$$

然后应用经典 Fubini 定理得出结论.

由于 $f : X \to R$ 是截口共同单调的有界 Σ-可测函数, 则 $\{f(\cdot, x_2) : x_2 \in X_2\}$, $\{f(x_1, \cdot) : x_1 \in X_1\}$ 是共同单调可积函数族. 由 ν_1, ν_2 是凸 (或凹) 的连续模糊测

度, 以及引理 4.3.10, 则存在概率 $P_i : \Sigma_i \to [0,1]$, $i = 1, 2$ 使得

$$\int f(\cdot, x_2) d\nu_1 = \int f(\cdot, x_2) dP_1,$$

$$\int f(x_1, \cdot) d\nu_2 = \int f(x_1, \cdot) dP_2.$$

由经典 Fubini 定理知 (1)—(3) 成立. 证毕.

定义 4.3.12 称可测空间 (X, Σ) 上的容度 ν 具有 Fubini 性质 (Fubini 独立乘积性质), 若对任意截口共同单调集 $A \in \Sigma$, 有

$$\nu(A) = \int \chi_A d\nu = \int \int \chi_A d\nu_1 d\nu_2.$$

注 4.3.13 对任意截口共同单调函数 f, 若

$$\int \int f d\nu_1 d\nu_2 = \int \int f d\nu_2 d\nu_1,$$

则满足 Fubini 性质的容度 ν 一定存在 (未必唯一), 令

$$\nu_m(E) = \sup \left\{ \int \int \chi_A d\nu_1 d\nu_2 : A \subset E, A \in \Sigma \text{ 截口共同单调} \right\}, \quad \forall E \in \Sigma,$$

则 ν_m 唯一, 称为其为 ν_1, ν_2 的最小 Fubini 独立乘积.

定理 4.3.14 设 ν_1, ν_2 是凸或凹的连续容度, $f : X \to R$ 是截口共同单调的有界 Σ-可测函数, ν 是满足 Fubini 性质的乘积容度. 则

$$\int f d\nu = \int \int f d\nu_1 d\nu_2 = \int \int f d\nu_2 d\nu_1.$$

证明 分两步:

(1) 若 f 是截口共同单调的有界简单函数 s, 即

$$s = \sum_{i=1}^{n} (\alpha_i - \alpha_{i-1}) \chi_{A_i},$$

其中 $\alpha_1 < \cdots < \alpha_n, A_{i+1} \subset A_i, 1 \leqslant i \leqslant n - 1$. 因 s 是截口共同单调的, 则易知每个 A_i 是截口共同单调的, 否则矛盾.

通过计算可得

$$\int s d\nu = \sum_{i=1}^{n} (\alpha_i - \alpha_{i-1}) \nu(A_i),$$

$$\int\int s d\nu_1 d\nu_2 = \sum_{i=1}^{n}(\alpha_i - \alpha_{i-1})\int\int \chi_{A_i} d\nu_1 d\nu_2,$$

$$\int\int s d\nu_2 d\nu_1 = \sum_{i=1}^{n}(\alpha_i - \alpha_{i-1})\int\int \chi_{A_i} d\nu_2 d\nu_1.$$

又由 ν 的 Fubini 性质, 可得

$$\int s d\nu = \int\int s d\nu_1 d\nu_2 = \int\int s d\nu_2 d\nu_1.$$

(2) 设 f 是任一截口共同单调的有界可测函数, 则存在简单函数列 $\{s_n\}$ 一致收敛于 f, 且由 f 是截口共同单调的知每个 s_n 是截口共同单调的 (这可以通过反证法来证明). 根据上述定理的证明过程知, 存在概率 P, P_1, P_2, 使得

$$\int f d\nu = \int f dP, \quad \int s_n d\nu = \int s_n dP;$$

$$\int\int f d\nu_1 d\nu_2 = \int\int f dP_1 dP_2, \quad \int\int s d\nu_1 d\nu_2 = \int\int s dP_1 dP_2;$$

$$\int\int f d\nu_2 d\nu_1 = \int\int f dP_2 dP_1, \quad \int\int s d\nu_2 d\nu_1 = \int\int s dP_2 dP_1.$$

由 $s_n \xrightarrow{u} f$ 及经典积分的控制收敛定理, 可得结论成立. 证毕.

4.4   Choquet 积分——其他

本节介绍 Choquet 积分相关的其他几个问题.

4.4.1   对称 Choquet 积分

给定模糊测度空间 (X, Σ, μ), 前文中对于可测函数 $f: X \to \bar{R}$, 我们定义并研究了其关于模糊测度的非对称 Choquet 积分, 所谓非对称是指 $(C_a)\int(-f)d\mu \neq -(C_a)\int f d\mu$, 本节我们将给出另一种推广形式的 Choquet 积分, 使得上式中的等号成立. 本节内容取自 [30].

定义 4.4.1   设 $f: X \to \bar{R}$ 是可测函数, 则 f 在 $A \in \Sigma$ 上关于 μ 的对称 Choquet 积分为

$$(C_s)\int_A f d\mu = (C)\int_A f^+ d\mu - (C)\int_A f^- d\mu,$$

这里 f^+, f^- 是 f 的正部和负部.

若 (C) $\int_A f^+ d\mu$, (C) $\int_A f^- d\mu$ 不同时为 ∞ 或 $-\infty$, 则称 $(C_s) \int_A f d\mu$ 存在;

若 $\left| (C_s) \int_A f d\mu \right| < \infty$, 则称 f 在 A 上关于 μ 是 Choquet 对称可积的, 简称 C_s-可积.

若 $A = X$, 则 $(C_s) \int_X$ 简记为 $(C_s) \int$.

显然, 若 $f \geqslant 0$, 则对称 Choquet 积分退化为 Choquet 积分, 因此其也是 Choquet 积分的拓广.

性质 4.4.2 设 f, g 可测且对称 Choquet 积分存在, 则

(1) $\mu(\{f \neq 0\}) = 0 \Rightarrow (C_s) \int f d\mu = 0$;

(2) f 可积 $\Leftrightarrow f^+, f^-$ 同时可积;

(3) (单调性) $f \leqslant g \Rightarrow (C_s) \int f d\mu \leqslant (C_s) \int g d\mu$;

(4) (齐次性) $(C_s) \int c f d\mu = c (C_s) \int f d\mu, c \in R$,

特别地, (对称性) $(C_s) \int (-f) d\mu = -(C_s) \int f d\mu$;

(5) $(C_s) \int f d\mu = (C_s) \int (f \wedge c) d\mu + (C_s) \int (f - f \wedge c) d\mu, c \geqslant 0$;

(6) $(C_s) \int f d\mu = (C_s) \int (f \wedge a) d\mu$,

这里 $a = \text{ess sup} f = \inf\{a \geqslant 0 : \mu(\{f \geqslant a\}) = 0\}$;

(7) (绝对可积性) 若 $|f|$ 可积, 则 f 可积, 且

$$\left| (C_s) \int f d\mu \right| \leqslant (C_s) \int |f| d\mu;$$

(8) 若 $|f| \leqslant g$ 且 g 可积, 则 f 可积;

(9) $f \xrightarrow{p.a.e.} g \Rightarrow (C_s) \int f d\mu = (C_s) \int g d\mu$.

注 4.4.3 对于对称 Choquet 积分, 共同单调可加性、可转移性不再成立, 但主要收敛定理仍然成立.

定理 4.4.4 (控制收敛定理) 设 μ 是连续模糊测度, $\{f_n\}$ 是可测函数列且存在可积函数 g, 使得 $|f_n| \leqslant g$. 若 $f_n \to f$, 则 $(C_s) \int f_n d\mu \to (C_s) \int f d\mu$.

定理 4.4.5 下列陈述等价

(1) μ 是自连续;

(2) $\forall f_n(n \geqslant 1), f$ 可测函数, g 可积函数, 且

$$|f_n|, |f| \leqslant g, f_n \xrightarrow{\mu} f \Rightarrow (\mathrm{C_s}) \int f_n d\mu \to (\mathrm{C_s}) \int f d\mu.$$

下面对对称 Choquet 积分做进一步推广.

定义 4.4.6　给定非单调模糊测度空间 (X, Σ, μ). 设 $f : X \to \bar{R}$ 是可测函数, 则 f 在 $A \in \Sigma$ 上关于 μ 的对称 Choquet 积分为

$$(\mathrm{C_s}) \int_A f d\mu = (\mathrm{C}) \int_A f^+ d\mu^+ - (\mathrm{C}) \int_A f^- d\mu^-,$$

这里 μ^+, μ^- 为 μ 的正、负变差 (见定义 4.4.24).

这一积分的性质留给读者讨论.

4.4.2　关于拟 Lebesgue 测度的 Choquet 积分

关于简单函数的 Choquet 积分的计算比较简单, 如设

$$s = \sum_{i=1}^{n} a_i \chi_{A_i}, 0 = a_0 < a_1 < \cdots < a_n, A_1 \supseteq A_2 \supseteq \cdots \supseteq A_n,$$

则

$$(\mathrm{C}) \int s d\mu = \sum_{i=1}^{n} (a_i - a_{i-1}) \mu(A_i) = \sum_{i=1}^{n} a_i(\mu(A_i) - \mu(A_{i+1})).$$

关于连续值函数的 Choquet 积分计算相当复杂, 但对于特殊的单调函数关于拟 Lebesgue 测度的 Choquet 积分是有特殊计算方法的, 以下内容取自 [33].

以下设可测空间为 $(R^+, \mathrm{Borel}(R^+))$.

定义 4.4.7　设 $m : R^+ \to R^+$ 是严格增的可导函数, λ 是 Lebesgue 测度, 则称 $\mu_m = m \circ \lambda$ 为拟 Lebesgue 测度或扭曲测度, 这里 $\mu_m([a,b]) = m(b-a), m$ 也称为生成子.

定理 4.4.8　设 $f : R^+ \to R^+$ 是连续的递增函数, $\mu : \mathrm{Borel}(R^+) \to R^+$ 是模糊测度, 且 $\mu([t,b])$ 关于 t 可导, 则

$$(\mathrm{C}) \int_0^b f(t) d\mu(t) = -\int_0^b \mu'([t,b]) f(t) dt.$$

特别地, 当 $\mu = \mu_m$ 时, 有

$$(\mathrm{C}) \int_0^b f(t) d\mu_m(t) = \int_0^b m'(b-t) f(t) dt.$$

显然, 当 $m(t) = t$ 时, $m'(t) = 1$, 则

$$(C)\int_0^b f(t)d\mu_m(t) = \int_0^b f(t)dt.$$

例 4.4.9 设 $m(t) = \dfrac{t^2}{2}$, $f(t) = e^t$, 则由定理 4.4.8, 可计算得

$$(C)\int_0^b f(t)d\mu_m(t) = \int_0^b m'(b-t)f(t)dt = \int_0^b (b-t)e^t dt$$

$$= b\int_0^b e^t dt - \int_0^b te^t dt = e^b - 1 - b.$$

若用 Choquet 积分的定义计算, 有

$$(C)\int_0^b f(t)d\mu_m(t)$$

$$= \int_0^\infty \mu_m([0,b] \cap (e^t \geqslant r))dr$$

$$= \int_0^1 \mu_m([0,b])dr + \int_1^{e^b} \mu_m([\ln r, b])dr = m(t) + \int_1^{e^b} m(b - \ln r)dr$$

$$= m(t) + \int_1^b m(b-t)e^t dt = \frac{t^2}{2} + \int_0^b \frac{(b-t)^2}{2}e^t dt$$

$$= \frac{t^2}{2} + \frac{(b-t)^2}{2}e^t \Big|_0^b + \int_0^b (b-t)e^t dt = \int_0^b (b-t)e^t dt.$$

所以二者相等, 显然定理 4.4.8 的方法比较简单.

定理 4.4.10 设 m, n 均为生成子, 则

$$(C)\int_0^b m(t)d\mu_m(t) = (C)\int_0^b n(t)d\mu_n(t).$$

定理 4.4.11 设 $f, g : R^+ \to R^+$ 是连续的递增函数, $\mu_m : \text{Borel}(R^+) \to R^+$ 是拟 Lebesgue 测度, $a \in R^+$, 则 Choquet 积分具有下列性质:

(1) $(C)\displaystyle\int_0^b ad\mu_m = am(b)$;

(2) $(C)\displaystyle\int_0^b afd\mu_m = a(C)\int_0^b fd\mu_m$;

(3) $(C)\displaystyle\int_0^b (f+g)d\mu_m = (C)\int_0^b fd\mu_m + (C)\int_0^b gd\mu_m$;

(4) $(C)\displaystyle\int_0^b fd\mu_{am} = a(C)\int_0^b fd\mu_m$;

(5) $(C) \displaystyle\int_0^b f d\mu_{m+n} = (C) \int_0^b f d\mu_m + (C) \int_0^b f d\mu_n;$

(6) $f \leqslant g \Rightarrow (C) \displaystyle\int_0^b f d\mu_m \leqslant (C) \int_0^b g d\mu_m;$

(7) $m \leqslant n \Rightarrow (C) \displaystyle\int_0^b f d\mu_m \leqslant (C) \int_0^b f d\mu_n;$

(8) $b \leqslant c \Rightarrow (C) \displaystyle\int_0^b f d\mu_m \leqslant (C) \int_0^c f d\mu_m.$

4.4.3 新 Choquet-like 积分

从 4.4.2 节可以看出, Choquet 积分的计算较复杂, 一定程度上影响了它的应用. 为解决此问题 Mehri-Dehnavi 等[19] 引入了一种类似于 Choquet 积分的新的单调积分, 称为 "新 Choquet-like 积分"(此命名是为了区别 Mesiar 于 1995 年提出的 Choquet-like 积分, 见第 5 章), 并展示了其在正态分布上的应用, 本小节介绍这一工作.

本小节, 我们固定可测空间为 $(R, \text{Borel}(R))$.

定义 4.4.12 设 $f : R \to R^+$ 是可测函数, $\mu : \text{Borel}(R^+) \to R^+$ 是模糊测度, $[a, b] \subset R.$ 则新 Choquet-like 积分定义为

$$(NC) \int_a^b f d\mu = \int_a^b \mu(\{t \in R^+ : f(x) \geqslant t\}) dx,$$

这里右侧积分为 Riemann 积分.

注 4.4.13 显然, 若 $\mu = \lambda$ 是 Lebesgue 测度, 则此新 Choquet-like 积分退化为 Lebesgue 积分.

定理 4.4.14 新 Choquet-like 积分具有下列性质:

(1) $(NC) \displaystyle\int_a^b 1 d\mu = \mu([0,1])(b - a);$

(2) $f \leqslant g \Rightarrow (NC) \displaystyle\int_a^b f d\mu = (NC) \int_a^b g d\mu;$

(3) $(NC) \displaystyle\int_a^b f d\mu = (NC) \int_a^c f d\mu + (NC) \int_c^b f d\mu, \ c \in (a, b);$

(4) 对任意 $\beta > 0$, 则

$$(NC) \int_{\beta a}^{\beta b} f d\mu = \beta (NC) \int_a^b g d\mu,$$

这里 $f : [\beta a, \beta b] \to R^+$, $x \mapsto g\left(\dfrac{x}{\beta}\right)$;

(5) (NC) $\displaystyle\int_a^b f d\mu = \int_a^b \mu([0, f(x)]) dx$;

(6) (NC) $\displaystyle\int_a^b f d\mu_m = \int_a^b m(f(x)) dx$, 这里 μ_m 为拟 Lebesgue 测度.

例 4.4.15 设 $f(x) = 1 + x + \sin(10\pi x)$, $x \in [0, 2]$, $m = x^2$. 要计算此函数的 Choquet 积分极其困难, 需要用数值方法, 但是要计算新 Choquet-like 积分, 是十分容易的, 即

$$(\text{NC}) \int_0^2 f d\mu_m = \int_0^2 (1 + x + \sin(10\pi x))^2 dx = \frac{1}{15\pi}(145\pi - 6).$$

文献 [19] 中给出了新 Choquet-like 积分的应用, 建立了新的正态分布函数, 因此该积分是有意义的. 下面给出 [19] 没有的积分收敛定理.

定理 4.4.16 设 $\{f_n(n \geqslant 1), f\}$ 是一族非负可测函数, μ 是有限模糊测度.

(1) 若 μ 是下半连续的, 则 $f_n \uparrow f \Rightarrow (\text{NC}) \displaystyle\int_a^b f_n d\mu \uparrow (\text{NC}) \int_a^b f d\mu$;

(2) 若 μ 是上半连续的, 则 $f_n \downarrow f \Rightarrow (\text{NC}) \displaystyle\int_a^b f_n d\mu \downarrow (\text{NC}) \int_a^b f d\mu$;

(3) 若 μ 是连续的, 则 $f_n \to f \Rightarrow (\text{NC}) \displaystyle\int_a^b f_n d\mu \to (\text{NC}) \int_a^b f d\mu$.

证明 只证 (1), 余者同理.

由 $f_n \uparrow f$ 可知, $[0, f_n(x)] \uparrow [0, f(x)]$. 再由 μ 的下半连续性, 可知

$$\mu([0, f_n(x)]) \uparrow \mu([0, f(x)]).$$

从而

$$\int_a^b \mu([0, f_n(x)]) dx \uparrow \int_a^b \mu([0, f(x)]) dx.$$

由定理 4.4.14(5), 结论 (1) 得证. 证毕.

定理 4.4.17 设 $\{f_n\}$ 是一列非负可测函数, μ 是有限模糊测度.

(1) 若 μ 是下半连续的, 则 $(\text{NC}) \displaystyle\int_a^b \varliminf_{n \to \infty} f_n d\mu \leqslant \varliminf_{n \to \infty} (\text{NC}) \int_a^b f d\mu$;

(2) 若 μ 是上半连续的, 则 $(\text{NC}) \displaystyle\int_a^b \varlimsup_{n \to \infty} f_n d\mu \geqslant \varlimsup_{n \to \infty} (\text{NC}) \int_a^b f d\mu$.

4.4.4   Choquet-Stieltjes 积分

本节介绍 Choquet 积分的另一推广形式, 即用 Riemann-Stieltjes 积分来代替 Choquet 积分中的 Riemann 积分, 而得到的新的积分, 取自 [27].

给定模糊测度空间 (X, Σ, μ).

定义 4.4.18   设 $\alpha : R^+ \to R^+$ 是单调递增函数, 且 $\alpha(0) = 0$, 则对于非负可测函数 $f : X \to R^+$, 其在 $A \in \Sigma$ 上的 Choquet-Stieltjes 积分定义为

$$(C_\alpha) \int_A f d\mu = \int_0^\infty \mu(A \cap (f \geqslant t)) d\alpha(t),$$

这里右侧积分为 Riemann-Stieltjes 积分.

注 4.4.19   当 $\alpha(t) = t$ 时, Choquet-Stieltjes 积分退化为 Choquet 积分.

性质 4.4.20   若 $\alpha : R^+ \to R^+$ 是连续的严格增函数, f, g 是非负可测函数, $c \in R^+$, 则

(1) $f \leqslant g \Rightarrow (C_\alpha) \int_A f d\mu \leqslant (C_\alpha) \int_A g d\mu$;

(2) $(C_\alpha) \int_A c f d\mu = c(C_\alpha) \int_A g d\mu$.

性质 4.4.21   若 $\alpha : R^+ \to R^+$ 是连续的严格增函数, f, g 是共同单调的非负可测函数, 则

(1) $\alpha(t+v) \leqslant \alpha(t) + \alpha(v) \Rightarrow (C_\alpha) \int_A (f+g) d\mu \leqslant (C_\alpha) \int_A f d\mu + (C_\alpha) \int_A g d\mu$;

(2) $\alpha(t+v) \geqslant \alpha(t) + \alpha(v) \Rightarrow (C_\alpha) \int_A (f+g) d\mu \geqslant (C_\alpha) \int_A f d\mu + (C_\alpha) \int_A g d\mu$;

(3) $\alpha(t+v) = \alpha(t) + \alpha(v) \Rightarrow (C_\alpha) \int_A (f+g) d\mu = (C_\alpha) \int_A f d\mu + (C_\alpha) \int_A g d\mu$.

定理 4.4.22   若 $\alpha : R^+ \to R^+$ 是连续的严格增函数, 则存在模糊测度 $\nu_{\mu, \alpha}$ 使得

$$(C_\alpha) \int_A f d\mu = (C) \int_A f d\nu_{\mu, \alpha}$$

当且仅当 α 是线性函数.

4.4.5   非单调模糊测度空间及收敛

在本小节中, 我们给出非单调模糊测度的概念, 然后在模糊测度集上引入三种拓扑, 形成模糊测度集空间, 对于模糊测度网 $\{\mu_t\}$ 给出三种收敛并讨论三种收敛的关系, 本节内容主要取自 [21] 和 [24].

给定可测空间 (X, Σ).

定义 4.4.23 若集函数 $\mu : \Sigma \to \bar{R}$ 满足 $\mu(\varnothing) = 0$, 则称为非单调模糊测度 (或广义模糊测度).

称三元组 (X, Σ, μ) 为非单调模糊测度空间.

定义 4.4.24 设 (X, Σ, μ) 为非单调模糊测度空间. 对 $\forall A \in \Sigma$, 定义其正变差 μ^+, 负变差 μ^- 及全变差 $|\mu|$ 分别为

$$\mu^+(A) = \sup\left\{\sum_{i=1}^{n}(\mu(A_i) - \mu(A_{i-1})) \vee 0 : A_i \in \Sigma, i = 1, \cdots, n, \right.$$
$$\left. \varnothing = A_0 \subset A_1 \subset \cdots \subset A_n\right\},$$

$$\mu^-(A) = \sup\left\{\sum_{i=1}^{n}(\mu(A_{i-1}) - \mu(A_i)) \vee 0 : A_i \in \Sigma, i = 1, \cdots, n, \right.$$
$$\left. \varnothing = A_0 \subset A_1 \subset \cdots \subset A_n\right\},$$

$$|\mu|(A) = \mu^-(A) + \mu^+(A).$$

记 $|\mu|(X) = \|\mu\|$, 称为全变差;

若 $\|\mu\| < \infty$, 则称 μ 是有界变差的.

记 FM 为模糊测度全体. 对 $\forall \mu, \nu \in \mathrm{FM}, a \in R$, 定义

(1) $(a\mu) = a\mu(A)$;

(2) $(\mu \pm \nu)(A) = \mu(A) \pm \nu(A)$.

记 $\mathrm{BM} = \{\mu - \nu : \mu, \nu \in \mathrm{FM}\}$, 则 BM 是线性空间, FM 是正凸锥.

引理 4.4.25 设 μ 是非单调模糊测度, 则 $\mu \in \mathrm{BM} \Leftrightarrow \|\mu\| < \infty$.

由此知 BM 是非单调有界变差模糊测度全体.

性质 4.4.26 设 $\mu \in \mathrm{BM}$, 则

(1) μ^-, μ^+ 是模糊测度;

(2) $\mu(A) = \mu^-(A) - \mu^+(A)$;

(3) $\|\mu\| = \mu^+(X) + \mu^-(X)$;

(4) $|\mu| \in \mathrm{FM}$;

(5) $\mu^+ = \dfrac{1}{2}(|\mu| + \mu)$, $\mu^- = \dfrac{1}{2}(|\mu| - \mu)$;

(6) $\mu^- = (-\mu)^+$;

(7) $|\mu| = 0 \Leftrightarrow \mu = 0$;

(8) $|a\mu| = |a||\mu|$.

易知, 变差 $\|\cdot\|$ 是 BM 上的范数, $(\mathrm{BM}, \|\cdot\|)$ 是 Banach 空间. 我们称 $\|\cdot\|$ 为 BV 范数.

设 $\{\mu_t\} \subset \mathrm{BM}$ 是一个网, 若 $\{\mu_t\}$ 依 $\|\cdot\|$ 收敛于 μ, 则记为 $\mu_t \xrightarrow{\mathrm{BV}} \mu$.
记 $B(B^+)$ 为有界 (非负) 有界可测函数全体.

定义 4.4.27 设 $f \in B$, μ 是非单调模糊测度, 则其 Choquet 积分为

$$(\mathrm{C})\int f d\mu = \int_0^\infty \mu(\{f \geqslant \alpha\})d\alpha + \int_{-\infty}^0 (\mu(\{f \geqslant \alpha\}) - \mu(X))d\alpha.$$

显然

$$(\mathrm{C})\int f d\mu = \int_0^\infty \mu^+(\{f \geqslant \alpha\})d\alpha - \int_0^\infty \mu^-(\{f \geqslant \alpha\})d\alpha$$
$$= (\mathrm{C})\int f d\mu^+ - (\mathrm{C})\int f d\mu^-.$$

设 $f \in B^+, A \in \Sigma$. 记

$$C_f(\mu) = (\mathrm{C})\int f d\mu, \quad C_A(\mu) = C_{\chi_A}(\mu),$$

则 C_f 是 BM 上的线性泛函.

我们称 BM 上使每个 $C_f, \forall f \in B^+$ 连续的最粗拓扑为 B^+ 拓扑, 使每个 $C_A, \forall A \in \Sigma$ 连续的最粗拓扑为 Σ 拓扑, 则网 $\{\mu_t\}$ 依 B^+ 拓扑收敛于 μ, 记为 $\mu_t \xrightarrow{B^+} \mu$, 依 Σ 拓扑收敛于 μ, 记为 $\mu_t \xrightarrow{\Sigma} \mu$.

引理 4.4.28 设 $\{\mu_t\}$ 是 BM 中的网, 则
(1) $\mu_t \xrightarrow{\Sigma} \mu \Leftrightarrow \mu_t(A) \to \mu(A)$.
(2) $\mu_t \xrightarrow{B^+} \mu \Leftrightarrow$ 对 $\forall f \in B^+, C_f(\mu_t) \to C_f(\mu)$.

定理 4.4.29 设 $\{\mu_t\}$ 是 BM 中的网, 则
(1) $\mu_t \xrightarrow{\mathrm{BV}} \mu \Rightarrow \mu_t \xrightarrow{B^+} \mu$.
(2) $\mu_t \xrightarrow{B^+} \mu \Rightarrow \mu_t \xrightarrow{\Sigma} \mu$.

定理 4.4.30 设 $\{\mu_t\}$ 是 FM 中的网, 则

$$\mu_t \xrightarrow{\Sigma} \mu \Rightarrow \mu_t \xrightarrow{B^+} \mu.$$

定理 4.4.31 设 X 是有限集, $\{\mu_t\}$ 是 BM 中的网, 则 $\mu_t \xrightarrow{\Sigma} \mu \Rightarrow \mu_t \xrightarrow{\mathrm{BV}} \mu$.

推论 4.4.32 设 X 是有限集, $\{\mu_t\}$ 是 BM 中的网, 则

$$\mu_t \xrightarrow{\Sigma} \mu \Leftrightarrow \mu_t \xrightarrow{\mathrm{BV}} \mu \Leftrightarrow \mu_t \xrightarrow{B^+} \mu.$$

4.5 进 展 与 注

Choquet 积分以法国数学家 Choquet[4] 的文献得名, 但 Choquet 积分最早由意大利数学家 Vitali 在文献 [34] 中提出, 因为原文为意大利文, 长期未引起人们的注意. 1953 年, Choquet 建立了容度理论. 所谓容度是一个集函数, 其定义域为所设空间的幂集, 值取于 [0,1], 且满足单调性和连续性, 所谓 Choquet 积分是关于容度定义的一种积分, 因为容度是特殊的模糊测度, 且 Choquet 积分也具有单调性, 所以也可以把 Choquet 积分看作一种模糊积分, 不难看出, 当容度具有经典的可加性时, Choquet 积分就退化为 Lebesgue 积分, 因而 Choquet 积分是 Lebesgue 积分的推广, 同时容度理论被应用于经济等领域, 但遗憾的是, 即使在 Choquet 容度理论提出后的很长一段时间内, Choquet 积分也没能成为积分理论的热点. 直到 1986 年 Schmeidler[28] 的出色工作, 才使得人们开始 Choquet 积分的研究热潮. 最早把 Choquet 积分与模糊测度联系起来研究的当属 Murofushi 与 Sugeno[22]1989 年的工作, 后又经过 Murofushi 与 Sugeno[20,21]、Benvenuti[1]、Narukawa[24-26]、Wang[35,37,40] 等重要工作, 使这一理论得以迅速发展和广泛应用, Denneberg[5] 的专著 *Non-additive Measure and Integral* 是 Choquet 积分理论的集大成者, 关于 Choquet 积分的最新进展参见 Dimuro 等[7] 的综述文章.

本章择作者熟悉的部分做了介绍, 多数结果没有给出证明, 有兴趣的读者可以进一步做文献追踪, 去深入了解. 本章中的上、下 Choquet 积分, 广义收敛定理, Jensen 不等式, 新 Choquet-like 积分的收敛定理是作者的工作.

本章没有介绍 Radon-Nikodym 定理方面的工作, 有兴趣的读者可参看 [5, 9].

离散型 Choquet 积分作为 Choquet 积分的特殊形式, 因为其作为聚合函数, 已成为决策过程的有效工具, 近年来得到了深化和发展, 出现了多种推广形式, 如 CC-积分[16]、C_F-积分[17]、$C_{F1,F2}$-积分[8,18]、d-积分[3] 等, 本章没有介绍这一部分内容.

另外, 与 Choquet 积分平行的另一种积分——凹积分[15] 也是值得研究的.

Choquet 积分有多种推广形式, 如 Choquet-like 积分、广义 Choquet 积分、集值 Choquet 积分、模糊值 Choquet 积分, 将在接下来的章节中介绍.

参 考 文 献

[1] Benvenuti P, Mesiar R. Vivona D. Monotone set functions-based integrals//Pap E, ed. Handbook of Measure Theory. New York: Elsevier, 2002: 1329-1379.

[2] Chateauneuf A, Lefort J P. Some Fubini theorems on product σ-algebras for non-additive measures. J. Approx. Reason., 2008, 48: 686-696.

[3] Bustince H, Mesiar R, Fernandez J, et al. d-Choquet integrals: Choquet integrals based on dissimilarities. Fuzzy Set and Systems, 2021, 414: 1-27.

[4] Choquet G. Theory of capacities. Ann. lnst. Fourier, 1953, 5: 131–295.

[5] Denneberg D. Non-Additive Measure and Integral. Dordrecht: Kluwer Academic, 1994.

[6] Dyckerhoff R. Product capacities, a Fubini theorem and some applications. Ph. D. Thesis, University of Hamburg, 1994.

[7] Dimuro G P, Fernndez J, Bedregal B, et al. The state-of-art of the generalizations of the Choquet integral: from aggregation and pre-aggregation to ordered directionally monotone functions. Inf. Fusion, 2020, 57: 27-43.

[8] Dimuro G P, Lucca G, Bedregal B, Mesiar R, Sanz J A, Lin C T, Bustince H. Generalized $C_{F1,F2}$-integrals: from Choquet-like aggregation to ordered directionally monotone functions. Fuzzy Set and Systems, 2020, 378: 44-67.

[9] Graf S. A Radon-Nikodym theorem for capacites. L. Reine Angew. Math., 1980, 320(15): 192-214.

[10] Guo C M, Zhang D L. Convergence theorems of the Choquet integral. Fuzzy Systems and Math., 2001, 15: 51-54.

[11] 郭彩梅, 张德利, 李映红. 模糊值 Choquet 积分 (I). 模糊系统与数学, 2001, 15(3): 52-54.

[12] Guo C M, Zhang D L. Fuzzy-valued Choquet integral (Ⅱ). Fuzzy Systems and Math., 2003, 17(3): 23-28.

[13] Guo C M, Zhang D L. On lower and upper Choquet integrals. Proc. of the 8th Int. Conf. on Mach. Learning and Cybernetics, Baoding, 2009: 12-15.

[14] 哈明虎, 杨兰珍, 吴从炘. 广义模糊集值测度引论. 北京: 科学出版社, 2009.

[15] Lehrer E, Teper R. The concave integral over large spaces. Fuzzy Sets and Systems, 2008, 159: 2130-2144.

[16] Lucca G, Sanz J A, Dimuro G P, Bedregal B, Asiain M J, Elkano M, Bustince H. CC-Integrals: Choquet-like copula-based aggregation functions and its application in fuzzy rule-based classification systems. Knowledge-Based Syst., 2017, 119: 32-43.

[17] Lucca G, Sanz J A, Dimuro G P, Bedregal B, Bustince H, Mesiar R. C_F-Integrals: a new family of re-aggregation functions with application to fuzzy rule-based classification systems. Inf. Sci., 2018, 435: 94-110.

[18] Lucca G, Dimuro G P, Fernandez J, Bustince H, Bedregal B, Sanz J A. Improving the performance of fuzzy rule-based classification systems based on a nonaveraging generalization of CC-Integrals named $C_{F1,F2}$-Integrals. IEEE Trans. Fuzzy Syst., 2019, 27(1): 124-134.

[19] Mehri-Dehnavi H, Agahi, Mesiar R. A new nonlinear Choquet-like integral with applications in normal distributions based on monotone measures. IEEE Transactions on Fuzzy Systems, 2020, 28(2): 288-293.

[20] Murofushi T, Sugeno M. A theory of fuzzy measures: representations, the Choquet integral, and null sets. J. Math. Anal. Appl., 1991, 159: 532-549.

[21] Murofushi T, Sugeno M. Non-monotonic fuzzy measures and the Choquet integral. Fuzzy Sets and Systems, 1994, 64: 73-85.

[22] Murofushi T, Sugeno M. An interpretation of fuzzy measures and the Choquet integral as an integral with respect to a fuzzy measure. Fuzzy Sets and Systems, 1989, 29: 201-227.

[23] Narukawa Y, Murofushi T, Sugeno M. Regular fuzzy measure and representation of comonotonically additive functional. Fuzzy Sets and Systems, 2000, 112(2): 177-186.

[24] Narukawa Y, Murofushi T, Sugeno M. Space of fuzzy measures and convergence. Fuzzy Sets and Systems, 2003, 138: 497-506.

[25] Narukawa Y, Torra V, Sugeno M. Choquet integral with respect to a symmetric fuzzy measure of a function on the real line. Ann. Oper. Res., 2016, 244: 571-581.

[26] Narukawa Y, Murofushi T. Choquet-Stieltjes integral as a tool for decision modeling. Inter. J. Intelligent Syst., 2008, 23: 115-127.

[27] Rébillé Y. Autocontinuity and convergence theorems for the Choquet integral. Fuzzy Sets and Systems, 2012, 194: 52-65.

[28] Schmeidler D. Integral representation without additivity. Proc. Amer. Math. Sci., 1986, 97(2): 255-261.

[29] Shafer G. A Mathematical Theory of Evidence. Princeton: Princeton University Press, 1976.

[30] Sipos J. Integral with respect to a pre-measure. Mathematica Slovaca, 1979, 29: 141-155.

[31] Song J, Li J. Lebesgue theorems in non-additive measure theory. Fuzzy Sets and Systems, 2005, 149: 543-548.

[32] Sugeno M. Theory of fuzzy integrals and its applications. Ph. D. Thesis, Tokyo Institute of Technology, 1974.

[33] Sugeno M. A way to Choquet calculus. IEEE Tran. Fuzzy Systems, 2015, 23: 1439-1457.

[34] Vitali G. On the definition of integral of functions of one variable. Rivista di matematica per le scienze economiche e sociali, 1997, 20(2): 159-168 (原文以意大利语发表于 1925 年).

[35] Wang Z Y, Klir G J. Generalized Measure Theory. Boston: Springer, 2009.

[36] Wang Z Y. The autocontinuity of set-function and the fuzzy integral. J. Math. Anal. Appl., 1984, 99: 195-218.

[37] Wang Z Y. Convergence theorems for sequences of Choquet integrals. Int. J. of General Systems, 1997, 26: 133-143.

[38] Wang R. Some inequalities and convergence theorems for Choquet integrals. J. Appl. Math. Comput., 2001, 35: 305-321.

[39] 王熙照. 模糊测度和模糊积分及在分类技术中的应用. 北京: 科学出版社, 2008.

[40] Wang Z Y, Klir G J, Wang W. Monotone set functions defined by Choquet integral. Fuzzy Sets and Systems, 1996, 81: 241-250.

[41]　Zhang D L, Guo C M. On the convergence of sequences of fuzzy measures and generalized convergence theorems of fuzzy integrals. Fuzzy Sets and Systems, 1995, 71: 344-356.

[42]　张德利, 郭彩梅. 模糊积分论. 长春: 东北师范大学出版社, 2004.

[43]　Zhang D L, Mesiar R, Pap E. Jensen's inequality for Choquet integral revisited and a note on generalized Choquet integral. Fuzzy Sets and Systems. https://doi.org/10.1016/j.fss.2021.09.004.

第 5 章 拟积分与广义 Choquet 积分

模糊测度是经典可加测度的推广, 但模糊积分却不是 Lebesgue 积分的推广, 即使是广义模糊积分仍不能以 Lebesgue 积分为特款. 本章首先研究基于半环的拟测度和拟积分, 使其能够包括 Lebesgue 积分, 且以满足模糊可加性的模糊测度与模糊积分为特款. 以此为基础, 进一步建立广义 Choquet 积分, 使得 Choquet 积分、(S) 模糊积分及 (N) 模糊积分成为特款. 本章包含四节, 在 5.1 节中, 介绍 Sugeno 与 Murofushi[27] 积分的基本理论, 包括我们得到的各种收敛定理及 Fubini 定理, 作为其应用介绍了 Mesiar[13] 的 Choquet-like 积分; 在 5.2 节中, 介绍了半环上的有界可测函数拟积分的基本概念, 以此为基础, 针对三类典型半环, 拓展了拟积分的被积函数至非负可测函数, 研究了拟重积分, 得到了 Fubini 定理、广义 Minkowski 不等式, 同时给出了较文献 [22] 改进的 Jensen 不等式; 在 5.3 节中, 改进了半环情形 Ⅲ, 对于非负可测函数, 重新定义了拟积分, 给出了非负可测函数拟积分的基本性质; 在 5.4 节中, 以非负可测函数拟积分为基础, 建立了广义 Choquet 积分的理论, 包括定义、性质、收敛定理及广义 Choquet 积分不等式. 此种积分是非常广泛的积分, 能够覆盖 Choquet 积分, Choquet-like 积分、Choquet-Stieltjes 积分、Sugeno 积分、(N) 模糊积分及 Sugeno-Stieltjes 积分等新积分类型.

5.1 Sugeno 与 Murofushi 的拟可加测度与积分

5.1.1 拟可加测度与积分的基本概念

本小节的内容取自 [27].

定义 5.1.1 区间 $[0,\infty]$ 上的二元运算 $\hat{+}$ 称为拟加运算, 如果满足下列条件:

(P1) $a\hat{+}0 = 0\hat{+}a = a$;

(P2) $(a\hat{+}b)\hat{+}c = a\hat{+}(b\hat{+}c)$;

(P3) $a \leqslant c, b \leqslant d \Rightarrow a\hat{+}b \leqslant c\hat{+}d$;

(P4) $a_n \to a, b_n \to b \Rightarrow (a_n\hat{+}b_n) \to (a\hat{+}b)$.

显然 $([0,\infty], \hat{+})$ 构成 I-半群.

定义 5.1.2 设 $\{(\alpha_k, \beta_k); k \in K\}$ 是以可数集 K 为指标集的一族 $[0,\infty]$ 的开子区间. 对每个 $k \in K$, 指定一个连续的严格增函数 $g_k : [\alpha_k, \beta_k] \to [0,\infty]$, 称

二元运算 $\hat{+}$ 有表示

$$\{\langle(\alpha_k,\beta_k),g_k\rangle:k\in K\}$$

当且仅当

$$x\oplus y=\begin{cases}g_k^*\left(g_k\left(x\right)+g_k\left(y\right)\right),&\left(x,y\right)\in\left(\alpha_k,\beta_k\right)^2,\\\max\left(x,y\right),&\text{其他},\end{cases}$$

这里 g_k^* 是 g_k 的拟逆, 即

$$g_k^*=g_k^{-1}\left(\min\left(x,g_k\left(\beta_k\right)\right)\right).$$

定理 5.1.3　二元运算是拟加运算当且仅当它有一个表示 $\{\langle(\alpha_k,\beta_k),g_k\rangle:k\in K\}$.

例 5.1.4　通常的加法 $+$ 有表示 $\{\langle(0,\infty)\rangle,\alpha\}$, 其中 $\alpha\left(x\right)=x,\forall x\in[0,\infty]$, 最大运算 $\vee$ 有表示 $\varnothing$, 即它没有 (α_k,β_k), 因而 $+,\vee$ 均是拟加运算.

在下述讨论中, 设拟加 $\hat{+}$ 具有表示 $\{\langle(\alpha_k,\beta_k),g_k\rangle:k\in K\}$, 且 I 表示 $\hat{+}$ 的幂等元集合, 即 $I=\left\{x:x\hat{+}x=x\right\}$, 显然

$$I=[0,\infty]-\bigcup_{k\in K}(\alpha_k,\beta_k).$$

记 $\displaystyle\mathop{\hat{+}}_{i=1}^{n}x_i=x_1\hat{+}\cdots\hat{+}x_n$, $\displaystyle\mathop{\hat{+}}_{i=1}^{\infty}x_i=\lim_{n\to\infty}\mathop{\hat{+}}_{i=1}^{n}x_i$, 且 $\bar{g}_k:\{0\}\cup(\alpha_k,\beta_k]\to[0,\infty]$,

$$\bar{g}_k\left(x\right)=\begin{cases}g_k\left(x\right),&x\in(\alpha_k,\beta_k],\\0,&x=0,\end{cases}$$

$$\bar{g}_k^*\left(x\right)=\begin{cases}g_k^*\left(x\right),&x>0,\\0,&x=0.\end{cases}$$

定义 5.1.5　设 $\hat{+}$ 是 $[0,\infty]$ 上的拟加运算, $\hat{\cdot}$ 是 $[0,\infty]$ 上另一二元运算. 称 $\hat{\cdot}$ 为对应于 $\hat{+}$ 的拟乘, 如果它满足下述条件:

(M1) $a\hat{\cdot}\left(x\hat{+}y\right)=(a\hat{\cdot}x)\hat{+}(a\hat{\cdot}y)$;

(M2) $a\leqslant b\Rightarrow a\hat{\cdot}x\leqslant b\hat{\cdot}x$;

(M3) $a\hat{\cdot}x=0\Leftrightarrow a=0$ 或 $x=0$;

(M4) 存在左恒等元 $e\in[0,\infty]$, 使 $e\hat{\cdot}x=x$;

(M5) $a_n\to a\in(0,\infty),x_n\to x\Rightarrow a_n\hat{\cdot}x_n\to a\hat{\cdot}x$, 且 $\infty\hat{\cdot}x=\lim_{a\to\infty}\left(a\hat{\cdot}x\right)$.

定义 5.1.6　设 $\hat{\cdot}$ 是对应于拟加 $\hat{+}$ 的拟乘, 则存在一列连续的非减函数 $\{h_k,k\in K\}$, 使得

$$a\hat{\cdot}x=g_k^*\left(h_k\left(a\right)g_k\left(x\right)\right),\quad a>0,\quad x\in[\alpha_k,\beta_k],$$

$$h_k(e) = 1, \quad 0 < h_k(a) < \infty, \quad 0 < a < \infty.$$

定理 5.1.7　设 $\hat{+}$ 是 $[0, \infty]$ 上的拟加, $\hat{\cdot}$ 是与之相应的拟乘. 如果还满足条件:

(M6) $a\hat{\cdot}x = x\hat{\cdot}a$;

(M7) $(a\hat{\cdot}b)\hat{\cdot}c = a\hat{\cdot}(b\hat{\cdot}c)$,

且恒等元 e 不是幂等元, $e\hat{+}e > e$, 则存在唯一的生成子 $g : [0, \infty] \to [0, \infty]$, $g(0) = 0, g(\infty) = \infty$, 使得 $g(e) = 1$, 且

$a\hat{+}b = g^{-1}(g(a) + g(b))$, 即 $\hat{+}$ 为 g-拟加法;

$a\hat{\cdot}b = g^{-1}(g(a) \cdot g(b))$, 即 $\hat{\cdot}$ 为 g-拟乘法.

设 (X, Σ) 为可测空间.

定义 5.1.8　集函数 $\mu : \Sigma \to [0, \infty]$ 称为 $\sigma\text{-}\hat{+}$-可加测度, 也简称为拟可加测度, 如果它满足下述条件:

(1) $\mu(\varnothing) = 0$;

(2) $A \cap B = \varnothing \Rightarrow \mu(A \cup B) = \mu(A)\hat{+}\mu(B)$;

(3) $A_n \uparrow A \Rightarrow \mu(A_n) \uparrow \mu(A)$.

显然拟可加测度具有与经典测度相当的性质, 如单调性、完全 (拟) 可加性等.

定义 5.1.9[27]　设 μ 是 (X, Σ) 上的拟可加测度. 称 μ 为 σ-可分解的, 若它的互不相交的非零测度集必是可数的.

注 5.1.10[27]　对于可加测度而言, σ-可分解性不等价于 σ-有限性.

对于拟可加测度 μ, 引入下述两个符号与约定, 称对某个 $k \in K, A \in \Sigma$ 具有性质:

(WK1) $\forall B \in \Sigma, B \subset A \Rightarrow \mu(B) \in \{0\} \cup (\alpha_k, \beta_k]$;

(WK2) $\exists \{B_n\} \subset \Sigma, A = \bigcup_{n=1}^{\infty} B_n, \mu(B_n) < \beta_k, n \geqslant 1$.

定理 5.1.11　设 (X, Σ, μ) 是拟可加测度空间. 若对某一个 $k \in K, X$ 具有性质 (WK1), 则存在通常的测度 $\bar{\mu}$, 使得 $\mu = \bar{g}_k^* \circ \bar{\mu}$; 若 X 还满足 (WK2), 则 $\bar{\mu}$ 是 σ-有限且唯一.

推论 5.1.12　设 (X, Σ, μ) 是 g-可加测度空间, 则存在通常测度 $\bar{\mu}$, 使得 $\mu = g^{-1} \circ \bar{\mu}$.

定义 5.1.13　给定 (X, Σ, μ) 是拟可加测度空间, 设 f 是简单函数, 即

$$f(x) = \begin{cases} a_j, & x \in A_j; j = 1, 2, \cdots, n, \\ 0, & \text{其他}, \end{cases}$$

这里 $A_j \in \Sigma, 0 \leqslant a_j < \infty, j = 1, 2, \cdots, n, A_i \cap A_j = \varnothing \, (i \neq j)$, 定义 f 在 $A \in \Sigma$ 上的积分为

$$(\text{SM}) \int_A f d\mu = \mathop{\hat{+}}_{j=1}^{n} (a_j \hat{\cdot} \mu(A_j \cap A)).$$

设 f 是非负可测函数, 则存在非负简单函数列 $\{f_n\}$, 且 $f_n \uparrow f$, 定义 f 在 $A \in \Sigma$ 上的积分为

$$(\mathrm{SM}) \int_A f d\mu = \lim_{n \to \infty} (\mathrm{SM}) \int_A f_n d\mu.$$

上述定义的积分称为拟可加积分. 特别地, 如果拟加和拟乘运算是特殊的 g-拟加与 g-拟乘, 则称此积分为 g-积分.

定理 5.1.14　若 X 对某个 $k \in K$, 具有性质 (WK1), 且 $\bar{\mu}$ 是通常的测度, 满足 $\mu = \bar{g}_k^* \circ \bar{\mu}$, 则

$$(\mathrm{SM}) \int_A f d\mu = \bar{g}_k^* \left[\int_A h_k \circ f d\bar{\mu} \right],$$

此处 "$\int_A$" 是 Lebesgue 积分.

推论 5.1.15　设 μ 是 g-可加测度, $\bar{\mu}$ 是通常的测度, 且满足 $\mu = g^{-1} \circ \bar{\mu}$, 则对于 g-积分来说, 有

$$(\mathrm{SM}) \int_A f d\mu = g^{-1} \left(\int_A g \circ f d\bar{\mu} \right).$$

注 5.1.16　关于拟可加测度与积分, 文献 [27] 给出许多与 Lebesgue 积分相似的性质, 为行文简明, 这里不再赘述.

5.1.2　拟可加积分的收敛定理

本节中, 恒设 (X, Σ) 为可测空间, 其上的拟可加测度的全体记为 $M(X)$ (这些拟可加测度是针对同一拟加运算 $\dot{+}$ 的, 且 $\dot{\cdot}$ 是与之相应的拟乘), 全体广义非负实值可测函数记为 $F(X)$, X 上的积分 "$\int_X$" 简记为 "$\int$". 因为拟可加测度是特殊的模糊测度, 且是下半连续的, 所以在第 2 章中有关模糊测度序列的概念和结论仍然成立, 这里将继续沿用.

性质 5.1.17　设 $\{\mu_n\} \subset M(X)$. 若 $\{\mu_n\}$ 是单调上升的, 则 $\mu = \lim_{n \to \infty} \mu_n$ 存在, 且 $\mu \in M(X)$.

证明　$\lim_{n \to \infty} \mu_n$ 的存在性是明显的, 且

$$\mu(\varnothing) = \lim_{n \to \infty} \mu_n(\varnothing) = 0,$$

又对 $\forall A, B \in \Sigma, A \cap B = \varnothing$, 有

$$\mu(A \cup B) = \left(\lim_{n \to \infty} \mu_n \right) (A \cup B)$$

$$= \lim_{n \to \infty} \left(\mu_n(A) \hat{+} \mu_n(B) \right)$$

$$= \lim_{n \to \infty} \mu_n(A) \hat{+} \lim_{n \to \infty} \mu(B)$$

$$= \mu(A) \hat{+} \mu(B).$$

下面只需证明 $A_n \uparrow A \Rightarrow \mu(A_n) \uparrow \mu(A)$.

若 $\mu_n \uparrow \mu$, 则对 $A_m \uparrow A$, 有

$$\mu(A) = \lim_{n \to \infty} \mu_n(A)$$

$$= \bigvee_{n=1}^{\infty} \mu_n \left(\bigcup_{m=1}^{\infty} A_m \right)$$

$$= \bigvee_{n=1}^{\infty} \bigvee_{m=1}^{\infty} \mu_n(A_m)$$

$$= \bigvee_{m=1}^{\infty} \bigvee_{n=1}^{\infty} \mu_n(A_m)$$

$$= \bigvee_{m=1}^{\infty} \mu(A_m).$$

因而 $\mu(A_m) \uparrow \mu(A)$. 证毕.

定理 5.1.18 设 $\{\mu_n(n \geqslant 1), \mu\} \subset M(X)$. 则 $\mu_n \uparrow \mu$ 等价于对一切 $f \in F(X)$, 有

$$(\mathrm{SM}) \int f d\mu_n \uparrow (\mathrm{SM}) \int f d\mu.$$

证明 $\Leftarrow$, 对 $\forall A \in \Sigma$, 取

$$f(x) = \begin{cases} e, & x \in A, \\ 0, & x \notin A, \end{cases} \quad e \text{ 为 } \hat{\cdot} \text{ 的左恒等元,}$$

则 $(\mathrm{SM}) \int f d\mu_n = \mu_n(A)$, $(\mathrm{SM}) \int f d\mu = \mu(A)$, 从而 $\mu_n \uparrow \mu$.

$\Rightarrow$, 显然 $\left\{ (\mathrm{SM}) \int f d\mu_n \right\}$ 是单调上升的. 下面分两步完成等式的证明.

(1) 若 f 是简单函数, 即 $f = \sum_{i=1}^{n} a_i \cdot \chi_{A_i}, a_i \in [0, \infty), A_i \in \Sigma, i = 1, 2, \cdots, n$, $A_i \cap A_j = \varnothing \, (i \neq j)$, 则

$$(\mathrm{SM}) \int f d\mu_n = \hat{\sum_{i=1}^{n}} a_i \hat{\cdot} \mu_n(A_i),$$

$$(\mathrm{SM}) \int f d\mu = \hat{\sum_{i=1}^{n}} a_i \hat{\cdot} \mu(A_i).$$

由拟运算的连续性, 易见 $(\mathrm{SM}) \displaystyle\int f d\mu_n \uparrow (\mathrm{SM}) \displaystyle\int f d\mu$.

(2) 若 f 是一般的非负可测函数, 则存在简单函数列 $\{f_n\}, f_n \uparrow f$, 从而

$$
\begin{aligned}
(\mathrm{SM}) \int f d\mu &= \bigvee_{n=1}^{\infty} (\mathrm{SM}) \int f_n d\mu \\
&= \bigvee_{n=1}^{\infty} \left((\mathrm{SM}) \int f_n d \left(\bigvee_{m=1}^{\infty} \mu_m \right) \right) \\
&= \bigvee_{n=1}^{\infty} \bigvee_{m=1}^{\infty} \left((\mathrm{SM}) \int f_n d\mu_m \right) \\
&= \bigvee_{m=1}^{\infty} \bigvee_{n=1}^{\infty} \left((\mathrm{SM}) \int f_n d\mu_m \right) \\
&= \bigvee_{m=1}^{\infty} (\mathrm{SM}) \int f d\mu_m.
\end{aligned}
$$

即 $(\mathrm{SM}) \displaystyle\int f d\mu_n \uparrow (\mathrm{SM}) \displaystyle\int f d\mu$. 证毕.

定理 5.1.19 设 $\{\mu_n (n \geqslant 1), \mu\} \subset M(X)$, 且 $\mu_n \downarrow \mu$, 则对简单函数 $f \in F(X)$, 有

$$(\mathrm{SM}) \int f d\mu_n \downarrow (\mathrm{SM}) \int f d\mu.$$

定理 5.1.20 设 $\{\mu_n (n \geqslant 1), \mu\} \subset M(X)$. 若对简单函数 $f \in F(X)$, 均有 $(\mathrm{SM}) \displaystyle\int f d\mu_n \to (\mathrm{SM}) \displaystyle\int f d\mu$, 则 $\mu_n \to \mu$.

下面给出单调递降收敛定理.

定理 5.1.21 设 $\dotplus$ 没有幂零区间 (即 $g_k(\beta_k) = \infty, \forall k \in K$), 且设与之相对应的 $\hat{\cdot}$ 为

$$
a \hat{\cdot} x = \begin{cases}
0, & x = 0, \\
x, a > 0, & x \text{ 是幂等元}, \\
g_k^*(a g_k), a > 0, & x \in [\alpha_k, \beta_k].
\end{cases}
$$

对于 $\{f_n (n \geqslant 1), f\} \subset F(X)$, 且 $f_n \downarrow f$, 若

(1) $\displaystyle\lim_{n \to \infty} (\mathrm{SM}) \int f_n d\mu = 0$;

(2) $\displaystyle\lim_{n \to \infty} (\mathrm{SM}) \int f_n d\mu$ 不是幂等元;

(3) $(\mathrm{SM}) \displaystyle\int f d\mu = \infty$ 之一成立, 则

$$(\mathrm{SM}) \int f_n d\mu \downarrow (\mathrm{SM}) \int f d\mu.$$

证明 由 $f_n \downarrow f$ 知 $\left\{ (\mathrm{SM}) \displaystyle\int f_n d\mu \right\}$ 单调下降, 因而 $\displaystyle\lim_{n\to\infty} (\mathrm{SM}) \int f_n d\mu$ 存在, 且不小于 $(\mathrm{SM}) \displaystyle\int f d\mu$.

(1) 若 $\displaystyle\lim_{n\to\infty} (\mathrm{SM}) \int f_n d\mu = 0$, 则 $(\mathrm{SM}) \displaystyle\int f d\mu = 0$, 等式成立.

(2) 若 $\displaystyle\lim_{n\to\infty} (\mathrm{SM}) \int f_n d\mu = a$ 不是幂等元, 则 $\exists k \in K$, 使 $a \in (\alpha_k, \beta_k)$, 因而 $\exists n_0 \in N$, 使 $(\mathrm{SM}) \displaystyle\int f_{n_0} d\mu \in (\alpha_k, \beta_k)$. 利用 f_{n_0}, 可得单调增函数列 $\{ f_{n_0} - f_{n_0+n} : n \geqslant 1 \}$. 在定理的条件下, 有

$$(\mathrm{SM}) \int f_{n_0} d\mu = (\mathrm{SM}) \int [(f_{n_0} - f) + f]\, d\mu$$

$$= (\mathrm{SM}) \int (f_{n_0} - f)\, d\mu \,\hat{+} \int f\, du,$$

$$(\mathrm{SM}) \int f_{n_0} d\mu = (\mathrm{SM}) \int [(f_{n_0} - f_{n_0+n}) + f_{n_0+n}]\, d\mu$$

$$= \int (f_{n_0} - f_{n_0+n})\, d\mu \,\hat{+} \int f_{n_0+n} d\mu. \tag{5.1.1}$$

由单调增加收敛定理, 进一步有

$$(\mathrm{SM}) \int f_{n_0} d\mu = \lim_{n\to\infty} \left((\mathrm{SM}) \int (f_{n_0} - f_{n_0+n})\, d\mu \,\hat{+} (\mathrm{SM}) \int f_{n_0+n} d\mu \right)$$

$$= (\mathrm{SM}) \int \lim_{n\to\infty} (f_{n_0} - f_{n_0+n})\, d\mu \,\hat{+} \lim_{n\to\infty} (\mathrm{SM}) \int f_{n_0+n} d\mu$$

$$= (\mathrm{SM}) \int (f_{n_0} - f)\, d\mu \,\hat{+}\, a. \tag{5.1.2}$$

由于 $(\mathrm{SM}) \displaystyle\int (f_{n_0} - f)\, d\mu \leqslant (\mathrm{SM}) \int f_{n_0} d\mu$, 故 $(\mathrm{SM}) \displaystyle\int (f_{n_0} - f)\, d\mu < \beta_k$, 因而下面分两种情形讨论.

$1°$ 当 $(\mathrm{SM}) \displaystyle\int (f_{n_0} - f)\, d\mu \leqslant \alpha_k$ 时, 由 (5.1.2) 式, 有 $a = (\mathrm{SM}) \displaystyle\int f_{n_0} d\mu$, 进而由 (5.1.1) 式有 $a = (\mathrm{SM}) \displaystyle\int f d\mu$.

$2°$ 当 $(\mathrm{SM}) \displaystyle\int (f_{n_0} - f)\, d\mu > \alpha_k$ 时, 有

$$(\mathrm{SM}) \int f_{n_0} d\mu = g_k^* \left(g_k \left(\int (f_{n_0} - f)\, d\mu \right) + g_k \left(\int f d\mu \right) \right),$$

$$(\text{SM}) \int f_{n_0} d\mu = g_k^* \left(g_k \left(\int (f_{n_0} - f) \, d\mu \right) + g_k(a) \right),$$

比较上述两式可得, $a = (\text{SM}) \int f d\mu$.

(3) 若 $(\text{SM}) \int f d\mu = \infty$, 则等式直接成立.

综上, $(\text{SM}) \int f_n d\mu \downarrow \int f d\mu$. 证毕.

注 5.1.22　在定理 5.1.21 的证明过程中, 我们用到了等式

$$(\text{SM}) \int (f + g) \, d\mu = (\text{SM}) \int f d\mu \hat{+} (\text{SM}) \int g d\mu,$$

而这一等式在拟可加积分论中, 一般是不成立的, 而在定理所给的运算下, 有下述等式成立:

$$(\text{SM}) \int (af + bg) \, d\mu = a \hat{\cdot} (\text{SM}) \int f d\mu \hat{+} b \hat{\cdot} (\text{SM}) \int g d\mu.$$

定理 5.1.23　设 $\{f_n\} \subset F(X), \{\mu_n\} \subset M(X)$. 若 $f_n \uparrow f, \mu_n \uparrow u$, 则

$$(\text{SM}) \int f_n d\mu_n \uparrow (\text{SM}) \int f d\mu.$$

定理 5.1.24　在定理 5.1.21 的运算下, 设 $\{f_n \, (n \geqslant 1), f\} \subset F(X)$ 是简单函数列, $\{\mu_n \, (n \geqslant 1), \mu\} \subset M(X)$, 且 $f_n \downarrow f, \mu_n \downarrow \mu$. 若

(1) $\lim\limits_{n \to \infty} (\text{SM}) \int f_n d\mu = 0$;

(2) $\lim\limits_{n \to \infty} (\text{SM}) \int f_n d\mu$ 不是幂等元;

(3) $(\text{SM}) \int f d\mu = \infty$

之一成立, 则

$$(\text{SM}) \int f_n d\mu_n \downarrow (\text{SM}) \int f d\mu.$$

定理 5.1.25　设 $\{f_n\} \subset F(X)$,

$$\left\{ \begin{array}{c} \mu_n \, (n \geqslant 1), \ \bigvee\limits_{k=n}^{\infty} \mu_k \, (n \geqslant 1), \ \bigwedge\limits_{k=n}^{\infty} \mu_k \, (n \geqslant 1); \\ \lim\limits_{n \to \infty} \inf \mu_n, \ \lim\limits_{n \to \infty} \sup \mu_n \end{array} \right\} \subset M(X), \text{则}$$

(1) $(SM) \displaystyle\int \left(\varliminf_{n\to\infty} f_n\right) d \left(\varliminf_{n\to\infty} \mu_n\right) \leqslant \varliminf_{n\to\infty} (SM) \displaystyle\int f_n d\mu_n;$

(2) 在定理 5.1.21 的运算下, $\displaystyle\lim_{n\to\infty} (SM) \displaystyle\int \left(\bigvee_{k=n}^{\infty} f_k\right) d \left(\bigvee_{k=n}^{\infty} \mu_k\right) = 0$ 或非幂等元, 蕴含

$$(SM) \int \left(\varlimsup_{n\to\infty} f_n\right) d \left(\varlimsup_{n\to\infty} \mu_n\right) \geqslant \varlimsup_{n\to\infty} (SM) \int f_n d\mu_n.$$

推论 5.1.26 设 $\{f_n\} \subset F(X), \mu \in M(X)$, 则

(1) $(SM) \displaystyle\int \varliminf_{n\to\infty} f_n d\mu \leqslant \varliminf_{n\to\infty} (SM) \displaystyle\int f_n d\mu;$

(2) 在定理 5.1.21 的运算下, 有

$$\lim_{n\to\infty} (SM) \int \left(\bigvee_{k=n}^{\infty} f_k\right) d\mu = 0 \text{ 或非幂等元, 蕴含}$$

$$\varlimsup_{n\to\infty} (SM) \int f_n d\mu \leqslant (SM) \int \varlimsup_{n\to\infty} f_n d\mu.$$

推论 5.1.27 在定理 5.1.21 的运算下, 设 $\{f_n\} \subset F(X), \mu \in M(X), f_n \to f$. 若 $\displaystyle\lim_{n\to\infty} (SM) \displaystyle\int \left(\bigvee_{k=n}^{\infty} f_k\right) d\mu = 0$ 或非幂等元, 则

$$(SM) \int f_n d\mu \to (SM) \int f d\mu.$$

注 5.1.28 对于 g-积分来说, 本节所述结果全部成立.

注 5.1.29 本节的函数列收敛都是指点态的, 若改成几乎处处收敛, 结论同样成立.

5.1.3 g-积分

本节所涉及的运算是 g-拟加, g-拟乘, 以此为基础的拟可加测度与积分称为 g-测度与 g-积分.

定理 5.1.30 设 f, h 是非负可测函数, $a \in [0, \infty], A \in \Sigma$, 则

(1) $(SM) \displaystyle\int_A \left(f \hat{+} h\right) d\mu = (SM) \displaystyle\int_A f d\mu \hat{+} (SM) \displaystyle\int_A h d\mu;$

(2) $(SM) \displaystyle\int_A \left(a \hat{\cdot} f\right) d\mu = a \hat{\cdot} (SM) \displaystyle\int_A f d\mu.$

证明 由推论 5.1.12、推论 5.1.15 知, 存在测度 $\bar{\mu}$, 使 $\mu = g^{-1} \circ \bar{\mu}$, 且由经典 Lebesgue 积分的可加性, 有

$$(SM) \int_A \left(f \hat{+} h\right) d\mu$$

$$= g^{-1}\left(\int_A g \circ (f \hat{+} h)\, d\bar{\mu}\right)$$

$$= g^{-1}\left(\int_A g \circ g^{-1}(g \circ f + g \circ h)\, d\bar{\mu}\right)$$

$$= g^{-1}\left(\int_A (g \circ f + g \circ h)\, d\bar{\mu}\right)$$

$$= g^{-1}\left(\int_A g \circ f\, d\bar{\mu} + \int_A g \circ h\, d\bar{\mu}\right)$$

$$= g^{-1}\left[g\left(g^{-1}\left(\int_A g \circ f\, d\bar{\mu}\right)\right) + g\left(g^{-1}\left(\int_A g \circ h\, d\bar{\mu}\right)\right)\right]$$

$$= g^{-1}\left[g\left(\int_A f\, d\mu\right) + g\left(\int_A h\, d\mu\right)\right]$$

$$= (\mathrm{SM})\int f\, d\mu \,\hat{+}\, (\mathrm{SM})\int h\, d\mu,$$

$$(\mathrm{SM})\int_A (a \hat{\cdot} f)\, d\mu = g^{-1}\left(\int_A g \circ (a \hat{\cdot} f)\, d\bar{\mu}\right)$$

$$= g^{-1}\left(\int_A (g(a) \cdot g \circ f)\, d\bar{\mu}\right)$$

$$= g^{-1}\left(g(a) \cdot \int_A (g \circ h)\, d\bar{\mu}\right)$$

$$= g^{-1}\left(g(a) \cdot g\left(g^{-1}\left(\int_A (g \circ f)\, d\bar{\mu}\right)\right)\right)$$

$$= g^{-1}\left(g(a) \cdot g\left(\int_A f\, d\bar{\mu}\right)\right)$$

$$= a \,\hat{\cdot}\, (\mathrm{SM})\int_A f\, d\mu.$$

定理 5.1.31 (Lebesgue 控制收敛定理)　设 $\{f_n\}$ 是一列非负可测函数, 且存在非负可积函数 h, 使得对 $\forall n \in N$, 均有 $f_n \leqslant h$. 若 $f_n \to f$, 则

$$(\mathrm{SM})\int f_n\, d\mu \to (\mathrm{SM})\int f\, d\mu.$$

证明　对 $\forall n \in N$, 由于 f_n 是可测的, g 是严格单调的, 故 $g \circ f_n$ 是可测的. 又 $f_n \to f$, 则 $g \circ f_n \to g \circ f$. 由 h 的可积性, 可知 $g \circ h$ 关于 $\bar{\mu}$ 是 Lebesgue 可积的, 且有 $g \circ f_n \leqslant g \circ f$. 由经典的 Lebesgue 控制收敛定理, 有

$$\int_A g \circ f_n\, d\bar{\mu} \to \int_A g \circ f\, d\bar{\mu}.$$

从而 $g^{-1}\left(\int_A g \circ f_n\, d\bar{\mu}\right) \to g^{-1}\left(\int_A g \circ f\, d\bar{\mu}\right)$, 此即

$$(SM) \int_A f_n d\mu \to (SM) \int_A f d\mu.$$

证毕.

推论 5.1.32 设 $\{f_n\}$ 是一列非负可测函数. 则

(1) $f_n \uparrow f \Rightarrow (SM) \int f_n d\mu \uparrow (SM) \int f d\mu$;

(2) $f_n \downarrow f$, 且 $\int f_1 d\mu < \infty \Rightarrow (SM) \int f_n d\mu \downarrow (SM) \int f d\mu$;

(3) $(SM) \int \left(\overset{\infty}{\underset{n=1}{\hat{+}}} f_n \right) d\mu = \overset{\infty}{\underset{n=1}{\hat{+}}} (SM) \int f_n d\mu$;

(4) $\pi(A) = (SM) \int_A f d\mu$ 是 g-测度, 且 $\pi \ll \mu$.

下面来研究拟可加乘积测度问题.

设 (X_1, Σ_1, μ_1) 与 (X_2, Σ_2, μ_2) 是具有同一生成子 g 的两个 g-测度空间, 且 μ_1, μ_2 是 σ-可分解的, 记 $(X_1 \times X_2, \Sigma_1 \times \Sigma_2)$ 是乘积可测空间, 我们的目的是要建立其上的乘积拟可加测度.

引理 5.1.33 设 $A \in \Sigma_1 \times \Sigma_2$, 则 $\mu_2(A(x_1, \cdot))$ 是 Σ_1-可测函数, $\mu_1(A(\cdot, x_2))$ 是 Σ_2-可测函数, 且

$$(SM) \int_{X_1} \mu_2(A(x_1, \cdot)) d\mu_1 = (SM) \int_{X_2} \mu_1(A(\cdot, x_2)) d\mu_2.$$

证明 记 $\mu_1 = g^{-1} \circ \bar{\mu}_1$, $\mu_2 = g^{-1} \circ \bar{\mu}_2$, 且 $\bar{\mu}_1, \bar{\mu}_2$ 是通常测度. 由经典积分论的结果知, $\bar{\mu}_2(A(x_1, \cdot))$ 是 Σ_1-可测函数, $\bar{\mu}_1(A(\cdot, x_2))$ 是 Σ_2-可测函数, 且

$$(SM) \int_{X_1} \bar{\mu}_2(A(x_1 \cdot)) d\bar{\mu}_1 = (SM) \int_{X_2} \bar{\mu}_1(A(\cdot, x_2)) d\bar{\mu}_2,$$

故 $\mu_2(A(x_1, \cdot))$ 是 Σ_1-可测函数, $\mu_1(A(\cdot, x_2))$ 是 Σ_2-可测函数, 且

$$g^{-1} \left(\int_{X_1} (g \circ \mu_2)(A(x_1, \cdot)) d\bar{\mu}_1 \right) = g^{-1} \left(\int_{X_2} (g \circ \mu_1)(A(\cdot, x_2)) d\bar{\mu}_2 \right),$$

即 $(SM) \int_{X_1} \mu_2(A(x_1, \cdot)) d\mu_1 = (SM) \int_{X_2} \mu_1(A(\cdot, x_2)) d\mu_2$. 证毕.

定理 5.1.34 设 $A \in \Sigma_1 \times \Sigma_2$. 令

$$\mu(A) = (SM) \int_{X_1} \mu_2(A(x_1, \cdot)) d\mu_1 = (SM) \int_{X_2} \mu_1(A(\cdot, x_2)) d\mu_2,$$

则 μ 是 $\Sigma_1 \times \Sigma_2$ 上的拟可加测度, 记为 $\mu_1 \times \mu_2$, 且对可测矩形 $A_1 \times A_2$, 有

$$\mu(A_1 \times A_2) = \mu_1(A_1) \hat{\cdot} \mu_2(A_2).$$

证明　显然 $\mu(\varnothing) = 0$, 下面来证 μ 满足可列拟可加性. 为此, 取 $A_n \in \Sigma_1 \times \Sigma_2\, (n \geqslant 1)$, $A_i \cap A_j = \varnothing\, (i \neq j)$, 则 $A_n(x_1, \cdot) \in \Sigma_2$, 且 $A_i(x_1, \cdot) \cap A_j(x_n, \cdot) = \varnothing\, (i \neq j)$. 故

$$
\mu_2\left(\left(\bigcup_{n=1}^{\infty} A_n\right)(x_1, \cdot)\right) = \mu_2\left(\bigcup_{n=1}^{\infty} A_n(x_1, \cdot)\right)
$$
$$
= \mathop{\hat{+}}\limits_{n=1}^{\infty} \mu_2\left(A_n(x_1, \cdot)\right).
$$

从而由推论 5.1.32(3) 及引理 5.1.33, 有

$$
\mu\left(\bigcup_{n=1}^{\infty} A_n\right) = (\mathrm{SM})\int_{X_1} \mu_2\left(\left(\bigcup_{n=1}^{\infty} A_n\right)(x_1, \cdot)\right) d\mu_1
$$
$$
= (\mathrm{SM})\int_{X_1} \left(\mathop{\hat{+}}\limits_{n=1}^{\infty} \mu_2\left(A_n(x_1, \cdot)\right)\right) d\mu_1
$$
$$
= \mathop{\hat{+}}\limits_{n=1}^{\infty} (\mathrm{SM})\int_{X_1} \mu_2\left(A_n(x_1, \cdot)\right) d\mu_1
$$
$$
= \mathop{\hat{+}}\limits_{n=1}^{\infty} \mu(A_n).
$$

因此, μ 是 $(X_1 \times X_2, \Sigma_1 \times \Sigma_2)$ 上的拟可加测度.

又对于 $A_1 \in \Sigma_1, A_2 \in \Sigma_2$, 有

$$
\mu(A_1 \times A_2) = (\mathrm{SM})\int_X \mu_2\left((A_1 \times A_2)(x_1, \cdot)\right) d\mu_1
$$
$$
= (\mathrm{SM})\int_{A_1} \mu_2(A_2) d\mu_1 \,\hat{+}\, (\mathrm{SM})\int_{X_1 - A_1} \mu_2(\varnothing) d\mu_1
$$
$$
= (\mathrm{SM})\int_{A_1} \mu_2(A_2) d\mu_1
$$
$$
= \mu_2(A_2)\,\hat{\cdot}\,(\mathrm{SM})\int_{A_1} e \, d\mu_1
$$
$$
= \mu_2(A_2)\,\hat{\cdot}\,\mu_1(A_1),
$$

此处 e 是 $\hat{\cdot}$ 的左恒等元, 即 $g^{-1}(1) = e$. 证毕.

测度空间 $(X_1 \times X_2, \Sigma_1 \times \Sigma_2, \mu_1 \times \mu_2)$ 称为 (X_1, Σ_1, μ_1) 与 (X_2, Σ_2, μ_2) 的乘积空间. 进一步, 我们有

定理 5.1.35　设 $(X_1 \times X_2, \Sigma_1 \times \Sigma_2, \mu)$ 为 (X_1, Σ_1, μ_1) 与 (X_2, Σ_2, μ_2) 的乘积空间. 若 $\mu_1 = g^{-1} \circ \bar{\mu}$, $\mu_2 = g^{-1} \circ \bar{\mu}_2$, $\mu = g^{-1} \circ \bar{\mu}$, 其中 $\bar{\mu}_1, \bar{\mu}_2, \bar{\mu}$ 是通常的测度, 则 $\bar{\mu} = \bar{\mu}_1 \times \bar{\mu}_2$, 进而知 μ 是 σ-可分解的.

证明 由经典的测度扩张原理, 我们只需证在可测矩形上有等式成立. 对于 $A_1 \in \Sigma_1, A_2 \in \Sigma_2$, 由

$$\mu (A_1 \times A_2) = \mu_1 (A_1) \hat{\cdot} \mu_2(A_2)$$
$$= g^{-1} (g (\mu_1 (A_1)) \cdot g (\mu_2 (A_2))),$$

有

$$g \circ (\mu (A_1 \times A_2)) = g (\mu_1 (A_1)) \cdot g (\mu_2 (A_2)),$$

即

$$(g \circ \mu) (A_1 \times A_2) = (g \circ \mu_1) (A_1) \cdot (g \circ \mu_2) (A_2),$$

也就是

$$\bar{\mu} (A_1 \times A_2) = \bar{\mu}_1 (A_1) \cdot \bar{\mu}_2 (A_2).$$

从而 $\bar{\mu} = \bar{\mu}_1 \times \bar{\mu}_2$, 再由 $\bar{\mu}_1 \times \bar{\mu}_2$ 的 σ-有限性, 可知 $\bar{\mu}$ 是 σ-有限的, 因而 μ 是 σ-可分解的. 证毕.

定理 5.1.36 (Fubini 定理) 设 (X_1, Σ_1, μ_1) 与 (X_2, Σ_2, μ_2) 是 σ-可分解的 g-测度空间, $(X_1 \times X_2, \Sigma_1 \times \Sigma_2, \mu_1 \times \mu_2)$ 是乘积空间. 若 f 是 $X_1 \times X_2$ 上的非负可测函数, 则

(1) $(SM) \displaystyle\int_{X_2} f (x_1, x_2) \, d\mu_2$ 是 Σ_1-可测函数, $(SM) \displaystyle\int_{X_1} f (x_1, x_2) \, d\mu_1$ 是 Σ_2-可测函数.

(2) 下述等式成立:

$$(SM) \int_{X_1 \times X_2} f (x_1, x_2) \, d (\mu_1 \times \mu_2) = (SM) \int_{X_2} (SM) \int_{X_1} f (x_1, x_2) \, d\mu_1 d\mu_2$$
$$= (SM) \int_{X_1} (SM) \int_{X_2} f (x_1, x_2) \, d\mu_2 d\mu_1.$$

证明 (1) 观察等式

$$(SM) \int_{X_2} f (x_1, x_2) \, d\mu_2 = g^{-1} \left(\int_{X_2} (g \circ f) (x_1, x_2) \, d\bar{\mu}_2 \right).$$

由 f 是 $\Sigma_1 \times \Sigma_2$-可测函数知, $(g \circ f) (x_1, x_2)$ 是 $\Sigma_1 \times \Sigma_2$-可测函数, 从而 $\displaystyle\int_{X_2} (g \circ f) (x_1, x_2) \, d\bar{\mu}_2$ 是 Σ_1-可测函数, 进而 $(SM) \displaystyle\int_{X_2} f (x_1, x_2) \, d\mu_2$ 是 Σ_1-可测函数, 同理 $(SM) \displaystyle\int_{X_1} f (x_1, x_2) \, d\mu_2$ 是 Σ_2-可测函数.

(2) 由经典的 Fubini 定理,

$$\text{(SM)} \int_{X_1 \times X_2} f(x_1, x_2) \, d(\mu_1 \times \mu_2)$$

$$= g^{-1} \left(\int_{X_1 \times X_2} (g \circ f)(x_1, x_2) \, d(\bar{\mu}_1 \times \bar{\mu}_2) \right)$$

$$= g^{-1} \left(\int_{X_2} \int_{X_1} (g \circ f)(x_1, x_2) \, d\bar{\mu}_1 d\bar{\mu}_1 \right)$$

$$= g^{-1} \left(\int_{X_2} g \circ g^{-1} \left(\int_{X_1} (g \circ f)(x_1, x_2) \, d\bar{\mu}_1 \right) d\bar{\mu}_2 \right)$$

$$= g^{-1} \left(\int_{X_2} g \circ \left(\text{(SM)} \int_{X_1} f(x_1, x_2) \, d\mu_1 \right) d\bar{\mu}_2 \right)$$

$$= \text{(SM)} \int_{X_2} \text{(SM)} \int_{X_1} f(x_1, x_2) \, d\mu_1 d\mu_2.$$

同理, 等式的另一部分成立. 证毕.

注 5.1.37　关于乘积拟可加测度, 我们很容易把上述结论推广到有限以至无限乘积的情形, 这里不加讨论.

定理 5.1.38 (Radon-Nikodym 定理)　设 π, μ 是 (X, Σ) 上的 g-测度, 则下面两个陈述是等价的:

(1) $\pi \ll \mu$;

(2) 存在非负可测函数 f, 对每个 $A \in \Sigma$, 有

$$\pi(A) = \text{(SM)} \int_A f d\mu.$$

5.1.4　Choquet-like 积分

基于拟积分, Mesiar[13] 定义了一种更广义的积分, 即 Choquet-like 积分, 此种积分能涵盖 Choquet 积分, (N) 模糊积分及 Sugeno 模糊积分等. 本小节介绍这一工作, 取自 [13].

定义 5.1.39　给定模糊测度空间 (X, Σ, μ) 及 $\bar{R}^+$ 上的拟加 $\hat{+}$ 与拟乘 $\hat{\cdot}$. 设 f 是非负可测函数, $A \in \Sigma$. 则称如下积分

$$\text{(Cl)} \int_A f d\mu = \text{(SM)} \int_0^\infty \mu(f \geqslant \alpha) d\lambda_+$$

为 Choquet-like 积分, 若其满足

(1) 单调性: $f \leqslant g \Rightarrow \text{(Cl)} \int_A f d\mu \leqslant \text{(Cl)} \int_A g d\mu$;

(2) 共同单调 $\hat{+}$-可加性:

$$f \sim g \Rightarrow (\mathrm{Cl})\int_A (f\hat{+}g)d\mu = (\mathrm{Cl})\int_A gd\mu\hat{+}(\mathrm{Cl})\int_A gd\mu;$$

(3) $\hat{\cdot}$-齐次性: $(\mathrm{Cl})\int_A (c\hat{\cdot}f)\,d\mu = c\hat{\cdot}(\mathrm{Cl})\int_A fd\mu, c \in R^+$;

(4) 一致性: $(\mathrm{Cl})\int_A fd\mu$ 是 $\hat{+}$-可加的当且仅当 μ 是 $\hat{+}$-可加的: 若 μ 是 σ-$\hat{+}$-测度, 则

$$(\mathrm{Cl})\int_A fd\mu = (\mathrm{SM})\int_A fd\mu.$$

这里 λ_+ 是 σ-$\hat{+}$ 可加测度, 满足 $\lambda_+[0,\alpha] = \alpha, \forall \alpha \in R^+$.

定理 5.1.40 若拟运算为 g-运算, 则

$$(\mathrm{Cl})\int_A fd\mu = g^{-1}\left((\mathrm{C})\int_A g\circ fdg\circ\mu\right)$$

且称为 g-Choquet 积分, 记为 $(\mathrm{C}_g)\int_A fd\mu$.

定理 5.1.41 若 $\hat{+} = \vee$, 则

$$(\mathrm{Cl})\int_A fd\mu = \bigvee_{\alpha\geqslant 0} \alpha\hat{\cdot}\mu(f\geqslant\alpha),$$

即其为一种广义模糊积分——$(\vee,\hat{\cdot})$-模糊积分, 记为 $(\vee,\hat{\cdot})\int_A fd\mu$.

定理 5.1.42 g-Choquet 积分与 $(\vee,\hat{\cdot})$-模糊积分均满足定义 5.1.39 中的性质, 因此二者均为 Choquet-like 积分.

5.2 σ-⊕-可加测度与拟积分

本节在更广泛的半环上来建立测度与积分理论.

5.2.1 半环的基本概念

本小节的内容取自 [21].

设 $[a,b]$ 是 $\bar{R}$ 的闭子区间 (有时可为半开半闭), $\preceq$ 是其上的全序. 二元运算 $\oplus: [a,b]\times[a,b] \to [a,b]$ 称为拟加, 若满足条件:

(1) $x \oplus y = y \oplus x$;
(2) $x_1\preceq y_1, x_2\preceq y_2 \Rightarrow x_1\oplus y_1\preceq x_2\oplus y_2$;
(3) $(x\oplus y)\oplus z = x\oplus(y\oplus z)$;

(4) $\exists \mathbf{0} \in [a, b], \mathbf{0} \oplus x = x$.

记 $[a, b]_+ = \{x \in [a, b] : \mathbf{0} \preceq x\}$, 其元素称为非负的.

二元运算 $\otimes : [a, b] \times [a, b] \to [a, b]$ 称为拟乘, 若满足条件:

(1) $x \otimes y = y \otimes x, \forall x, y \in [a, b]$;

(2) $x \preceq y \Rightarrow x \otimes z \preceq y \otimes z, \forall x, y \in [a, b], \forall z \in [a, b]_+$;

(3) $(x \otimes y) \otimes z = x \otimes (y \otimes z), \forall x, y, z \in [a, b]$;

(4) $\exists \mathbf{1} \in [a, b], \mathbf{1} \otimes x = x, \forall x \in [a, b]$;

(5) $\mathbf{0} \otimes x = \mathbf{0}, \forall x \in [a, b]$.

若 $\otimes$ 对 $\oplus$ 满足

$$x \otimes (y \oplus z) = (x \otimes y) \oplus (x \otimes z),$$

则称代数结构 $([a, b], \oplus, \otimes)$ 为半环.

$[a, b]$ 赋予与 sup 与 inf 相匹配的 (广义) 距离 d (可以取 ∞), 即 $\lim\limits_{n \to \infty} \inf x_n = \lim\limits_{n \to \infty} \sup x_n = x$ 蕴含 $\lim\limits_{n} d(x_n, x) = 0$, 且满足下列条件之一:

(1) $d(x \oplus y, x' \oplus y') \leqslant d(x, x') + d(y, y')$;

(2) $d(x \oplus y, x' \oplus y') \leqslant \max\{d(x, x'), d(y, y')\}$.

显然,

(1) $d(x_n, y_n) \to 0 \Rightarrow d(x_n \oplus z, y_n \oplus z) \to 0$;

(2) $x \preceq z \preceq y \Rightarrow d(x, y) \geqslant \sup\{d(y, z), d(x, z)\}$.

对于半环 $([a, b], \oplus, \otimes)$, 其端点 a (对应地, b) 称为拟有限的, 若 $d(\mathbf{0}, a) < \infty$ (对应地, $d(\mathbf{0}, b) < \infty$), 否则称为拟无限的.

本章中, 我们约定所涉及的拟运算是连续的.

5.1 节中的 $([0, \infty], \hat{+}, \hat{\cdot})$ 是半环.

作为特例, 本章将用到三种典型的半环[17]:

情形 I　幂等 $\oplus$ 及非幂等 $\otimes$:

$$x \oplus y = \sup(x, y), \quad x \otimes y = g^{-1}(g(x) \cdot g(y)),$$

这里 $g : [a, b] \to [0, \infty]$ 是一连续的严格增函数, 且全序为

$$x \preceq y \Leftrightarrow \sup(x, y) = y;$$

距离为

$$d(x, y) = \mid g(x) - g(y) \mid.$$

端点 $a = \mathbf{0}$, 端点 b 是拟无限的.

情形 II g-半环:

$$x \oplus y = g^{-1}(g(x) + g(y)), \quad x \otimes y = g^{-1}(g(x) \cdot g(y)),$$

这里 $g : [a, b] \to [0, \infty]$ 是连续的严格单调函数, 称为生成子, 且距离为

$$d(x, y) = |\, g(x) - g(y)\,|,$$

(a) 当 g 是增函数时, 全序为

$$x \preceq y \Leftrightarrow g(x) \leqslant g(y),$$

端点 $a = \mathbf{0}$, 端点 b 是拟无限的.

(b) 当 g 是减函数时, 全序为

$$x \preceq y \Leftrightarrow g(x) \geqslant g(y),$$

端点 $b = \mathbf{0}$, 端点 a 是拟无限的.

情形 III $\oplus$ 与 $\otimes$ 均幂等:

$$x \oplus y = x \vee y = \sup(x, y), \quad x \otimes y = x \wedge y = \inf(x, y),$$

全序为

$$x \preceq y \Leftrightarrow \sup(x, y) = y,$$

距离为

$$d(x, y) = |\arctan(x) - \arctan(y)|,$$

端点 $a = \mathbf{0}$, 端点 $b = \mathbf{1}$.

下面引入拟幂的概念.

(1) 若 $\oplus$ 是非幂等的, 对 $x \in [a, b]_+$, 其拟幂 $x_\otimes^{(p)}$ 为:

(a) 当 $p = n$ 时,

$$x_\otimes^{(n)} = \underbrace{x \otimes x \otimes \cdots \otimes x}_{n}, \quad x_\otimes^{\left(\frac{1}{n}\right)} = \sup\left\{y : y_\otimes^{(n)} \preceq x\right\};$$

(b) 当 $r \in (0, \infty) \cap Q$ 为有理数时, 由 $\otimes$ 的连续性和单调性, 可得

$$x_\otimes^{\left(\frac{m}{n}\right)} = x_\otimes^{(r)}.$$

(c) 当 p 为无理数时, $x_\otimes^{(p)} = \sup\left\{x_\otimes^{(r)} : r \in (0, p) \cap Q\right\}$. 显然若 $x \otimes y = g^{-1}(g(x) \cdot g(y))$, 则 $x_\otimes^{(p)} = g^{-1}(g^p(x))$.

(2) 若 $\otimes$ 是幂等的, 则 $x_\otimes^{(p)} = x, p \in (0, \infty)$.

(3) 对任意 $x \neq \mathbf{0}$, 若 $\exists y \neq \mathbf{0}$, 使得 $x \otimes y = \mathbf{1}$, 则称 y 是 x 的拟逆, 记为 $x^{(-1)}$. 若半环的每个非零元均存在拟逆, 则称其为具有拟逆的半环.

显然半环情形 I 及 g-半环均具有拟逆.

5.2.2　拟积分的定义

本小节的主要内容取自 [21] 和 [32]. 给定可测空间 (X,Σ) 及半环 $([a,b],\oplus,\otimes)$.

定义 5.2.1　若集函数 $m:\Sigma\to[a,b]_+$ 满足条件:

(1) $m(\varnothing)=\mathbf{0}$ ($\oplus$ 非幂等);

(2) $m\left(\bigcup_{i=1}^{\infty}A_i\right)=\bigoplus_{i=1}^{\infty}m(A_i)=\lim_n\bigoplus_{i=1}^{n}m(A_i),\ A_i\cap A_j\neq\varnothing(i\neq j),\ i,j\in N.$

则称其为拟测度或 σ-$\oplus$-测度.

若 $m(X)$ 是拟有限的, 则称 σ-$\oplus$-测度 $m:\Sigma\to[a,b]_+$ 为拟有限的.

若存在增序列 $\{A_n(n\geqslant 1)\}\subseteq\Sigma$ 且 $\bigcup_{n=1}^{\infty}A_n=X$, 使得每个 $n\geqslant 1$, $m(A_n)$ 是拟有限的, 则称 σ-$\oplus$-测度 $m:\Sigma\to[a,b]_+$ 为 σ-拟有限的.

显然, 对于半环情形 III, 所有的 σ-$\oplus$-测度都是拟有限的.

引理 5.2.2　(1) 对于半环情形 II, 即 g-半环, m 是 σ-$\oplus$-测度 (拟有限, σ-拟有限) 当且仅当 $g\circ m$ 是 Lebesgue 测度 (有限, σ-有限);

(2) 对于半环情形 I, m 是 σ-$\oplus$-测度 (拟有限, σ-拟有限) 当且仅当 $g\circ m$ 是可能性测度 (满足模糊可加性的下半连续的模糊测度) (有限, σ-有限).

设 $f,h:X\to[a,b]$. 对每个 $x\in X,\ \lambda\in[a,b]$, 定义

$$(f\oplus g)(x)=f(x)\oplus g(x),$$
$$(f\otimes g)(x)=f(x)\otimes g(x),$$
$$(\lambda\otimes f)(x)=\lambda\otimes f(x).$$

函数 $f:X\to[a,b]$ 是有界的, 若 $\sup_{x\in X}d(\mathbf{0},f(x))=M<\infty$.

函数 $f:X\to[a,b]$ 是可测的, 若对一切 $B\in\mathrm{Borel}([a,b])$, 有

$$f^{-1}(B)=\{x\in X:f(x)\in B\}\in\Sigma.$$

有限值函数 $e:X\to\{a_1,a_2,\cdots,a_n\}\subset[a,b]$ 称为简单函数, 可以表示为

$$e=\bigoplus_{i=1}^{n}a_i\otimes\chi_{A_i},$$

这里 $\{A_i:1\leqslant i\leqslant n\}\subset\Sigma$, 且若 $\oplus$ 非幂等, 则要求 $A_i\cap A_j=\varnothing(i\neq j,1\leqslant i,j\leqslant n)$, 函数 $\chi_A(x)=\begin{cases}\mathbf{1},&x\in A,\\\mathbf{0},&x\notin A,\end{cases}$ 为 $A(A\subseteq X)$ 的拟特征函数.

给定 $\varepsilon>0,\ B\subset[a,b]$. 称子集 $\{l_i^\varepsilon(i\geqslant 1)\}\subset B$ 为 B 的 ε-网, 若对每个 $x\in B$, 总存在 l_i^ε 使得 $d(l_i^\varepsilon,x)\leqslant\varepsilon$. 进一步, 若 $l_i^\varepsilon\preceq x$, 则称 $\{l_i^\varepsilon(i\geqslant 1)\}$ 为下 ε-网, 若 $l_i^\varepsilon\preceq l_{i+1}^\varepsilon$, 则称 $\{l_i^\varepsilon(i\geqslant 1)\}$ 是单调 ε-网.

定义 5.2.3 设 $m : \Sigma \to [a,b]_+$ 是拟有限 σ-$\oplus$-测度. 定义:

(1) 简单函数 $e : X \to [a,b]$ 在 $A \in \Sigma$ 上的拟积分为

$$\int_A^\oplus e \otimes dm = \bigoplus_{i=1}^n a_i \otimes m\,(A \cap A_i).$$

(2) 有界可测函数 $f : X \to [a,b]$(若 $\oplus$ 是非幂等, 我们假设对 $\forall \varepsilon > 0$, 总存在 $f(A)$ 上的单调 ε-网) 在 $A \in \Sigma$ 上的拟积分为

$$\int_A^\oplus f \otimes dm = \lim_{n \to \infty} \int_A^\oplus e_n(x) \otimes dm,$$

这里 $\{e_n (n \geqslant 1)\}$ 是简单函数列, 且 $d(e_n(x), f(x)) \to 0 (n \to \infty)$ 在 $A \in \Sigma$ 一致.

引理 5.2.4 有界可测函数关于拟有限 σ-$\oplus$-测度的拟积分具有性质:

(1) $f_1 \preceq f_2$ 蕴含 $\displaystyle\int_A^\oplus f_1 \otimes dm \preceq \int_A^\oplus f_2 \otimes dm$.

(2) $A \subset B$ 蕴含 $\displaystyle\int_A^\oplus f \otimes dm \preceq \int_B^\oplus f \otimes dm$, 对任意非负可测函数 $f : X \to [a,b]_+$.

定义 5.2.5 设 $([a,b], \oplus, \otimes)$ 是半环情形 I 和情形 II, $m : \Sigma \to [a,b]_+$ 是 σ-拟有限-σ-$\oplus$-测度, $f : X \to [a,b]_+$ 是非负可测函数. 则 f 在 $A \in \Sigma$ 上的拟积分为

$$\int_A^\oplus f \otimes dm = \lim_{n \to \infty} \int_{A \cap A_n}^\oplus [f]_n(x) \otimes dm,$$

这里 $[f]_n(x) = \inf\{f(x), \tilde{n}\}$, $\{\tilde{n} = g^{-1}(n)(n \geqslant 1)\} \subset [a,b]$, $\{A_n (n \geqslant 1)\} \subset \Sigma$, $X = \bigcup\limits_{n=1}^\infty A_n$, 且对每个 $n \geqslant 1$, $m(A_n)$ 是拟有限的.

若 $\displaystyle\int_A^\oplus f \otimes dm$ 是拟有限的, 则称 f 在 $A \in \Sigma$ 上是拟可积的.

注 5.2.6 由引理 5.2.4 知定义 5.2.5 是有意义的. 对于半环情形 I—情形 III, 有 $[a,b]_+ = [a,b]$, 所以相关的函数均为非负可测函数.

例 5.2.7 设 $([a,b], \oplus, \otimes)$ 是 g-半环. 则

$$\int_X^\oplus f \otimes dm = g^{-1}\left(\int_X (g \circ f) dg \circ m\right),$$

这里右侧积分是 Lebesgue 积分.

特别地, 当 $X = [c,d]$ 时, $\Sigma = \mathrm{Borel}(X)$, $m = g^{-1} \circ \lambda$, λ 是 Lebesgue 测度, 记 $\displaystyle\int_{[c,d]}^\oplus f(x) dx = \int_X^\oplus f \otimes dm$, 则

$$\int_{[c,d]}^{\oplus} f(x)dx = g^{-1}\left(\int_c^d g(f(x))dx\right),$$

即拟积分退化为 g-积分 [21].

例 5.2.8　设 $([a,b],\sup,\otimes)$ 是半环情形 I 和情形 III. 则

$$\int_X^{\sup} f \otimes dm = \sup_{x \in X}(f(x) \otimes \psi(x)),$$

这里函数 $\psi : X \to [a,b]$ 定义了 σ-sup-测度 $m(A) = \sup_{x \in A} \psi(x), \forall A \in \Sigma$.

注 5.2.9　拟积分具有很好的性质, 将在 5.3 节中继续讨论.

5.2.3　Fubini 定理

本小节中, 将用到下列符号: $(X_i, \Sigma_i, m_i)\,(i=1,2)$ 是 σ-$\oplus$-测度空间, $\Sigma_1 \times \Sigma_2$ 是乘积 σ-代数, $(X_1 \times X_2, \Sigma_1 \times \Sigma_2)$ 是乘积可测空间.

对于 $A_i \in \Sigma_i, i=1,2, A_1 \times A_2 \subset X_1 \times X_2$ 是可测矩形.

对于 $E \subset X_1 \times X_2, x_i \in X_i, i=1,2,$ 记

$$E_{x_1} = \{x_2 \in X_2 : (x_1, x_2) \in E\}, \quad E_{x_2} = \{x_1 \in X_1 : (x_1, x_2) \in E\},$$

分别称为 E 的 x_1, x_2 截口.

对于函数 $f : X_1 \times X_2 \to [a,b]$, 记

$$f_{x_1} : X_2 \to [a,b]; \quad f_{x_1}(x_2) = f(x_1, x_2),$$
$$f_{x_2} : X_1 \to [a,b]; \quad f_{x_2}(x_1) = f(x_1, x_2),$$

分别称为 f 的 x_1, x_2 截口函数.

特别地, $(\chi_E)_{x_i} = \chi_{E_{x_n}}, i=1,2$.

由经典测度论知:

若 $E \in \Sigma_1 \times \Sigma_2$, 则 $E_{x_1} \in \Sigma_2, E \in \Sigma_1 \times \Sigma_2$.

若 $f : X \to [a,b]$ 是 $\Sigma_1 \times \Sigma_2$-可测的, 则

$f_{x_1} : X_2 \to [a,b]$ 是 Σ_2-可测的;

$f_{x_2} : X_1 \to [a,b]$ 是 Σ_1-可测的.

我们的任务是构造 $\Sigma_1 \times \Sigma_2$ 上的乘积 σ-$\oplus$-测度 $m_1 \times m_2$ 使得 Fubini 定理成立.

情形 I　g-半环上的 Fubini 定理.

此种情形的半环, 实际上在 5.1 节中做了讨论, 这里只给结论.

引理 5.2.10 设 $m_i(i=1,2)$ 是 σ-拟有限 σ-$\oplus$-测度, 则在 $\Sigma_1 \times \Sigma_2$ 上存在唯一的 σ-$\oplus$-测度 $m_1 \times m_2 = g^{-1} \circ (g \circ m_1 \times g \circ m_2)$, 使得

$$m_1 \times m_2(A \times B) = m_1(A) \otimes m_2(B), \quad \forall A \times B \in \Sigma_1 \times \Sigma_2,$$

$$m_1 \times m_2(E) = \int_{X_2}^{\oplus} m_1(E_{x_2}) \otimes dm_2 = \int_{X_1}^{\oplus} m_2(E_{x_1}) \otimes dm_1, \quad \forall E \in \Sigma_1 \times \Sigma_2.$$

定理 5.2.11 (Fubini 定理 I) 设 $m_i(i=1,2)$ 是 σ-拟有限 σ-$\oplus$-测度, $f: X_1 \times X_2 \to [a,b]$ 是 $\Sigma_1 \times \Sigma_2$-可测函数. 则

$$\int_{X_1 \times X_2}^{\oplus} f \otimes dm_1 \times m_2 = \int_{X_2}^{\oplus} \int_{X_1}^{\oplus} f \otimes dm_1 \otimes dm_2 = \int_{X_1}^{\oplus} \int_{X_2}^{\oplus} f \otimes dm_2 \otimes dm_1.$$

注 5.2.12 定理中隐含着

(1) 对 $x_2 \in X_2$, 截口函数 f_{x_2} 是 Σ_1-可测的, 函数 $G(x_2) = \int_{X_1}^{\oplus} f_{x_2} \otimes dm_1$ 是 Σ_2-可测的;

(2) $\int_{X_2}^{\oplus} G \otimes dm_2 = \int_{X_1 \times X_2}^{\oplus} f \otimes dm_1 \times m_2$;

(3) 把 $x_2 \in X_2$ 换成 $x_1 \in X_1$, 结论依然成立.

例 5.2.13 设 $g(x) = x^n, x \in [0,\infty)$, $a \oplus b = \sqrt[n]{a^n + b^n}$, $a \otimes b = ab$, 则 $([0,\infty), \oplus, \otimes)$ 是 g-半环. 取 $(X_i, \Sigma_i, m_i) = ([0,1], \text{Borel}([0,1]), g^{-1} \circ \lambda)(i=1,2)$,

$$(X_1 \times X_2, \Sigma_1 \times \Sigma_2, m_1 \times m_2)$$
$$= ([0,1] \times [0,1], \text{Borel}([0,1]) \times \text{Borel}([0,1]), g^{-1} \circ \lambda \times g^{-1} \circ \lambda),$$

$f(x,y) = xy, (x,y) \in [0,1] \times [0,1]$, 则

$$\int_{[0,1] \times [0,1]}^{\oplus} f \otimes dm \times m = \int_{[0,1]}^{\oplus} \int_{[0,1]}^{\oplus} f \otimes dm \otimes dm$$
$$= \int_{[0,1]}^{\oplus} \sqrt[n]{\int_{[0,1]} x^n y^n dy} \otimes dm$$
$$= \int_{[0,1]}^{\oplus} \sqrt[n]{\frac{1}{n+1}} x \otimes dm$$
$$= \sqrt[n]{\int_0^1 \frac{1}{n+1} x^n dx}$$
$$= \sqrt[n]{\left(\frac{1}{n+1}\right)^2}.$$

情形 II　半环 $([a, b], \sup, \otimes)$ 上的 Fubini 定理.

引理 5.2.14　设 m_i 是由 $\psi_i : X_i \to [a, b](i = 1, 2)$ 定义的 σ-sup-测度, 令

$$\psi(x_1, x_2) = \psi_1(x_1) \otimes \psi_2(x_2), \quad \forall(x_1, x_2) \in X,$$

$$m_1 \times m_2(E) = \sup_{(x_1, x_2) \in E} \psi(x_1, x_2), \quad \forall E \in \Sigma_1 \times \Sigma_2,$$

则 $m_1 \times m_2$ 是 $\Sigma_1 \times \Sigma_2$ 上的 σ-sup-测度, 且

$$m_1 \times m_2(A \times B) = m_1(A) \otimes m_2(B), \quad \forall A \times B \in \Sigma_1 \times \Sigma_2. \tag{5.2.1}$$

$$m_1 \times m_2(E) = \int_{X_2}^{\sup} m_1(E_{x_2}) \otimes dm_2 = \int_{X_1}^{\sup} m_2(E_{x_1}) \otimes dm_1, \quad \forall E \in \Sigma_1 \times \Sigma_2. \tag{5.2.2}$$

证明　显然 $m(E) = \sup\limits_{(x_1, x_2) \in E} \psi(x_1, x_2)$ 是 $\Sigma_1 \times \Sigma_2$ (事实上, $2^{X_1 \times X_2}$) 上的 σ-sup-测度.

对 $\forall A \times B \in \Sigma_1 \times \Sigma_2$, 有

$$\begin{aligned} m_1 \times m_2(A \times B) &= \sup_{(x_1, x_2) \in A \times B} \psi(x_1, x_2) \\ &= \sup_{x_1 \in A} \sup_{x_2 \in B} \psi_1(x_1) \otimes \psi_2(x_2) \\ &= \sup_{x_1 \in A} \psi_1(x_1) \otimes \sup_{x_2 \in B} \psi_2(x_2) \\ &= m_1(A) \otimes m_2(B). \end{aligned}$$

下面只需证等式 (5.2.1), 由

$$\begin{aligned} \int_{X_2}^{\sup} m_1(E_{x_2}) \otimes dm_2 &= \sup_{x_2 \in X_2} m_1(E_{x_2}) \otimes \psi_2(x_2) \\ &= \sup_{x_2 \in X_2} \sup_{x_1 \in E_{x_2}} \psi_1(x_1) \otimes \psi_2(x_2), \end{aligned}$$

且 $E = \{(x_1, x_2) : x_1 \in E_{x_2}, x_2 \in X_2\}$, 则有

$$\begin{aligned} m_1 \times m_2(E) &= \sup_{(x_1, x_2) \in E} \psi(x_1, x_2) \\ &= \sup_{(x_1, x_2) \in E} \psi_1(x_1) \otimes \psi_2(x_2) \\ &= \sup_{x_2 \in X_2, x_1 \in E_{x_2}} \psi_1(x_1) \otimes \psi_2(x_2) \end{aligned}$$

$$= \sup_{x_2 \in X_2} \sup_{x_1 \in E_{x_2}} \psi_1(x_1) \otimes \psi_2(x_2).$$

因此, 等式 (5.2.1) 成立. 证毕.

定理 5.2.15 (Fubini 定理 II) 设 $(X_i, 2^{X_i}, m_i)(i = 1, 2)$ 是 σ-sup-测度空间, 则对一切函数 $f : X_1 \times X_2 \to [a, b]$, 有

$$\int_{X_1 \times X_2}^{\sup} f \otimes dm_1 \times m_2 = \int_{X_2}^{\sup} \int_{X_1}^{\sup} f \otimes dm_1 \otimes dm_2 = \int_{X_1}^{\sup} \int_{X_2}^{\sup} f \otimes dm_2 \otimes dm_1.$$

证明 只需证等式的第一部分, 即

$$\begin{aligned}
\int_{X_1 \times X_2}^{\sup} f \otimes dm &= \sup_{(x_1, x_2) \in X_1 \times X_2} f(x_1, x_2) \otimes \psi(x_1, x_2) \\
&= \sup_{(x_1, x_2) \in X_1 \times X_2} f(x_1, x_2) \otimes \psi_1(x_1) \otimes \psi_2(x_2) \\
&= \sup_{x_2 \in X_2} \sup_{x_1 \in X_1} f(x_1, x_2) \otimes \psi_1(x_1) \otimes \psi_2(x_2) \\
&= \sup_{x_2 \in X_2} \left(\int_{X_1}^{\sup} f_{x_2} \otimes dm_1 \right) \otimes \psi_2(x_2) \\
&= \int_{X_2}^{\sup} \int_{X_1}^{\sup} f \otimes dm_1 \otimes dm_2.
\end{aligned}$$

证毕.

例 5.2.16 给定半环 $([0, 1], \sup, \cdot)$ 及可测空间 $([0, 1], 2^{[0,1]})$ 与 $([0, 2], 2^{[0,2]})$. 取 $m_1(A) = \sup_{x \in A} x$, $m_2(A) = \sup_{x \in A} x^2$, 则对函数

$$f(x, y) = x^2 y, \quad \forall (x, y) \in [0, 1] \times [0, 2],$$

通过计算, 可得

$$\begin{aligned}
&\int_{[0,1] \times [0,2]}^{\sup} f(x, y) \otimes dm_1 \times m_2 \\
&= \int_{[0,1]}^{\sup} \int_{[0,2]}^{\sup} f(x, y) \otimes dm_2 \otimes dm_1 \\
&= \int_{[0,1]}^{\sup} \sup_{y \in [0,2]} x^2 y y^2 \otimes dm_1 \\
&= \int_{[0,1]}^{\sup} 8x^2 \otimes dm_1 = \sup_{x \in [0,1]} 8x^2 x = 8.
\end{aligned}$$

5.2.4　拟积分转化定理

拟积分转化定理由 Štrjoba 等[26] 给出, 这里重新探讨, 并给出拟积分的一种解释.

给定半环 $([a,b], \oplus, \otimes)$ 情形 I—情形 Ⅲ 及拟有限 σ-$\oplus$-测度空间 (X, Σ, m). 设 $v: \text{Borel}([a,b]) \to [a,b]$ 是可测空间 $([a,b], \text{Borel}([a,b]))$ 上的拟有限 σ-$\oplus$-测度, 且满足对 $\forall x \in [a,b]$, 有 $v([a,x]) = x$. 记 $(X \times [a,b], \Sigma \times \text{Borel}([a,b]), m \times v)$ 是乘积空间.

定理 5.2.17 (转化定理)　对有界可测函数 $f: X \to [a,b]$, 下述等式成立:

$$m \times v(\Omega) = \int_X^{\oplus} f \otimes dm = \int_{[a,b]}^{\oplus} m((\alpha \preceq f)) \otimes dv,$$

这里 $\Omega = \{(x, r): a \preceq r \preceq f\}$.

证明　取函数 $\tilde{f}: X \times [a,b] \to [a,b]; \tilde{f}(x,t) = f(x)$, 易知 $\tilde{f}$ 是 $\Sigma \times \text{Borel}([a,b])$-可测的. 由 Ω 的定义, 可知

$$\Omega \in \Sigma \times \text{Borel}([a,b]),$$
$$\Omega_\alpha = (\alpha \preceq f) \in \Sigma,$$
$$\Omega_x = [a, f(x)] \in \text{Borel}([a,b]).$$

因此

$$v(\Omega_x) = v([a, f(x)]) = f(x), \quad m(\Omega_\alpha) = m((\alpha \preceq f)),$$

故

$$m \times v(\Omega) = \int_X^{\oplus} v(\Omega_x) \otimes dm = \int_{[a,b]}^{\oplus} m(\Omega_\alpha) \otimes dv,$$
$$m \times v(\Omega) = \int_X^{\oplus} f \otimes dm = \int_{[a,b]}^{\oplus} m((\alpha \preceq f)) \otimes dv,$$

则定理得证. 证毕.

注 5.2.18　此转化定理与文献 [26] 中相同. 由此定理可以给出拟测度与拟积分的几何解释: 若把 $m \times v(E)$ 看成可测集 $E \in \Sigma \times \text{Borel}([a,b])$ 的 "拟面积", 则拟积分 $\int_X^{\oplus} f \otimes dm$ 恰好是 f 下方图形的 "拟面积".

5.2.5　拟积分的广义 Minkowski 不等式

引理 5.2.19 (广义 Minkowski 不等式[12])　设 $(X_i, \Sigma_i, m_i)\,(i=1,2)$ 是 σ-有限测度空间, 则对任意 $\Sigma_1 \times \Sigma_2$-可测函数 $f: X_1 \times X_2 \to \bar{R}$, 有如下不等式成立:

$$\left[\int_{X_1} \left|\int_{X_2} f\,dm_2\right|^p dm_1\right]^{\frac{1}{p}} \leqslant \int_{X_2} \left[\int_{X_1} |f|^p dm_1\right]^{\frac{1}{p}} dm_2,$$

这里 $1 \leqslant p < \infty$.

情形 I　g-半环上的广义 Minkowski 不等式.

定理 5.2.20　给定 g-半环 $([a,b], \oplus, \otimes)$ 及 σ-拟有限 σ-⊕-测度空间 $(X_i, \Sigma_i, m_i)\,(i=1,2)$. 则对一切 $\Sigma_1 \times \Sigma_2$-可测函数 $f: X_1 \times X_2 \to [a,b]$, 有

$$\left[\int_{X_1}^{\oplus} \left[\int_{X_2}^{\oplus} f \otimes dm_2\right]_{\otimes}^{(p)} \otimes dm_1\right]_{\otimes}^{\left(\frac{1}{p}\right)} \preceq \int_{X_2}^{\oplus} \left[\int_{X_1}^{\oplus} f_{\otimes}^{(p)} \otimes dm_1\right]_{\otimes}^{\left(\frac{1}{p}\right)} \otimes dm_2,$$

这里 $1 \leqslant p < \infty$.

证明　若不等式右端为拟无限, 则自然成立. 否则, 由引理 5.2.19, 可得

$$g\left(\left[\int_{X_1}^{\oplus} \left[\int_{X_2}^{\oplus} f \otimes dm_2\right]_{\otimes}^{(p)} \otimes dm_1\right]_{\otimes}^{\left(\frac{1}{p}\right)}\right)$$

$$= \left[g\left(\int_{X_1}^{\oplus} \left[\int_{X_2}^{\oplus} f \otimes dm_2\right]_{\otimes}^{(p)} \otimes dm_1\right)\right]^{\frac{1}{p}}$$

$$= \left[g \circ g^{-1}\left(\int_{X_1} g\left(\left[\int_{X_2}^{\oplus} f \otimes dm_2\right]_{\otimes}^{(p)}\right) dg \circ m_1\right)\right]^{\frac{1}{p}}$$

$$= \left[\int_{X_1} \left[g\left(\int_{X_2}^{\oplus} f \otimes dm_2\right)\right]^p dg \circ m_1\right]^{\frac{1}{p}}$$

$$= \left[\int_{X_1} \left[g\left(g^{-1}\left(\int_{X_2} g \circ f\,dg \circ m_2\right)\right)\right]^p dg \circ m_1\right]^{\frac{1}{p}}$$

$$= \left[\int_{X_1} \left[\int_{X_2} g \circ f\,dg \circ m_2\right]^p dg \circ m_1\right]^{\frac{1}{p}}$$

$$\leqslant \int_{X_2} \left[\int_{X_1} (g \circ f)^p dg \circ m_1\right]^{\frac{1}{p}} dg \circ m_2$$

$$= g\left(g^{-1}\left(\int_{X_2} g\left(g^{-1}\left(\left[\int_{X_1} (g \circ f)^p dg \circ m_1\right]^{\frac{1}{p}}\right)\right) dg \circ m_2\right)\right)$$

$$= g\left(\int_{X_2}^{\oplus} g^{-1}\left(\left[\int_{X_1}(g\circ f)^p dg\circ m_1\right]^{\frac{1}{p}}\right)\otimes dm_2\right)$$

$$= g\left(\int_{X_2}^{\oplus} g^{-1}\left(\left[g\left(g^{-1}\left(\int_{X_1}(g\circ f)^p dg\circ m_1\right)\right)\right]^{\frac{1}{p}}\right)\otimes dm_2\right)$$

$$= g\left(\int_{X_2}^{\oplus}\left[g^{-1}\left(\int_{X_1} g\circ f_{\otimes}^{(p)} dg\circ m_1\right)\right]_{\otimes}^{\left(\frac{1}{p}\right)}\otimes dm_2\right)$$

$$= g\left(\int_{X_2}^{\oplus}\left[\int_{X_1}^{\oplus} f_{\otimes}^{(p)} dm_1\right]_{\otimes}^{\left(\frac{1}{p}\right)}\otimes dm_2\right).$$

因此

$$\left[\int_{X_1}^{\oplus}\left[\int_{X_2}^{\oplus} f\otimes dm_2\right]_{\otimes}^{(p)}\otimes dm_1\right]_{\otimes}^{\left(\frac{1}{p}\right)}\preceq \int_{X_2}^{\oplus}\left[\int_{X_1}^{\oplus} f_{\otimes}^{(p)}\otimes dm_1\right]_{\otimes}^{\left(\frac{1}{p}\right)}\otimes dm_2.$$

证毕.

注 5.2.21　当 $p=1$ 时, 上述不等式退化为 Fubini 定理, 等式成立.

引理 5.2.22　给定半环 $([a,b],\oplus,\otimes)$. 设 $X=\{x_n(n\geqslant 1)\}$ 是可数集合, $\Sigma = 2^X$ 是幂集合. 对每个 $A\in\Sigma$, 定义 $m:\Sigma\to[a,b]$ 如下:

$$m(A)=\begin{cases} n\mathbf{1}=\underbrace{\mathbf{1}\oplus\mathbf{1}\oplus\cdots\oplus\mathbf{1}}_{n}, & |A|=n,\\ b, & \text{其他}, \end{cases}$$

则

(1) m 是 σ-$\oplus$-测度, 称之为拟计数测度;

(2) 对任意函数 $f:X\to[a,b]$, 有

$$\int_X^{\oplus} f\otimes dm=\bigoplus_{n=1}^{\infty} f(x_n).$$

证明　(1) 是显然的. 对于 (2), 取简单函数 $e_k=\bigoplus_{i=1}^{k} f(x_i)\otimes\chi_{\{x_i\}}$, 则

$$\int_X^{\oplus} e_k\otimes dm=\bigoplus_{i=1}^{k} f(x_i)\otimes m(\{x_i\})=\bigoplus_{i=1}^{k} f(x_i)\otimes\mathbf{1}=\bigoplus_{i=1}^{k} f(x_i),$$

因此

$$\int_X^{\oplus} f\otimes dm=\lim_{k\to\infty}\int_X^{\oplus} e_k\otimes dm=\bigoplus_{n=1}^{\infty} f(x_n).$$

证毕.

推论 5.2.23 (1) 若 $X_2 = \{1, 2\}$, 则广义 Minkowski 不等式退化为

$$\left[\int_X^\oplus (f_1 \oplus f_2)_\otimes^{(p)} \otimes dm\right]_\otimes^{\left(\frac{1}{p}\right)} \preceq \left[\int_X^\oplus f_{1\otimes}^{(p)} \otimes dm\right]_\otimes^{\left(\frac{1}{p}\right)} \oplus \left[\int_X^\oplus f_{2\otimes}^{(p)} \otimes dm\right]_\otimes^{\left(\frac{1}{p}\right)}.$$

(2) 若 $X_2 = \{1, 2, \cdots, n\}$, 则广义 Minkowski 不等式退化为

$$\left[\int_X^\oplus (f_1 \oplus f_2 \oplus \cdots \oplus f_n)_\otimes^{(p)} \otimes dm\right]_\otimes^{\left(\frac{1}{p}\right)}$$

$$\preceq \left[\int_X^\oplus f_{1\otimes}^{(p)} \otimes dm\right]_\otimes^{\left(\frac{1}{p}\right)} \oplus \left[\int_X^\oplus f_{2\otimes}^{(p)} \otimes dm\right]_\otimes^{\left(\frac{1}{p}\right)} \oplus \cdots \oplus \left[\int_X^\oplus f_{n\otimes}^{(p)} \otimes dm\right]_\otimes^{\left(\frac{1}{p}\right)}.$$

(3) 若 $X_2 = \{1, 2, 3, \cdots\}$, 则广义 Minkowski 不等式退化为

$$\left[\int_X^\oplus \left[\bigoplus_{n=1}^\infty f_n\right]^{(p)} \otimes dm\right]_\otimes^{\left(\frac{1}{p}\right)} \preceq \left[\bigoplus_{n=1}^\infty \left[\int_X^\oplus f_n\right]^{(p)} \otimes dm\right]_\otimes^{\left(\frac{1}{p}\right)}.$$

例 5.2.24 设 g-半环 $([0, \infty], \oplus, \otimes)$ 的生成子 $g(x) = x^\alpha, \alpha \in [1, \infty)$, 拟运算为 $x \oplus y = \sqrt[\alpha]{x^\alpha + y^\alpha}$, $x \otimes y = xy$. 则广义 Minkowski 不等式为

$$\sqrt[\alpha]{\int_{[c,d]} \sqrt[p]{\int_{[a,b]} f^{\alpha p}(x,y) dx} dy} \leqslant \sqrt[\alpha p]{\int_{[c,d]} \left[\int_{[a,b]} f^\alpha(x,y) dy\right]^p dx}.$$

例 5.2.25 设 g-半环 $([-\infty, \infty], \oplus, \otimes)$ 的生成子 $g(x) = e^x$, 拟运算 $x \oplus y = \ln(e^x + e^y)$, $x \otimes y = x + y$. 则广义 Minkowski 不等式为

$$\ln \left(\int_{[c,d]} \left(\int_{[a,b]} e^{f^p(x,y)} dx\right)^{\frac{1}{p}} dy\right) \leqslant \frac{1}{p} \ln \left(\int_{[a,b]} \left[\int_{[c,d]} e^{f(x,y)} dy\right]^p dx\right).$$

例 5.2.26 给定半环 $([0, \infty], +, \cdot)$ 及 $f(x,y) = xy^2$. 通过计算可得

$$\int_{[0,1]} \left[\int_{[0,2]} (xy^2)^2 dx\right]^{\frac{1}{2}} dy = \int_{[0,1]} \sqrt{\frac{8}{3}} y^2 dy = \frac{2}{9}\sqrt{6},$$

$$\left[\int_{[0,2]} \left[\int_{[0,1]} xy^2 dy\right]^2 dx\right]^{\frac{1}{2}} = \left[\int_{[0,2]} \frac{1}{3} x^2 dx\right]^{\frac{1}{2}} = \frac{2}{3}\sqrt{2}.$$

因为 $\frac{2}{9}\sqrt{6} < \frac{2}{3}\sqrt{2}$, 所以

$$\int_{[0,1]} \left[\int_{[0,2]} (xy^2)^2 dx\right]^{\frac{1}{2}} dy < \left[\int_{[0,2]} \left[\int_{[0,1]} xy^2 dy\right]^2 dx\right]^{\frac{1}{2}}.$$

情形 II　半环 $([a,b], \sup, \otimes)$ 上的广义 Minkowski 不等式.

定理 5.2.27　给定半环 $([a,b], \sup, \otimes)$ 及 σ-sup-测度空间 $\left(X_i, 2^{X_i}, m_i\right)$ $(i = 1, 2)$. 则对一切函数 $f : X_1 \times X_2 \to [a, b]$, 有

$$\left[\int_{X_1}^{\sup} \left[\int_{X_2}^{\sup} f \otimes dm_2\right]_{\otimes}^{(p)} \otimes dm_1\right]_{\otimes}^{\left(\frac{1}{p}\right)} = \int_{X_2}^{\sup} \left[\int_{X_1}^{\sup} f_{\otimes}^{(p)} \otimes dm_1\right]_{\otimes}^{\left(\frac{1}{p}\right)} \otimes dm_2,$$

这里 $p \in (0, \infty)$.

证明　设 m_i 是由函数 $\psi_i : X_i \to [a, b]$ 定义的, 易得

$$\left[\int_{X_1}^{\sup} f_{\otimes}^{(p)} \otimes dm_1\right]_{\otimes}^{\left(\frac{1}{p}\right)} = g^{-1}\left(\sup_{x \in X_1} g(f(x_1, x_2)) \cdot g^{\frac{1}{p}}(\psi_1(x_1))\right),$$

则

$$\int_{X_2}^{\sup} \left[\int_{X_1}^{\sup} f_{\otimes}^{(p)} \otimes dm_1\right]_{\otimes}^{\left(\frac{1}{p}\right)} \otimes dm_2$$

$$= \sup_{x_2 \in X_2} \left[\int_{X_1}^{\sup} f_{\otimes}^{(p)} \otimes dm_1\right]_{\otimes}^{\left(\frac{1}{p}\right)} \otimes \psi(x_2)$$

$$= g^{-1}\left(\sup_{x_2 \in X_2} g\left(\left[\int_{X_1}^{\sup} f_{\otimes}^{(p)} \otimes dm_1\right]_{\otimes}^{\left(\frac{1}{p}\right)}\right) \cdot g(\psi(x_2))\right)$$

$$= g^{-1}\left(\sup_{x_2 \in X_2} \left[g\left(\int_{X_1}^{\sup} f_{\otimes}^{(p)} \otimes dm_1\right)\right]^{\frac{1}{p}} \cdot g(\psi(x_2))\right)$$

$$= g^{-1}\left(\sup_{x_2 \in X_2} \sup_{x_1 \in X_1} g(f(x_1, x_2)) \cdot g^{\frac{1}{p}}(\psi(x_1)) \cdot g(\psi_2(x_2))\right),$$

同时

$$\left[\int_{X_1}^{\sup} \left[\int_{X_2}^{\sup} f \otimes dm_2\right]_{\otimes}^{(p)} \otimes dm_1\right]_{\otimes}^{\left(\frac{1}{p}\right)}$$

$$= g^{-1}\left(\left[g\left(\int_{X_1}^{\sup} \left[\int_{X_2}^{\sup} f \otimes dm_2\right]_{\otimes}^{(p)} \otimes dm_1\right)\right]^{\frac{1}{p}}\right)$$

$$= g^{-1}\left(\left[g\left(g^{-1}\left(\sup_{x \in X_1} \left[g\left(\int_{X_2}^{\sup} f \otimes dm_2\right)\right]^p \cdot g(\psi_1(x_1))\right)\right)\right]^{\frac{1}{p}}\right)$$

$$= g^{-1}\left(\left[\sup_{x \in X_1} \left[g\left(\int_{X_2}^{\sup} f \otimes dm_2\right)\right]^p \cdot g(\psi_1(x_1))\right]^{\frac{1}{p}}\right)$$

$$= g^{-1}\Big(\sup_{x_1 \in X_1} \sup_{x_2 \in X_2} g(f(x_1, x_2)) \cdot g(\psi_2(x_2)) \cdot g^{\frac{1}{p}}(\psi_1(x_1)) \Big).$$

从而知等式成立. 证毕.

情形 III　半环 $([a,b], \sup, \inf)$ 上的广义 Minkowski 不等式.

定理 5.2.28　给定半环 $([a,b], \sup, \inf)$ 及 σ-sup 测度空间 $(X_i, 2^{X_i}, m_i)(i = 1, 2)$. 则对一切函数 $f : X_1 \times X_2 \to [a,b]$, 有

$$\left[\int_{X_1}^{\sup} \left[\int_{X_2}^{\sup} f \otimes dm_2 \right]_{\otimes}^{(p)} \otimes dm_1 \right]_{\otimes}^{\left(\frac{1}{p}\right)} = \int_{X_2}^{\sup} \left[\int_{X_1}^{\sup} f_{\otimes}^{(p)} \otimes dm_1 \right]_{\otimes}^{\frac{1}{p}} \otimes dm_2,$$

这里 $p \in (0, \infty)$.

证明　由 $x_{\otimes}^{(p)} = x, \forall x \in [a,b]$ 可知, 所要证明的等式退化为

$$\int_{X_1}^{\sup} \int_{X_2}^{\sup} f \otimes dm_2 dm_1 = \int_{X_2}^{\sup} \int_{X_1}^{\sup} f \otimes dm_1 dm_2.$$

这恰为 Fubini 定理. 证毕.

5.2.6   拟积分的 Jensen 不等式

定义 5.2.29　给定半环 $([a,b], \oplus, \otimes)$. 称子集 $B \subseteq [a,b]$ 为 $(\oplus, \otimes)$-凸的当且仅当对 $\forall x, y \in B$, $\forall \lambda, \mu \in [a,b]$ 且 $\lambda \oplus \mu = \mathbf{1}$ 有 $\lambda \otimes x \oplus \mu \otimes y \in B$.

引理 5.2.30　设半环 $([a,b], \oplus, \otimes)$ 具有拟逆. 则 $B \subseteq [a,b]$ 是 $(\oplus, \otimes)$-凸的当且仅当对 $\forall x_i \in B$, $\forall \lambda_i \in [a,b]_+ (1 \leqslant i \leqslant n)$, $\bigoplus\limits_{i=1}^{n} \lambda_i = \mathbf{1}$, 有 $\bigoplus\limits_{i=1}^{n} \lambda_i \otimes x_i \in B$.

证明　"充分性" 显然, 只需证 "必要性", 用数学归纳法.

当 $n = 1$ 时结论自明;

当 $n = 2$ 时, 可由 $(\oplus, \otimes)$-凸的定义得到.

假设结论对 $n - 1$ 成立, 我们去证对 n 成立.

设 $\forall x_i \in B$, $\lambda_i \in [a,b]_+ (1 \leqslant i \leqslant n)$, $\bigoplus\limits_{i=1}^{n} \lambda_i = \mathbf{1}$, 若存在某个 $\lambda_i = \mathbf{0}$, 则可直接应用归纳假设得到结论. 否则可设每个 $\lambda_i \neq \mathbf{0}$, 取

$$y = (\lambda_{n-1} \oplus \lambda_n)^{(-1)} \otimes (\lambda_{n-1} \otimes x_{n-1}) \oplus (\lambda_{n-1} \oplus \lambda_n)^{(-1)} \otimes (\lambda_n \otimes x_n),$$

这里 $(\lambda_{n-1} \oplus \lambda_n)^{(-1)} \otimes \lambda_{n-1} \oplus (\lambda_{n-1} \oplus \lambda_n)^{(-1)} \otimes \lambda_n = \mathbf{1}$. 则先对 $n - 2$ 归纳, 然后再对 2 进行归纳, 有

$$\bigoplus_{i=1}^{n} \lambda_i \otimes x_i = \bigoplus_{i=1}^{n-2} \lambda_i \otimes x_i \oplus (\lambda_{n-1} \oplus \lambda_n) \otimes y \in B.$$

定义 5.2.31　给定半环 $([a,b], \oplus, \otimes)$ 及 $(\oplus, \otimes)$-凸集 $B \subseteq [a,b]$. 函数 $\varphi : B \to [a,b]$ 称为 $(\oplus, \otimes)$-凸的 (对应地, $(\oplus, \otimes)$-凹的), 若对 $\forall x, y \in B$, $\forall \lambda, \mu \in [a,b]_+$, $\lambda \oplus \mu = \mathbf{1}$, 有

$$\varphi(\lambda \otimes x \oplus \mu \otimes y) \preceq \lambda \otimes \varphi(x) \oplus \mu \otimes \varphi(y)$$

$$\text{(对应地, } \varphi(\lambda \otimes x \oplus \mu \otimes y) \succeq \lambda \otimes \varphi(x) \oplus \mu \otimes \varphi(y)),$$

定理 5.2.32　设半环 $([a,b], \oplus, \otimes)$ 具有拟逆, 子集 $B \subseteq [a,b]$ 是 $(\oplus, \otimes)$-凸的. 则函数 $\varphi : B \to [a,b]$ 是 $(\oplus, \otimes)$-凸的 (对应地, $(\oplus, \otimes)$-凹的) 当且仅当对 $\forall x_i \in B$, $\forall \lambda_i \in [a,b]_+ (1 \leqslant i \leqslant n)$, $\bigoplus_{i=1}^{n} \lambda_i = \mathbf{1}$, 有

$$\varphi\left(\bigoplus_{i=1}^{n} \lambda_i \otimes x_i\right) \preceq \bigoplus_{i=1}^{n} \lambda_i \otimes \varphi(x_i)$$

$$\left(\text{对应地, } \varphi\left(\bigoplus_{i=1}^{n} \lambda_i \otimes x_i\right) \succeq \bigoplus_{i=1}^{n} \lambda_i \otimes \varphi(x_i)\right).$$

证明　只需证 $(\oplus, \otimes)$-凸的情形, 且易知 "充分性" 是显然的, 下面用数学归纳法证明 "必要性".

当 $n = 1, 2$ 时显然.

假设 $n - 1$ 时成立, 去证 n 时成立. 对 $\forall x_i \in B$, $\forall \lambda_i \in [a,b]_+ (1 \leqslant i \leqslant n)$, $\bigoplus_{i=1}^{n} \lambda_i = \mathbf{1}$, 如上述引理证明过程, 取

$$y = (\lambda_{n-1} \oplus \lambda_n)^{(-1)} \otimes (\lambda_{n-1} \otimes x_{n-1}) \oplus (\lambda_{n-1} \oplus \lambda_n)^{(-1)} \otimes (\lambda_n \otimes x_n),$$

则

$$\varphi\left(\bigoplus_{i=1}^{n} \lambda_i \otimes x_i\right)$$

$$= \varphi\left(\bigoplus_{i=1}^{n-2} \lambda_i \otimes x_i \oplus (\lambda_{n-1} \oplus \lambda_n) \otimes y\right)$$

$$\preceq \bigoplus_{i=1}^{n-2} \lambda_i \otimes \varphi(x_i) \oplus (\lambda_{n-1} \oplus \lambda_n) \otimes \varphi(y)$$

$$\preceq \bigoplus_{i=1}^{n-2} \lambda_i \otimes \varphi(x_i) \oplus (\lambda_{n-1} \oplus \lambda_n)$$

$$\otimes [(\lambda_{n-1} \oplus \lambda_n)^{(-1)} \otimes \lambda_{n-1} \otimes \varphi(x_{n-1}) \oplus (\lambda_{n-1} \oplus \lambda_n)^{(-1)} \otimes \lambda_n \otimes \varphi(x_n)]$$

$$= \bigoplus_{i=1}^{n-2} \lambda_i \otimes \varphi(x_i) \oplus \lambda_{n-1} \otimes \varphi(x_{n-1}) \oplus \lambda_n \otimes \varphi(x_n)$$

$$= \bigoplus_{i=1}^{n} \lambda_i \otimes \varphi\left(x_i\right).$$

注 5.2.33 在定理 5.2.32 中, 我们假设半环具有拟逆, 因此上述定理适用于半环情形 I 和情形 II. 对于半环情形 III, 虽然没有拟逆, 但也有相同的结果.

定理 5.2.34 给定半环 $([a,b], \vee, \wedge)$ 及 $(\vee, \wedge)$-凸集 $B \subseteq [a,b]$. 则函数 $\varphi : B \to [a,b]$ 是 $(\vee, \wedge)$-凸的 (对应地, $(\vee, \wedge)$-凹的) 当且仅当对 $\forall x_i \in B$, $\forall \lambda_i \in [a,b]_+ (1 \leqslant i \leqslant n)$, $\bigvee_{i=1}^{n} \lambda_i = \mathbf{1}$, 有

$$\varphi\left(\bigvee_{i=1}^{n} (\lambda_i \wedge x_i)\right) \preceq \bigvee_{i=1}^{n} (\lambda_i \wedge \varphi(x_i))$$

$$\left(\text{对应地}, \varphi\left(\bigvee_{i=1}^{n} (\lambda_i \wedge x_i)\right) \succeq \bigvee_{i=1}^{n} (\lambda_i \wedge \varphi(x_i))\right).$$

证明 由 $\bigvee_{i=1}^{n} \lambda_i = \mathbf{1}$ 可知, 至少存在一个 $\lambda_i = \mathbf{1}$, 不失一般性, 设 $\lambda_n = \mathbf{1}$, 则 $\lambda_{n-1} \vee \lambda_n = \mathbf{1}$.

仍然用数学归纳法, 有

$$\varphi\left(\bigvee_{i=1}^{n} (\lambda_i \wedge x_i)\right)$$

$$= \varphi\left(\bigvee_{i=1}^{n-2} (\lambda_i \wedge x_i) \vee (\lambda_{n-1} \wedge x_{n-1}) \vee (\lambda_n \wedge x_n)\right)$$

$$= \varphi\left(\bigvee_{i=1}^{n-2} (\lambda_i \wedge x_i) \vee (\mathbf{1} \wedge ((\lambda_{n-1} \wedge x_{n-1}) \vee (\lambda_n \wedge x_n)))\right)$$

$$\preceq \bigvee_{i=1}^{n-2} (\lambda_i \wedge \varphi(x_i)) \vee (\mathbf{1} \wedge \varphi((\lambda_{n-1} \wedge x_{n-1}) \vee (\lambda_n \wedge x_n)))$$

$$\preceq \bigvee_{i=1}^{n-2} (\lambda_i \wedge \varphi(x_i)) \vee (\lambda_{n-1} \wedge \varphi(x_{n-1})) \vee (\lambda_n \wedge \varphi(x_n))$$

$$= \bigvee_{i=1}^{n} (\lambda_i \wedge \varphi(x_i)).$$

注 5.2.35 (1) 设 $B = [c,d] \subset R$, 若 $\varphi : [c,d] \to R$ 是经典凸函数, 则其是 $(+, \cdot)$-凸的.

(2) 对于半环 $([-\infty, \infty), \oplus, \otimes)$, $\oplus = \sup, \otimes = +$, Zimmermann[38] 已引入了 $(\sup, +)$-凸函数的概念.

定理 5.2.36 给定 g-半环 $([a,b], \oplus, \otimes)$ 及 $(\oplus, \otimes)$-凸集 $B \subseteq [a,b]$. 对于函数 $\varphi : B \to [a,b]$,

(1) 若生成子 g 是严格增函数, 则 φ 是 $(\oplus, \otimes)$-凸的 (对应地, $(\oplus, \otimes)$-凹的) 当且仅当 $g \circ \varphi \circ g^{-1} : g(B) \to [0, \infty]$ 是凸的 (对应地, 凹的).

(2) 若生成子 g 是严格减函数, 则 φ 是 $(\oplus, \otimes)$-凸的 (对应地, $(\oplus, \otimes)$-凹的) 当且仅当 $g \circ \varphi \circ g^{-1} : g(B) \to [0, \infty]$ 是凹的 (对应地, 凸的).

证明　只需证 (1) 的凸的情形, 余者类似. 对 $\forall x, y \in B$, $\lambda, \mu \in [a, b]$, $\lambda \oplus \mu = \mathbf{1}$, 有

$$\varphi \text{ 是 } (\oplus, \otimes)\text{-凸的}$$

$$\Leftrightarrow g(\varphi(\lambda \otimes x \oplus \mu \otimes y)) \leqslant g(\lambda \otimes \varphi(x) \oplus \mu \otimes \varphi(y))$$

$$= g(g^{-1}(g(\lambda \otimes \varphi(x)) + g(\mu \otimes \varphi(y)))) = g(\lambda \otimes \varphi(x)) + g(\mu \otimes \varphi(y))$$

$$= g(\lambda) \cdot g(\varphi(x)) + g(\mu) \cdot g(\varphi(y))$$

$$\Leftrightarrow g \cdot \varphi \cdot g^{-1}(g(\lambda)g(x) + g(\mu)g(y))$$

$$\leqslant g(\lambda) \cdot g(\varphi(g^{-1}(g(x)))) + g(\mu) \cdot g(\varphi(g^{-1}(g(y))))$$

$$\Leftrightarrow (g \circ \varphi \circ g^{-1})(g(\lambda)g(x) + g(\mu)g(y))$$

$$\leqslant g(\lambda) \cdot (g \circ \varphi \circ g^{-1})(g(x)) + g(\mu) \cdot (g \circ \varphi \circ g^{-1})(g(y)).$$

对任意 $g(x), g(y) \in g(B)$, $g(\lambda), g(\mu) \in [g(a), g(b)]$, $g(\lambda) + g(\mu) = 1$, 上式等价于 $g \circ \varphi \circ g^{-1}$ 是 $g(B)$ 上的凸函数. 证毕.

例 5.2.37　设 $[a, b] = [0, \infty)$, $g(x) = x^\alpha$, $\alpha \in [1, \infty)$, 对应的拟运算为 $x \oplus y = \sqrt[\alpha]{x^\alpha + y^\alpha}$, $x \otimes y = xy$. 则由凸函数 $f(x) = (x-1)^2$ 可以构造如下的 $(\oplus, \otimes)$-凸函数, 即

$$\varphi(x) = \left(g^{-1} \circ f \circ g\right)(x) = \sqrt[\alpha]{x} \circ (x-1)^2 \circ x^\alpha = \sqrt[\alpha]{x} \circ (x^\alpha - 1)^2$$

$$= \sqrt[\alpha]{(x^\alpha - 1)^2}, \quad x \in [0, \infty).$$

例 5.2.38　设 $[a, b] = [-\infty, \infty)$, $g(x) = e^x$, 对应的拟运算为 $x \oplus y = \ln(e^x + e^y)$, $x \otimes y = x + y$. 则由凸函数 $f(x) = x^2$ 可以构造如下的 $(\oplus, \otimes)$-凸函数, 即

$$\varphi(x) = \ln x \circ x^2 \circ e^x = \ln x \circ (e^x)^2 = \ln e^{2x} = 2x, \quad x \in [-\infty, \infty).$$

注 5.2.39　定理 5.2.36 揭示了 $(\oplus, \otimes)$-凸函数与经典凸函数的关系, 即 $(\oplus, \otimes)$-凸函数经过一个 "扭曲" 变换 "$g \circ (\cdots) \circ g^{-1}$" 即可以化为凸函数; 反过来, 凸函数经过一个 "扭曲" 变换 "$g^{-1} \circ (\cdots) \circ g$" 即可以化为 $(\oplus, \otimes)$-凸函数. 因此, $(\oplus, \otimes)$-凸函数也可称为拟凸函数.

定理 5.2.40　给定具有拟逆或为情形 III 半环 $([a, b], \oplus, \otimes)$. 设函数 $\varphi : [a, b] \to [a, b]$ 是连续的, 函数 $f : X \to [a, b]$ 是有界可测的, $m(X) = \mathbf{1}$. 则

(1) (Jensen 不等式)φ 是 $(\oplus, \otimes)$-凸的蕴含

$$\varphi\left(\int_X^{\oplus} f \otimes dm\right) \preceq \int_X^{\oplus} (\varphi \circ f) \otimes dm.$$

(2) (逆 Jensen 不等式) φ 是 $(\oplus, \otimes)$-凹的蕴含

$$\varphi\left(\int_X^{\oplus} f \otimes dm\right) \succeq \int_X^{\oplus} (\varphi \circ f) \otimes dm.$$

证明 这里只证 (1), 因为 (2) 的证明类似.

首先, 对于有界简单函数的情形, 设 $e = \bigoplus_{i=1}^{n} a_i \otimes \chi_{A_i}$, 则

$$\varphi\left(\int_X^{\otimes} e \otimes dm\right) = \varphi\left(\bigoplus_{i=1}^{n} a_i \otimes m(A_i)\right).$$

因为 $m\left(\bigcup_{i=1}^{n} A_i\right) = \bigoplus_{i=1}^{n} m(A_i) = \mathbf{1}$, φ 是 $(\oplus, \otimes)$-凸的, 则

$$\varphi\left(\bigoplus_{i=1}^{n} a_i \otimes m(A_i)\right) \preceq \bigoplus_{i=1}^{n} \varphi(a_i) \otimes m(A_i) = \int_X^{\oplus} \varphi(e) \otimes dm.$$

即

$$\varphi\left(\int_X^{\oplus} e \otimes dm\right) \preceq \int_X^{\oplus} (\varphi \circ e) dm.$$

其次, 对于有界可测函数 $f : X \to [a, b]$, 则存在简单函数列 $\{e_n\}$ 一致收敛于 f, 从而

$$\int_X^{\oplus} f \otimes dm = \lim_{n \to \infty} \int_X^{\oplus} e_n(x) \otimes dm,$$

由 φ 的连续性, 即有

$$\varphi\left(\int_X^{\oplus} f \otimes dm\right) = \lim_{n \to \infty} \varphi\left(\int_X^{\oplus} e_n(x) \otimes dm\right) \preceq \lim_{n \to \infty} \int_X^{\oplus} (\varphi \circ e_n) \otimes dm.$$

又由 $\{e_n\}$ 是简单函数列知 $\{\varphi \circ e_n\}$ 是简单函数列. 由 $d(e_n(x), f(x)) \to 0$ (一致的) 及 φ 的连续性可知, $d((\varphi \circ e_n)(x), f(x)) \to 0$ (一致的). 因此

$$\lim_{n \to \infty} \int_X^{\oplus} (\varphi \circ e_n) \otimes dm = \int_X^{\oplus} (\varphi \circ f) \otimes dm.$$

即

$$\varphi\left(\int_X^{\oplus} f \otimes dm\right) \preceq \int_X^{\oplus} (\varphi \circ f) \otimes dm.$$

证毕.

推论 5.2.41 (定理 $4^{[22]}$)　给定 g-半环 $([a,b],\oplus,\otimes)$. 设 $m(X) = \mathbf{1}$, $\varphi :$ $[a,b] \to [a,b]$ 是递减的凸函数, g 是严格增的凸函数, 则对任意可测函数 $f : X \to [a,b]$, 有

$$\varphi\left(\int_X^\oplus f \otimes dm\right) \preceq \int_X^\oplus (\varphi \circ f) \otimes dm.$$

证明　易知在给定条件下, $g \circ \varphi \circ g^{-1}$ 是凸函数, 进而由 g 是严格增函数可知 φ 是 $(\oplus,\otimes)$-凸的. 又由经典分析, φ 是凸函数蕴含 φ 在 (a,b) 是连续的, 则定理 5.2.40 的条件得以满足, 故所要证的不等式成立. 证毕.

推论 5.2.42 (定理 $5^{[22]}$)　给定 g-半环 $([a,b],\oplus,\otimes)$. 设 $m(X) = \mathbf{1}$, $\varphi : [a,b] \to$ $[a,b]$ 是递增的凹函数, g 是严格递减的凸函数, 则对任意可测函数 $f : X \to [a,b]$, 有

$$\varphi\left(\int_X^\oplus f \otimes dm\right) \succeq \int_X^\oplus (\varphi \circ f) \otimes dm.$$

推论 5.2.43　给定 g-半环 $([a,b],\oplus,\otimes)$. 设 $m(X) = \mathbf{1}$, $\varphi : [a,b] \to [a,b]$ 是递增的凸函数, g 是严格递减的凹函数, 则对任意可测函数 $f : X \to [a,b]$, 有

$$\varphi\left(\int_X^\oplus f \otimes dm\right) \preceq \int_X^\oplus (\varphi \circ f) \otimes dm.$$

推论 5.2.44　给定 g-半环 $([a,b],\oplus,\otimes)$. 设 $m(X) = \mathbf{1}$, $\varphi : [a,b] \to [a,b]$ 是递增的凹函数, g 是严格增的凹函数, 则对任意可测函数 $f : X \to [a,b]$, 有

$$\varphi\left(\int_X^\oplus f \otimes dm\right) \succeq \int_X^\oplus (\varphi \circ f) \otimes dm.$$

例 5.2.45　继续例 5.2.37, $\varphi(x) = \sqrt[\alpha]{(x^\alpha - 1)^2}$ 是 $(\oplus,\otimes)$-凸函数, 故

$$\sqrt[\alpha]{\left(\left(\int_{[0,1]} f(x)dx\right)^\alpha - 1\right)^2} \preceq \sqrt[\alpha]{\int_{[0,1]} (f(x)^\alpha - 1)^2 dx},$$

即

$$\left(\left(\int_{[0,1]} f(x)dx\right)^\alpha - 1\right)^2 \leqslant \int_{[0,1]} (f(x)^\alpha - 1)^2 dx.$$

例 5.2.46　继续例 5.2.38, $\varphi(x) = 2x$ 是 $(\oplus,\otimes)$-凸函数, 则

$$2\left(\ln \int_{[0,1]} e^{f(x)}dx\right) \preceq \ln\left(\int_{[0,1]} e^{2f(x)}dx\right),$$

即

$$\left(\iint_{[0,1]} e^{f(x)} dx\right)^2 \leqslant \int_{[0,1]} e^{2f(x)} dx.$$

例 5.2.47 给定半环 $([a,b], \sup, \otimes)$ 情形 I 和情形 III. 设 $\varphi: [a,b] \to [a,b]$ 是连续函数, $f: X \to [a,b]$ 是可测函数.

(1) 若 φ 是 $(\sup, \otimes)$-凸的, 则

$$\varphi\left(\sup_{x \in X}(f(x) \otimes \psi(x))\right) \preceq \sup_{x \in X}(\varphi(f(x)) \otimes \psi(x));$$

(2) 若 φ 是 $(\sup, \otimes)$-凹的,

$$\varphi\left(\sup_{x \in X}(f(x) \otimes \psi(x))\right) \succeq \sup_{x \in X}(\varphi(f(x)) \otimes \psi(x)),$$

这里 $\psi: X \to [a,b]$ 定义了 σ-sup-测度 $m(A) = \sup_{x \in A} \psi(x), A \in \Sigma$.

关于半环情形 I 和情形 III, 可以不用 $(\sup, \otimes)$-凸的条件来得到 Jensen 不等式.

定理 5.2.48 (逆 Jensen 不等式 I) 给定半环 $([a,b], \oplus, \otimes)$ 情形 I 和情形 III. 设 $\varphi: [a,b] \to [a,b]$ 是单调增函数, 满足 $\varphi(\mathbf{0}) = \mathbf{0}$. 则

$$\varphi\left(\int_X^{\sup} f \otimes dm\right) \succeq \int_X^{\sup} (\varphi \circ f) \otimes dm$$

对任何可测函数成立的充要条件是 $\varphi(t \otimes v) \succeq \varphi(t) \otimes v, \forall t \in [a,b], \forall v \in m(\Sigma)$, 这里 $m(\Sigma) = \{m(A) : A \in \Sigma\}$.

证明 充分性. 由于 μ 是单调增的, 则

$$\varphi\left(\int_X^{\sup} f \otimes dm\right) = \varphi\left(\sup_{x \in X} f(x) \otimes \psi(x)\right) \succeq \sup_{x \in X} \varphi(f(x) \otimes \psi(x)).$$

必要性. 取 $f = t \otimes \chi_A, t \in [a,b], A \in \Sigma$, 因为 $\varphi(\mathbf{0}) = \mathbf{0}$, 所以 $\varphi \circ f = (\varphi \circ t) \otimes \chi_A$, 故

$$\varphi\left(\int_X^{\sup} f \otimes dm\right) = \varphi(t \otimes m(A)),$$

$$\int_X^{\sup} (\varphi \circ f) \otimes dm = \varphi(t) \otimes m(A).$$

从而 $\varphi(t \otimes v) \succeq \varphi(t) \otimes v, \forall t \in [a,b], \forall v \in m(\Sigma)$. 证毕.

定理 5.2.49 (Jensen 不等式 I)　给定半环 $([a,b], \oplus, \otimes)$ 情形 I 和情形 III. 设 $\varphi : [a,b] \to [a,b]$ 是单调增函数, 满足 $\varphi(\mathbf{0}) = \mathbf{0}$. 则

$$\varphi\left(\int_X^{\sup} f \otimes dm\right) \prec \int_X^{\sup} (\varphi \circ f) \otimes dm$$

对任何可测函数成立的充要条件是 $\varphi(t \otimes v) \prec \varphi(t) \otimes v, \forall t \in [a,b], \forall v \in m(\Sigma)$, 这里 $m(\Sigma) = \{m(A) : A \in \Sigma\}$.

定理 5.2.50 (Jensen 不等式 II)　给定半环 $([a,b], \oplus, \otimes)$ 情形 I 和情形 III. 设 $\varphi : [a,b] \to [a,b]$ 是左连续的单调增函数, 满足 $\varphi(\mathbf{0}) = \mathbf{0}$. 则

$$\varphi\left(\int_X^{\sup} f \otimes dm\right) \preceq \int_X^{\sup} (\varphi \circ f) \otimes dm$$

对任何可测函数成立的充要条件是 $\varphi(t \otimes v) \preceq \varphi(t) \otimes v, \forall t \in [a,b], \forall v \in m(\Sigma)$, 这里 $m(\Sigma) = \{m(A) : A \in \Sigma\}$.

证明　类似定理 5.2.48.

定理 5.2.51 (逆 Jensen 不等式 II)　给定半环 $([a,b], \oplus, \otimes)$ 情形 I 和情形 III. 设 $\varphi : [a,b] \to [a,b]$ 是左连续的单调增函数, 满足 $\varphi(\mathbf{0}) = \mathbf{0}$. 则

$$\varphi\left(\int_X^{\sup} f \otimes dm\right) \succ \int_X^{\sup} (\varphi \circ f) \otimes dm$$

对任何可测函数成立的充要条件是 $\varphi(t \otimes v) \succ \varphi(t) \otimes v, \forall t \in [a,b], \forall v \in m(\Sigma)$, 这里 $m(\Sigma) = \{m(A) : A \in \Sigma\}$.

注 5.2.52　关于拟积分 Jensen 不等式的进一步推广见作者最新工作[35].

5.3　非负可测函数的拟积分的再定义

在 5.2 节中, 我们已经给出了拟积分的定义, 但那里的拟积分定义存在一定的不足: 首先是积分是关于有界可测函数定义的, 并对非幂等 $\oplus$ 增加了存在 ε-网的限定条件, 尽管也定义了非负可测函数的拟积分, 但其只适用于半环情形 I 和情形 II; 其次, 对于半环情形 III, 因为端点是有限的, 所以其不能涵盖 Sugeno 积分取值于 $[0, \infty]$ 的情形. 为此, 本节重新定义非负可测函数的拟积分, 使上述不足得以完善, 同时进一步给出重新定义的拟积分的性质.

5.3.1　定义

首先, 我们重新给出半环情形 III 的改进形式, 仍视为情形 III, 使其能涵盖半环 $([0, \infty], \vee, \wedge)$.

情形 III 对 $\forall x, y \in [a, b]$, 定义

$$x \vee y = g^{-1}(g(x) \vee g(y)), \quad x \wedge y = g^{-1}(g(x) \wedge g(y)),$$

全序为

$$x \preceq y \Leftrightarrow g(x) \leqslant g(y),$$

距离为

$$d(x, y) = |g(x) - g(y)|,$$

这里 $g : [a, b] \to [0, M](0 < M \leqslant \infty)$ 是严格增函数. 端点 $a = \mathbf{0}$, 端点 b 是拟无限的当且仅当 $M = \infty$.

定义 5.3.1 设 $([a, b]_+, \oplus, \otimes)$ 是半环, $m : \Sigma \to [a, b]_+$ 是 σ-$\oplus$-测度. 则

(1) 非负简单函数 $e : X \to [a, b]_+$ 在 $A \in \Sigma$ 上关于 m 的拟积分为

$$\int_A^\oplus e \otimes dm = \bigoplus_{i=1}^n a_i \otimes m\,(A \cap E_i)\,;$$

(2) 非负可测函数 $f : X \to [a, b]_+$ 在 $A \in \Sigma$ 上关于 m 的拟积分为

$$\int_A^\oplus f \otimes dm = \sup \left\{ \int_A^\oplus e \otimes d\mu : e \preceq f, e \in S(X) \right\},$$

这里 $S(X)$ 是 X 到 $[a, b]$ 的简单函数的全体.

显然此种定义下的拟积分总是存在的.

若 $\displaystyle\int_A^\oplus f \otimes dm$ 是拟有限的, 则称 $f : X \to [a, b]_+$ 在 $A \in \Sigma$ 上拟可积.

当 $A = X$ 时, $\displaystyle\int_X^\oplus f \otimes dm$ 简记为 $\displaystyle\int^\oplus f \otimes dm$.

注 5.3.2 在定义 5.3.1 中, 被积函数可以是无界的, 甚至是非可测的, 对幂等 $\oplus$ 也无需对 $f(A)$ 存在 ε-网的要求, 因此拓展了已有拟积分的定义.

例 5.3.3 设 $([a, b], \oplus, \otimes)$ 是 g-半环. 则

$$\int^\oplus f \otimes dm = g^{-1} \left(\int (g \circ f) dg \circ m \right),$$

这里右侧积分为 Lebesgue 积分.

例 5.3.4 设 $([a, b], \sup, \otimes)$ 是半环情形 I 和情形 III. 则

$$\int^{\sup} f \otimes dm = \sup_{x \in X} (f(x) \otimes \psi(x)),$$

这里 σ-sup-测度 m 由函数 $\psi: X \to [a, b]$ 定义, 即 $m(A) = \sup\limits_{x \in A} \psi(x), \forall A \in \Sigma$.

例 5.3.5 设 $([a, b], \sup, \otimes)$ 是半环情形 I. 则

$$\int^{\sup} f \otimes dm = g^{-1}\left((\mathrm{N})\int (g \circ f) dg \circ m\right),$$

这里右侧积分为 (N) 模糊积分.

例 5.3.6 设 $([a, b], \sup, \inf)$ 是半环情形 III. 则

$$\int^{\sup} f \wedge dm = g^{-1}\left((\mathrm{S})\int (g \circ f) dg \circ m\right),$$

这里右侧积分为 Sugeno 积分.

注 5.3.7 这里定义的拟积分可以覆盖 Lebesgue 积分 (非负可测函数)、拟可加积分, 且对半环情形 I—情形 III, 包含了前述拟积分.

5.3.2 性质

定理 5.3.8 给定半环 $([a, b], \oplus, \otimes)$, 非负可测函数 f 及 $A \in \Sigma$. 则

$$\int_A^{\oplus} f \otimes dm = \sup_{\tau \in T}\left\{ \bigoplus_{E \in \tau}\left[\left(\inf_{x \in E} f(x) \otimes m(A \cap E)\right)\right]\right\}, \qquad (5.3.1)$$

这里 T 是 X 的可测分划的全体, 即

$$T = \left\{\tau : \tau = \{E_i(1 \leqslant i \leqslant n)\}, E_i \cap E_j = \varnothing (i \neq j), \bigcup_{i=1}^{n} E_i = X\right\}.$$

证明 一方面, 任取 $\{E_i(1 \leqslant i \leqslant n)\} = \tau \in T$, 则有简单函数

$$e(x) = \bigoplus_{i=1}^{n}\left\{\inf_{x \in E_i} f(x) \otimes \chi_{E_i}\right\},$$

则 $e \preceq f$. 因此, 可得

$$\int_A^{\oplus} e \otimes dm = \bigoplus_{i=1}^{n}\left\{\inf_{x \in E_i} f(x) \otimes m(A \cap E_i)\right\} \preceq \int_A^{\oplus} f \otimes dm.$$

进而

$$\sup_{\tau \in T} \bigoplus_{E \in \tau}\left\{\inf_{x \in E} f(x) \otimes m(A \cap E)\right\} \preceq \int_A^{\oplus} f \otimes dm.$$

另一方面, 对任意满足 $e \preceq f$ 的简单函数 $e(x) = \bigoplus\limits_{i=1}^{n} a_i \otimes \chi_{E_i}$, 有 $a_i \preceq \inf\limits_{x \in E_i} f(x)$. 因此

$$\int_A^{\oplus} e \otimes dm \preceq \bigoplus_{i=1}^{n}\left\{\inf_{x \in E_i} f(x) \otimes m(A \cap E_i)\right\} \preceq \sup_{\tau \in T} \bigoplus_{E \in \tau}\left\{\inf_{x \in E} f(x) \otimes m(A \cap E)\right\}.$$

故

$$\int_A^\oplus f \otimes dm \preceq \sup_{\tau \in T} \bigoplus_{E \in \tau} \left\{ \inf_{x \in E} f(x) \otimes m(A \cap E) \right\}.$$

综上, 可知等式 (5.3.1) 成立. 证毕.

定理 5.3.9 拟积分具有下列性质:

(1) $m(A) = \mathbf{0}$ 或 $f = \mathbf{0} \Rightarrow \int_A^\oplus f \otimes dm = \mathbf{0}$;

(2) $\int_A^\oplus f \otimes dm = \int_X^\oplus (f \otimes \chi_A) \otimes dm$;

(3) $\int_A^\oplus (c \otimes f) \otimes dm = c \otimes \int_A^\oplus f \otimes dm, c \in [a, b]_+$;

(4) $f \preceq g \Rightarrow \int_A^\oplus f \otimes dm \preceq \int_A^\oplus g \otimes dm$;

(5) $A \subseteq B \Rightarrow \int_A^\oplus f \otimes dm \preceq \int_B^\oplus f \otimes dm$;

(6) $\int_A^\oplus (f \oplus g) \otimes dm = \int_A^\oplus f \otimes dm \oplus \int_A^\oplus g \otimes dm$ (半环情形 I—情形 III);

(7) $\int_{A \cup B}^\oplus f \otimes dm = \int_A^\oplus f \otimes dm \oplus \int_B^\oplus f \otimes dm$ (半环情形 I—情形 III, 对于半环情形 II, 要求 $A \cap B = \varnothing$).

证明 (1)—(5) 是直接的, (6), (7) 的证明在收敛定理后给出.

5.3.3 收敛定理

定理 5.3.10 (单调递增收敛定理) 给定半环 $([a, b], \oplus, \otimes)$. 设 $\{f_n\}$ 是非负可测函数列, f 是非负可测函数. 若在 $A \in \Sigma$ 上 $f_n \uparrow f$, 则

$$\int_A^\oplus f_n \otimes dm \uparrow \int_A^\oplus f \otimes dm. \tag{5.3.2}$$

证明 由 $f_n \uparrow f$ 可知

$$\int_A^\oplus f_n \otimes dm \uparrow \alpha \preceq \int_A^\oplus f \otimes dm. \tag{5.3.3}$$

若 $\int_A^\oplus f \otimes dm = \mathbf{0}$, 则等式显然成立.

下面设 $\mathbf{0} \prec \int_A^\oplus f \otimes dm$.

取 $e = \bigoplus\limits_{i=1}^{k} a_i \otimes \chi_{A_i}$ 且 $\mathbf{0} \preceq e \preceq f$, 再取 $\mathbf{0} \prec c \prec \mathbf{1}$. 令

$$E_n = \{x \in A : c \otimes e(x) \preceq f_n(x)\}, n \geqslant 1.$$

因为 $c \otimes e = \{c \otimes a_1, c \otimes a_2, \cdots, c \otimes a_k\}$, 则 $E_n = \bigcup\limits_{i=1}^{k} \{x \in A : c \otimes a_i \preceq f_n(x)\}$. 又因为每个 $\{x \in A : c \otimes a_i \preceq f_n(x)\}$ 可测, 从而 $E_n (n \geqslant 1)$ 可测. 又 $E_1 \subseteq E_2 \subseteq \cdots$, $\bigcup\limits_{n=1}^{\infty} E_n = A$, 且

$$\bigoplus_{i=1}^{k}(c \otimes a_i) \otimes m\,(E_n \cap A_i) = \int_{E_n}^{\oplus}(c \otimes e) \otimes dm \preceq \int_{E_n}^{\oplus} f_n \otimes dm \preceq \int_{A}^{\oplus} f_n \otimes dm,$$

因此, 由 m 的下半连续性可得

$$\lim_{n} \bigoplus_{i=1}^{k}(c \otimes a_i) \otimes m\,(E_n \cap A_i)$$
$$= \bigoplus_{i=1}^{k}(c \otimes a_i) \otimes \lim_{n} m\,(E_n \cap A_i)$$
$$= \bigoplus_{i=1}^{k}(c \otimes a_i) \otimes m\,(A_i) \prec \alpha.$$

令 $c \to \mathbf{1}$, 可得 $\bigoplus\limits_{i=1}^{k} a_i \otimes m\,(A_i) = (G) \int_{A}^{\oplus} e \otimes dm \preceq \alpha$. 故知

$$\sup\left\{ \int_{A}^{\oplus} e \otimes dm : e \preceq f \right\} = \int_{A}^{\oplus} f \otimes dm \preceq a. \tag{5.3.4}$$

结合不等式 (5.3.3) 与 (5.3.4), 可得等式 (5.3.2). 证毕.

定理 5.3.9(6),(7) 的证明　首先证 (6). 设简单函数

$$e = \bigoplus_{i=1}^{k} a_i \otimes \chi_{A_i}, \quad s = \bigoplus_{i=1}^{k} b_i \otimes \chi_{B_i},$$

易得

$$\int_{A}^{\oplus} (e \oplus s) \otimes dm = \int_{A}^{\oplus} e \otimes dm \oplus \int_{A}^{\oplus} s \otimes dm.$$

对任意非负可测函数函数 f, g, 由经典测度论知, 存在简单函数列 $\{e_n\}$ 与 $\{s_n\}$, 且 $e_n \uparrow f$, $s_n \uparrow g$, 再由单调递增收敛定理, 可得

$$\int_{A}^{\oplus} (f \oplus g) \otimes dm = \int_{A}^{\oplus} f \otimes dm \oplus \int_{A}^{\oplus} g \otimes dm.$$

性质 (7) 可由定理 5.3.9(2) 及 (6) 得到. 证毕.

定理 5.3.11 给定半环 $([a,b], \oplus, \otimes)$ 情形 I—情形 III, 则对任一非负可测函数列 $\{f_n\}$, 有

$$\int^{\oplus} \left(\bigoplus_{n=1}^{\infty} f_n \right) \otimes dm = \bigoplus_{n=1}^{\infty} \int^{\oplus} f_n \otimes dm.$$

定理 5.3.12 给定半环 $([a,b], \oplus, \otimes)$ 情形 I—情形 III, 则对一切非负可测函数 f, 有

$$\int_{\bigcup_{n=1}^{\infty} A_n}^{\oplus} f \otimes dm = \bigoplus_{n=1}^{\infty} \int_{A_n}^{\oplus} f \otimes dm,$$

这里对于半环情形 II, 要求 $A_i \cap A_j = \varnothing (i \neq j)$.

定理 5.3.13 (Fatou 引理) 给定半环 $([a,b], \oplus, \otimes)$. 设 $\{f_n\}$ 是非负可测函数列, 则

$$\int_A^{\oplus} \liminf_{n\to\infty} f_n \otimes dm \preceq \liminf_{n\to\infty} \int_A^{\oplus} f_n \otimes dm.$$

证明 设 $f = \liminf\limits_{n\to\infty} f_n$, $g_n = \inf\limits_{k\geqslant n} f_k$, 则 $g_n \uparrow f$. 又

$$\int_A^{\oplus} \inf_{k\geqslant n} f_k \otimes dm \preceq \inf_{k\geqslant n} \int_A^{\oplus} f_k \otimes dm,$$

由单调递增收敛定理, 可得

$$\int_A^{\oplus} \liminf_{n\to\infty} f_n \otimes dm = \lim_{n\to\infty} \int_A^{\oplus} g_n dm$$

$$= \lim_{n\to\infty} \int_A^{\oplus} \inf_{k\geqslant n} f_k \otimes dm$$

$$\preceq \lim_{n\to\infty} \inf_{k\geqslant n} \int_A^{\oplus} f_k \otimes dm,$$

证毕.

注 5.3.14 对于拟积分, 单调递减收敛定理不再成立, 见 [26] 中反例.

定理 5.3.15 (转化定理) 设 $([a,b], \oplus, \otimes)$ 是半环情形 I—情形 III. 则对一切可测函数 f, 有

$$\int^{\oplus} f \otimes dm = \int_{[a,b]}^{\oplus} m((t \prec f)) \otimes dv(t),$$

这里 $(t \prec f) = \{x \in X : t \prec f(x)\}$, $v : \text{Borel}([a,b]) \to [a,b]$ 是 $\sigma\text{-}\oplus\text{-}$测度, 满足 $v([\mathbf{0}, \alpha]) = \alpha, \forall \alpha \in [a,b]$.

5.4 广义 Choquet 积分

5.4.1 半环值模糊测度

设 $([a,b], \oplus, \otimes)$ 是半环. 给定集函数 $\mu: \Sigma \to [a,b]_+$ 及下列条件:

(1) $\mu(\varnothing) = \mathbf{0}$ (对于非幂等 $\oplus$);

(2) (单调性) $A \subseteq B \Rightarrow \mu(A) \preceq \mu(B)$;

(3) (可加性) $A \cap B = \varnothing \Rightarrow \mu(A \cup B) = \mu(A) \oplus \mu(B)$;

(4) ($\oplus$-次模性 (凹)) $m(A \cap B) \oplus m(A \cup B) \preceq m(A) \oplus m(B)$;

(5) (下半连续性) $A_n \uparrow A \Rightarrow \mu\left(\bigcup_{n=1}^{\infty} A_n \right) = \lim_{n \to \infty} \mu(A_n)$;

(6) (上半连续性) $A_n \downarrow A, \exists n_0 \in N$,

$$\mu(A_{n_0}) \text{ 拟有限 } \Rightarrow \mu\left(\bigcap_{n=1}^{\infty} A_n \right) = \lim_{n \to \infty} \mu(A_n).$$

定义 5.4.1 (i) μ 是模糊测度当且仅当 μ 满足条件 (1),(2).

(ii) μ 是下半连续的 (对应地, 上半连续性的) 当且仅当 μ 满足条件 (5) (对应地, (6));

(iii) μ 是连续的当且仅当 μ 既是上半连续的又是下半连续的;

(iv) μ 是 $\oplus$-次模 (凹) 的当且仅当 μ 满足条件 (4).

模糊测度 $\mu: \Sigma \to [a,b]_+$ 称为拟有限的, 若 $\mu(X)$ 是拟有限的.

引理 5.4.2 设 $([a,b], \oplus, \otimes)$ 是半环情形 I—情形 III, $\mu: \Sigma \to [a,b]$ 是集函数. 则

(1) μ 是模糊测度 (对应地, 上、下半连续) 当且仅当 $g \circ \mu$ 是模糊测度 (取值于 $\bar{R}^+$) (对应地, 上、下半连续);

(2) 对于半环情形 II, μ 是 σ-$\oplus$-测度 (拟有限) 当且仅当 $g \circ \mu$ 是经典测度 (有限);

(3) 对于半环情形 I, μ 是 σ-$\oplus$-测度 (拟有限) 当且仅当 $g \circ \mu$ 是可能性测度 (有限).

引理 5.4.3 给定半环 $([a,b], \oplus, \otimes)$. 设 $\{\mu_n (n \geqslant 1), \mu\}$ 是 Σ 到 $[a,b]_+$ 的一族集函数, 且 $\mu_n \to \mu$, 则

(1) $\mu_n (n \geqslant 1)$ 是模糊测度蕴含 μ 是模糊测度;

(2) $\mu_n \uparrow \mu$ 且 $\mu_n (n \geqslant 1)$ 是下半连续的蕴含 μ 是下半连续的;

(3) $\mu_n \uparrow \mu$ 且 $\mu_n (n \geqslant 1)$ 是 σ-$\oplus$-测度蕴含 μ 是 σ-$\oplus$-测度;

(4) $\mu_n \downarrow \mu$ 且 $\mu_n (n \geqslant 1)$ 是上半连续的蕴含 μ 是上半连续的.

5.4.2 广义 Choquet 积分——一般情形

定义 5.4.4 给定半环 $([a,b], \oplus, \otimes)$, 设 $\mu : \Sigma \to [a,b]_+$ 是模糊测度, $v :$ Borel$([a,b]) \to [a,b]$ 是 σ-$\oplus$-测度. 则非负可测函数 $f : X \to [a,b]_+$ 在 $A \in \Sigma$ 上关于 (μ, v) 的广义 Choquet 积分为

$$(\mathrm{C}) \int_A^\oplus f \otimes d(\mu, v) = \int_{[a,b]_+}^\oplus \mu(A \cap (t \prec f)) \otimes dv(t).$$

若 $(\mathrm{C}) \displaystyle\int_A^\oplus f \otimes d(\mu, v)$ 是拟有限的, 则称 $f : X \to [a,b]$ 在 $A \in \Sigma$ 上广义 Choquet 可积, 简称为 (GC) 可积.

当 $X = A$ 时, $(\mathrm{C}) \displaystyle\int_X^\oplus f \otimes d(\mu, v)$ 简记为 $(\mathrm{C}) \displaystyle\int^\oplus f \otimes d(\mu, v)$.

例 5.4.5 (1) 取半环为 $([0, \infty], +, \cdot)$, ν 为 Lebesgue 测度, 则广义 Choquet 积分退化为 Choquet 积分.

(2) 取半环为 Sugeno 与 Murofush 的 $([0, \infty], \hat{+}, \hat{\cdot})$, $v = \lambda_{\hat{+}}$ 为 σ-$\hat{+}$-测度满足 $\lambda_{\hat{+}}([0, a]) = a, \forall a \geqslant 0$, 则广义 Choquet 积分退化为 Choquet-like 积分, 即

$$(\mathrm{C}) \int_A^{\hat{+}} f \hat{\cdot} d\mu = \int_{[0, \infty]}^{\hat{+}} \mu((f > t) \cap A) \hat{\cdot} d\lambda_{\hat{+}} = (\mathrm{Cl}) \int_A f d\mu.$$

定理 5.4.6 广义 Choquet 积分具有下列性质:

(1) $f = \mathbf{0}$ 或 $\mu(A) = \mathbf{0} \Rightarrow (\mathrm{C}) \displaystyle\int_A^\oplus f \otimes d(\mu, v) = \mathbf{0}$;

(2) $f \preceq g \Rightarrow (\mathrm{C}) \displaystyle\int_A^\oplus f \otimes d(\mu, v) \preceq (\mathrm{C}) \int_A^\oplus g \otimes d(\mu, v)$;

(3) $A \subseteq B \Rightarrow (\mathrm{C}) \displaystyle\int_A^\oplus f \otimes d(\mu, v) \preceq (\mathrm{C}) \int_B^\oplus f \otimes d(\mu, v)$;

(4) $(\mathrm{C}) \displaystyle\int_A^\oplus f \otimes d(\mu, v) = (\mathrm{C}) \int^\oplus \chi_A \otimes f \otimes d(\mu, v)$;

(5) $(\mathrm{C}) \displaystyle\int_A^\oplus c \otimes d\mu = v([\mathbf{0}, c]) \otimes \mu(A), \mathbf{0} \preceq c$;

(6) $\mu_1 \preceq \mu_2 \Rightarrow (\mathrm{C}) \displaystyle\int_A^\oplus f \otimes d(\mu_1, v) \preceq (\mathrm{C}) \int_A^\oplus f \otimes d(\mu_2, v)$;

(7) 对于半环情形 I—情形 III, $\mu = \mu_1 \oplus \mu_2$, 则

$$(\mathrm{C}) \int_A^\oplus f \otimes d(\mu, v) = (\mathrm{C}) \int_A^\oplus f \otimes d(\mu_1, v) \oplus (\mathrm{C}) \int_A^\oplus f d(\mu_2, v).$$

例 5.4.7　给定半环 $([a,b], \oplus, \otimes)$. 设 $e = \bigoplus\limits_{i=1}^{k} a_i \otimes \chi_{A_i}$ 是非负简单函数, 且 $0 = a_0 \preceq a_1 \preceq a_2 \preceq \cdots \preceq a_n = b$. 则

$$(\mathrm{C}) \int^{\oplus} e \otimes d\mu = \bigoplus_{i=1}^{n} v\left([a_{i-1}, a_i]\right) \otimes \mu\left(\bigcup_{k=i}^{n} A_k\right).$$

定理 5.4.8 (单调递增收敛定理)　给定半环 $([a,b], \oplus, \otimes)$. 设 $\{f_n\}$ 是非负可测函数列, f 是非负函数. 若 μ 是下半连续的模糊测度, 则 $f_n \uparrow f$ 蕴含

$$(\mathrm{C}) \int^{\oplus} f_n \otimes d(\mu, v) \uparrow (\mathrm{C}) \int^{\oplus} f \otimes d(\mu, v).$$

证明　由 $f_n \uparrow f$ 及 $f_n(n \geqslant 1)$ 可测, 知 f 可测, 且 $(t \prec f_n) \uparrow (t \prec f)$. 又 μ 是下半连续的, 则 $\mu(t \prec f_n) \uparrow \mu(t \prec f)$. 进而由拟积分的单调递增收敛定理, 可得

$$\int_{[a,b]_+}^{\oplus} \mu(t \prec f_n) \otimes dv(t) \uparrow \int_{[a,b]_+}^{\oplus} \mu(t \prec f) \otimes dv(t).$$

证毕.

定理 5.4.9 (Fatou 引理)　给定半环 $([a,b], \oplus, \otimes)$. 设 $\{f_n\}$ 是非负可测函数列, μ 是下半连续的模糊测度, 则

$$(\mathrm{C}) \int^{\oplus} \liminf_{n \to \infty} f_n \otimes d(\mu, v) \preceq \liminf_{n \to \infty} (\mathrm{C}) \int^{\oplus} f_n \otimes d(\mu, v).$$

定理 5.4.10 (关于模糊测度序列的单调递增收敛定理)　给定半环 $([a,b], \oplus, \otimes)$. 设 $\{\mu_n\}$ 是模糊测度序列, μ 是集函数. 则 $\mu_n \uparrow \mu$ 蕴含

$$(\mathrm{C}) \int^{\oplus} f \otimes d(\mu_n, v) \uparrow (\mathrm{C}) \int^{\oplus} f \otimes d(\mu, v).$$

注 5.4.11　对于广义 Choquet 积分, 一般情形下, 单调递减收敛定理不再成立. 见 [26] 中反例.

5.4.3　广义 Choquet 积分——情形 I—情形 III

定义 5.4.12　给定 g-半环 $([a,b], \oplus, \otimes)$ 及单调递增函数 $\alpha : [0, \infty] \to [0, \infty]$, $\alpha(0) = 0$. 设 $v([a,t]) = g^{-1}(\alpha(g(t)))$, 则称所得到的广义 Choquet 积分 $(\mathrm{C}) \int_A^{\oplus} f \otimes d(\mu, v)$ 为 f 在 $A \in \Sigma$ 上关于 (μ, α) 的拟 Choquet-Stieltjes 积分, 记为

$$(\mathrm{CS}_\alpha) \int_A^{\oplus} f \otimes d\mu.$$

例 5.4.13 (1) 取半环 $([0,\infty],+,\cdot)$, 则 $(\mathrm{CS}_\alpha)\displaystyle\int_A^\oplus f\otimes d\mu$ 退化为 Choquet-Stieltjes 积分, 记为 $(\mathrm{CS}_\alpha)\displaystyle\int_A fd\mu$, 且

$$(\mathrm{CS}_\alpha)\int_A fd\mu = \int_{[0,\infty]}\mu(A\cap(t\prec f))d\alpha(t);$$

(2) 取 $\alpha(t)=t, t\in[0,\infty]$, 则 $(\mathrm{CS}_\alpha)\displaystyle\int_A^\oplus f\otimes d\mu$ 退化为 g-Choquet 积分, 记为 $(\mathrm{C}_g)\displaystyle\int_A^\oplus f\otimes d\mu$.

定理 5.4.14 (1) $(\mathrm{CS}_\alpha)\displaystyle\int_A^\oplus f\otimes d\mu = g^{-1}\left((\mathrm{CS}_\alpha)\displaystyle\int_A g\circ fdg\circ\mu\right);$

(2) $(\mathrm{C}_g)\displaystyle\int_A^\oplus f\otimes d\mu = g^{-1}\left((\mathrm{C})\displaystyle\int_A g\circ fdg\circ\mu\right).$

证明 (1)

$$\begin{aligned}
(\mathrm{CS}_\alpha)\int_A^\oplus f\otimes d\mu &= \int_{[a,b]}^\oplus \mu(A\cap(t\prec f))\otimes dv(t)\\
&= g^{-1}\left(\int_{[a,b]} g\circ\mu(A\cap(t\prec f))dg\circ v(t)\right)\\
&= g^{-1}\left(\int_{[g(a),g(b)]} g\circ\mu(A\cap(g(t)<g\circ f))dg\circ v(t)\right)\\
&= g^{-1}\left(\int_{[g(a),g(b)]} g\circ\mu(A\cap(g(t)<g\circ f))d\lambda\circ\alpha(g(t))\right)\\
&= g^{-1}\left(\int_0^\infty g\circ\mu(A\cap(h<g\circ f))d\alpha(h)\right)\\
&= g^{-1}\left((\mathrm{CS}_\alpha)\int_A g\circ fdg\circ\mu\right).
\end{aligned}$$

(2) 取 $\alpha(t)=t$ 即可得到. 证毕.

定义 5.4.15 给定半环 $([a,b],\oplus,\otimes)$ 情形 I 和情形 III 及单调递增函数 $\alpha: [a,b]\to[a,b]$. 设 $v(B)=\sup\limits_{t\in B}\alpha(t)$, $B\in\mathrm{Borel}([a,b])$, 则

(1) 称 f 在 $A\in\Sigma$ 上关于 (μ,v) 的广义 Choquet 积分为拟模糊 Stieltjes 积分, 记为 $(\mathrm{CS}_\alpha)\displaystyle\int_A^{\sup} f\otimes d\mu$;

(2) 若半环为情形 I, 则称此拟模糊 Stieltjes 积分为拟-(N) 模糊 Stieltjes 积

分, 记为 $(CS_{\alpha N}) \int_A^{\sup} f \otimes d\mu$;

(3) 若半环为情形 III, 则称此拟模糊 Stieltjes 积分为拟-Sugeno-Stieltjes 积分, 记为 $(CS_{\alpha S}) \int_A^{\sup} f \wedge d\mu$;

(4) 若 $\alpha(t) = t, t \in [a,b]$, 则称此拟-Stieltjes 为拟模糊积分, 记为

$$(C) \int_A^{\sup} f \otimes d\mu;$$

(5) 若半环为情形 I, 则称此拟模糊积分为拟-(N) 模糊积分, 记为

$$(C_N) \int_A^{\sup} f d\mu;$$

(6) 若半环为情形 III, 则称此拟模糊 Stieltjes 积分为拟 Sugeno 积分, 记为

$$(C_S) \int_A^{\sup} f \wedge d\mu.$$

定理 5.4.16 (1) $(CS_\alpha) \int_A^{\sup} f \otimes d\mu = \sup_{t \in [a,b]} (\alpha(t) \otimes \mu(A \cap (t \prec f)))$;

(2) $(CS_{\alpha N}) \int_A^{\sup} f \otimes d\mu = g^{-1} \left(\sup_{t \in [a,b]} (g \circ \alpha(t) \cdot g \circ \mu(A \cap (t \prec f))) \right)$;

(3) $(CS_{\alpha S}) \int_A^{\sup} f \wedge d\mu = g^{-1} \left(\sup_{t \in [a,b]} (g \circ \alpha(t) \wedge g \circ \mu(A \cap (t \prec f))) \right)$;

(4) $(C_N) \int_A^{\sup} f \otimes d\mu = \sup_{t \in [a,b]} (t \otimes \mu(A \cap (t \prec f))) = g^{-1} \left((N) \int_A g \circ f dg \circ \mu \right)$;

(5) $(C_S) \int_A^{\sup} f \otimes d\mu = \sup_{t \in [a,b]} (t \wedge \mu(A \cap (t \prec f))) = g^{-1} \left((S) \int_A g \circ f dg \circ \mu \right)$.

证明 这里只证 (1),(4), 余者类似.

(1) 因对 $\forall B \in \text{Borel}([a,b])$, $v(B) = \sup_{t \in B} \alpha(t)$, 这意味着 ν 是由函数 $\alpha: [a,b] \to [a,b]$ 定义的. 则

$$(CS_\alpha) \int_A^{\sup} f \otimes d\mu = \int_{[a,b]}^{\sup} \mu(A \cap (t \prec f)) \otimes dv(t)$$

$$= \sup_{t \in [a,b]} (\mu(A \cap (t \prec f)) \otimes \alpha(t));$$

(4) 取 $\alpha(t) = t$, 则

$$(C_N) \int_A^{\sup} f \otimes d\mu = \sup_{t \in [a,b]} (\mu(A \cap (t \prec f)) \otimes t)$$

$$= \sup_{t \in [a,b]} (g^{-1}(g \circ \mu(A \cap (t \prec f)) \cdot g(t)))$$

$$= g^{-1} \left(\sup_{t \in [a,b]} (g \circ \mu(A \cap (t \prec f)) \cdot g(t)) \right)$$

$$= g^{-1} \left(\sup_{g(t) \in [0,\infty]} (g \circ \mu(A \cap (g(t) < g \circ f)) \cdot g(t)) \right)$$

$$= g^{-1} \left(\sup_{\beta \in [0,\infty]} (g \circ \mu(A \cap (\beta \prec g \circ f)) \cdot \beta) \right), \text{这里 } \beta = g(t)$$

$$= g^{-1} \left((C_N) \int_A g \circ f dg \circ \mu \right).$$

注 5.4.17 (1) 对于半环情形 I—情形 III 及 σ-$\oplus$-测度 μ, 由拟积分转化定理 5.3.15 可知, 广义 Choquet 积分与拟积分是一致的, 因此广义 Choquet 积分是拟积分的扩展.

(2) 设 $[a,b] = [0,\infty]$, 生成子 $g(x) = x$, 则 $(C_N) \int_A^{\sup} f \otimes d\mu$ 退化为 (N) 模糊积分, $(C_S) \int_A^{\sup} f \wedge d\mu$ 退化为 Sugeno 积分.

(3) 拟模糊 Stieltjes 积分 $(CS_\alpha) \int_A^{\sup} f \otimes d\mu$ 是模糊积分的新推广, 例如, 我们可以得到如下的 Sugeno-Stieltjes 积分:

$$(SS_\alpha) \int_A^{\sup} f \wedge d\mu = \sup_{t \in [0,\infty]} (\alpha(t) \wedge \mu(t < f)),$$

这里 $\alpha : [0,\infty] \to [0,\infty]$ 是单调递增函数, 且 $\alpha(0) = 0$.

定理 5.4.18 给定 g-半环 $([a,b], \oplus, \otimes)$. 则

$$(C_g) \int_A^{\oplus} f \otimes d\mu = \int_{[a,b]}^{\oplus} \mu(A \cap (t \preceq f)) \otimes dv(t),$$

这里 μ 是拟有限模糊测度.

证明 由 μ 是拟有限的, 可知 $g \circ \mu$ 是有限的, 则由定理 4.1.3, 有

$$\int_{[0,\infty]} g \circ \mu(A \cap (g(t) \leqslant g \circ f)) dg(t) = \int_{[0,\infty)} g \circ \mu(A \cap (g(t) < g \circ f)) dg(t),$$

从而

$$g^{-1} \left(\int_{[0,\infty]} g \circ \mu(A \cap (g(t) \leqslant g \circ f) dg(t)) \right)$$

$$= g^{-1} \left(\int_{[0,\infty]} g \circ \mu(A \cap (g(t) < g \circ f) dg(t)) \right).$$

此即

$$\int_{[a,b]}^{\oplus} \mu(A \cap (\alpha \preceq f)) \otimes dv(\alpha) = \int_{[a,b]}^{\oplus} \mu(A \cap (\alpha \prec f)) \otimes dv(\alpha).$$

证毕.

定理 5.4.19　给定 g-半环 $([a,b], \oplus, \otimes)$. 若 μ 是下半连续的模糊测度, 则

$$(\mathrm{C}_g) \int_A^{\oplus} f \otimes d\mu = \sup \left\{ (\mathrm{C}_g) \int_A^{\oplus} s \otimes d\mu : s \preceq f, s \in S(X) \right\},$$

这里 $S(X)$ 是 X 到 $[a,b]$ 的所有简单函数的集合.

　　证明　因为 μ 是下半连续的, 所以 $g \circ \mu : \Sigma \to [0, \infty]$ 也是下半连续的.
又对于简单函数, 有

$$s : X \to [a,b], s \preceq f \ \text{当且仅当} \ g \circ s : X \to [0, \infty], g \circ s \leqslant g \circ f,$$

则依据文献 [14], 可得

$$(\mathrm{C}) \int_A g \circ f dg \circ \mu = \sup \left\{ (\mathrm{C}) \int_A g \circ s dg \circ \mu : g \circ s \leqslant g \circ f \right\}.$$

因此

$$\begin{aligned}
(\mathrm{C}_g) \int_A^{\oplus} f \otimes d\mu &= g^{-1} \left((\mathrm{C}) \int_A g \circ f dg \circ \mu \right) \\
&= g^{-1} \left(\sup \left\{ (\mathrm{C}) \int_A g \circ s dg \circ \mu : g \circ s \leqslant g \circ f \right\} \right) \\
&= \sup \left\{ g^{-1} \left((\mathrm{C}) \int_A g \circ s dg \circ \mu \right) : g \circ s \leqslant g \circ f \right\} \\
&= \sup \left\{ (\mathrm{C}_g) \int_A^{\oplus} s \otimes d\mu : s \preceq f \right\}.
\end{aligned}$$

证毕.

定理 5.4.20　给定半环 $([a,b], \oplus, \otimes)$ 情形 I 和情形 III. 则

$$\begin{aligned}
(\mathrm{C}) \int_A^{\sup} f \otimes d\mu &= \sup_{\alpha \in [a,b]} (\alpha \otimes \mu(A \cap (\alpha \prec f))) \\
&= \sup_{E \in \Sigma} \left(\inf_{x \in E} f(x) \otimes \mu(A \cap E) \right) \\
&= \sup \{ Q(s, A) : s \preceq f \},
\end{aligned}$$

这里 $Q(s,A) = \bigoplus\limits_{i=1}^{n} \alpha_i \otimes \mu(A \cap E_i)$, $s = \bigoplus\limits_{i=1}^{n} \alpha_i \otimes \chi_{A \cap E_i}$, $\alpha_i \in [a,b]$, $E_i \in \Sigma$, $1 \leqslant i \leqslant n$.

定理 5.4.21 给定 g-半环 $([a,b], \oplus, \otimes)$ 及线性增函数 $\alpha : [0,\infty] \to [0,\infty]$, $\alpha(0) = 0$. 若非负可测函数 f, h 是共同单调的, 则

$$(\mathrm{CS}_\alpha) \int_A^\oplus (f \oplus h) \otimes d\mu = (\mathrm{CS}_\alpha) \int_A^\oplus f \otimes d\mu \oplus (\mathrm{CS}_\alpha) \int_A^\oplus h \otimes d\mu.$$

证明 由于 $f \sim h$ 且 g 是严格单调函数, 则 $g \circ f \sim g \circ h$. 因此

$$(\mathrm{CS}_\alpha) \int_A^\oplus (f \oplus h) \otimes d\mu$$

$$= g^{-1}\left((\mathrm{CS}_\alpha) \int_A g \circ (f \oplus h) \otimes dg \circ \mu \right)$$

$$= g^{-1}\left((\mathrm{CS}_\alpha) \int_A g \circ g^{-1}(g \circ f + g \circ h) dg \circ \mu \right)$$

$$= g^{-1}\left((\mathrm{CS}_\alpha) \int_A (g \circ f + g \circ h) dg \circ \mu \right)$$

$$= g^{-1}\left((\mathrm{CS}_\alpha) \int_A (g \circ f) dg \circ \mu + (\mathrm{CS}_\alpha) \int_A (g \circ h) dg \circ \mu \right)$$

$$= g^{-1}\left(g\left(g^{-1}\left((\mathrm{CS}_\alpha) \int_A (g \circ f) dg \circ \mu \right) \right) + g\left(g^{-1}\left((\mathrm{CS}_\alpha) \int_A (g \circ h) dg \circ \mu \right) \right) \right)$$

$$= g^{-1}\left(g\left((\mathrm{CS}_\alpha) \int_A^\oplus f \otimes d\mu \right) + g\left((\mathrm{CS}_\alpha) \int_A^\oplus h \otimes d\mu \right) \right)$$

$$= (\mathrm{CS}_\alpha) \int_A^\oplus f \otimes d\mu \oplus (\mathrm{CS}_\alpha) \int_A^\oplus h \otimes d\mu.$$

证毕.

推论 5.4.22 给定 g-半环 $([a,b], \oplus, \otimes)$. 若非负可测函数 f, h 是共同单调的, 则

$$(\mathrm{C}_g) \int_A^\oplus (f \oplus h) \otimes d\mu = (\mathrm{C}_g) \int_A^\oplus f \otimes d\mu \oplus (\mathrm{C}_g) \int_A^\oplus h \otimes d\mu.$$

定理 5.4.23 给定半环 $([a,b], \oplus, \otimes)$ 情形 I 和情形 III. 若 f, h 是共同单调的, 则

$$(\mathrm{CS}_\alpha) \int_A^{\sup} (f \vee h) \otimes d\mu = (\mathrm{CS}_\alpha) \int_A^{\sup} f \otimes d\mu \vee (\mathrm{CS}_\alpha) \int_A^{\sup} h \otimes d\mu.$$

证明 因为 $f \sim h$, 则对每个 $t \in [a,b]$, 有

$$(t \preceq f) \subseteq (t \preceq h) \quad \text{或} \quad (t \preceq h) \subseteq (t \preceq f).$$

从而

$$\mu(A \cap (t \preceq f)) \preceq \mu(A \cap (t \preceq h)) \quad \text{或} \quad \mu(A \cap (t \preceq h)) \preceq \mu(A \cap (t \preceq f)).$$

因此

$$\mu(A \cap (t \preceq f \vee h)) = \mu(A \cap (t \preceq f)) \vee \mu(A \cap (t \preceq h)).$$

故

$$(\mathrm{CS}_\alpha) \int_A^{\sup} (f \vee h) \otimes d\mu = \sup_{t \in [a,b]} (\alpha(t) \otimes \mu(A \cap t \preceq f \vee h))$$

$$= \sup_{t \in [a,b]} (\alpha(t) \otimes (\mu(A \cap (t \preceq f)) \vee \mu(A \cap (t \preceq h))))$$

$$= \sup_{t \in [a,b]} (\alpha(t) \otimes \mu(A \cap (t \preceq f)) \vee \alpha(t) \otimes \mu(A \cap (t \preceq h)))$$

$$= \sup_{t \in [a,b]} \alpha(t) \otimes \mu(A \cap (t \preceq f)) \vee \sup_{\alpha \in [a,b]} \alpha(t) \otimes \mu(A \cap (t \preceq h))$$

$$= (\mathrm{CS}_\alpha) \int_A^{\sup} f \otimes d\mu \vee (\mathrm{CS}_\alpha) \int_A^{\sup} h \otimes d\mu.$$

证毕.

推论 5.4.24　给定半环 $([a,b], \oplus, \otimes)$ 情形 I 和情形 III. 若 f, h 是共同单调的, 则

(1) $(\mathrm{C_N}) \displaystyle\int_A^{\sup} (f \vee h) \otimes d\mu = (\mathrm{C_N}) \int_A^{\sup} f \otimes d\mu \vee (\mathrm{C_N}) \int_A^{\sup} h \otimes d\mu.$

(2) $(\mathrm{C_S}) \displaystyle\int_A^{\sup} (f \vee h) \wedge d\mu = (\mathrm{C_S}) \int_A^{\sup} f \wedge d\mu \vee (\mathrm{C_S}) \int_A^{\sup} h \wedge d\mu$

推论 5.4.25　给定半环 $([a,b], \oplus, \otimes)$ 情形 I—情形 III. 则

$$(\mathrm{C}) \int_A^{\oplus} (f \oplus c) \otimes d\mu = (\mathrm{C}) \int_A^{\oplus} f \otimes d\mu \oplus c \otimes \mu(A),$$

这里 $c \in [a,b]$.

证明　因为 $f \sim c$, 所以结论成立. 证毕.

定理 5.4.26　给定半环 $([a,b], \oplus, \otimes)$ 情形 I—情形 III. 则

$$c \otimes (\mathrm{C_{N(g)(S)}}) \int_A^{\oplus} f \otimes d\mu = (\mathrm{C_{N(g)(S)}}) \int_A^{\oplus} (c \otimes f) \otimes d\mu,$$

这里 $c \in [a,b]$.

证明　不失一般性, 设 $A = X$.

(1) 情形 I:

$$
\begin{aligned}
g\left(c \otimes (\mathrm{C_N}) \int f \otimes d\mu\right) &= g(c) \cdot g\left(\sup_{t \in [a,b]} t \otimes \mu(t \prec f)\right) \\
&= g(c) \cdot \sup_{t \in [a,b]} g(t) \cdot g \circ \mu(t \prec f) \\
&= \sup_{g(t) \in [0,\infty]} g(c)g(t) \cdot g \circ \mu(g(t) < g \circ f) \\
&= \sup_{g(c)g(t) \in [0,\infty]} g(c)g(t) \cdot g \circ \mu(g(c)g(t) < g(c) \cdot g \circ f) \\
&= \sup_{c \otimes \alpha \in [a,b]} g(c \otimes t) \cdot g \circ \mu(c \otimes t \prec c \otimes f) \\
&= \sup_{\beta \in [a,b]} g(\beta) \cdot g \circ \mu(\beta \prec c \otimes f) \\
&= g\left(\sup_{\beta \in [a,b]} \beta \otimes \mu(\beta \prec c \otimes f)\right) \\
&= g\left((\mathrm{C_N}) \int^{\sup} (c \otimes f) \otimes d\mu\right).
\end{aligned}
$$

(2) 情形 II:

$$
\begin{aligned}
g\left(c \otimes (\mathrm{C}_g) \int_A^{\oplus} f \otimes d\mu\right) &= g(c) \cdot g\left((\mathrm{C}_g) \int_A^{\oplus} f \otimes d\mu\right) \\
&= g(c) \cdot (\mathrm{C}) \int_A g \circ f \, dg \circ \mu \\
&= (\mathrm{C}) \int_A g(c) \cdot g \circ f \, dg \circ \mu \\
&= (\mathrm{C}_g) \int_A g(c \otimes f) \, dg \circ \mu \\
&= g\left((\mathrm{C}) \int_A^{\oplus} (c \otimes f) \otimes d\mu\right).
\end{aligned}
$$

(3) 情形 III: 类似 (1). 证毕.

5.4.4 广义 Choquet 积分的收敛定理

因为单调递增收敛定理 (定理 5.4.8) 已经给出, 这里主要给出单调递减收敛定理.

定理 5.4.27 (单调递减收敛定理) 给定半环 $([a,b], \oplus, \otimes)$ 情形 I—情形 III 及上半连续模糊测度 μ. 设 $\{f_n(n \geqslant 1), f\}$ 是一族非负可测函数, 且存在 (GC) 可积函数 h 及 $n_0 \in N$, 使得对于情形 I 和情形 II, 有 $f_{n_0} \preceq h$, 对于情形 III, 有

$$\mu\left((C_{N(S)})\int^{\sup} f\wedge d\mu\preceq f_{n_0}\right) \text{ 拟有限, 则 } f_n\downarrow f \text{ 蕴含}$$

$$(C_{N(g)(S)})\int^{\oplus} f_n\otimes d\mu \downarrow (C_{N(g)(S)})\int^{\oplus} f\otimes d\mu.$$

证明　对于情形 II(a): 由 μ 是下半连续的且 $f_n\downarrow f$, 可知 $g\circ\mu$ 是下半连续的, 且 $g\circ f_n\downarrow g\circ f$.

由 Choquet 积分的单调递减收敛定理, 可得

$$(C)\int g\circ f_n dg\circ\mu \downarrow (C)\int g\circ f dg\circ\mu.$$

因此

$$g^{-1}\left((C)\int g\circ f_n dg\circ\mu\right) \downarrow g^{-1}\left((C)\int g\circ f dg\circ\mu\right).$$

此即所要证明的结论. 其他情形类似. 证毕.

定理 5.4.28 (Fatou 引理)　给定半环 $([a,b],\oplus,\otimes)$ 情形 I—情形 III 及上半连续模糊测度 μ. 设 $\{f_n\}$ 是一列非负可测函数, 且存在 (GC) 可积函数 h 及 $n_0\in N$, 使得对于情形 I 和情形 II, 有 $\sup\limits_{k\geqslant n_0} f_k\preceq h$, 对于情形 III, 有 $\mu\left((C_S)\limsup\limits_{n}\int^{\sup} f_n\wedge d\mu\preceq \sup\limits_{k\geqslant n_0} f_k\right)$ 拟有限, 则

$$(C_{N(g)(S)})\int^{\oplus}\limsup\limits_{n} f_n\otimes d\mu \succeq (C)\limsup\limits_{n}(C_{N(g)(S)})\int^{\oplus} f_n\otimes d\mu.$$

定理 5.4.29　给定半环 $([a,b],\oplus,\otimes)$ 情形 I—情形 III 及上半连续模糊测度 μ. 设 $\{f_n(n\geqslant 1),f\}$ 是一族非负可测函数, 且存在广义 Choquet 可积函数 h 及 $n_0\in N$, 使得对于情形 I 和情形 II, 有 $\sup\limits_{k\geqslant n_0} f_k\preceq h$, 对于情形 III, 有 $\mu\left((C_S)\int_A^{\sup} f\wedge d\mu\preceq \sup\limits_{k\geqslant n_0} f_k\right)$ 拟有限, 则 $f_n\to f$ 蕴含

$$(C_{N(g)(S)})\int^{\oplus} f_n\otimes d\mu \to (C_{N(g)(S)})\int^{\oplus} f\otimes d\mu.$$

定义 5.4.30　(1) 给定半环 $([a,b],\oplus,\otimes)$. 设 $\{f_n(n\geqslant 1),f\}$ 是一族拟有限的可测函数, μ 是模糊测度. 若对任意 $\varepsilon>0$, 均有 $\mu(\{x:d(f_n(x),f(x))\geqslant\varepsilon\})\to 0$, 则称 $\{f_n\}$ 依模糊测度收敛于 f, 记为 $f_n\xrightarrow{\mu} f$.

(2) 称 μ 是上自连续的当且仅对一切 $\{E, E_n(n \geqslant 1)\} \subset \Sigma$, $E \cap E_n = \varnothing$, $\mu(E_n) \to 0$ 蕴含 $\mu(E \cup E_n) \to \mu(E)$.

(3) 称 μ 是下自连续的当且仅对一切 $\{E, E_n(n \geqslant 1)\} \subset \Sigma$, $E_n \subseteq E$, $\mu(E_n) \to 0$ 蕴含 $\mu(E \backslash E_n) \to \mu(E)$.

(4) 称 μ 是自连续的当且仅 μ 即是上自连续又是下自连续的.

定理 5.4.31 给定 g-半环 $([a,b], \oplus, \otimes)$ 及模糊测度 μ, 则下列陈述等价:

(i) μ 是自连续的;

(ii) $f_n \xrightarrow{\mu} f \Rightarrow (\mathrm{C}_g) \int^{\oplus} f_n \otimes d\mu \to (\mathrm{C}_g) \int^{\oplus} f \otimes d\mu$,

这里 $\{f_n(n \geqslant 1), f\}$ 是一切拟有限非负可测函数, 且存在广义 (GC) 可积函数 h 使得 $f_n, f \preceq h(n \geqslant 1)$.

证明 易知 μ 是自连续的当且仅当 $g \circ \mu$ 是自连续的, $f_n \xrightarrow{\mu} f$ 当且仅当 $g \circ f_n \xrightarrow{g \circ \mu} g \circ f$.

可知 $g \circ \mu$ 是自连续的当且仅当

$$g \circ f_n \xrightarrow{g \circ \mu} g \circ f \Rightarrow (\mathrm{C}) \int g \circ f_n dg \circ \mu \to (\mathrm{C}) \int f \circ g dg \circ \mu,$$

即

$$g^{-1}\left((\mathrm{C}) \int g \circ f_n dg \circ \mu\right) \to g^{-1}\left((\mathrm{C}) \int f \circ g dg \circ \mu\right).$$

从而定理得证. 证毕.

定理 5.4.32 给定半环 $([a,b], \oplus, \otimes)$ 情形 I 和情形 II 及模糊测度 μ. 则下列陈述等价:

(i) μ 是自连续的;

(ii) $f_n \xrightarrow{\mu} f \Rightarrow (\mathrm{C_S}) \int^{\sup} f_n \otimes d\mu \to (\mathrm{C_S}) \int^{\sup} f \otimes d\mu$, 对 $\{f_n(n \geqslant 1), f\}$ 是一切拟有限非负可测函数成立.

定理 5.4.33 给定半环 $([a,b], \oplus, \otimes)$ 情形 I 和情形 II 及模糊测度 μ, 且 $\inf\limits_{0 \prec \mu(A), A \in \Sigma} \mu(A) \succ 0$. 则下列陈述等价:

(i) μ 是自连续的;

(ii) $f_n \xrightarrow{\mu} f \Rightarrow (\mathrm{C_N}) \int^{\sup} f_n \otimes d\mu \to (\mathrm{C_N}) \int^{\sup} f \otimes d\mu$,

对 $\{f_n(n \geqslant 1), f\}$ 是一切拟有限非负可测函数成立.

注 5.4.34 定理 5.4.31—定理 5.4.33 推广了 Choquet 积分, Sugeno 积分, (N) 模糊积分对应结果.

5.4.5 广义 Choquet 积分不等式

定理 5.4.35 (Markov 型不等式) 给定 g-半环 $([a,b],\oplus,\otimes)$ 及模糊测度 μ. 则对任何非负可测函数 f, 有

$$c \otimes \mu(A \cap (c \preceq f)) \preceq (C_g) \int_A^{\oplus} f \otimes d\mu,$$

这里 $c \in (a,b]$, $A \in \Sigma$.

证明 由 Choquet 积分的 Markov 不等式, 对可测函数 $g \circ f : X \to [0,\infty]$, 模糊测度 $g \circ \mu : \Sigma \to [0,\infty]$ 及 $g(c) > 0$, 可得

$$g(c) \cdot g \circ \mu(A \cap (g(c) \leqslant g \circ f)) \leqslant (C) \int_A g \circ f dg \circ \mu,$$

进而

$$g^{-1}(g(c) \cdot g \circ \mu(A \cap (c \preceq g \circ f))) \preceq g^{-1}\left((C) \int_A g \circ f dg \circ \mu\right),$$

此即

$$c \otimes \mu(A \cap (c \preceq f)) \preceq (C_g) \int_A^{\otimes} f d\mu.$$

证毕.

定理 5.4.36 给定 g-半环 $([a,b],\oplus,\otimes)$, 单调增函数 $\varphi : [a,b] \to [a,b]$ 及可测函数 f. 设 f, $\varphi \circ f$ 广义 Choquet 可积, 则

(1) (Jensen 不等式) φ 是 $(\oplus,\otimes)$-凸的蕴含

$$\varphi\left((C_g) \int_A^{\oplus} f \otimes d\mu\right) \preceq (C_g) \int_A^{\oplus} (\varphi \circ f) \otimes d\mu;$$

(2) (逆 Jensen 不等式) φ 是 $(\oplus,\otimes)$-凹的蕴含

$$(C_g) \int_A^{\oplus} (\varphi \circ f) \otimes d\mu \preceq \varphi\left((C_g) \int_A^{\oplus} f \otimes d\mu\right),$$

这里 $A \in \Sigma$, $\mu(A) = 1$.

证明 不妨设 g 是严格增的. 因为 φ 是单调增 $(\oplus,\otimes)$-凸函数, 所以 $g \circ \varphi \circ g^{-1}$ 是凸的. 则由 Choquet 积分的 Jensen 不等式, 可得

$$(g \circ \varphi \circ g^{-1})\left((C) \int_A g \circ f dg \circ \mu\right) \leqslant (C) \int_A (g \circ \varphi \circ g^{-1}) \circ g \circ f dg \circ \mu,$$

即

$$(g \circ \varphi)\left(g^{-1}\left((C) \int_A g \circ f dg \circ \mu\right)\right) \leqslant (C) \int_A (g \circ \varphi \circ (g^{-1} \circ g)) \circ f dg \circ \mu,$$

也就是

$$(g \circ \varphi)\left((C_g)\int_A^{\oplus} f \otimes d\mu\right) \leqslant (C)\int_A (g \circ \varphi) \circ f dg \circ \mu,$$

从而

$$g^{-1}\left((g \circ \varphi)\left((C_g)\int_A^{\oplus} f d\mu\right)\right) \preceq g^{-1}\left((C)\int_A (g \circ \varphi) \circ f dg \circ \mu\right).$$

因此

$$\varphi\left((C_g)\int_A^{\oplus} f \otimes d\mu\right) \preceq (C_g)\int_A^{\oplus} (\varphi \circ f) \otimes d\mu.$$

证毕.

定理 5.4.37 (Minkowski 不等式) 给定 g-半环 $([a,b], \oplus, \otimes)$ 及可测函数 f, h. 若 μ 是 $\oplus$-次模模糊测度, 则

$$\left((C_g)\int^{\oplus} (f \oplus h)^{(p)} \otimes d\mu\right)^{\left(\frac{1}{p}\right)}$$

$$\preceq \left((C_g)\int^{\oplus} f^{(p)} \otimes d\mu\right)^{\left(\frac{1}{p}\right)} \oplus \left((C_g)\int^{\oplus} h^{(p)} \otimes d\mu\right)^{\left(\frac{1}{p}\right)},$$

其中 $1 \leqslant p < \infty$.

证明 由 Choquet 积分的 Minkowski 型不等式, 有

$$\left((C)\int_A (g \circ f + g \circ h)^p dg \circ \mu\right)^{\frac{1}{p}}$$

$$\leqslant \left((C)\int_A (g \circ f)^p dg \circ \mu\right)^{\frac{1}{p}} + \left((C)\int_A (g \circ h)^p dg \circ \mu\right)^{\frac{1}{p}}.$$

即

$$\left((C)\int_A g \circ (f \oplus h)^{(p)} dg \circ \mu\right)^{\frac{1}{p}}$$

$$\leqslant \left((C)\int_A g \circ f^{(p)} dg \circ \mu\right)^{\frac{1}{p}} + \left((C)\int_A g \circ h^{(p)} dg \circ \mu\right)^{\frac{1}{p}}.$$

即

$$\left(g\left(g^{-1}\left((C)\int_A g \circ (f \oplus h)^{(p)} dg \circ \mu\right)\right)\right)^{\frac{1}{p}}$$

$$\leqslant \left(g\left(g^{-1}\left((C)\int_A g \circ f^{(p)} dg \circ \mu\right)\right)\right)^{\frac{1}{p}} + \left(g\left(g^{-1}\left((C)\int_A g \circ h^{(p)} dg \circ \mu\right)\right)\right)^{\frac{1}{p}}$$

也就是

$$g\left((\mathrm{C}_g)\int_A^{\oplus}(f\oplus h)^{(p)}d\mu\right)^{\left(\frac{1}{p}\right)}$$
$$\leqslant g\left((\mathrm{C}_g)\int_A^{\oplus}f^{(p)}d\mu\right)^{\left(\frac{1}{p}\right)}+g\left((\mathrm{C}_g)\int_A^{\oplus}h^{(p)}d\mu\right)^{\left(\frac{1}{p}\right)}.$$

因此

$$\left((\mathrm{C}_g)\int_A^{\oplus}(f\oplus h)^{(p)}d\mu\right)^{\left(\frac{1}{p}\right)}\leqslant\left((\mathrm{C}_g)\int_A^{\oplus}f^{(p)}d\mu\right)^{\left(\frac{1}{p}\right)}\oplus\left((\mathrm{C}_g)\int_A^{\oplus}h^{(p)}d\mu\right)^{\left(\frac{1}{p}\right)}.$$

定理 5.4.38 (Hölder 不等式)　给定 g-半环 $([a,b],\oplus,\otimes)$ 及可测函数 f,h. 若 μ 是 $\oplus$-次模模糊测度, 则

$$(\mathrm{C}_g)\int^{\oplus}(f\otimes h)\otimes d\mu\preceq\left((\mathrm{C}_g)\int^{\oplus}f^{(p)}\otimes d\mu\right)^{\left(\frac{1}{p}\right)}\otimes\left((\mathrm{C}_g)\int^{\oplus}h^{(q)}\otimes d\mu\right)^{\left(\frac{1}{q}\right)},$$

这里 $1<p,q<\infty, \dfrac{1}{p}+\dfrac{1}{q}=1$.

5.5　进 展 与 注

　　Sugeno 的模糊测度是经典可加测度的推广, 但模糊积分却不是 Lebesgue 积分的推广, 即使是广义模糊积分仍不能以 Lebesgue 积分为特款. 事实上, 沿着减弱经典测度的可加性条件且能推广 Lebesgue 积分的思路, 人们也有了相应的工作. 1984 年, Weber[28] 利用反三角模 $\perp$, 定义了 $\perp$-可分解测度, 且在 Archimedean 三角模的情形下, 给出了关于此种 $\perp$-可分解测度的积分, 这种积分是 Lebesgue 积分的推广. 几乎是与此同时, Yang[31] 引入了两种被称为 "泛加" 和 "泛乘" 的运算, 从而定义了一种 "泛积分", 这种积分在王震源等[30] 工作中得到进一步发展. 仍然是按照这一思路, Sugeno 与 Murofushi[27] 引入了一种拟加 "∔" 运算, 且定义了一种与之相适应的拟乘 "⦂" 运算, 然后定义了拟可加测度和关于这种测度的拟可加积分, 这一测度与积分推广了 Weber 的工作, 当然包含了 Lebesgue 积分, 且以满足模糊可加性的模糊测度与模糊积分为特款. 类似的工作还见于 [8]. 基于拟可加测度与积分, Mesiar[13] 于 1995 年定义了一种更广义的积分 Choquet-like 积分, 使 Choquet 积分及 Sugeno 积分等模糊积分成为特款. Pap 等[19-22] 建立了半环上的拟积分基本理论, 使得 Sugeno 与 Murofushi[27] 的拟积分得以推广, 开辟了 "拟分析" 这一新方向, 本章是这一领域的深化和发展, 内容包括作者的最新研究成果.

用半环 $([a,b],\oplus,\otimes)$ 代替实数环 R, 所建立的分析学被称为 "拟分析", 成为一种更广义的分析学框架, 被广泛应用于非线性微分方程、非线性泛函、决策过程、优化理论等领域, 拟积分是其重要内容. 本章主要介绍了作者在这一领域的成果.

关于 Sugeno 与 Murofushi 的拟积分, 文献 [27] 只给出了单调递增收敛定理, 这里给出了单调递减收敛定理及广义收敛定理; 对于半环上的拟积分, Fubini 定理及各种不等式是这一理论的丰富与完善, 尤其是引入了 $(\oplus,\otimes)$-凸函数, 据此给出了 Jensen 不等式, 从而使已有的工作[22] 得以改进. 作为最新成果的广义 Choquet 积分是一种涵盖非常广泛的积分, 这里给出了比较完善的理论.

与本章介绍的拟积分相应, 另外还有类似形式的 "拟积分", 如泛积分[30,31]、广义 Lebesgue 积分[35]、拟凹积分[16]. 广义 Choquet 积分能够涵盖 Choquet 积分、Sugeno 积分及 (N) 模糊积分, 能够涵盖上述这些积分的广义积分还有拟广义模糊积分[4]、Universal 积分[10]、非线性积分泛函[9] 等, 有兴趣的读者可自行研习.

参 考 文 献

[1] Agahi H, Mesiar R. Stolarsky's inequality for Choquet-like expectation. Math. Slovaca, 2016, 66(5): 1235-1248.

[2] Agahi H, Mesiar R, Ouyang Y. Chebyshev type inequalities for pseudo-integrals. Nonlinear Analysis: Theory Meth. Appl., 2010, 72: 2737-2743.

[3] Agahi H, Mesiar R, Ouyang Y, Pap E, Štrboja M. Holder and Minkowski type inequalities for pseudo-integral. App. Math. Comp., 2011, 217(21): 8630-8639.

[4] Benvenuti P, Mesiar R, Vivona D. Monotone Set Functions-Based Integrals//Pap E, ed//Handbook of Measure Theory. New York: Elsevier, 2002: 1329-1379.

[5] Choquet G, Theory of capacities. Ann. lnst. Fourier, 1954, 5: 131-295.

[6] Denneberg D. Non-Additive Measure and Integral. Dordrecht: Kluwer Academic, 1994.

[7] Gal G. On a Choquet-Stieltjes type integral on intervals. Math. Slovaca., 2019, 69: 801-814.

[8] Ishihachi H, Tanaka H, Asai K. Fuzzy integrals based on pseudo-addition and multiplication. J. Math. Anal. Appl., 1988, 130: 354-364.

[9] Kawabe J. The monotone convergence theorem for nonlinear integral functionals on a topology space. Linear Nonlinear Anal., 2016, 2: 281-300.

[10] Klement E P, Mesiar R, Pap E. A universal integral as common frame for Choquet and Sugeno integral. IEEE Trans. Fuzzy Syst., 2010, 18(1): 178-187.

[11] Lehrer E, Teper R. The concave integral over large spaces. Fuzzy Sets and Systems, 2008, 159: 2130-2144.

[12] Jones F. Lebesgue Intergration on Euclidean Space. Boston: Jones and Bartlett Publishers, 2001.

[13] Mesiar R. Choquet-like integrals. J. Math. Anal. Appl., 1995, 194: 477-488.

[14] Mesiar R, Li J, Pap E. The Choquet integral as Lebesgue integral and related inequalities. Kybernetika, 2010, 46: 1098-1107.

[15] Mesiar R, Li J, Pap E. Discrete pseudo-integrals. J. Approx. Reason., 2013, 54: 357-364.

[16] Mesiar R, Li J, Pap E. Pseudo-concave integrals//Adv. Intell. Syst. Comput., Vol.100. Berlin, Heidelberg: Springer-Verlag, 2011: 43-49.

[17] Mesiar R, Rybárik J. Pan-operations structure. Fuzzy Sets and Systems, 1995, 74: 365-369.

[18] Narukawa Y, Murofushi T. Choquet-Stieltjes integral as a tool for decision modeling. Inter. J. Intelligent Syst., 2008, 23: 115-127.

[19] Pap E. Pseudo-analysis approach to nonlinear partial differential equations. Acta Polytechnica Hungarica, 2008, 5: 31-45.

[20] Pap E. Pseudo-additive measures and their applications//Handbook of Measure Theory, Vol.II, Elsevier, 2002, 1403-1465.

[21] Pap E. Null-Additive Set Functions. Dordrecht, Boston, London: Kluwer Academic Publishers, 1995.

[22] Pap E, Štrboja M. Generalization of the Jensen inequality for pseudo-integral. Inf. Sci., 2010, 180: 543-548.

[23] Román-Flores H, Flores-Franulič H, Chalco-Cano Y. A Jensen type inequality for fuzzy integrals. Inf. Sci., 2010, 180: 3192-3201.

[24] Sheng C, Shi J, Ouyang Y. Chebyshev's inequality for Choquet-like integral. Appl. Math. Comput., 2011, 217: 8936-8942.

[25] Štajner-Papuga I, Grbić T, Danková M. Pseudo-Riemann-Stieltjes integral. Inf. Sci., 2009, 179: 2923-2933.

[26] Štrboja M, Pap E, Mihailović B. Transformation of the pseudo-integral and related convergence theorems. Fuzzy Sets and Systems, 2019, 355: 67-82.

[27] Sugeno M, Murofushi T. Pseudo-additive measures and integrals. J. Math. Anal. Appl., 1987, 122: 197-222.

[28] Weber S. ⊥-decomposable measures and integrals for Archimedean $x \in B$. J. Math. Anal. Appl., 1984, 101: 114-138.

[29] Wang R. Some inequalities and convergence theorems for Choquet integrals. J. Appl. Math. Comput., 2001, 35: 305-321.

[30] Wang Z, Klir G J. Generalized Measure Theory. Boston: Springer, 2009.

[31] Yang Q J. The pan-integral on the fuzzy measure space. Fuzzy Math., 1985, 3: 107-114.

[32] Zhang D, Pap E. Fubini theorem and generalized Minkowski inequality for the pseudo-integral. J. Approx. Reason., 2020, 122: 9-23.

[33] Zhang D, Pap E. Jensen inequality for pseudo-integrals. Iran. J. Fuzzy Syst., 2021, 18(3): 99-109.

[34] Zhang D, Mesiar R, Pap E. Pseudo-integral and generalized Choquet integrals. Fuzzy Sets and Systems. https://doi.org/10.1016/j.fss.2020.005.

[35] Zhang D, Pap E. Generalized pseudo-integral Jensen's inequality for $((\oplus_1, \otimes_1), (\oplus_2, \otimes))$-pseudo-convex functions. Fuzzy Sets and System. https://doi.org/10.1016/j.fss.2021.06.007.

[36] Zhang Q, Mesiar R, Li J, Struk P. Generalized Lebesgue integral. J. Approx. Reason., 2011, 52: 427-443.

[37] 赵汝怀. (N) 模糊积分的连续性与 Fubini 定理. 新疆大学学报 (自然科学版), 1985, 2: 95-106.

[38] Zimmermann K. Extremally convex functions. W. Z. Päd. Hochschule, N. K. Krupskaya, 1979, 17: 147-158.

第 6 章　格值广义模糊积分

前面几章所建立的积分是实数值的, 尤其 Sugeno 模糊积分是基于特殊的格 $(\overline{R}^+, \vee, \wedge)$ 的. 基于一般的格, 模糊积分理论已有相当的基础[1,2,10]. 本章将继续这一领域的工作, 通过在完备格 L 上引入广义三角模运算, 来建立格值广义模糊积分, 使得已有的各类格值模糊积及广义模糊积分成为特款. 本章分三节, 在 6.1 节中, 给出格上的广义三角半模 S 及三角余模 T 的概念, 然后重点讨论 TS-L 广义模糊积分, 得到众多性质和单调收敛定理; 在 6.2 节中讨论特殊的 $\vee S$-L 广义模糊积分, 进一步得到一些性质; 在 6.3 节中, 把 $\overline{R}^m_+$ 作为一个完备格, 研究 m 维广义模糊积分问题, 给出 m 维广义模糊积分化为一维广义模糊积分的积分定理, 然后利用此定理给出 m 维广义模糊积分的收敛定理.

6.1　格 L 上的广义三角模与 TS-L 广义模糊积分

6.1.1　格 L 上的广义三角模

设 $(L, \leqslant)$ 是任一固定的非平凡完备格, 0_L 表示其最小元, 1_L 表示其最大元. $\vee$ 表示 sup, $\wedge$ 表示 inf.

首先, 我们给出格上广义三角模的有关概念.

定义 6.1.1　设 L 上有二元运算 $S : L \times L \to L$ 及下述条件:

(1) $S[0_L, x] = 0_L$, 且存在恒等元 $e \in L$, 使 $S[e, x] = S[x, e] = x$, $\forall x \in L$;

(2) $a \leqslant b, c \leqslant d \Rightarrow S[a, c] \leqslant S[b, d]$, $\forall a, b, c, d \in L$;

(3) $S[a, S[b, c]] = S[S[a, b], c]$, $\forall a, b, c \in L$;

(4) $S[a, b] = S[b, a]$, $\forall a, b \in L$;

(1′) $S[0_L, x] = x$, $\forall x \in L$.

若 S 满足 (1), (2), 则称 S 为 L 上的广义三角半模;

若 S 满足 (1)—(4), 则称 S 为 L 上的广义三角模;

若 S 满足 (1′), (2), 则称 S 为 L 上的广义三角余半模;

若 S 满足 (1′), (2)—(4), 则称 S 为 L 上的广义三角余模.

例 6.1.2　设 $L = [0, \infty]$, 则第 3 章中的广义三角半模 (规定 $S[0, \infty] = 0$)、广义三角模是特殊的格上广义三角半模、广义三角模.

例 6.1.3 设 $L = [0, \infty]$, X 是任一非空集合, 对于 $f, g \in L^X$, $f \leqslant g$ 规定为 $f(x) \leqslant g(x)$, $\forall x \in X$, 则 L^X 是完备格. 在 L^X 上, 定义如下运算:

$$(T[f, g])(x) = (f + g)(x) = f(x) + g(x),$$

$$(S[f, g])(x) = k \cdot (f \cdot g)(x) = k \cdot f(x) \cdot g(x),$$

其中, $f, g \in L^X$, $k \in (0, \infty)$, 则 T 是格 L^X 上的广义三角余模, S 是格 L^X 上的广义三角模.

例 6.1.4 对于格 L 来说, $S = \wedge$ 是广义三角模, $T = \vee$ 是广义三角余模.

定义 6.1.5 对于格 L, 若映射 $S : L \times L \to L$ 满足条件:

(1) $S[x, 1_L] = S[1_L, x] = x$, $\forall x \in L$;

(2) $a \leqslant b$, $c \leqslant d \Rightarrow S[a, c] \leqslant S[b, d]$, $\forall a, b \in L$,

则称 S 为 L 上的三角半模.

命题 6.1.6 格 L 上的三角半模必是广义三角模, 反之则未必.

证明 由定义 6.1.5 中的 (1) 可知, 对 $0_L \in L$, 有 $S[0_L, 1_L] = S[1_L, 0_L] = 0_L$. 再由 (2) 可得, 对 $\forall x \in L$, 有 $S[0_L, x] \leqslant S[0_L, 1_L] = 0$, 故 $S[0_L, x] = 0_L$, 另外取 $e = 1_L$, 则可知定义 6.1.1 中的 (1) 被满足, 从而命题的前半部分得证. 至于命题的后半部分可由例 6.1.3 中的 S 看出. 证毕.

6.1.2 TS-L 广义模糊积分

设 X 是任一固定的非空集合, Σ 是 X 的一个子集族构成的 σ-代数, (X, Σ) 为可测空间.

定义 6.1.7 设 (X, Σ) 为可测空间. 格值集函数 $\mu : \Sigma \to L$, 若满足条件 $A \subset B$ 蕴含 $\mu(A) \leqslant \mu(B)$, 对 $A, B \in \Sigma$, 则称 μ 为 L 模糊测度; 若进一步它满足 $\varnothing \in \Sigma$, $\mu(\varnothing) = 0_L$, 则称 μ 是下正规的.

三元组 (X, Σ, μ) 被称为 L 模糊测度空间.

定义 6.1.8 设 (X, Σ) 为可测空间. 格值函数 $f : X \to L$ 称为 Σ-可测的, 若对一切 $\alpha \in L$, 有 $f^{-1}[\alpha, 1_L] = \{x \in X | f(x) \geqslant \alpha\} \in \Sigma$.

定义 6.1.9 设 (X, Σ) 是可测空间. 格值函数 $s : X \to L$ 称为 Σ-简单的, 若 s 具有有限个值, 即 $s(X) = \{a_1, a_2, \cdots, a_n\}$, 且 $D_k = s^{-1}(a_k) \in \Sigma$, $k = 1, 2, \cdots, n$.

命题 6.1.10 设 T, S 分别是 L 上的广义三角余模、广义三角半膜, (X, Σ) 是可测空间, 则格值函数 $s : X \to L$ 为 Σ-简单的当且仅当

$$s(x) = \overset{n}{\underset{i=1}{T}} S[a_k, X_{D_k}(x)],$$

这里 $D_k \in \Sigma$, $a_k \in L$, $k = 1, 2, \cdots, n$, $D_k \cap D_{k'} = \varnothing\,(k \neq k')$, $\bigcup\limits_{k=1}^{n} D_k = X$,

$$X_{D_k}(x) = \begin{cases} e, & x \in D_k, \\ 0_L, & x \notin D_k, \end{cases} \quad k = 1, 2, \cdots, n, e \text{ 是 } S \text{ 的恒等元, } X_{D_k} \text{ 称为 } D_k \text{ 的格}$$

特征函数, $\overset{n}{\underset{t=1}{T}} = T(T(\cdots))(n\text{ 次})$.

以下恒设 (X, Σ, μ) 为 L 模糊测度空间, T 是格 L 上的广义三角余模, S 是 L 上的广义三角半模.

定义 6.1.11　设 $f : X \to L$ 是格值函数, 则 f 在 $A \in \Sigma$ 上关于 μ 的 TS-L 广义模糊积分为

$$(TS)\int_A f d\mu = \sup\left\{Q_A(s, \mu)\,|\,s \leqslant f, s\text{是}\Sigma\text{-简单函数}\right\},$$

其中 $Q_A(s, \mu) = \overset{n}{\underset{i=1}{T}} S[a_k, \mu(D_k \cap A)]$, $s(X) = \{a_1, a_2, \cdots, a_n\}$, $D_k = s^{-1}(a_k)$, $k = 1, 2, \cdots, n$.

定理 6.1.12　TS-L 广义积分具有下列性质:

(1) $\mu(A) = 0_L \Rightarrow (TS)\displaystyle\int_A f d\mu = 0_L$;

(2) $f_1 \leqslant f_2 \Rightarrow (TS)\displaystyle\int_A f_1 d\mu \leqslant (TS)\displaystyle\int_A f_2 d\mu$;

(3) $A \subset B \Rightarrow (TS)\displaystyle\int_A f d\mu \leqslant (TS)\displaystyle\int_B f d\mu$;

(4) $(TS)\displaystyle\int_A f d\mu = (TS)\displaystyle\int_X S[X_A(x), f(x)]\,d\mu$;

(5) 设 μ_1, μ_2 是 (X, Σ) 上的 L 模糊测度, 且 $\mu_1 \leqslant \mu_2$, 则 $(TS)\displaystyle\int_A f d\mu_1 \leqslant (TS)\displaystyle\int_A f d\mu$.

证明　这里我们只给出 (2), (4) 的证明, 其他略.

(2) 对任一 Σ-简单函数 $s \leqslant f_1$, 由 $f_1 \leqslant f_2$, 知 $s \leqslant f_2$, 从而

$$\{Q_A(s, \mu)\,|\,s \leqslant f_1\} \subset \{Q_A(s, \mu)\,|\,s \leqslant f_2\},$$

故

$$\sup\{Q_A(s, \mu)\,|\,s \leqslant f_1\} \leqslant \sup\{Q_A(s, \mu)\,|\,s \leqslant f_2\},$$

即

$$(TS)\int_A f_1 d\mu_1 \leqslant (TS)\int_A f_2 d\mu.$$

(4) 任取 Σ-简单函数 $s(x) = \overset{n}{\underset{k=1}{T}} S[a_k, X_{D_k}(x)]$, 且 $s \leqslant f$, 令 $s' = \overset{n}{\underset{k=1}{T}} S[a_k, X_{D_k \cap A}]$, 则 $s' \leqslant S[X_A, f]$. 进而可知

$$Q_A(s, \mu) = Q_X(s', \mu) \leqslant (TS) \int_X S[X_A, f] d\mu.$$

由 $s \leqslant f$ 的任意性, 知

$$(TS) \int_A f d\mu \leqslant (TS) \int_X S[X_A, f] d\mu.$$

反过来, 对任意的 Σ-简单函数 s, $s \leqslant S[X_A, f]$, 则对 $x \in A$, 有 $s(x) \leqslant f(x)$. 进而, 我们可以知道

$$(TS) \int_X S[X_A, f] d\mu \leqslant (TS) \int_A f d\mu.$$

综上, 性质 (4) 中等号成立. 证毕.

推论 6.1.13 设 $\{f_i \in J\}$ 是一族 L 值函数, 则

$$\bigvee_{j \in J} (TS) \int_A f_j d\mu \leqslant (TS) \int_A \left(\bigvee_{j \in J} f_j \right) d\mu,$$

$$\bigwedge_{j \in J} (TS) \int_A f_j d\mu \geqslant (TS) \int_A \left(\bigwedge_{j \in J} f_j \right) d\mu.$$

推论 6.1.14 设 $\{A_j : j \in J\} \subset \Sigma$, 则

$$\bigvee_{j \in J} (TS) \int_{A_j} f d\mu \leqslant (TS) \int_{\underset{j \in J}{\cup} A_j} f d\mu,$$

$$(TS) \int_{\underset{j \in J}{\cap} A_j} f d\mu \leqslant \bigwedge_{j \in J} (TS) \int_{A_j} f d\mu.$$

推论 6.1.15 设 $\{\mu_j : j \in J\}$ 是一族 L 模糊测度, 则

$$\bigvee_{j \in J} (TS) \int_A f d\mu_j \leqslant (TS) \int_A f d \left(\bigvee_{j \in J} \mu_j \right),$$

$$(TS) \int_A f d \left(\bigwedge_{j \in J} \mu_j \right) \leqslant \bigwedge_{j \in J} (TS) \int_A f d\mu_j.$$

定理 6.1.16 设 μ 是零可加 L 模糊测度, 即 μ 满足条件: 对一切 $A, B \in \Sigma$, $\mu(A) = 0_L$ 蕴含 $\mu(A \cup B) = \mu(B)$. 则

$$(TS) \int_{A \cup B} f d\mu = (TS) \int_B f d\mu,$$

这里 $A, B \in \Sigma$, $\mu(A) = 0_L$.

证明　任取格值 Σ-简单函数 s, 且 $s \leqslant f$. 若设

$$s(X) = \{a_1, a_2, \cdots, a_n\}, \quad S^{-1}(a_k) = D_k, \quad k = 1, 2, \cdots, n,$$

则

$$\begin{aligned}
Q_{A \cup B}(s, \mu) &= \underset{k=1}{\overset{n}{T}} S[a_k, \mu(D_k \cap (A \cup B))] \\
&= \underset{i=1}{\overset{n}{T}} S[a_k, \mu((D_k \cap A) \cup (D_k \cap B))].
\end{aligned}$$

由于 $\mu(A) = 0_L$, 则可知 $\mu(A \cap D_k) = 0_L$, 再由 μ 的零可加性, 可得

$$Q_{A \cup B}(s, \mu) = \underset{k=1}{\overset{n}{T}} [a_k, \mu(D_k \cap B)] = Q_B(s, \mu),$$

故等式成立. 证毕.

定理 6.1.17　设 f_1, f_2 是两个 L 值函数, 则 $f_1 = f_2$, a.e. 于 $A \in \Sigma$ 蕴含 $(TS) \displaystyle\int_A f_1 d\mu = (TS) \displaystyle\int_A f_2 d\mu$ 对一切 T, S 成立, 当且仅当 μ 是零可加的.

证明　必要性. 取 $T = \vee$, $S = \wedge$, 对 $A, B \in \Sigma$, $\mu(B) = 0_L$, 令

$$f_1 = \begin{cases} 1_L, & x \in A, \\ 0_L, & x \notin A, \end{cases} \qquad f_2 = \begin{cases} 1_L, & x \in B \cup A, \\ 0_L, & x \in B \cup B, \end{cases}$$

则 $f_1 = f_2$ a.e. 于 A, 由已知有

$$(TS) \int_A f_1 d\mu = (\vee \wedge) \int_A f_1 d\mu = (\vee \wedge) \int_A f_2 d\mu = (TS) \int_A f_2 d\mu.$$

进一步通过简单的计算知, $\mu(A \cup B) = \mu(B)$. 此即证明 μ 是零可加的.

充分性. 由定理 6.1.16, 结论是明显的. 证毕.

定义 6.1.18　设 $\{a_n\} \subset L$ 是一个格值序列. 记

$$\varliminf_{n \to \infty} a_n = \bigvee_{n=1}^{\infty} \bigwedge_{k=n}^{\infty} a_k,$$

$$\varlimsup_{n \to \infty} a_n = \bigwedge_{n=1}^{\infty} \bigvee_{k=n}^{\infty} a_k.$$

若 $\varliminf\limits_{n \to \infty} a_n = \varlimsup\limits_{n \to \infty} a_n = a$, 则称 $\{a_k\}$ 弱收敛于 a, 记为 $a_n \to a$ 或 $a = \lim\limits_{n \to \infty} a_n$.

显然, 若 $a_n \uparrow$, 则 $\lim\limits_{n \to \infty} a_n = \bigvee\limits_{n=1}^{\infty} a_n$; 若 $a_n \downarrow$, 则 $\lim\limits_{n \to \infty} a_n = \bigwedge\limits_{n=1}^{\infty} a_n$.

定义 6.1.19 L 模糊测度 μ 称为下半连续的, 若 $\{A_n\,(n \geqslant 1),A\} \subset \Sigma$, 且 $A_n \uparrow A$ 蕴含 $\bigvee\limits_{n=1}^{\infty} \mu(A_n) = \mu(A)$.

定义 6.1.20 设 S 是 L 上的广义三角半模, S 称为连续的, 若 $a_k \to a$, $b_k \to b$ 蕴含 $S[a_k,b_k] \to S[a,b]$.

对于 L 上的广义三角余模 T, 可类似定义其连续性.

定理 6.1.21(单调上升收敛定理) 设 L 是稠密的完备格, T,S 是其上的连续广义三角余模、广义三角半模, $(X,P(X),\mu)$ 是下半连续的 L 模糊测度空间, 其中 $P(X)$ 是 X 的幂集合, 又设 $f_n\,(n \geqslant 1)$, f 是 L 值函数, 则 $f_n \uparrow f$ 蕴含

$$\bigvee\limits_{n=1}^{\infty} (TS)\int_A f_n d\mu = (TS)\int_A f d\mu.$$

证明 不失一般性, 设 $A = X$, 记 $f = \bigvee\limits_{n=1}^{\infty} f_n$, 由 $f_n \uparrow$ 知 $(TS)\int_X f_n d\mu \uparrow$. 又记 $a = \bigvee\limits_{n=1}^{\infty} (TS)\int_X f_n d\mu$, 则有 $a \leqslant (TS)\int_X f d\mu$.

(1) 若 $(TS)\int_X f d\mu = 0_L$, 则等号显然成立.

(2) 下面设 $(TS)\int_X f d\mu > 0_L$. 对任一固定的满足条件 $s \leqslant f$ 的简单函数 s, $s(X) = \{a_1,a_2,\cdots,a_k\}$, $D_i = s^{-1}(a_i)$, $i = 1,2,\cdots,k$, 令

$$E_n = \{x | S[c,s(x)] \leqslant f_n(x)\} \quad (n \geqslant 1),$$

这里 $c \in L$, $c \leqslant e$, 则 $\bigcup\limits_{n=1}^{\infty} E_n = X$, 且 $E_1 \subset E_2 \subset \cdots$, 对每个 n, 有

$$a \geqslant (TS)\int_X f_n d\mu \geqslant (TS)\int_{E_n} f_n d\mu$$

$$\geqslant (TS)\int_{E_n} S[c,s(x)] d\mu.$$

不难看出 $S[c,s](X) = \{S[c,a_1],S[c,a_2],\cdots,S[c,a_k]\}$, 从而

$$a \geqslant (TS)\int_{E_n} S[c,s(x)] d\mu \geqslant Q_{E_n}(S[c,s(x)],\mu)$$

$$= \bigvee\limits_{i=1}^{k} S[S[c,a_i],\mu(D_i \cap E_n)].$$

令 $c \uparrow e, n \to \infty$, 由 T,S 的连续性及 μ 的下半连续性, 知

$$a \geqslant \mathop{T}\limits_{i=1}^{k} S[S[c,a_i],\mu(D_i)]$$

$$= \mathop{T}_{i=1}^{k} S\left[a_i, \mu\left(D_i\right)\right],$$

由 S 的任意性, 从而 $a \geqslant (TS) \displaystyle\int_X f d\mu$.

综上 $a = (TS) \displaystyle\int_X f d\mu$. 证毕.

定理 6.1.22(Fatou 引理)　设定理 6.1.21 的条件成立, 则

$$(TS) \int_A \varliminf_{n \to \infty} f_n d\mu \leqslant \varliminf_{n \to \infty} (TS) \int_A f_n d\mu.$$

一般情形下, 单调下降收敛定理不再成立, 见 [10] 中反例.

定义 6.1.23　L 模糊测度 μ 称为 T 可加的, 若对一切 $A, B \in \Sigma$, $A \cap B = \varnothing$, 均有

$$\mu\left(A \cup B\right) = T\left[\mu\left(A\right), \mu\left(B\right)\right].$$

定理 6.1.24　设 μ 是 T 可加 L 模糊测度, f 是任一 L 值函数, 且 S, T 具有性质:

(1) S 对 T 满足分配律, 即对 $a, b, c \in L$, 有

$$S\left[a, T\left[b, c\right]\right] = T\left[S\left[a, b\right], S\left[a, c\right]\right];$$

(2) T 对 $\vee$ 具有无穷分配律, 即对 $a_j, b_j \in L$, $j \in J$, 有

$$T\left[\bigvee_{j \in J} a_j, \bigvee_{j \in J} b_j\right] = \bigvee_{j \in J} T\left[a_j, b_j\right],$$

则对一切 $A, B \in \Sigma$, $A \cap B = \varnothing$ 蕴含

$$(TS) \int_{A \cup B} f d\mu = T\left[(TS) \int_A f d\mu, (TS) \int_B f d\mu\right].$$

证明　任取 Σ-简单函数 $s \leqslant f$, 且 $s(X) = \{a_1, a_2, \cdots, a_n\}$, $s^{-1}(a_k) = D_k$, $k = 1, 2, 3, \cdots, n$, 则有

$$
\begin{aligned}
& Q_{A \cup B}(s, \mu) \\
&= \mathop{T}_{k=1}^{n} S\left[a_k, \mu\left((A \cup B) \cap D_k\right)\right] \\
&= \mathop{T}_{k=1}^{n} S\left[a_k, T\left(\mu\left(A \cap D_k\right), \mu\left(B \cap D_k\right)\right)\right] \\
&= \mathop{T}_{k=1}^{n} T\left\{S\left[a_k, \mu\left(A \cap D_k\right)\right], S\left[a_k, \mu\left(B \cap D_k\right)\right]\right\}
\end{aligned}
$$

$$= T\left[Q_A\left(s,\mu\right), Q_B\left(s,\mu\right)\right],$$

从而

$$(TS)\int_{A\cup B} fd\mu = \sup\left\{T\left[Q_A\left(s,\mu\right), Q_B\left(s,\mu\right)\right] | s \leqslant f\right\}$$

$$= T\left[\sup_{s\leqslant f} Q_A\left(s,\mu\right), \sup_{s\leqslant f} Q_B\left(s,\mu\right)\right]$$

$$= T\left[(TS)\int_A fd\mu, (TS)\int_B fd\mu\right].$$

证毕.

注 6.1.25 本节讨论的 TS-L 模糊积分是一种极其广泛的积分, 它可以概括很多种特殊类型的积分:

(1) 若 $T = \vee$, $S = \wedge$, 则 TS-L 广义模糊积分为 Sugeno 模糊积分;

(2) 若 $T = \vee$, S 为半模, 则 TS-L 广义模糊积分为半模模糊积分;

(3) 若 $L = [0,\infty] \times [0,\infty] \times \cdots \times [0,\infty]$, $T = \vee$, $S = \wedge$, 则 TS-L 广义模糊积分为文献 [12] 中的积分;

(4) 若 $L = [0,\infty]$, $T = \vee$, S 是广义三角模, 则 TS-L 广义模糊积分即为广义模糊积分;

(5) 若 $L = [0,\infty]$, $T = +$, $S = \cdot$, μ 是经典测度, 则 TS-L 广义模糊积分即为 Lebesgue 积分;

(6) 若 $L = [0,\infty]$, $T = \oplus$, $S = \odot$, μ 是拟可加测度, 则 TS-L 广义模糊积分即为拟可加积分.

6.2 ∨S-L 广义模糊积分

6.2.1 常值函数 TS-L 广义模糊积分的讨论

在积分理论中, 一个很重要的问题就是关于常值函数的积分问题, 观察下列等式:

对于 Lebesgue 积分, 有 $\int_A cd\mu = c \cdot \mu\left(A\right)$;

对于 Sugeno 模糊积分, 有 $\int_A cd\mu = c \wedge \mu\left(A\right)$;

对于广义模糊积分, 有 $\int_A cd\mu = S\left[c, \mu\left(A\right)\right]$;

对于拟可加积分, 有 $\int_A cd\mu = c \odot \mu\left(A\right)$.

易见, 上述关于常值函数的各类积分结果只与积分中一个运算有关, 如 "·, ∧, $S, \odot$", 此运算恰为广义三角半模, 而与另一种对应的运算 "+, ∨, ⊕" 无关, 那么对于 TS-L 广义模糊积分, 在什么情形下, 常数也有类似的积分值呢? 这里将要给以回答, 并讨论一种具体的 L 模糊积分. 本节中, 始终假设 L 是完备格, T 是 L 上的广义三角余模, S 是 L 上的广义三角半模.

定理 6.2.1　给定下正规模糊测度空间 (X, Σ, μ), 设 $c \in L$ 是任一常值, $A \in \Sigma$, 则等式 $(TS) \displaystyle\int_A c d\mu = S[c, \mu(A)]$ 成立的充要条件是 $T = \vee$.

证明　必要性. 若 L 是平凡格, 则 $T = \vee$ 是显然的. 设 L 是非平凡格, 若 $T \neq \vee$, 则必存在 $a, b \in L$, 使 $T[a, b] \neq a \vee b$. 因为 $T[a, b] \geqslant T[a, 0_L] = a$, $T[a, b] \geqslant T[0_L, b] = b$, 则有 $T[a, b] \geqslant a \vee b$. 因而 $T[a, b] > a \vee b \geqslant a, b$, 这也说明 $a, b < 1_L$. 下面我们通过构造一个反例, 来指出矛盾.

设 $X = \{x_1, x_2\}$, $A = \{x_1\}$, $B = \{x_2\}$, $\Sigma = \{\varnothing, A, B, X\}$. 令

$$\mu : \Sigma \to L,$$

$$\varnothing \to 0_L,$$

$$A \to \mu(A) > a,$$

$$B \to \mu(B) > b,$$

$$X \to 1_L,$$

$$s_0(x) = \begin{cases} a, & x = x_1, \\ b, & x = x_2. \end{cases}$$

则 $s_0 < a \vee b$. 取广义三角模 $S = \wedge$, 有

$$\begin{aligned}
(TS) \int_X (a \vee b) \, d\mu &= \sup_{s \leqslant a \vee b} Q_X(s, \mu) \\
&\geqslant Q_X(s_0, \mu) \\
&= T[a \wedge \mu(A), b \wedge \mu(B)] \\
&= T(a, b) \\
&> a \vee b \\
&= (a \vee b) \wedge \mu(X) \\
&= S[a \vee b, \mu(X)].
\end{aligned}$$

这说明

$$(TS) \int_X (a \vee b) \, d\mu \neq S[a \vee b, \mu(X)].$$

从而与已知矛盾, 故 $T = \vee$.

充分性. 将在定理 6.2.5 中给出. 证毕.

6.2.2 ∨S-L 广义模糊积分

定义 6.2.2 设 (X, Σ, μ) 是任一 L 值模糊测度空间, S 是 L 上的广义三角半模, $f : X \to L$ 是 L 值函数, 则 f 在 $A \in \Sigma$ 上关于 μ 的 ∨S-L 广义模糊积分为

$$(\mathrm{S}) \int_A f d\mu = (\vee S) \int_A f d\mu.$$

显然, 若 $L = [0, \infty]$, 则此积分恰为第 3 章中所讨论的广义半模模糊积分.

定理 6.2.3 ∨S-L 广义模糊积分有下述的表示:

$$(\mathrm{S}) \int_A f d\mu = \sup_{F \in \Sigma} S \left[\inf_{x \in F} f(x), \mu(A \cap F) \right].$$

证明 对于 $F \in \Sigma$, 记 $a_F = \inf\limits_{x \in F} f(x)$, 令

$$s_F(x) = \begin{cases} a_F, & x \in F, \\ 0_L, & x \notin F. \end{cases}$$

则 $s_F \leqslant f$. 从而由 TS-L 广义模糊积分的定义, 有

$$(\mathrm{S}) \int_A f d\mu \geqslant S \left[a_F, \mu(A \cap F) \right]$$

$$= S \left[\inf_{x \in F} f(x), \mu(A \cap F) \right].$$

由 $F \in \Sigma$ 的任意性, 有

$$(\mathrm{S}) \int_A f d\mu \geqslant \sup_{F \in \Sigma} S \left[\inf_{x \in F} f(x), \mu(A \cap F) \right].$$

下面往证相反的不等式成立.

设 $s \leqslant f$ 是 L 值 Σ-简单函数, 且

$$s(X) = \{a_1, a_2, \cdots, a_n\}, \quad D_i = s^{-1}(a_i), \quad i = 1, 2, \cdots, n,$$

则 $a_i \leqslant \inf\limits_{x \in D_i} f(x), i = 1, 2, \cdots, n$, 从而

$$S \left[a_i, \mu(a \cap D_i) \right] \leqslant S \left[\inf_{x \in D_i} f(x), \mu(A \cap D_i) \right],$$

进而由 i 的任意性, 有

$$\sup_{1 \leqslant i \leqslant n} S\left[a_i, \mu\left(A \cap D_i\right)\right] \leqslant \sup_{1 \leqslant i \leqslant n} \left[\inf_{x \in D_i} f(x), \mu\left(A \cap D_i\right)\right]$$

$$\leqslant \sup_{F \in \Sigma} S\left[\inf_{x \in F} f(x), \mu\left(A \cap F\right)\right],$$

即

$$Q_A(s, \mu) \leqslant \sup_{F \in \Sigma} S\left[\inf_{x \in F} f(x), \mu\left(a \cap F\right)\right],$$

由 $s \leqslant f$ 的任意性, 有

$$(S) \int_A f d\mu \leqslant \sup_{F \in \Sigma} S\left[\inf_{x \in F} f(x), \mu\left(A \cap F\right)\right].$$

综上, 等式成立. 证毕.

定理 6.2.4　设 (X, Σ, μ) 是任一 L 模糊测度空间, f 是 Σ 可测 L 值函数, $A \in \Sigma$, 则

$$(S) \int_A f d\mu = \sup_{\alpha \in L} S\left[\alpha, \mu\left(A \cap F_\alpha\right)\right],$$

这里 $F_\alpha = \{x \in X | f(x) \geqslant \alpha\}$.

证明　只需证两边的不等号成立. 首先, 对于 $\forall F \in \Sigma$, $\alpha_F = \inf\limits_{x \in F} f(x)$, 则 $\alpha_F \leqslant f(x)$, $x \in F$, 从而 $F \subset F_{\alpha_F}$, 进而 $A \cap F \subset A \cap F_{\alpha_F}$. 由 L 模糊测度定义有 $\mu(A \cap F) \leqslant \mu(A \cap F_{\alpha_F})$, 又由 S 的性质, 有

$$S\left[\alpha_F, \mu\left(A \cap F\right)\right] \leqslant S\left[\alpha_F, \mu\left(A \cap F_{\alpha_F}\right)\right]$$

$$\leqslant \sup_{\alpha \in L} S\left[\alpha, \mu\left(A \cap F_\alpha\right)\right],$$

因而

$$\sup_{F \in \Sigma} S\left[\inf_{x \in F} f(x), \mu\left(A \cap F\right)\right] \leqslant \sup_{\alpha \in L} S\left[\alpha, \mu\left(A \cap F_\alpha\right)\right].$$

反之, 对 $\forall \alpha \in L$, $F_\alpha = \{x \in X | f(x) \geqslant \alpha\}$, 不难看出, $\inf\limits_{x \in F_\alpha} f(x) \geqslant \alpha$. 由 S 的性质, 也就有

$$S\left[\inf_{x \in F_\alpha} f(x), \mu\left(A \cap F_\alpha\right)\right] \geqslant S\left[\alpha, \mu\left(A \cap F_\alpha\right)\right],$$

从而由 $F_\alpha \in \Sigma$, 有

$$\sup_{F \in \Sigma} S\left[\inf_{x \in F} f(x), \mu\left(A \cap F\right)\right] \geqslant S\left[\alpha, \mu\left(A \cap F_\alpha\right)\right].$$

再由 $\alpha \in L$ 的任意性, 有

$$\sup_{F \in \Sigma} S \left[\inf_{x \in F} f(x), \mu(A \cap F) \right] \geqslant \sup_{\alpha \in L} S[\alpha, \mu(A \cap F_\alpha)].$$

结合定理 6.2.3 知等式成立. 证毕.

定理 6.2.5 设 (X, Σ, μ) 是下正规的 L 模糊测度空间, $c \in L$, $A \in \Sigma$, 则

$$(S) \int_A c d\mu = S[c, \mu(A)].$$

证明 对 $c \in L$, 有

$$F_\alpha = \begin{cases} X, & \alpha \leqslant c, \\ \varnothing, & \alpha \nleqslant c, \end{cases}$$

则由定理 6.2.4, 有

$$\begin{aligned}
(S) \int_A c d\mu &= \sup_{\alpha \in L} S[\alpha, \mu(A \cap F_\alpha)] \\
&= \sup_{\alpha \leqslant c} S[\alpha, \mu(A)] \vee \sup_{a \nleqslant c} S[\alpha, \mu(A \cap \varnothing)] \\
&= \sup_{\alpha \leqslant c} S[\alpha, \mu(A)] \vee 0_L \\
&= S[c, \mu(A)].
\end{aligned}$$

证毕.

定理 6.2.6 设 (X, Σ, μ) 是下正规 L 模糊测度空间, $c \in L$, $A \in \Sigma$, f 是 Σ-可测 L 值函数, 则

$$(S) \int_A (c \vee f) d\mu = (S) \int_A c d\mu \vee (S) \int_A f d\mu.$$

证明 对 $\forall \alpha \in L$, 有

$$F_{\alpha(c \vee f)} = \begin{cases} F_\alpha, & \alpha \nleqslant c, \\ X, & \alpha \leqslant c, \end{cases}$$

从而

$$\begin{aligned}
\int_A (c \vee f) d\mu &= \sup_{\alpha \leqslant c} S[\alpha, \mu(A)] \vee \sup_{a \nleqslant c} S[\alpha, \mu(F_\alpha \cap A)] \\
&= S[c, \mu(A)] \vee \sup_{\alpha \nleqslant c} S[\alpha, \mu(F_\alpha \cap A)],
\end{aligned}$$

又

$$\sup_{\alpha \leqslant c} S\left[\alpha, \mu\left(A \cap F_\alpha\right)\right] \leqslant S\left[c, \mu\left(A\right)\right],$$

所以

$$(S) \int_A (c \vee f)\, d\mu = S\left[c, \mu\left(A\right)\right] \vee \sup_{\alpha \in L} S\left[\alpha, \mu\left(F_\alpha\right)\right]$$

$$= (S) \int_A c\, d\mu \vee (S) \int_A f\, d\mu.$$

证毕.

注 6.2.7　因为 $\vee S\text{-}L$ 广义模糊积分是特殊的 $TS\text{-}L$ 广义模糊积分, 因而 6.1 节中有关 $TS\text{-}L$ 广义模糊积分的性质全部成立, 只需把相应的 T 改成 $\vee$ 即可, 为行文简明, 这里不再赘述.

下面给出一个新的 Fatou 引理, 为此先做如下定义.

定义 6.2.8　给定可测空间 (X, Σ). 设 $\{f_j\}$ 是 L 值函数网, f 是 L 值函数, 若对任意的 $A \in \Sigma$, 均有

$$\inf_{x \in A} f\left(x\right) \leqslant \varliminf_j \inf_{x \in A} f_j\left(x\right),$$

则称 $\{f_j\}_j$ 在 Σ 上一致下收敛于 f, 这里 $\varliminf_j = \bigvee_j \bigwedge_{j' \geqslant j}$.

定理 6.2.9　给定可测空间 (X, Σ). 设 $\{f_j\}$ 是 L 值函数网, f 是 L 值函数, 又设 S 对 $\vee$ 具有无穷分配律, 则网 $\{f_j\}$ 在 Σ 上一致下收敛于 f 当且仅当对一切 L 模糊测度 $\mu : \Sigma \to L$, 均有

$$(S) \int_X f\, d\mu \leqslant \varliminf_j (S) \int_X f_j\, d\mu.$$

证明　必要性. 对 $A \in \Sigma$, 由一致下收敛的定义, 有

$$\inf_{x \in A} f\left(x\right) \leqslant \varliminf_j \inf_{x \in A} f_j\left(x\right),$$

从而

$$S\left[\mu\left(A\right), \inf_{x \in A} f\left(x\right)\right] \leqslant S\left[\mu\left(A\right), \varliminf_j \inf_{x \in A} f_j\left(x\right)\right]$$

$$= \bigvee_j S\left[\mu\left(A\right), \bigwedge_{j' \geqslant j} \inf_{x \in A} f_{j'}\left(x\right)\right]$$

$$\leqslant \bigvee_j \bigwedge_{j' \geqslant j} S\left[\mu\left(A\right), \inf_{x \in A} f_{j'}\left(x\right)\right]$$

$$= \varliminf_j S \left[\mu(A), \inf_{x \in A} f_{j'}(x) \right]$$

$$\leqslant \varliminf_j \sup_{A \in \mathcal{A}} S \left[\mu(A), \inf_{x \in A} f_j(x) \right]$$

$$= \varliminf_j (\mathrm{S}) \int_X f_j d\mu.$$

充分性. 对固定的 $A \in \Sigma$, 对 $\forall B \in \Sigma$, 令

$$\mu_A(B) = \begin{cases} e, & B \supset A, \\ 0_L, & B \not\supset A. \end{cases}$$

则由 $(\mathrm{S}) \displaystyle\int_X f d\mu_A = \inf_{x \in A} f(x)$ 知结论成立. 证毕.

6.3 $\bar{R}_+^m$-值广义模糊积分

6.3.1 基本概念与定义

记 $\bar{R}_+ = [0, \infty]$,

$$\bar{R}_+^m = [0, \infty] \times [0, \infty] \times \cdots \times [0, \infty]$$
$$= \{(\xi_1, \xi_2, \cdots, \xi_m) \mid \xi_i \in \bar{R}_+, i = 1, 2, \cdots, m\},$$

对于 $\vec{x} = (\xi_1, \xi_2, \cdots, \xi_m), \vec{y} = (\eta_1, \eta_2, \cdots, \eta_m)$, 规定 $\vec{x} \leqslant \vec{y}$ 当且仅当 $\xi_i \leqslant \eta_i, i = 1, 2, \cdots, m$. 则 $(\bar{R}_+^m, \leqslant)$ 是完备格.

又设 T, S 是 $\bar{R}_+$ 上的广义模运算 (定义 6.1.1 意义下的), 规定

$$T[x, y] = (T[\xi_1, \eta_1], T[\xi_2, \eta_2], \cdots, T[\xi_m, \eta_m]),$$

$$S[x, y] = (S[\xi_1, \eta_1], S[\xi_2, \eta_2], \cdots, S[\xi_m, \eta_m]),$$

易见, T, S 即为 $\bar{R}_+^m$ 上的对应广义模运算.

对于 $\{\vec{x}_n (n \geqslant 1), \vec{x}\} \subset \bar{R}_+^m$, 有 $\vec{x}_n \to \vec{x}$(定义 6.1.18 意义下的) 当且仅当 $x_n^{(i)} \to x^{(i)}, i = 1, 2, \cdots, m$. 若记 $R_+ = [0, \infty)$, 则上述规定对于 R_+^m 同样有效, 且 $(R_+^m, \leqslant)$ 是格, 但不是完备的.

对于 $\vec{x}, \vec{y} \in R_+^m$, 取通常的欧氏距离 $d(\vec{x}, \vec{y})$, 则 (R_+^m, d) 是通常的 m 维欧氏距离空间.

定义 6.3.1 给定可测空间 (X, Σ), 映射 $\vec{\mu}: \Sigma \to \bar{R}_+^m$ 及条件:

(1) $\vec{\mu}(\varnothing) = (0, 0, \cdots, 0)$;

(2) $A \subset B \Rightarrow \vec{\mu}(A) \leqslant \vec{\mu}(B)$;

(3) $A_n \uparrow A \Rightarrow \vec{\mu}(A_n) \uparrow \vec{\mu}(A)$;

(4) $A_n \downarrow A$, 且 $\exists n_0$, 使 $\vec{\mu}(A_{n_0}) \in R_+^m \Rightarrow \vec{\mu}(A_n) \downarrow \vec{\mu}(A)$.

若 $\vec{\mu}$ 满足条件 (1), (2), 则称 $\vec{\mu}$ 为 m 维模糊测度; 若 $\vec{\mu}$ 满足条件 (3)((4)), 则称 $\vec{\mu}$ 是下 (上) 半连续的; 若 μ 满足条件 (1)—(4), 则称 $\vec{\mu}$ 为 m 维连续模糊测度.

若 $\vec{\mu}$ 是 (X, Σ) 上的 m 维模糊测度, 则 $(X, \Sigma, \vec{\mu})$ 称为 m 维模糊测度空间.

注 6.3.2　对于 m 维集函数 $\vec{\mu} : \Sigma \to R_+^m$, 同一维情形一样, 可以定义 "零可加、次可加、模糊可加、自连续" 等结构特征的概念, 并可讨论这些概念之间的关系, 这里略去.

性质 6.3.3　给定可测空间 (X, Σ) 及集函数 $\vec{\mu} : \Sigma \to R_+^m$, 且 $\vec{\mu}(A) = (\mu_1(A), \mu_2(A), \cdots, \mu_m(A))$, 则

(1) $\vec{\mu}$ 是 m 维模糊测度, 当且仅当 $\mu_i (i = 1, 2, \cdots, m)$ 是 (一维) 模糊测度;

(2) $\vec{\mu}$ 是 (下半、上半) 连续的, 当且仅当 $\mu_i (i = 1, 2, \cdots, m)$ 是 (下半, 上半) 连续的;

(3) $\vec{\mu}$ 是零可加的 (对应地, 次可加的、模糊可加的、自连续的等) 当且仅当 $\mu_i (i = 1, 2, \cdots, m)$ 是零可加的 (对应地, 次可加的、模糊可加的、自连续的等).

定义 6.3.4　给定可测空间 (X, Σ), 设 $f : X \to \bar{R}_+^m$ 是 m 维向量值函数, 若对一切 $\alpha \in R_+^m$, 均有 $F_\alpha = \{x \in X \mid \vec{f}(x) \geqslant \alpha\} \in \Sigma$, 则称 $\vec{f}$ 是 Σ-可测的.

性质 6.3.5　设 $\vec{f} : X \to \bar{R}_+^m$, 且 $\vec{f}(x) = (f_1(x), f_2(x), \cdots, f_m(x))$, 则 $\vec{f}$ 是 Σ-可测的, 当且仅当对每个 $i = 1, 2, \cdots, m$, f_i 是 Σ-可测的.

注 6.3.6　因 $\bar{R}_+^m$ 是特殊的完备格, 故可沿用 6.1 节和 6.2 节中 TS-L 广义模糊积分的概念, 且继续用符号 $(TS) \displaystyle\int_A \vec{f} d\vec{\mu}$ 表示 (对于 $\vee S$-L 广义模糊积分, 用符号 $(S) \displaystyle\int_A \vec{f} d\vec{\mu}$ 在表示). 这种 $\bar{R}_+^m$ 值广义模糊积分也称为 m 维广义模糊积分. 前两节中的全部结论对于对应的 m 维广义模糊积分全部成立, 为行文简明, 这里略去.

6.3.2　m 维广义模糊积分定理及收敛定理

定理 6.3.7(m 维广义模糊积分定理)　给定 m 维模糊测度空间 $(X, \Sigma, \vec{\mu})$. 设 $\vec{f}$ 是 m 维向量值函数, 又

$$\vec{\mu}(A) = (\mu_1(A), \mu_2(A), \cdots, \mu_m(A)), \quad A \in \Sigma,$$
$$\vec{f}(x) = (f_1(x), f_2(x), \cdots, f_m(x)), \quad x \in X,$$

则

$$(TS)\int_A \vec{f}d\vec{\mu} = \left((TS)\int_A f_1 d\mu_1, (TS)\int_A f_2 d\mu_2, \cdots, (TS)\int_A f_m d\mu_m\right).$$

证明   不失一般性, 我们只考虑 $m = 2$ 的情形. 任取 $\vec{s} \leqslant \vec{f}$, 且 $\vec{s}(X) = \{\vec{\alpha}^1, \vec{\alpha}^2, \cdots, \vec{\alpha}^n\} \subset \overline{R}_+^m, s^{-1}(\vec{\alpha}^i) = D_i \in \Sigma$, 其中 $\vec{\alpha}^i = (\vec{\alpha}_1^i, \vec{\alpha}_2^i)\,(i = 1, 2, \cdots, n)$. 若记 $s_1(X) = \{\alpha_1^1, \alpha_1^2, \cdots, \alpha_1^n\}$, $s_2(X) = \{\alpha_2^1, \alpha_2^2, \cdots, \alpha_2^n\}$, 显然有 $\vec{s} \leqslant \vec{f}$, 当且仅当 $s_1 \leqslant f_1$, $s_2 \leqslant f_2$. 对于上述的 $\vec{s}$, 有

$$\begin{aligned}
Q_A(\vec{s}, \vec{\mu}) &= \underset{i=1}{\overset{n}{T}}\, S\left[\vec{\alpha}^i, \vec{\mu}(A \cap D_i)\right]\\
&= \underset{i=1}{\overset{n}{T}}\, S\left[(\alpha_1^i, \alpha_2^i), (\mu_1(A \cap D_i), \mu_2(A \cap D_i))\right]\\
&= \left(\underset{i=1}{\overset{n}{T}}\, S\left[\alpha_1^i, \mu_1(A \cap D_i)\right], \underset{i=1}{\overset{n}{T}}\, S\left[\alpha_2^i, \mu_2(A \cap D_i)\right]\right)\\
&= (Q_A(s_1, \mu_1), Q_A(s_2, \mu_2)).
\end{aligned}$$

由 TS-L 广义模糊积分的定义, 有

$$\begin{aligned}
(TS)\int_A \vec{f}d\vec{\mu} &= \sup_{\vec{s} \leqslant \vec{f}} Q_A(\vec{s}, \vec{\mu})\\
&= \sup_{(s_1, s_2) \leqslant (f_1, f_2)} (Q_A(s_1, \mu_1), Q_A(s_2, \mu_2))\\
&= \left(\sup_{(s_1, s_2) \leqslant (f_1, f_2)} Q_A(s_1, \mu_1), \sup_{(s_1, s_2) \leqslant (f_1, f_2)} Q_A(s_2, \mu_2)\right)\\
&= \left(\sup_{s_1 \leqslant f_1} Q_A(s_1, \mu_1), \sup_{s_2 \leqslant f_2} Q_A(s_2, \mu_2)\right)\\
&= \left((TS)\int_A f_1 d\mu_1, (TS)\int_A f_2 d\mu_2\right).
\end{aligned}$$

证毕.

推论 6.3.8   在定理 6.3.7 的条件和假设下, 有

$$(S)\int_A \vec{f}d\vec{\mu} = \left((S)\int_A f_1 d\mu_1, (S)\int_A f_2 d\mu_2, \cdots, (S)\int_A f_m d\mu_m\right).$$

注 6.3.9   在 f 是 Σ-可测的条件下, 推论 6.3.8 有另外一种证明方法如下.

证明   不失一般性, 仍对 $m = 2$ 的情形给以证明. 对于 $\vee S$-广义模糊积分, 由定理 6.2.4, 有

$$(S)\int_A \vec{f}d\vec{\mu} = \sup_{\vec{\alpha} \in R_+^2} S\left[\vec{\alpha}, \vec{\mu}(A \cap F_{\vec{\alpha}})\right]$$

$$= \sup_{(\alpha_1,\alpha_2)\in R_+^2} S\left[(\alpha_1,\alpha_2),(\mu_1\left(A\cap F_{\vec{\alpha}}\right),\mu_2\left(A\cap F_{\vec{\alpha}}\right))\right]$$

$$= \left(\begin{array}{c} \sup\limits_{(\alpha_1,\alpha_2)\in R_+^2} S\left[\alpha_1,\mu_1\left(A\cap(f_1\geqslant\alpha_1)\cap(f_2\geqslant\alpha_2)\right)\right], \\ \sup\limits_{(\alpha_1,\alpha_2)\in R_+^2} S\left[\alpha_2,\mu_2\left(A\cap(f_1\geqslant\alpha_1)\cap(f_2\geqslant\alpha_2)\right)\right] \end{array}\right).$$

但

$$\sup_{(\alpha_1,\alpha_2)\in R_+^2} S\left[\alpha_1,\mu_1\left(A\cap(f_1\geqslant\alpha_1)\cap(f_2\geqslant\alpha_2)\right)\right]$$

$$= \sup_{\alpha_1\in R_+}\sup_{\alpha_2\in R_+} S\left[\alpha_1,\mu_1\left(A\cap(f_1\geqslant\alpha_1)\cap(f_2\geqslant\alpha_2)\right)\right]$$

$$\geqslant \sup_{\alpha_1\in R_+} S\left[\alpha_1,\mu_1\left(A\cap(f_1\geqslant\alpha_1)\cap(f_2\geqslant 0)\right)\right]$$

$$= \sup_{\alpha_1\in R_+} S\left[\alpha_1,\mu_1\left(A\cap(f_1\geqslant\alpha_1)\right)\right].$$

又对 $\forall\alpha_2\in\bar{R}_+$, 有

$$A\cap(f_1\geqslant\alpha_1)\cap(f_2\geqslant\alpha_2)\subset A\cap(f_1\geqslant\alpha_1)\cap(f_2\geqslant 0),$$

从而

$$\mu_1\left(A\cap(f_1\geqslant\alpha_1)\cap(f_2\geqslant\alpha_2)\right)\leqslant\mu_1\left(A\cap(f_1\geqslant\alpha_1)\right),$$

进而

$$S\left[\alpha_1,\mu_1\left(A\cap(f_1\geqslant\alpha_1)\cap(f_2\geqslant\alpha_2)\right)\right]\leqslant S\left[\alpha_1,\mu_1\left(A\cap(f_1\geqslant\alpha_1)\right)\right],$$

由 α_2 的任意性, 有

$$\sup_{\alpha_2\in R_+} S\left[\alpha_1,\mu_1\left(A\cap(f_1\geqslant\alpha_1)\cap(f_2\geqslant\alpha_2)\right)\right]\leqslant S\left[\alpha_1,\mu_1\left(A\cap(f_1\geqslant\alpha)\right)\right].$$

故

$$\sup_{\alpha_1\in R_+}\sup_{\alpha_2\in R_+} S\left[\alpha_1,\mu_1\left(A\cap(f_1\geqslant\alpha_1)\cap(f_2\geqslant\alpha_2)\right)\right]$$

$$\leqslant \sup_{\alpha_1\in R_+} S\left[\alpha_1,\mu_1\left(A\cap(f_1\geqslant\alpha_1)\right)\right],$$

这样我们就证明了

$$\sup_{(\alpha_1,\alpha_2)\in R_+^2} S\left[\alpha_1,\mu_1\left(A\cap(f_1\geqslant\alpha_1)\cap(f_2\geqslant\alpha_2)\right)\right]$$

$$= \sup_{\alpha_1 \in R_+} S\left[\alpha_1, \mu_1\left(A \cap (f_1 \geqslant \alpha_1)\right)\right].$$

同理证明

$$\sup_{(\alpha_1, \alpha_2) \in R^2_+} S\left[\alpha_2, \mu_2\left(A \cap (f_1 \geqslant \alpha_1) \cap (f_2 \geqslant \alpha_2)\right)\right]$$

$$= \sup_{\alpha_2 \in R_+} S\left[\alpha_2, \mu_2\left(A \cap (f_2 \geqslant \alpha_2)\right)\right].$$

综上, 我们可以看出

$$(S)\int_A \vec{f} d\vec{\mu} = \left((S)\int_A f_1 d\mu_1, (S)\int_A f_2 d\mu_2\right).$$

证毕.

利用 m 维广义模糊积分定理及一维广义模糊积分的收敛定理, 我们很容易得到 $\vee S$-$\bar{R}^m_+$ 值广义模糊积分的更进一步的收敛定理. 以下设 Σ 是 X 的子集构成的 σ-代数.

定理 6.3.10(单调递增收敛定理)   设 S 是连续的广义三角半模, $\{\vec{f}_n(n \geqslant 1), \vec{f}\}$ 是 $\bar{R}^m_+$ 值 Σ-可测函数列, $\vec{\mu}$ 是下半连续的模糊测度, $A \in \Sigma$. 则 $\vec{f}_n \uparrow \vec{f}$ 蕴含

$$(S)\int_A \vec{f}_n d\vec{\mu} \uparrow (S)\int_A \vec{f} d\vec{\mu}.$$

定理 6.3.11(单调下降收敛定理)   设 S 是连续的广义三角半模, $\vec{\mu}$ 是上半连续的模糊测度, $\left\{\vec{f}_n(n \geqslant 1), \vec{f}\right\}$ 是 R^m_+ 值 Σ-可测函数列, $A \in \Sigma$. 若 $\mu(A) \in R^m_+$, 则

$$\vec{f}_n \downarrow \vec{f} \Rightarrow (S)\int_A \vec{f}_n d\vec{\mu} \downarrow (S)\int_A \vec{f} d\vec{\mu}.$$

定理 6.3.12 $\vec{\mu}$ 是连续模糊测度, S 是连续的广义半模, $A \in \Sigma$, 且 $\vec{\mu}(A) \in R^m_+$, 又设 $\left\{\vec{f}_n(n \geqslant 1), \vec{f}\right\}$ 是 Σ-可测向量值函数, 则 $\vec{f}_n \to \vec{f}$ 蕴含

$$(S)\int_A \vec{f}_n d\vec{\mu} \to (S)\int_A \vec{f} d\vec{\mu}.$$

注 6.3.13   因为在定义 6.1.1(1) 中, 约定了 $S[0_L, x] = 0_L$, 对一切 $x \in X$, 故

$$\lim_{n \to \infty} S\left[\frac{\vec{1}}{n}, \vec{\infty}\right] = \vec{0},$$

这样, 在第 3 章的各种收敛定理中, 可略去与其有关的条件. 其中 $\dfrac{\vec{1}}{n} = \left(\dfrac{1}{n}, \dfrac{1}{n}, \cdots, \dfrac{1}{n}\right)$.

6.4　进展与注

在数值模糊测度与模糊积分中, 所涉及的数值取值于 [0,1] 或 [0,∞], 而二者均为特殊的完备格, 如果把模糊测度取值于格, 就得到了格值模糊测度. 这一概念是由 Greco[2] 于 1987 年给出的, 他把 X 的幂集 $P(X)$ 到完备格 L 的单调格值集函数称为 L-模糊测度, 同时他还定义了格值函数 f 的上模糊积分和下模糊积分.

同时, 他把一类特殊的格值泛函称为格值模糊积分, 且给出了这种格值模糊积分的表示以及与上、下格值模糊积分的关系. 紧接着 Greco[3] 又进一步研究了前文所没提及的格值函数的可测性问题, 提出了格值函数的 H-可测性的概念, 进而定义了 H-可测格值函数的格值模糊积分. 这两篇文章开辟了模糊测度论的新方向.

1993 年, 刘学成与张广全[10] 对照数值模糊测度与模糊积分的定义, 建立了取值于 Abel 半群格的格值模糊测度与格值模糊积分. 同时, 马明与胡海平[11] 又给出了取值于向量格的抽象模糊测度与模糊积分的定义, 并得到了一些相应的结果, 进一步在 1996 年, 马明[12] 又得到了 n 维模糊积分的定义和一种表示, 所有上述格值模糊测度与格值模糊积分均是采用格上的自然并 "∨" 与交 "∧" 运算, 因而无疑是 Sugeno 模糊积分的推广, 却不是三角模模糊积分的推广. 鉴于此, 因为格上也可以引入三角模运算, 故格上应该可以建立广义的模糊积分. 基于此, Cooman 与 Kerre[1] 在一个完备格上引入了三角半模和三角半余模的概念, 并以此定义了两种格值半模模糊积分. 这两种格值模糊积分是相当广泛的, 并且仍保持 Sugeno 模糊积分的一些好性质, 如单调性等, 但此格值模糊积分尚无收敛定理, 且不能包含前文的广义模糊积分. 我们通过在格上引入广义三角半模, 建立了能够包含广义模糊积分和格值半模模糊积分的格值广义模糊积分理论, 这也是本章的内容.

本章作为数值模糊测度与模糊积分的推广, 能够涵盖 Sugeno 积分、半模模糊积分及广义模糊积分, 同时能够涵盖包括文献 [1—3] 中的各种格值模糊积分. 与 Liu[10] 的工作相比, 本章的收敛定理是不充分的, 期待今后完善. 虽然本章的格值积分涵盖范围很广, 但其不能涵盖 Choquet 积分、凹积分[9]、泛积分[15] 等.

关于与格有关的模糊测度与积分, 也参见彭祖曾[14]、赵汝怀[20] 等的工作, 但这些工作讨论的是格上的模糊测度与积分, 是不取值于格的. 值得一提的是, 近年来 Mesiar[13] 及 Kawabe[4-8] 在其系列文章中, 引入了非线性积分泛函的概念, 使得各种模糊积分及 Chouqet 积分成为特款, 并给出了该非线性积分泛函的各种收敛定理, 建立类似的格值单调积分泛函应该是有意义的课题.

参 考 文 献

[1] Cooman G, Kerre E. Possibility and necessity integrals. Fuzzy Sets and Systems, 1996, 77: 207-227.

[2] Greco G H. Fuzzy integrals and fuzzy measures with their values in complete lattices. J. Math. Anal. Appl., 1987, 126: 594-603.

[3] Greco G H. On L-fuzzy integrals of measurable functions. J. Math. Anal. Appl., 1987, 128: 581-585.

[4] Kawabe J. The bounded convergence in measure theorem for nonlinear integral functionals. Fuzzy Sets and Systems, 2015, 271: 31-42.

[5] Kawabe J. Weak convergence of nonadditive measures based on nonlinear integral functionals. Fuzzy Sets and Systems, 2016, 289: 1-15.

[6] Kawabe J. A unified approach to the monotone convergence theorem for nonlinear integral. Fuzzy Sets and Systems, 2016, 304: 1-19.

[7] Kawabe J. The monotone convergence theorem for nonlinear integral functionals on a topology space. Linear Nonlinear Anal., 2016, 2: 281-300.

[8] Kawabe J. The Vitali convergence in measure theorem of nonlinear integral. Fuzzy Sets and Systems, 2020, 379: 63-81.

[9] Lehrer E, Teper R. The concave integral over large space. Fuzzy Sets and Systems, 2008, 159: 2130-2144.

[10] Liu X C, Zhang G Q. Lattice-valued fuzzy measure and lattice-valued fuzzy integral. Fuzzy Sets and Systems, 1994, 62: 319-332.

[11] Ma M, Hu H P. The abstract (s)integrals. J. Fuzzy Math., 1993, 1: 89-107.

[12] Ma M, Friedman M, Kandel A. On N-dimensional fuzzyintegrals. J. Fuzzy Math., 1996, 4: 217-227.

[13] Mesiar R. Fuzzy measures and integrals. Fuzzy Sets and Systems., 2005, 156: 365-370.

[14] 彭祖曾. 格上的模糊测度空间. 数学季刊, 1995, 3: 45-51.

[15] Wang Z Y, Klir G J. Generalized Measure Theory. New York: Springer, 2009.

[16] 张德利. 单值模糊积分、集值模糊积分与模糊值模糊积分. 哈尔滨工业大学博士学位论文, 1998.

[17] 张德利, 郭彩梅. 模糊积分论. 长春: 东北师范大学出版社, 2004.

[18] Zhang D L, Guo C M, Liu D Y. Lattice-valued generalized fuzzy integrals. Proceedings of the 7th International Conference on Machine Learning and Cybernetics, Kunming, China, 2008: 542-545.

[19] Zhang D L, Guo C M. N-dimensional generalized fuzzy integrals. Proceedings of the 9th International Conference on Machine Learning and Cybernetics, Qingdao, China, 2010: 537-540.

[20] 赵汝怀. 格上的模糊测度与模糊积分. 中国模糊数学与系统学会第五届年会论文集. 成都: 西南交通大学出版社, 1990.

第 7 章   集值函数与模糊集值函数的积分

前面几章中, 我们主要研究了单值 (数值与格值) 函数的各种积分, 作为单值函数的推广, 集值函数及其分析学——集值分析具有重要的理论和应用价值, 模糊集值函数作为集值函数的推广是模糊分析学的重要内容, 本章来介绍集值函数与模糊值函数的积分理论. 分七节, 包含四个方面的主要内容. 首先介绍集值积分的基本理论, 包括 Aumann 积分及 Debreu 积分, 同时介绍集值测度的主要结果; 其次, 推广 Aumann 积分到模糊集值函数, 得到了模糊值积分, 给出了可列可加性定理与 Fubini 定理, 同时介绍了模糊集值测度; 再次, 建立了一维集值积分与模糊集值积分的 Jensen 不等式理论; 最后, 介绍了模糊值函数关于模糊数测度的积分理论.

本章将用到下列符号

(X, Σ) 为可测空间;

Y 为距离空间或 Banach 空间;

R^n 为 n 维欧氏空间;

$P_0(Y) = 2^Y \backslash \{\varnothing\}$;

$P_f(Y) = \{C \in 2^Y | C$是非空闭集$\}$;

$P_k(Y) = \{C \in 2^Y | C$是非空紧集$\}$;

$P_{b(f)(k)(c)}(Y) = \{C \in 2^Y | C$是非空有界 (闭)(紧)(凸) 集$\}$.

7.1   预 备 知 识

7.1.1   Bochner 积分

本小节的内容主要参考了 [26, 60]. 设 Y 为完备可分距离空间 (Polish 空间), 称映射 $f : X \to Y$ 为可测的, 若对任意开集 $O \subseteq Y$ 均有 $f^{-1}(O) = \{x \in X | f(x) \in O\} \in \Sigma$.

若可测函数 f 的值域是有限集, 则称其为简单函数. 特别地, 若 Y 为可分 Banach 空间, 则简单函数可表示为

$$f = \sum_{i=1}^{n} a_i \chi_{A_i}, \tag{7.1.1}$$

这里 $\{A_i | 1 \leqslant i \leqslant n\} \subseteq \Sigma, A_i \cap A_j \neq \varnothing (i \neq j)$.

引理 7.1.1 对于函数 $f: X \to Y$, 下列陈述等价:

(1) f 可测;

(2) f 是简单函数列的极限 (点态).

定义 7.1.2 给定 σ-有限测度空间 (X, Σ, m) 与可分 Banach 空间 Y. 设 s 是形如 (7.1.1) 的简单函数, 则其 Bochner 积分为

$$\int_X s\, dm = \sum_{i=1}^n a_i m(A_i).$$

设 f 是可测函数. 如果存在简单函数列 $\{s_n\}$ 使得

$$\lim_{n\to\infty} \int_X \|s_n - f\|\, dm = 0,$$

则称 f 是 Bochner 可积的, 且其积分为

$$\int_X f\, dm = \lim_{n\to\infty} \int_X s_n\, dm.$$

对于 $A \in \Sigma$, 定义 $\displaystyle\int_A f\, dm = \int_X \chi_A \cdot f\, dm.$

注 7.1.3 Bochner 积分的定义与简单函数列的选取无关, 即若存在简单函数列 $\{s_n\}$ 与 $\{t_n\}$, 满足

$$\lim_{n\to\infty} \int_X \|s_n - f\|\, dm = 0, \quad \lim_{n\to\infty} \int_X \|t_n - f\|\, dm = 0,$$

则 $\displaystyle\int_X f\, dm = \lim_{n\to\infty} \int_X s_n\, dm = \int_X t_n\, dm.$

性质 7.1.4 Bochner 积分具有下列性质:

(1) f 是 Bochner 可积的当且仅当 $\displaystyle\int_X \|f\|\, dm < \infty$;

(2) 若 $\{f_i : 1 \leqslant i \leqslant n\}$ 是 Bochner 可积函数集, $\{a_i : 1 \leqslant i \leqslant n\} \subset R$, 则 $\displaystyle\sum_{i=1}^n a_i f_i$ 是 Bochner 可积的, 且

$$\int_X \left(\sum_{i=1}^n a_i f_i \right) dm = \sum_{i=1}^n a_i \int_X f_i\, dm;$$

(3) 若 f 是 Bochner 可积的, 则

$$\left\| \int_X f\, dm \right\| \leqslant \int_X \|f\|\, dm;$$

(4) 设 f 是 Bochner 可积函数, $a \in Y$, 则

$$\int_X afdm = a\int_X fdm.$$

定理 7.1.5(控制收敛定理)　设 $\{f_n\}$ 是可测函数列, f 是可测函数. 若存在可积函数 g, 使得 $\|f_n\| \leqslant g(a.e.)$, 则

$$f_n \to f \Rightarrow \int_X f_n dm \to \int_X fdm.$$

记 $L^1[X, \Sigma, m, Y] = \{f : f \text{为 Bochner 可积函数}\}$, 定义

$$\|f\|_1 = \int_X \|f\|dm,$$

则 $(L^1[X, \Sigma, m, Y], \|\ \|_1)$ 构成 Banach 空间, 简记为 $L^1[X, Y]$.

7.1.2　集值函数

本小节中的内容主要参考了 [22, 26, 60]. 设 Y 为完备距离空间, $A, B \in P_f(Y)$, 则 Hausdorff 距离如下:

(1) $d(b, A) = \inf\limits_{a \in A} d(b, a), b \in Y$.

(2) $d(A, B) = \max\left\{\sup\limits_{a \in A} d(a, B), \sup\limits_{b \in B} d(b, A)\right\}$.

则 $(P_{f(k)}, d)$ 是完备的度量空间.

设 X, Y 为非空集合, 则称映射 $F : X \to 2^Y \backslash \{\varnothing\}$ 为集值函数. 若 Y 是距离空间, 且 $F(x) \in P_f(Y)(P_k(Y), P_c(Y)), \forall x \in X$, 则称集值函数 F 为闭 (紧, 凸) 值的.

给定集值函数 $F : X \to 2^Y \backslash \{\varnothing\}$. 若对任意开集 $O \subseteq Y$, 均有

$$F^{-1}(O) = \{x \in X : F(x) \cap O \neq \varnothing\},$$

则称 F 为可测的; 若对任意闭集 $C \subseteq Y$, 均有

$$F^{-1}(C) = \{x \in X : F(x) \cap C \neq \varnothing\},$$

则称 F 称为强可测的.

对于集值函数 $F : X \to 2^Y \backslash \{\varnothing\}$, 若可测函数 f, 满足 $f(x) \in F(x), \forall x \in X$, 则称 f 是 F 的可测选择.

定理 7.1.6[22](可测选择存在定理)　设 Y 是 Polish 空间, F 是可测闭值函数, 则 F 存在可测选择.

定理 7.1.7[8](Castaining 表示定理)   设 Y 是 Polish 空间, F 是闭值函数, 则 F 可测当且仅当存在可测选择列 $\{f_n\}$ 满足

$$F(x) = \mathrm{cl}\{f_n(x)\}, \quad \forall x \in X.$$

定理 7.1.8[22]   设 Y 为可分的距离空间. F 为闭值函数. 考虑下列命题:

(1) $F^{-1}(B) \in \Sigma, \forall B \in \mathrm{Borel}(Y)$;

(2) F 是强可测的;

(3) F 是可测的;

(4) $d(x, F(x)), \forall x \in X$ 是可测的;

(5) $\mathrm{Gr}F = \{(x, r) \in X \times Y : r \in F(x)\} \in \Sigma \otimes \mathrm{Borel}(Y)$.

则 (1)$\Rightarrow$(2)$\Rightarrow$(3)$\Leftrightarrow$(4). 若 Y 是 Polish 空间, 且存在 σ-有限测度 m, 使得 (X, Σ, m) 完备, 则 (1)—(5) 全部等价.

定理 7.1.9[22]   设 Y 是 Polish 空间, F 为紧值函数, 则 F 强可测当且仅当 F 是 (X, Σ) 到 $(P_k(Y), d)$ 的可测映射.

下面给出可测集值函数的运算性质.

给定 Y 为可分 Banach 空间, Y^* 为其共轭空间, 即 Y 上有界线性泛函的全体构成的空间.

设 $A, B \in P_0(Y)$, $k \in R$, 定义

(1) (Minkowski 和)$A + B = \{a + b \mid a \in A, b \in B\}$;

(2) $kA = \{ka | a \in A\}$;

(3) (凸包)$\mathrm{co}A = \cap\{C \subseteq Y : A \subseteq C, \ C \text{ 是凸集}\}$;

(4) (闭包)$\mathrm{cl}A = \cap\{C \subseteq Y : A \subseteq C, \ C \text{ 是闭集}\}$;

(5) (支撑函数)$\sigma(\cdot, A) : X^* \to \bar{R}; x^* \mapsto \sigma(x^*, A)$, 且

$$\sigma(x^*, A) = \begin{cases} \sup\{<x^*, x>, x \in A\}, & A \neq \varnothing, \\ -\infty, & A = \varnothing, \end{cases} \quad \forall x^* \in Y^*;$$

(6) $\|A\| = \sup\limits_{a \in A} \|a\|$.

定理 7.1.10   支撑函数具有下列性质:

(1) $\sigma(x^*, A + B) = \sigma(x^*, A) + \sigma(x^*, B)$;

(2) $\sigma(x^*, kA) = k\sigma(x^*, A), k \geqslant 0$;

(3) $d(A, B) = \sup\limits_{\|x^*\| \leqslant 1} |\sigma(x^*, A) - \sigma(x^*, B)|$.

定理 7.1.11[60]   设 $A, B \in P_{bfc}(Y)$, 则

(1) $A = \bigcap\limits_{x^* \in Y^*} \{x \in Y : \langle x^*, x \rangle \leqslant \sigma(x^*, A)\}$;

(2) $A \subseteq B \Leftrightarrow \sigma(x^*, A) \leqslant \sigma(x^*, B), \forall x^* \in Y^*$;

(3) $A = B \Leftrightarrow \sigma(x^*, A) = \sigma(x^*, B), \forall x^* \in Y^*$.

设 $\{A_n\} \subseteq P_f(Y)$, 定义

$$\mathop{\mathrm{Lim\,sup}}_{n\to\infty} A_n = \left\{ x \in Y : \exists \{x_n\} \subseteq Y, \lim_{k\to\infty} \|x_{n_k} - x\| = 0 \right\},$$

$$\mathop{\mathrm{Lim\,inf}}_{n\to\infty} A_n = \left\{ x \in Y : \exists \{x_n\} \subseteq Y, \lim_{n\to\infty} \|x_n - x\| = 0 \right\}.$$

若 $\mathop{\mathrm{Lim\,inf}}\limits_{n\to\infty} A_n = \mathop{\mathrm{Lim\,sup}}\limits_{n\to\infty} A_n = A$, 则称 $\{A_n\}$ Kuratowski 收敛于 A, 记为
(K) $\mathop{\mathrm{Lim}}\limits_{n\to\infty} A_n = A$ 或 $A_n \xrightarrow{k} A$.

若 $\{A_n\} \subseteq P_f(Y)$, $(d)\lim\limits_{n\to\infty} A_n = A$, 即 $d(A_n, A) \to 0$, 则称 $\{A_n\}(d)$ 收敛于 A
或记为 $A_n \xrightarrow{d} A$.

定理 7.1.12　设 $\{A_n\} \subseteq P_0(Y)$, 则

(1) $\mathop{\mathrm{Lim\,sup}}\limits_{n\to\infty} A_n = \bigcap\limits_{n\geqslant 1} \mathrm{cl}\left(\bigcup\limits_{k\geqslant n} A_k \right)$;

(2) $\mathop{\mathrm{Lim\,inf}}\limits_{n\to\infty}\limits_{n} A_n = \bigcap\limits_{H} \mathrm{cl}\left(\bigcup\limits_{k\in H} A_k \right)$,

其中 H 表示 $\{1, 2, \cdots\}$ 的任意共尾子集, 即 H 满足任给的 $n \geqslant 1$, 总存在 $m_n \in H$, 使得 $m_n \geqslant n$.

推论 7.1.13　设 $\{A_n(n \geqslant 1), A\} \subseteq P_f(Y)$, 则

(1) $\mathop{\mathrm{Lim\,sup}}\limits_{n\to\infty} A_n$ 与 $\mathop{\mathrm{Lim\,inf}}\limits_{n\to\infty} A_n$ 是闭集;

(2) 若 $A_n = A(n \geqslant 1)$, 则 $A_n \xrightarrow{k} A$;

(3) 若 $A_1 \subseteq A_2 \subseteq \cdots$, 则 (K) $\mathop{\mathrm{Lim}}\limits_{n\to\infty} A_n = \mathrm{cl}\left(\bigcup\limits_{n=1}^{\infty} A_n \right)$;

(4) 若 $A_1 \supseteq A_2 \supseteq \cdots$, 则 (K) $\mathop{\mathrm{Lim}}\limits_{n\to\infty} A_n = \bigcap\limits_{n=1}^{\infty} A_n$.

定理 7.1.14[60]　设 $\{A_n\} \subseteq P_f(Y)$, 则 $A_n \xrightarrow{d} A \Rightarrow A_n \xrightarrow{k} A$.

定理 7.1.15[60]　设 $\{A_n\} \subseteq P_k(Y)$, 则 $A_n \xrightarrow{d} A \Leftrightarrow A_n \xrightarrow{k} A$ 且 $\mathrm{cl}\left(\bigcup\limits_{n=1}^{\infty} A_n \right)$, $A \in P_k(Y)$.

定理 7.1.16[60]　设 $Y = R^n$, 且 $\{A_n, A\} \subseteq P_{kc}(Y)$, 则 $A_n \xrightarrow{d} A \Leftrightarrow A_n \xrightarrow{k} A$.

设 $F_1, F_2 : X \to P_0(Y)$ 为集值函数, $k \in R$, 则以点态方式可以定义:

(1) $(F_1 + F_2)(x) = F_1(x) + F_2(x), \forall x \in X$;

(2) $(kF_1)(x) = kF_1(x), \forall x \in X$;

(3) $(\mathrm{co}F_1)(x) = \mathrm{co}F_1(x), \forall x \in X$;

(4) $(\mathrm{cl}F_1)(x) = \mathrm{cl}F_1(x), \forall x \in X$.

注 7.1.17   设 $\{F_n\}$ 是闭值函数列, 以点态方式可以同样定义

$$\underset{n\to\infty}{\text{Lim sup}}\,F_n, \quad \underset{n\to\infty}{\text{Lim inf}}\,F_n, \quad \underset{n\to\infty}{\text{Lim}}\,F_n, \quad F_n \xrightarrow{k} F, F_n \xrightarrow{d} F.$$

定理 7.1.18[60]   设 F 是可测闭值函数, 则 $\text{cl}F, \text{co}F$ 是可测的.

7.1.3 可积选择空间

本小节中的内容主要取自 [18, 60]. 设 (X, Σ, m) 是 σ-有限的完全测度空间, Y 为可分 Banach 空间. 对于集值函数 $F : X \to P_0(Y)$, 其可积选择空间记为

$$S_F^1 = \{f \in L^1[X, Y] : f(x) \in F(x), a.e.\}.$$

定理 7.1.19   若 F 为闭值函数, 则 S_F^1 是 $L^1[X, Y]$ 的闭子集.

证明   若 S_F^1 为空集, 则显然为闭的. 设 $S_F^1 \neq \varnothing$, 则可设 $\{f_n\} \subseteq S_F^1$, $\|f_n - f\|_1 \to 0$. 类似于实值情形, 则对 $\forall \varepsilon > 0$, 有 $m(x \in X : \|f_n - f\| \geqslant \varepsilon) \to 0$, 从而存在子列 $\{f_{n_k} : k \geqslant 1\}$, 使得 $\lim\limits_{k\to\infty} f_{n_k}(x) = f(x)$, 故 $f(x) \in F(x)$.

因为 $\|f\| \leqslant \|f - f_n\| + \|f_n\|$, 所以 $f \in L^1[X, Y]$, 从而结论得证. 证毕.

定理 7.1.20   设 F 为可测闭值函数, $S_F^1 \neq \varnothing$, 则存在 $\{f_n\} \subseteq S_F^1$, 使得

$$F(x) = \text{cl}(\{f_n(x) : n \geqslant 1\}).$$

证明   由 F 为可测闭值函数及 Castaining 表示定理可知, 存在 F 的可测选择列 $\{g_n\}$, 使得

$$F(x) = \text{cl}(\{g_n(x) : n \geqslant 1\}).$$

由于 m 是 σ-有限的, 故存在 X 的可数可测分划 $\{A_n : n \geqslant 1\}$, 使得 $m(A_n) < \infty, \forall n \geqslant 1$. 又 $S_F^1 \neq \varnothing$, 可取 $f \in S_F^1$, 令

$$B_{jmk} = \{x \in X : m - 1 < \|g_j(x)\| \leqslant m\} \cap A_k,$$

$$f_{jmk} = \chi_{B_{jmk}} \cdot g_j + \chi_{B_{jmk}} \cdot f(j, m, k \geqslant 1),$$

又 f_{jmk} 显然是有界可测函数, 故 $\{f_{jmk} : j, m, k \geqslant 1\} \subseteq S_F^1$, 且

$$F(x) = \text{cl}(\{f_{jmk}(x) : j, m, k \geqslant 1\}).$$

证毕.

推论 7.1.21   设 F_1, F_2 是可测闭值函数, $S_{F_1}^1 \neq \varnothing, S_{F_2}^1 \neq \varnothing$, 则 $F_1 = F_2(a.e.)$ 当且仅当 $S_{F_1}^1 = S_{F_2}^1$.

证明　必要性显然. 下面证充分性: 若 $S_{F_1}^1 = S_{F_2}^1 \neq \varnothing$, 则存在则存在 $\{f_n\} \subseteq S_{F_1}^1, \{g_n\} \subseteq S_{F_2}^1$ 使得

$$F_1(x) = \mathrm{cl}(\{f_n(x) : n \geqslant 1\}), \quad F_2(x) = \mathrm{cl}(\{g_n(x) : n \geqslant 1\}).$$

故 $\{f_n, g_n\} \subseteq S_{F_1}^1 = S_{F_2}^1$, 且

$$F_1(x) = \mathrm{cl}(\{f_n(x), g_n(x) : n \geqslant 1\}) = F_2(x).$$

定理 7.1.22　设 F 为可测闭值函数, $\{f_n\} \subseteq S_F^1$, 且

$$F(x) = \mathrm{cl}(\{f_n(x) : n \geqslant 1\}).$$

则对任一给定的 $f \in S_F^1$ 及 $\varepsilon > 0$, 总存在 X 的有限可测分划 $\{A_k : 1 \leqslant k \leqslant n\}$, 使得

$$\left\| f - \sum_{i=1}^n \chi_{A_i} f_n \right\|_1 < \varepsilon.$$

证明　对于 $f \in S_F^1$, 取可积函数 $\lambda : X \to R^+$, 且 $\int_X \lambda dm < \dfrac{1}{3}$. 令

$$B_1 = \{x \in X : \|f(x) - f_1(x)\| \leqslant \lambda(x)\},$$

$$B_n = \{x \in X : \|f(x) - f_n(x)\| \leqslant \lambda(x)\} \backslash \bigcup_{i=1}^{n-1} B_i,$$

则 $\{B_n\}$ 为 X 的可数可测分划.

由 f, f_1 的可积性知, 存在 $n_0 \geqslant 1$, 使得

$$\sum_{i=n+1}^\infty \int_{B_i} \|f\| dm < \frac{\varepsilon}{3}, \quad \sum_{i=n+1}^\infty \int_{B_i} \|f_1\| dm < \frac{\varepsilon}{3}.$$

令 $A_1 = B_1 \cup \left(\bigcup_{i=n+1}^\infty B_i \right), A_j = B_j (2 \leqslant j \leqslant n)$, 则 $\{A_i : 1 \leqslant i \leqslant n\}$ 是 X 的有限可测分划, 且

$$\left\| f - \sum_{i=1}^n \lambda_{A_i} f_i \right\| = \sum_{i=1}^n \int_{B_i} \|f(x) - f_i(x)\| dm + \sum_{i=n+1}^\infty \int_{B_i} \|f(x) - f_i(x)\| dm$$

$$\leqslant \int_X \lambda dm + \sum_{i=n+1}^\infty \int_{B_i} (\|f(x)\| + \|f_1(x)\|) dm < \frac{\varepsilon}{3} + \frac{\varepsilon}{3} + \frac{\varepsilon}{3} = \varepsilon.$$

证毕.

定理 7.1.23 设 F_1, F_2 是可测闭值函数, $S_{F_1}^1, S_{F_2}^1 \neq \varnothing, F(x) = \mathrm{cl}(F_1(x) + F_2(x))$. 则 $S_F^1 = \mathrm{cl}(S_{F_1}^1 + S_{F_2}^1)$.

证明 因为 $S_{F_1}^1, S_{F_2}^1 \neq \varnothing$, 则存在 $\{f_{mi} : i \geqslant 1\} \subseteq S_{F_m}^1$, 使得 $F_m(x) = \mathrm{cl}(F_{mi}(x) : i \geqslant 1), m = 1, 2$. 故

$$F(x) = \mathrm{cl}(F_1(x) + F_2(x)) = \mathrm{cl}(f_{1i}(x) + f_{2j}(x) : i, j \geqslant 1).$$

对于 $f \in S_F^1$ 及 $\varepsilon > 0$, 由定理 7.1.22, 存在 X 的有限可测分划 $\{A_k : 1 \leqslant k \leqslant n\}$ 及正整数集 $\{i_k, j_k : 1 \leqslant k \leqslant n\}$, 使得

$$\left\| f - \sum_{k=1}^n \chi_{A_k}(f_{1i_k} + f_{2j_k}) \right\|_1 < \varepsilon,$$

取

$$g_n = \sum_{k=1}^n \chi_{A_k}(f_{1i_k} + f_{2j_k}) = \sum_{k=1}^n \chi_{A_k} f_{1i_k} + \sum_{k=1}^n \chi_{A_k} f_{2j_k},$$

则 $g_n \to f$, 且 $\{g_n\} \subseteq S_{F_1}^1 + S_{F_2}^1$, 故 $f \in \mathrm{cl}(S_{F_1}^1 + S_{F_2}^1)$, 即 $S_F^1 \subseteq \mathrm{cl}(S_{F_1}^1 + S_{F_2}^1)$. 而 $S_F^1 \supseteq \mathrm{cl}(S_{F_1}^1 + S_{F_2}^1)$ 是显然的, 从而等式成立. 证毕.

定理 7.1.24 设 F 是可测闭值函数, $S_F^1 \neq \varnothing, \lambda \in R$. 则 $S_{\lambda F}^1 = \lambda S_F^1$.

定理 7.1.25 设 F 是可测闭值函数, $S_F^1 \neq \varnothing$. 则 $S_{\mathrm{cl(co}F)}^1 = \mathrm{cl}(\mathrm{co}S_F^1)$.

证明 记 $G(x) = \mathrm{cl}(\mathrm{co}F(x))$. 由于设 F 是可测闭值函数, 则存在

$$\{f_n : n \geqslant 1\} \subseteq S_F^1, \quad F(x) = \mathrm{cl}(\{f_n(x) : n \geqslant 1\}).$$

取

$$U = \left\{ g : g = \sum_{i=1}^m \lambda_i f_i, \lambda_i \geqslant 0 \text{有理数}, \sum_{i=1}^m \lambda_i = 1, m \geqslant 1 \right\},$$

则 $G(x) = \mathrm{cl}\{g : g \in U\}$, 因为 U 是可数集合, 故 G 是闭值可测的. 从而 $U \subseteq S_G^1$. 任取 $f \in S_{\mathrm{cl(co}F)}^1 = S_G^1$, 由定理 7.1.22, 存在 X 的有限可测分划 $\{A_k : 1 \leqslant k \leqslant n\}$ 及正整数集 $\{g_k : 1 \leqslant k \leqslant n\} \subseteq U$, 使得

$$\left\| f - \sum_{k=1}^n \chi_{A_k} g_k \right\|_1 < \varepsilon.$$

由 U 的定义, 有 $g_k = \sum_{i=1}^m \lambda_{ki} f_i (1 \leqslant k \leqslant n)$, 其中 $\lambda_{ki} \geqslant 0$ 有理数, $\sum_{i=1}^m \lambda_{ki} = 1$. 因此

$$\sum_{k=1}^n \chi_{A_k} g_k = \sum_{k=1}^n \chi_{A_k} \left(\sum_{i=1}^m \lambda_{ki} f_i \right) = \sum_{k=1}^n \sum_{i=1}^m \lambda_{ki}(\chi_{A_k} f_i) \in \mathrm{co}S_F^1.$$

所以 $f \in \mathrm{cl}(\mathrm{co}S_F^1)$, 即 $S_{\mathrm{cl}(\mathrm{co}F)}^1 \subseteq \mathrm{cl}(\mathrm{co}S_F^1)$.

又 $S_{\mathrm{cl}(\mathrm{co}F)}^1 \supseteq S_F^1$, 且 $S_{\mathrm{cl}(\mathrm{co}F)}^1$ 是闭凸集, 则 $S_{\mathrm{cl}(\mathrm{co}F)}^1 \supseteq \mathrm{cl}(\mathrm{co}S_F^1)$, 从而定理得证. 证毕.

推论 7.1.26　设 F 是可测闭值函数, $S_F^1 \neq \varnothing$. 则 S_F^1 是凸的当且仅当 F 几乎处处凸.

7.2　集值函数的 Aumann 积分

本小节中的内容主要取自 [5, 22, 26, 52, 60]. 给定完全的 σ-有限测度空间 (X, Σ, m), Y 为可分的 Banach 空间.

7.2.1　定义

定义 7.2.1[5,22]　设 F 是集值函数, 则其 Aumann 积分定义为

$$\int_X F dm = \left\{ \int_X f dm : f \in S_F^1 \right\}.$$

若 $\displaystyle\int_X F dm \neq \varnothing$, 则称 F 可积. 对于 $A \in \Sigma$, 记

$$\int_A F dm = \int_X \chi_A \cdot F dm,$$

这里 $\chi_A \cdot F(x) = \begin{cases} F(x), & x \in A, \\ \{0\}, & x \notin A. \end{cases}$

"Aumann 积分" 简称为 "集值积分", $\displaystyle\int_X F dm$ 简记为 $\displaystyle\int F dm$.

对于集值函数 F, 若存在非负可积函数 $g : X \to R^+$, 使得

$$\|F\|(x) = \|F(x)\| \leqslant g(x), \quad \forall x \in X, a.e.,$$

则称 F 为可积有界的.

显然, F 为可积有界当且仅当 $\|F\|$ 可积.

定理 7.2.2　若 F 是可积有界的可测闭值函数, 则 F 是可积的.

证明　由可测选择存在定理可知, F 存在可测选择 f, 由 F 可积有界可知, $f \in S_F^1$, 故结论成立. 证毕.

定理 7.2.3　若 F 是可测闭值函数, 则 F 可积当且仅当 $d(0, F(x))$ 可积.

证明　必要性. 若 F 可积, 则存在 $f \in S_F^1$, 且

$$d(0, F(x)) \leqslant d(0, f(x)) = \|f(x)\|,$$

从而知 $d(0, F(x))$ 可积.

充分性. 由于 F 是可测闭值函数, 则存在 F 的可测选择序列 $\{f_n\}$, 使得

$$F(x) = \mathrm{cl}\{f_n : n \geqslant 1\}.$$

则 $d(0, F(x)) = \inf\limits_{n \geqslant 1} \|f_n(x)\|$.

设 $g(x) = \inf\limits_{n \geqslant 1} \|f_n(x)\|$, 取非负可积函数 $\lambda(x)$ 及 $\varepsilon > 0$ 使得 $\int_X \lambda dm < \varepsilon$. 令

$$A_1 = \{x \in X : \|f_1(x)\| < g(x) + \lambda(x)\},$$

$$\cdots\cdots$$

$$A_n = \{x \in X : \|f_n(x)\| < g(x) + \lambda(x)\} \setminus \left(\bigcup_{i=1}^{n-1} A_i \right),$$

则 $\{A_n\}$ 为 X 的可数可测分划, 令

$$f(x) = \sum_{n=1}^{\infty} \chi_{A_n}(x) f_n(x),$$

则

$$\int_X \|f\| dm = \sum_{n=1}^{\infty} \int_{A_n} \|f_n\| dm \leqslant \sum_{n=1}^{\infty} \int_{A_n} g dm + \varepsilon < \infty,$$

故 $f \in S_F^1$, F 可积. 证毕.

7.2.2 性质

定理 7.2.4 若 F 是闭凸值函数, 则 $\int_X F dm$ 是凸的.

证明 若 F 是闭凸值函数, 则 $S_F^1 \subseteq L^1[X, Y]$ 是凸集, 由 Bochner 积分的线性性知 $\int_X F dm$ 是凸的. 证毕.

定理 7.2.5 设 F_1, F_2, F 是可积的闭值函数, $\lambda \in R$, 则

(1) $\int \lambda F dm = \lambda \int F dm$;

(2) $\mathrm{cl} \int \mathrm{cl}(\mathrm{co} F) dm = \mathrm{cl} \left(\mathrm{co} \int F dm \right)$;

(3) $\mathrm{cl} \int \mathrm{cl}(F_1 + F_2) dm = \mathrm{cl} \left(\int F_1 dm + \int F_2 dm \right)$;

(4) $\sigma \left(y^*, \int F dm \right) = \int \sigma(y^*, F) dm, \forall y^* \in Y^*$;

(5) $d \left(\mathrm{cl} \int F_1 dm, \mathrm{cl} \int F_2 dm \right) \leqslant \int d(F_1(x), F_2(x)) dm$.

证明　(1) 显然. (2) 由定理 7.2.4 知, $\mathrm{cl}\int \mathrm{cl}(\mathrm{co}F)dm$ 是闭凸集,

$$\mathrm{cl}\int \mathrm{cl}(\mathrm{co}F)dm \supseteq \mathrm{cl}\left(\mathrm{co}\int Fdm\right).$$

另一方面, 对任意 $x \in \int \mathrm{cl}(\mathrm{co}F)dm$, 存在 $f \in \mathrm{cl}(\mathrm{co}S_F^1)$, 使得 $x = \int fdm$. 若 $f \in \mathrm{co}S_F^1$, 则存在 $\{f_1, f_2, \cdots, f_n\} \subseteq S_F^1$, 使得 $f = \sum_{i=1}^{n} \lambda_i f_i$, 其中 $0 \leqslant \lambda_i \leqslant 1, \sum_{i=1}^{n} \lambda_i = 1$. 故

$$x = \int fdm = \sum_{i=1}^{n} \alpha_i \int f_i dm \in \mathrm{co}\int Fdm.$$

若 $f \in \mathrm{cl}(\mathrm{co}S_F^1)$, 则存在 $\{f_n\} \subseteq \mathrm{co}S_F^1$, 使得 $\|f_n - f\|_1 \to 0$, 所以 $x = \int fdm = \lim\limits_{n\to\infty} \int f_n dm \in \mathrm{cl}\left(\mathrm{co}\int Fdm\right)$, 从而 (2) 得证.

(3) 由 $S_{\mathrm{cl}(F_1+F_2)}^1 = \mathrm{cl}(S_{F_1}^1 + S_{F_2}^1)$, 直接得到.

(4) 由条件 F 是闭值可积函数, 则存在可积函数列 $\{f_n\}$ 使得 $F(x)=\mathrm{cl}\{f_n(x)\}$, 由此可得

$$\sigma(y^*, F(x)) = \sup_{n\geqslant 1}\langle y^*, f_n(x)\rangle,$$

进而可知

$$\int \sigma(y^*, F)dm = \int \sup_{n\geqslant 1}\langle y^*, f_n\rangle dm \geqslant \sup_{f_n \in S_F^1} \left\langle y^*, \int f_n dm \right\rangle = \sigma\left(y^*, \int Fdm\right).$$

对任意 $\rho(x) \geqslant 0$, 满足 $\int \rho dm < \varepsilon$, 存在 $f_{n_\rho} \in S_F^1$,

$$\langle y^*, f_{n_\rho}(x)\rangle \geqslant \sup_{n\geqslant 1}\langle y^*, f_n(x)\rangle - \rho(x).$$

从而

$$\int \langle x^*, f_{n_\rho}(x)\rangle dm \geqslant \int \sup_{n\geqslant 1}\langle y^*, f_n(x)\rangle dm - \int \rho(x)dm > \int \sup_{n\geqslant 1}\langle y^*, f_n(x)\rangle dm - \varepsilon,$$

因此

$$\sigma\left(y^*, \int Fdm\right) \geqslant \int \sup_{n\geqslant 1} < y^*, f_n(x)dm = \int \sigma(y^*, F)dm,$$

等式 (4) 成立. 证毕.

定义 7.2.6 设 (X, Σ, m) 为测度空间. 称 $A \in \Sigma$ 为 m 的原子, 若 $m(A) > 0$, 且任给 $B \in \Sigma, B \subset A$, 必有 $m(B) = 0$ 或 $m(A - B) = 0$ 二者之一成立. 若 m 不存在原子, 则称其为非原子的.

定理 7.2.7 设 F 为可积集值函数, m 非原子, 则 $\mathrm{cl} \int F dm$ 为凸集.

下面给出集值函数积分的可列可加性, 取自作者的工作 [52].

设 $\{A_n\} \subset P_0(Y)$, 定义

$$\sum_{n=1}^{\infty} A_n = \left\{ \sum_{n=1}^{\infty} r_n : r_n \in A_n (n \geqslant 1), \sum_{n=1}^{\infty} r_n \text{无条件收敛} \right\}.$$

定理 7.2.8(可列可加性) 设 $\{F_n\}$ 是一列可测闭值函数, $\{\varphi_n\}$ 是一列非负可测函数. 若

(1) $\|F_n(x)\| \leqslant \varphi_n(x), \forall x \in X, a.e.$;

(2) $\varphi(x) = \sum_{n=1}^{\infty} \varphi_n.$

则

(1) $F(x) = \sum_{n=1}^{\infty} F_n(x) (\forall x \in X, a.e.)$ 是可积函数;

(2) $S_F^1 = \sum_{n=1}^{\infty} S_{F_n}^1$;

(3) $\int F dm = \sum_{n=1}^{\infty} \int F_n dm.$

证明 易知 $\|F(x)\| \leqslant \sum_{n=1}^{\infty} \varphi_n(x) = \varphi(x)$, 所以 (1) 成立. 下面来证明 (2).

显然 $S_F^1 \supseteq \sum_{n=1}^{\infty} S_{F_n}^1$, 只需证相反的包含关系成立. 为此, 对任取 $f \in S_F^1$, 只需证存在 $f_n \in S_F^1$, 使得 $f = \sum_{n=1}^{\infty} f_n$. 令 $Y^\infty = Y \times Y \times \cdots$, 则 Y^∞ 是可度量化空间. 定义集值函数

$$G(x) = \{\{u_n\} \subseteq Y^\infty : u_n \in F_n(x), n \geqslant 1\} \subseteq l^1(Y),$$

这里 $l^1(Y) = \left\{ \{u_n\} \in Y^\infty : \sum_{n=1}^{\infty} \|u_n\| < \infty \right\}$ 是 Banach 空间. 由 F_n 的可测性, 可知 G 是可测的.

定义连续映射 $H : l^1(Y) \to Y, \{u_n\} \mapsto \sum_{n=1}^{\infty} u_n$, 且记核

$$\mathrm{Ker}(H) = \{\{u_n\} \in l^1(B) : H(\{u_n\}) = 0\},$$

则映射 $H^{-1}(f(x)) = \mathrm{Ker}(H) + \left\{ \dfrac{f(x)}{2^n} \right\}$ 是可测集值函数, 令

$$P(x) = G(x) \cap H(x),$$

则 $P: X \to P_0(Y)$ 是可测集值函数. 从而存在可测选择 $g: X \to Y^\infty; x \mapsto \{f_n(x)\}$, 且

$$f(x) = \sum_{n=1}^{\infty} f_n(x).$$

从而 $S_F^1 \subseteq \sum\limits_{n=1}^{\infty} S_{F_n}^1$, (2) 得证. (3) 是 (2) 的直接结果. 证毕.

推论 7.2.9　设 F 为可积闭值函数, $\{A_n\}$ 为 X 的可数可测分划, 则

$$\int F dm = \sum_{n=1}^{\infty} \int_{A_n} F dm = \left\{ \sum_{n=1}^{\infty} y_n : y_n \in \int_{A_n} F dm \right\}.$$

定理 7.2.10　设 F_1, F_2 为闭值可积函数, 则

$$d \left(\text{cl} \int F_1 dm, \text{cl} \int F_2 dm \right) \leqslant \int d(F_1, F_2) dm.$$

定理 7.2.11　设 $\{F_n(n \geqslant 1), F\}$ 为闭值可积函数列, 若 $F_n \xrightarrow{d} F$, 则

$$\text{cl} \int F_n dm \xrightarrow{d} \text{cl} \int F dm.$$

7.3　$P_0(R^n)$ 值函数的 Aumann 积分

设 R^n 为 n 维欧氏空间, $P_0(R^n)$ 为 R^n 的非空子集构成的集合 (R_+^n 与 $P_0(R_+^n)$ 意义自明), (X, Σ, m) 为完全的 σ-有限测度空间. 本节中的集值函数是指映射 $F: X \to P_0(R^n)$.

7.3.1　基本性质, 收敛定理

本小节的结论主要取自 [22], 为简明略去了证明.

定理 7.3.1　设 F 是集值函数, 若 m 非原子, 则 $\int F dm$ 是凸集.

定理 7.3.2　设 $F: X \to P_0(R_+^n)$ 是可测集值函数, 则

$$\text{co} \int F dm = \int \text{co} F dm.$$

推论 7.3.3　设 $F: X \to P_0(R_+^n)$ 是可测集值函数, 若 m 是非原子的, 则

$$\int F dm = \int \text{co} F dm.$$

定理 7.3.4(Fatou 引理) 设 $\{F_n\}$ 是集值函数列, 若存在可积函数 $g: X \to R^+$, 使得对任意 $n \geqslant 1$, $\|F_n(x)\| \leqslant g(x), \forall x \in X, a.e.$, 则

$$\underset{n\to\infty}{\text{Lim sup}} \int F_n dm \subseteq \int \underset{n\to\infty}{\text{Lim sup}} F_n dm.$$

定理 7.3.5(Fatou 引理) 设 $\{F_n\}$ 是可测集值函数列, 若存在可积函数 $g: X \to R^+$, 使得对任意 $n \geqslant 1$, $\|F_n(x)\| \leqslant g(x), a.e.$, 则

$$\int \underset{n\to\infty}{\text{Lim inf}} F_n dm \subseteq \underset{n\to\infty}{\text{Lim inf}} \int F_n dm.$$

定理 7.3.6(Lebesgue 控制收敛定理) 设 $\{F_n\}$ 是可测集值函数列, 且 (K) $\underset{n\to\infty}{\lim} F_n = F$. 若存在可积函数 $g: X \to R^+$, 使得对任意 $n \geqslant 1$, $\|F_n(x)\| \leqslant g(x), a.e.$, 则

$$(K) \underset{n\to\infty}{\text{Lim}} \int F_n dm = \int F dm.$$

推论 7.3.7 设 F 是可积有界的可测集值函数, 若 F 是闭值的, 则 $\int F dm$ 是紧的.

推论 7.3.8 设 F_1, F_2 是可积有界的可测紧值函数, 则

$$\int (F_1 + F_2) dm = \int F_1 dm + \int F_2 dm.$$

7.3.2 Fubini 定理

定理 7.3.9 给定完备的 σ-有限测度空间 (X, Σ, m) 与 (X', Σ', m') 及其乘积空间 $(X \times X', \Sigma \times \Sigma', m \times m')$. 若紧凸值函数 $F: X \times X' \to P_{kc}(R^n)$ 是 $\Sigma \times \Sigma'$-可测且 $m \times m'$-可积有界的, 则

(1) 集值函数 $F(\cdot, x'): X \to P_{kc}(R^n); x \mapsto F(x, x'), \forall x' \in X', a.e.$ 是 Σ-可测且 m-可积有界的; 集值函数 $F(x,): X' \to P_{kc}(R^n); x' \mapsto F(x, x'), \forall x \in X, a.e.$ 是 Σ'-可测且 m'-可积有界的.

(2) 集值函数 $I(x) = \int_X' F(x, x') dm'$ 是 Σ-可测且 m-可积有界的; 集值函数 $I'(x') = \int_X F(x, x') dm$ 是 Σ'-可测且 m'-可积有界的.

(3) 等式成立

$$\int_{X \times X'} F(x, x') dm \times m' = \int_X I(x) dm = \int_{X'} I'(x') dm'.$$

证明 我们只证每个结论的前半部分, 因为后半部分同理.

(1) 因为 F 是 $\Sigma \times \Sigma'$-可测的, 则对 $\forall v \in R^n$, $\sigma(v, F) : X \times X' \to R$ 是 $\Sigma \times \Sigma'$-可测的. 由经典 Fubini 定理可知对 $\forall v \in R^n$, $\sigma(v, F(\cdot, x')) : X \to R$, $\forall x' \in X', a.e.$ 是 Σ-可测的, 从而 $F(\cdot, x'), \forall x' \in X', a.e.$ 是 Σ-可测的. 又由 F 的 $m \times m'$-可积有界性, 自然有 $F(\cdot, x'), \forall x' \in X', a.e.$ 是 m-可积有界的.

(2) 由定理 7.3.1 与推论 7.3.7 可知

$$I(x) = \int F(x, x')dm' \in P_{kc}(R^n),$$

且 $\forall v \in R^n$,

$$\sigma(v, I(x)) = \int \sigma(v, F(x, x'))dm'.$$

再一次由经典 Fubini 定理知, $\sigma(v, I(x))$ 是 Σ-可测的, 从而 $I(\cdot)$ 是 Σ-可测的.

又由 $\|I(x)\| \leqslant \int \|F(x, x')\|dm'$, 可知 $I(\cdot)$ 是 m-可积有界的, (2) 得证.

(3) 由经典 Fubini 定理知, $\forall v \in R^n$,

$$\sigma\left(v, \int_{X \times X'} F(x, x')dm \times m'\right) = \int_{X \times X'} \sigma(v, F(x, x'))dm \times m'$$
$$= \int_X \int_{X'} \sigma(v, F(x, x'))dmdm'$$
$$= \int_X \sigma\left(v, \int_{X'} F(x, x')\right)dmdm'$$
$$= \int_X \sigma\left(v, \int_{X'} F(x, x')\right)dm'dm$$
$$= \sigma\left(v, \int_X I(x)dm\right).$$

从而

$$\int_{X \times X'} F(x, x')dm \times m' = \int_X I(x)dm.$$

证毕.

7.3.3　Debreu 积分

本小节介绍集值函数的另一种积分, 是由 Debreu[12] 提出的, 被称为 Debreu 积分.

设 Y 为 Banach 空间, $P_{kc}(Y)$ 是其紧凸子集的全体, 由 Radstrom[37] 嵌入定理, 存在一个 Banach 空间 E, 使得 $P_{kc}(Y)$ 作为闭凸锥等距同构嵌入其中, 即存在映射 $j : P_{kc}(Y) \to E$, 满足对任意 $A, B \in P_{kc}(Y), \lambda \geqslant 0$, 有

(1) $\|j(A) - j(B)\| = d(A, B)$;

(2) $j(A + B) = j(A) + j(B)$;

(3) $j(\lambda A) = \lambda j(A)$;

(4) $j(P_{kc}(Y)) - j(P_{kc}(Y)) = E$.

定义 7.3.10 称集值函数 $F : X \to P_{kc}(Y)$ 为 Debreu 可积的, 若 $j \circ F : X \to E$ Bochner 可积, 且定义

$$(D)\int_X Fdm = j^{-1}\left(\int_X j \circ Fdm\right)$$

为 Debreu 积分.

定理 7.3.11 若集值函数 $F : X \to P_{kc}(Y)$ Debreu 可积, 则必 Aumann 可积, 且

$$(D)\int_X Fdm = \int_X Fdm.$$

7.4 集 值 测 度

给定可测空间 (X, Σ) 与 Banach 空间 Y. 前文中的集值函数是定义在 X 上的, 本小节考虑定义在 Σ 上的一类特殊集值函数——集值集函数, 也称为集值测度. 集值测度由 Arstein[2] 提出, Hiai 等[18] 做了深入研究, 该理论是随集值积分的发展而发展起来的. 本节内容主要取值 [22, 26, 60].

7.4.1 集值测度的定义与性质

定义 7.4.1 集值函数 $M : \Sigma \to P_0(Y)$ 称为集值测度, 若满足

(1) $M(\varnothing) = \{0\}$.

(2) (可列可加性) 对任意两两不交的集列 $\{A_n\} \subseteq \Sigma$, 有

$$M\left(\bigcup_{n=1}^{\infty} A_n\right) = \sum_{n=1}^{\infty} M(A_n)$$
$$= \left\{y \in R^n : y = \sum_{n=1}^{\infty} y_n(\text{无条件收敛}), y_n \in M(A_n), n \geqslant 1\right\}.$$

注 7.4.2 若 $M(\varnothing)$ 是有界集, 则 (2) 蕴含 (1); 集值测度具有有限可加性, 即

$$A \cap B = \varnothing \Rightarrow M(A \cup B) = M(A) + M(B).$$

设 $M : \Sigma \to P_0(Y)$ 是集值测度. 对任一 $A \in \Sigma$, 定义

$$|M|(A) = \sup \sum_{i=1}^{n} \|M(A_i)\|,$$

这里的上确界是针对 X 所有有限可测分划 $\{A_1, \cdots, A_n\}$ 取的. 若 $|M|(A) < \infty$, 则称 M 是有界变差的. 显然, 若 M 是有界变差的, 则对任意两两不交的集列 $\{A_n\} \subseteq \Sigma$, 级数 $y = \sum\limits_{n=1}^{\infty} y_n, y_n \in M(A_n)(n \geqslant 1)$ 是绝对收敛的.

定理 7.4.3 若 $M : \Sigma \to P_0(Y)$ 是集值测度, 则 $|M| : \Sigma \to \bar{R}^+$ 是测度.

称 $A \in \Sigma$ 为集值测度 $M : \Sigma \to P_0(Y)$ 的原子, 若 $M(A) \neq \{0\}$, 且对任意 $B \subset A, B \in \Sigma$, 有 $M(B) = \{0\}$ 或 $M(A \backslash B) = \{0\}$. 显然, $A \in \Sigma$ 是 M 的原子当且仅当 $A \in \Sigma$ 是 $|M|$ 的原子.

若集值测度不含原子, 则称为非原子的.

称 Banach 空间 Y 具有 Radon-Nikodym 性质, 简称 RNP 性质, 若对任意有限测度空间 (X, Σ, m) 及 m-连续的有界变差测度 $\nu : \Sigma \to Y$, 总存在 Bochner 可积函数 $f : X \to Y$, 使得

$$\nu(A) = \int_A f dm, \quad \forall A \in \Sigma.$$

定理 7.4.4 设 Banach 空间 Y 具有 Radon-Nikodym 性质, $M : \Sigma \to P_0(Y)$ 是非原子的有界变差集值测度, 则对 $\forall A \in \Sigma$, $\mathrm{cl}M(A)$ 是凸集, 且 $\mathrm{cl}\left[\bigcup\limits_{A \in \Sigma} M(A)\right]$ 是凸集.

通常情况下, 对于集值测度 M, 其诱导的集值集函数 $\mathrm{cl}M(A)$ 与 $\mathrm{cl}[\mathrm{co}M(A)]$ 未必是集值测度, 但我们有如下结果.

定理 7.4.5 设 $M : \Sigma \to P_0(Y)$ 是有界变差集值测度且 $M(X)$ 是相对弱紧的. 对 $\forall A \in \Sigma$, 令 $\overline{M}(A)$ 与 $\overline{\mathrm{co}}M(A)$ 分别表示 $M(A)$ 的弱闭包与弱闭凸包, 则 $\overline{M}$ 与 $\overline{\mathrm{co}}M$ 均为集值测度, 且

$$|M|(A) = \left|\overline{M}\right|(A) = \left|\overline{\mathrm{co}}M\right|(A), \quad \forall A \in \Sigma.$$

7.4.2   集值测度的选择

设 $M : \Sigma \to P_0(Y)$ 是集值测度, $m : \Sigma \to Y$ 为向量值测度. 若对 $\forall A \in \Sigma$, 均有 $m(A) \in M(A)$ (对应地 $m(A) \in \mathrm{cl}M(A)$), 则称 m 是 M 的测度选择 (对应地, 广义测度选择), 测度选择简称为选择.

设 $y_0 \in B \subseteq Y$. 称 y_0 为 B 的暴露点, 若存在 $y^* \in Y^*$, 使得 $\forall y \in B \backslash \{y_0\}$, 有

$$\langle y^*, y_0 \rangle > \langle y^*, y \rangle;$$

称 y_0 为 B 的强暴露点, 若 y_0 为 B 的暴露点且对 $\{y_n\} \subseteq B$, 有

$\langle y^*, y_n \rangle \to \langle y^*, y_0 \rangle$ 蕴含 $\|y_n - y_0\| \to 0$.

定理 7.4.6 设 $M : \Sigma \to P_0(Y)$ 是有界变差集值测度.

(1) 若 $y \in M(X)$ 是暴露点, 则存在 M 的选择 m, 使得 $m(X) = y$.

(2) 若 $y \in \mathrm{cl} M(X)$ 是强暴露点, 则存在 M 的广义选择 m, 使得 $m(X) = y$.

定理 7.4.7 设 $M : \Sigma \to P_0(Y)$ 是有界变差集值测度, $X' \subseteq X$ 是 $|M|$ 的非原子部分, $M(X')$ 是相对弱紧的. 则对 $\forall A \in \Sigma$ 及 $y \in A$, 总存在 M 的广义选择 m, 使得 $m(A) = y$.

定理 7.4.8(Artstein 选择定理) 设 $M : \Sigma \to P_0(Y)$ 是有界变差弱紧凸值集值测度. 则对 $\forall A \in \Sigma$ 及 $y \in A$, 总存在 M 的选择 m, 使得 $m(A) = y$.

定理 7.4.9 设 Y 是有限维 Banach 空间. 若 $M : \Sigma \to P_0(Y)$ 是有界变差集值测度, 则对 $\forall A \in \Sigma$ 及 $y \in A$, 总存在 M 的选择 m, 使得 $m(A) = y$.

定理 7.4.10 设 Y 是具有 RNP 性质的 Banach 空间. 若 $M : \Sigma \to P_0(Y)$ 是有界变差集值测度, 则对 $\forall A \in \Sigma, y \in A$ 及 $\varepsilon > 0$ 总存在 M 的选择 m, 使得 $\|m(A) - y\| < \varepsilon$.

7.4.3 Radon-Nikodym 定理

给定测度空间 (X, Σ, m), 集值测度 $M : \Sigma \to P_0(Y)$ 称为 m-连续的, 若

$$m(A) = 0 \Rightarrow M(A) = \{0\}.$$

显然 M 是 m-连续的当且仅当 $|M|$ 是 m-连续的.

由推论 7.2.9 知, 对任意可积集值函数 $F : X \to P_f(Y)$, 集值集函数

$$M : \Sigma \to P_0(Y); \quad M(A) = \int_A F dm$$

是集值测度, 且 m-连续.

设 $M : \Sigma \to P_0(Y)$ 是集值测度, 称集值函数 F 是 M 关于 m 的 Radon-Nikodym 导数, 若

$$M(A) = \int_A F dm, \quad \forall A \in \Sigma;$$

称集值函数 F 是 M 关于 m 的广义 Radon-Nikodym 导数, 若

$$\mathrm{cl} M(A) = \mathrm{cl} \int_A F dm, \quad \forall A \in \Sigma.$$

定理 7.4.11 若 F 是 M 关于 m 的广义 Radon-Nikodym 导数, 则

$$|M|(A) = \int_A |F| \, dm.$$

进而, M 是有界变差的当且仅当 F 是有界可积的.

定理 7.4.12　设 Y 是具有 RNP 性质的 Banach 空间. 若 $M : \Sigma \to P_0(Y)$ 是 m-连续的有界变差集值测度, 则 M 具有广义 Radon-Nikodym 导数.

定理 7.4.13　设 Y 是具有 RNP 性质的 Banach 空间, Y 是可分的. 若 $M : \Sigma \to P_0(Y)$ 是 m-连续的有界变差弱紧值测度, 则 M 具有 Radon-Nikodym 导数.

定理 7.4.14　设 $M : \Sigma \to P_{kc}(Y)$ 是紧凸集值测度. 则 M 具有 (唯一)Radon-Nikodym 导数当且仅当下列条件成立:

(1) M 是 m-连续的;

(2) M 是有界变差的;

(3) 对于任给 $A \in \Sigma, 0 < m(A) < \infty$, 总存在 $B \subset A$ 及 $C \in P_k(Y)$ 使得

$$m(B) > 0 \text{且对} \forall B' \in \Sigma, B' \subset B, m(B') > 0, \quad M(B')/m(B') \subset C.$$

推论 7.4.15　若 $F : X \to P_{kc}(Y)$ 是可积紧凸值函数, 则 $\displaystyle\int_A F dm (\forall A \in \Sigma)$ 是紧凸的.

定理 7.4.16(表示定理)　设 Y 是可分自反 Banach 空间. 若 $M : \Sigma \to P_0(Y)$ 是有界闭凸集值测度, 则存在 M 的一列选择 $\{m_k\}$, 使得

$$M(A) = \overline{\mathrm{co}}\{m_k(A) : n \geqslant 1\}, \quad \forall A \in \Sigma.$$

设 Y 是可分自反 Banach 空间, $m_1, m_2 : \Sigma \to Y$ 是向量测度. 若 $\forall A, B \in \Sigma, A \cap B = \varnothing$, 有 $m_1(A) = m_2(A), m_1(B) = m_2(B)$ 及存在 $c > 0$ 使得 $m_1(A) - m_2(A) = c(m_1(B) - m_2(B))$, 则称 m_1 与 m_2 等比.

定理 7.4.17　设 Y 是可分自反 Banach 空间. 若 $\{m_k\}$ 是一列一致有界变差 (即存在 $K > 0$, 使得 $|m_k| \leqslant K, \forall k \geqslant 1$) 两两等比的向量测度, 则

$$M(A) = \overline{\mathrm{co}}\{m_k(A) : n \geqslant 1\}, \quad \forall A \in \Sigma$$

为有界闭凸集值测度.

定理 7.4.18(Radon-Nikodym 定理)　设 Y 是可分自反 Banach 空间. 若 $\{m_k\}$ 是一列一致有界变差两两等比的 m-连续的向量测度, 则 m_k 有 Radon-Nikodym 导数 f_k, 令

$$M(A) = \overline{\mathrm{co}}\{m_k(A) : n \geqslant 1\}, \quad \forall A \in \Sigma,$$

$$F(x) = \overline{\mathrm{co}}\{f_k(x) : n \geqslant 1\}, \quad \forall x \in X,$$

则

$$M(A) = \int_A F dm, \quad \forall A \in \Sigma,$$

即 F 是 M 的 Radon-Nikodym 导数.

设 $M : \Sigma \to P_0(R^n)$ 是集值测度, 记

$$\Omega = \{H : H : \Sigma \to P_0(R^n) 是集值测度, \mathrm{cl}M(A) = \mathrm{cl}H(A), \forall A \in \Sigma\},$$

依据包含关系 $(\subset)$, Ω 中若存在最大元与最小元, 则分别记为 $\hat{M}$ 与 $\check{M}$.

定理 7.4.19 给定有限测度空间 (X, Σ, m). 若 $M : \Sigma \to P_0(R^n)$ 是 m-连续的集值测度, 则 Ω 存在最大元 $\hat{M}$, 且 $\hat{M}$ 有可测闭凸值 Radon-Nikodym 导数.

定理 7.4.20 给定有限测度空间 (X, Σ, m). 若 $M : \Sigma \to P_0(R^n)$ 是 m-连续的凸值测度, 则 Ω 存在最小元 $\check{M}$, 且 $\check{M}$ 有相对开且凸值 Radon-Nikodym 导数.

7.5 模糊集值函数的积分

自 Zadeh[49] 提出模糊集的概念以来, 模糊集理论得到了迅猛的发展, 并在自动控制、系统辨识、决策过程、风险评估、综合评判、机器学习等领域获得了广泛的应用. 取值为模糊集的函数被称模糊集值函数, 关于模糊集值函数的理论被称为模糊分析[45]. 模糊集值函数的积分理论是模糊分析学的重要内容. 本节中, 我们将介绍取值于一类模糊集的函数的积分.

7.5.1 n 维模糊数

定义 7.5.1 给定模糊集 $\tilde{A} : R^n \to [0, 1]$ 及下列条件:

(1) (正规性)$\exists u_0 \in R^n, \tilde{A}(u_0) = 1$;

(2) $\forall \lambda \in (0, 1]$, A_λ 是紧的;

(3) $\mathrm{supp}\tilde{A}$ 是紧的;

(4) (模糊凸性)$\tilde{A}$ 是模糊凸集.

若 $\tilde{A}$ 满足 (1), 则称其为 n 维正规模糊数, 其全体记为 $\tilde{P}_1(R^n)$;

若 $\tilde{A}$ 满足 (1), (4), 则称其为 n 维凸模糊数, 其全体记为 $\tilde{P}_c(R^n)$;

若 $\tilde{A}$ 满足 (1)—(3), 则称其为 n 维紧模糊数或非凸模糊数, 其全体记为 $\tilde{P}_k(R^n)$ 或 $\tilde{P}_{nc}(R^n)$;

若 $\tilde{A}$ 满足 (1)—(4), 则称其为 n 维紧凸模糊数, 简称模糊数, 其全体记为 $\tilde{P}_{kc}(R^n)$ 或 $\tilde{R}^n$.

定义 7.5.2 设 $\tilde{u}, \tilde{v} \in \tilde{P}_0(R^n)$, $k \in R$, 规定:

(1) $(\tilde{u} + \tilde{v})(r) = \bigvee_{r=s+t} [\tilde{u}(s) \wedge \tilde{v}(t)]$;

(2) $k\tilde{u}(r) = \begin{cases} \tilde{u}\left(\dfrac{r}{k}\right), & k \neq 0, \\ \chi_{\{0\}}, & k = 0; \end{cases}$

(3) $(\mathrm{co}\tilde{A})_\lambda = \mathrm{co}A_\lambda;$

(4) $(\mathrm{cl}\tilde{A})_\lambda = \mathrm{cl}A_\lambda;$

(5) $d_\infty(\tilde{u}, \tilde{v}) = \sup\limits_{\lambda \in [0,1]} d(u_\lambda, v_\lambda), d_1(\tilde{u}, \tilde{v}) = \int_0^1 d(u_\lambda, v_\lambda)d\lambda;$

(6) $\|\tilde{u}\| = d_\infty(\chi_{\{0\}}, \tilde{u}).$

定理 7.5.3　若 $\tilde{u}, \tilde{v} \in \tilde{P}_0(R^n), k \in R.$ 则

$$(\tilde{u} + \tilde{v})_\lambda = u_\lambda + v_\lambda, \quad (k\tilde{u})_\lambda = ku_\lambda, \quad \forall \lambda \in [0,1].$$

定理 7.5.4　$(\tilde{P}_k(R^n), d_\infty)$ 是完备度量空间, $(\tilde{R}^n, d_\infty)$ 完备子空间.

定义 7.5.5　设 $\{\tilde{u}_n(n \geqslant 1), \tilde{u}\} \subseteq \tilde{P}_k(R^n)$ 是紧模糊数序列.

若 $d_\infty(\tilde{u}_n, \tilde{u}) \to 0$, 则称 $\{\tilde{u}_n\}$ d_∞ 收敛于 $\tilde{u}$, 记为 $\tilde{u}_n \xrightarrow{d_\infty} \tilde{u};$

若 $\mathop{\mathrm{Lim\,inf}}\limits_{n\to\infty} \tilde{u}_n = \mathop{\mathrm{Lim\,sup}}\limits_{n\to\infty} \tilde{u}_n = \tilde{u}$, 这里

$$\mathop{\mathrm{Lim\,inf}}\limits_{n\to\infty} \tilde{u}_n = \bigcup_{\lambda \in [0,1]} \lambda \cdot \left(\mathop{\mathrm{Lim\,inf}}\limits_{n\to\infty} u_{n\lambda}\right),$$

$$\mathop{\mathrm{Lim\,sup}}\limits_{n\to\infty} \tilde{u}_n = \bigcup_{\lambda \in [0,1]} \lambda \cdot \left(\mathop{\mathrm{Lim\,sup}}\limits_{n\to\infty} u_{n\lambda}\right),$$

则称 $\{\tilde{u}_n\}$(K) 收敛于 $\tilde{u}$, 记为 $\tilde{u}_n \xrightarrow{k} \tilde{u}.$

若对 $\forall \lambda \in [0,1]$, 均有 $u_\lambda = \mathop{\mathrm{Lim}}\limits_{n\to\infty} u_{n\lambda}$, 则称 $\{\tilde{u}_n\}$ 水平收敛于 $\tilde{u}$, 记为 $\tilde{u}_n \xrightarrow{l} \tilde{u}$ 或 $\tilde{u}_n \to \tilde{u}$, 且

$$\tilde{u} = \mathop{\mathrm{Lim}}\limits_{n\to\infty} \tilde{u}_n = \bigcup_{\lambda \in [0,1]} \lambda \cdot \left(\mathop{\mathrm{Lim}}\limits_{n\to\infty} u_{n\lambda}\right).$$

引理 7.5.6　设 $\{\tilde{u}_n(n \geqslant 1), \tilde{u}\} \subseteq \tilde{P}_k(R^n)$ 是紧模糊数序列, 则

(1) $u_\lambda = \bigcap\limits_{0 \leqslant \beta < \lambda} \mathop{\mathrm{Lim}}\limits_{n\to\infty} u_{n\beta}, \forall \lambda \in (0,1];$

(2) $\tilde{u}_n \xrightarrow{d_\infty} \tilde{u} \Rightarrow \tilde{u}_n \xrightarrow{l} \tilde{u} \Rightarrow \tilde{u}_n \xrightarrow{k} \tilde{u}.$

引理 7.5.7(表示定理)　设 $\tilde{u} \in \tilde{P}_{k(kc)}(R^n)$, 记 $T = \{u_\lambda : \lambda \in [0,1]\}$, 则

(1) $u_\lambda \in P_{k(kc)}(R^n);$

(2) $\lambda \leqslant \beta \Rightarrow u_\lambda \supseteq u_\beta;$

(3) $\lambda_n \uparrow \lambda \in (0,1] \Rightarrow u_\lambda = \bigcap\limits_{n=1}^\infty u_{\lambda_n}.$

反之, 若集族 $T = \{H(\lambda) : \lambda \in [0,1]\}$ 满足上述条件 (1)—(3), 则存在 $\tilde{u} \in \tilde{P}_{k(kc)}(R^n)$, 使得 $u_\lambda = H(\lambda), \forall \lambda \in (0,1], u_0 \subseteq H(0).$

定义 7.5.8 设 $\{\tilde{u}_n\} \subseteq \tilde{P}_k(R^n)$, 定义

$$\sum_{n=1}^{\infty} \tilde{u}_n = \bigcup_{\lambda \in [0,1]} \lambda \cdot \left(\sum_{n=1}^{\infty} u_{n\lambda} \right).$$

引理 7.5.9 若 $\sum\limits_{n=1}^{\infty} \tilde{u}_n \in \tilde{P}_k(R^n)$, 则对 $\forall \lambda \in [0,1]$, 有

$$\left(\sum_{n=1}^{\infty} \tilde{u}_n \right)_\lambda = \sum_{n=1}^{\infty} u_{n\lambda}.$$

7.5.2 一维模糊数

考虑论域为实数集 R, n 维模糊数定义、符号和结论依然有效. 如 $\tilde{P}_k(R)$ 表示一维紧模糊数, $\tilde{R}$ 表示一维模糊数等. 在不混淆的情形下, "一维" 通常可以省略. 另外仍然用 $P_{0(f)(c)(k)}(R)$ 表示 R 的非空 (闭, 凸, 紧) 子集的全体. 记

$$\Delta(R) = \{\bar{a} = [a^-, a^+] : a^- \leqslant a^+, a^-, a^+ \in R\},$$

称其中的元素为区间数.

设 $\bar{a}, \bar{b} \in \Delta(R)$, $k \in R$, 则

$$\bar{a} + \bar{b} = [a^- + b^-, a^+ + b^+],$$

$$k\bar{a} = \begin{cases} [ka^-, ka^+], & k \geqslant 0, \\ [ka^+, ka^-], & k < 0. \end{cases}$$

规定

$$\bar{a} \leqslant \bar{b} \Leftrightarrow a^- \leqslant b^-, a^+ \leqslant b^+.$$

另易见

$$\bar{a} \subseteq \bar{b} \Leftrightarrow b^- \leqslant a^-, a^+ \leqslant b^+.$$

则 $(\Delta(R), \leqslant)$, $(\Delta(R), \subseteq)$ 是偏序集.

设 $\{\bar{a}_n, \bar{a}\} \subset \Delta(R)$ 是区间数列, 则 $\bar{a}_n \to \bar{a} \Leftrightarrow a_n^+ \to a^+, a_n^- \to a^-$.

设 $A, B \in P_0(R)$, 规定

(1) $A \leqslant_p B \Leftrightarrow$ 对 $\forall a \in A, \exists b_a \in B$, 使得 $a \leqslant b_a$, 对 $\forall b \in B, \exists a_b \in A$ 使得 $a_b \leqslant b$;

(2) $A \subseteq_p B \Leftrightarrow$ 对 $\forall a \in A, \exists b_a, c_a \in B$ 使得 $b_a \leqslant a \leqslant c_a$.

注 7.5.10 (1) $(P_0(R), \leqslant_p)((P_0(R), \subseteq_p))$ 不是偏序集 (不满足反对称性, 即 $A \leqslant_p (\subseteq_p)B$ 且 $B \leqslant_p (\subseteq_p)A$ 未必有 $A = B$), 是拟序集 (满足自反性, 即 $A \leqslant_p (\subseteq_p)A$ 及传递性, 即 $A \leqslant_p (\subseteq_p)B, B \leqslant_p (\subseteq_p)C \Rightarrow A \leqslant_p (\subseteq_p)C$);

(2) $\leqslant_p$ ($\subseteq_p$) 是区间数偏序关系 $\leqslant$ ($\subseteq$) 的扩展, $\subseteq_p$ 也是集合包含关系的拓展;

(3) 因为 $A \leqslant_p B$, 形象地看 A 与 B 是 "左右" 关系, 所以称其为 "左右序", 简记为 LR 序;

(4) 因为 $A \subseteq_p B$, 形象地看 A 与 B 是 "上下重叠" 关系, 所以称其为 "上下序", 简记为 UD 序.

引理 7.5.11　设 $A, B \in P_k(R), \lambda \geqslant 0$. 则

(1) $A \leqslant_p B \Leftrightarrow \inf A \leqslant \inf B, \sup A \leqslant \sup B$;

(2) $A \subseteq_p B \Leftrightarrow \inf B \leqslant \inf A, \sup A \leqslant \sup B$;

(3) $\inf A + \inf B = \inf(A + B)$;

(4) $\sup A + \sup B = \sup(A + B)$;

(5) $\lambda \cdot (\inf A) = \inf(\lambda A)$;

(6) $\lambda \cdot (\sup A) = \sup(\lambda A)$.

设 $\tilde{a}, \tilde{b} \in \tilde{R}$, 规定

$$\tilde{a} \tilde{\leqslant} \tilde{b} \Leftrightarrow \forall \lambda \in [0, 1], \bar{a}_\lambda \leqslant \bar{b}_\lambda,$$

$$\tilde{a} \tilde{\subseteq} \tilde{b} \Leftrightarrow \forall \lambda \in [0, 1], \bar{a}_\lambda \subseteq \bar{b}_\lambda.$$

设 $\tilde{u}, \tilde{v} \in \tilde{P}_1(R)$, 规定

$$\tilde{u} \tilde{\leqslant}_p \tilde{v} \Leftrightarrow \forall \lambda \in [0, 1], u_\lambda \leqslant_p v_\lambda,$$

$$\tilde{u} \tilde{\subseteq}_p \tilde{v} \Leftrightarrow \forall \lambda \in [0, 1], u_\lambda \subseteq_p v_\lambda.$$

7.5.3　模糊集值函数

给定完备的 σ-有限测度空间 (X, Σ, m).

映射 $\tilde{F} : X \to \tilde{P}_1(R^n)$ 称为模糊集值函数. 记

$$F_\lambda(x) = \begin{cases} (\tilde{F}(x))_\lambda, & \lambda \in (0, 1], \\ \operatorname{supp}\tilde{F}(x), & \lambda = 0, \end{cases}$$

称 F_λ 为 λ-截集值函数或水平函数.

模糊集值函数 $\tilde{F}$ 称为可测的 (紧值的, 凸值的), 若 $\forall \lambda \in [0, 1]$, F_λ 是可测的 (紧值的, 凸值的).

模糊集值函数 $\tilde{F}$ 称为可积有界的, 若存在可积函数 $g : X \to R^+$, 使得 $\left\| \tilde{F} \right\| (x) = \left\| \tilde{F}(x) \right\| \leqslant g(x), \forall x \in X, a.e..$

设 $\tilde{F}_1, \tilde{F}_2 : X \to \tilde{P}_0(R^n)$ 为模糊集值函数, $k \in R$, 则以点态方式可以定义:

(1) $(\tilde{F}_1 + \tilde{F}_2)(x) = \tilde{F}_1(x) + \tilde{F}_2(x), \forall x \in X, a.e.$;

(2) $(k\tilde{F}_1)(x) = k\tilde{F}_1(x), \forall x \in X, a.e.$;

(3) $(\mathrm{co}\tilde{F}_1)(x) = \mathrm{co}\tilde{F}_1(x), \forall x \in X, a.e.$;

(4) $(\mathrm{cl}\tilde{F}_1)(x) = \mathrm{cl}\tilde{F}_1(x), \forall x \in X, a.e.$.

注 7.5.12 设 $\tilde{F}_n : X \to \tilde{P}_k(R^n), n \geqslant 1$ 是模糊紧值函数列, 以点态方式可以同样定义 $\mathop{\mathrm{Lim\,sup}}\limits_{n\to\infty} \tilde{F}_n, \mathop{\mathrm{Lim\,inf}}\limits_{n\to\infty} \tilde{F}_n, \mathop{\mathrm{Lim}}\limits_{n\to\infty} \tilde{F}_n, \tilde{F}_n \xrightarrow{k} \tilde{F}, \tilde{F}_n \xrightarrow{d_\infty} \tilde{F}$.

定理 7.5.13 设 $\tilde{F}$ 是可测模糊集值函数, 则 $\mathrm{cl}\tilde{F}, \mathrm{co}\tilde{F}$ 是可测的.

7.5.4 模糊集值函数的积分

定义 7.5.14 给定完备的 σ-有限测度空间 (X, Σ, m). 设 $\tilde{F} : X \to \tilde{P}_1(R^n)$ 是模糊集值函数, 则 $\tilde{F}$ 在 $A \in \Sigma$ 上关于 m 的积分为

$$\int_A \tilde{F} dm = \bigcup_{\lambda \in [0,1]} \lambda \cdot \int_A F_\lambda dm.$$

当 $A = X$ 时, $\int_X \tilde{F} dm$ 简记为 $\int \tilde{F} dm$.

性质 7.5.15 设 $\tilde{F} : X \to \tilde{P}_1(R^n)$ 是模糊集值函数, 则 $\int \tilde{F} dm \in \tilde{P}(R^n)$, 且

$$\left(\int \tilde{F} dm \right)_\lambda = \bigcap_{0 \leqslant \beta < \lambda} \int F_\beta dm, \quad \forall \lambda \in (0,1].$$

证明 记 $H(\lambda) = \int F_\lambda dm$. 由定理 2.1.5, 对 $\forall \alpha, \beta \in [0,1], \alpha \leqslant \beta$, 有 $F_\alpha \supseteq F_\beta$, 从而 $S_{F_\alpha}^1 \supseteq S_{F_\beta}^1$, 故 $\int F_\alpha dm \supseteq \int F_\beta dm$. 由定理 2.1.7 知结论成立. 证毕.

性质 7.5.16 (1) 设 $\tilde{F} : X \to \tilde{P}_c(R^n)$ 是模糊凸值函数, 则 $\int_A \tilde{F} dm$ 是模糊凸集.

(2) 设 $\tilde{F} : X \to \tilde{P}_0(R^n)$ 是模糊集值函数, 若 m 是无原子的, 则 $\int_A \tilde{F} dm$ 是模糊凸集.

从定义 7.5.14 可知, 对于一般的模糊集值函数 $\tilde{F}$, 其积分可能为空集, 也可能为非正规的模糊集. 若 $\int_A \tilde{F} dm \in \tilde{P}_1(R^n)$, 则称 $\tilde{F}$ 在 $A \in \Sigma$ 是可积的.

性质 7.5.17 设 $\tilde{F} : X \to \tilde{P}_1(R^n)$ 是模糊集值函数, 若 1-截集值函数 F_1 是可测且可积有界的闭值函数, 则 $\tilde{F}$ 是可积的.

定理 7.5.18 若 $\tilde{F} : X \to \tilde{P}_k(R^n)$ 是可测且可积有界的模糊紧值函数, 则 $\int \tilde{F} dm \in \tilde{P}_k(R^n)$, 且

$$\left(\int \tilde{F} dm \right)_\lambda = \int F_\lambda dm, \quad \forall \lambda \in [0,1].$$

证明　令 $T = \left\{ H(\lambda) = \int F_\lambda dm : \lambda \in [0,1] \right\}$, 只需证明其满足引理 7.5.7 的条件.

(1) 由所给假设, 可知 $H(\lambda) = \int F_\lambda dm \in P_k(R^n), \forall \lambda \in (0,1]$;

(2) $\lambda \leqslant \beta \Rightarrow H(\lambda) \supseteq H(\beta)$ 容易得到;

(3) 对于 $\lambda_n \uparrow \lambda \in (0,1]$, 由引理 7.5.7 的前半部分结论可知, $F_\lambda = \bigcap\limits_{n=1}^{\infty} F_{\lambda_n} = \lim\limits_n F_n$. 又由 $\tilde{F}$ 的可积有界性知, 存在 $g : X \to R^+$, 使得 $\|F_{\lambda_n}(x)\| \leqslant \left\|\tilde{F}(x)\right\| \leqslant g(x), \forall x \in X, a.e.$, 由控制收敛定理 (定理 7.3.6) 可得

$$\int F_\lambda dm = \lim_n \int F_{\lambda_n} dm = \bigcap_{n=1}^{\infty} \int F_{\lambda_n} dm,$$

即

$$H(\lambda) = \bigcap_{n=1}^{\infty} H(\lambda_n).$$

从而, 由引理 7.5.7, 可得 $\int \tilde{F} dm \in \tilde{P}_k(R^n)$, 且 $\left(\int \tilde{F} dm\right)_\lambda = \int F_\lambda dm, \forall \lambda \in (0,1], \left(\int \tilde{F} dm\right)_0 \subseteq H(0)$.

对于 $\lambda = 0$, 取 $\lambda_n \downarrow 0$, 由 $F_0(x) = \text{cl}\left[\bigcup\limits_{\lambda > 0} F_\lambda(x)\right] = \text{cl}\left[\bigcup\limits_{n=1}^{\infty} F_{\lambda_n}(x)\right] = \lim\limits_n F_{\lambda_n}(x)$, 且 $\|F_0(x)\| \leqslant g(x)$, 再一次应用控制收敛定理, 可得

$$\int F_0 dm = \lim_n \int F_{\lambda_n} dm = \text{cl}\left[\bigcup_{n=1}^{\infty} \int F_{\lambda_n} dm\right] = \left(\int \tilde{F} dm\right)_0.$$

因此, 定理得证. 证毕.

推论 7.5.19　若 $\tilde{F} : X \to \tilde{R}^n$ 是可测且可积有界的模糊紧凸值函数, 则 $\int \tilde{F} dm \in \tilde{R}^n$, 且

$$\left(\int \tilde{F} dm\right)_\lambda = \int F_\lambda dm, \quad \forall \lambda \in [0,1].$$

性质 7.5.20　设 $\tilde{F}, \tilde{G} : X \to \tilde{P}_k(R^n)$ 是可测且可积有界的模糊紧值函数, $k \in R^+$. 则

(1) $\int (\tilde{F} + \tilde{G}) dm = \int \tilde{F} dm + \int \tilde{G} dm$;

(2) $\int k\tilde{F} dm = k \int \tilde{F} dm$;

(3) $\int \mathrm{co}\tilde{F}dm = \mathrm{co}\int \tilde{F}dm;$

(4) $d_\infty\left(\int \tilde{F}dm, \int \tilde{G}dm\right) \leqslant \int d_\infty(\tilde{F}(x), \tilde{G}(x))dm;$

(5) $d_1\left(\int \tilde{F}dm, \int \tilde{G}dm\right) \leqslant \int d_1(\tilde{F}(x), \tilde{G}(x))dm.$

证明 (1) 因 $\tilde{F}, \tilde{G}: X \to \tilde{P}_k(R^n)$ 是可测的, 则 $\forall \lambda \in [0,1]$, $F_\lambda, G_\lambda: X \to P_k(R^n)$ 是可测的, 从而 $(\tilde{F}+\tilde{G})_\lambda = F_\lambda + G_\lambda$ 是可测紧值的, 即 $\tilde{F}+\tilde{G}$ 是可测模糊紧值的. 由 $\tilde{F}, \tilde{G}: X \to \tilde{P}_k(R^n)$ 是可积有界的, 则存在可积函数 $g, h: X \to R^+$, 使得 $\left\|\tilde{F}(x)\right\| \leqslant g(x), \left\|\tilde{G}(x)\right\| \leqslant g(x), \forall x \in X, a.e.$, 则

$$\left\|(\tilde{F}+\tilde{G})(x)\right\| \leqslant \left\|\tilde{F}(x)\right\| + \left\|\tilde{G}(x)\right\| \leqslant g(x) + h(x).$$

从而知 $\tilde{F}+\tilde{G}$ 是可积有界的. 由定理 7.5.18 得

$$\left(\int (\tilde{F}+\tilde{G})dm\right)_\lambda = \int (\tilde{F}+\tilde{G})_\lambda dm = \int (F_\lambda + G_\lambda)dm = \int F_\lambda dm + \int G_\lambda dm$$
$$= \left(\int \tilde{F}dm\right)_\lambda + \left(\int \tilde{G}dm\right)_\lambda = \left(\int \tilde{F}dm + \int \tilde{G}dm\right)_\lambda,$$

所以

$$\int (\tilde{F}+\tilde{G})dm = \int \tilde{F}dm + \int \tilde{G}dm.$$

(2), (3) 同理可证.

(4) 对于 $\forall \lambda \in [0,1]$, 有

$$d\left(\int F_\lambda dm, \int G_\lambda dm\right) \leqslant \int d(F_\lambda(x), G_\lambda(x))dm$$
$$\leqslant \int \sup_{\lambda \in [0,1]} d(F_\lambda(x), G_\lambda(x))dm$$
$$= \int d_\infty(\tilde{F}(x), \tilde{G}(x))dm,$$

从而

$$\sup_{\lambda \in [0,1]} d\left(\int F_\lambda dm, \int G_\lambda dm\right) \leqslant \int d_\infty(\tilde{F}(x), \tilde{G}(x))dm,$$

即

$$d_\infty\left(\int Fdm, \int Gdm\right) \leqslant \int d_\infty(\tilde{F}(x), \tilde{G}(x))dm.$$

(5) 与 (4) 同理. 证毕.

定理 7.5.21(可列可加性)　设 $\tilde{F}_n : X \to \tilde{P}_k(R^n)(n \geqslant 1)$ 是可测且可积有界的模糊紧值函数列, 若 $\sum\limits_{n=1}^{\infty} \tilde{F}_n(x) \in \tilde{P}_k(R^n), \forall x \in X, a.e.$, 则

$$\int \sum_{n=1}^{\infty} \tilde{F}_n dm = \sum_{n=1}^{\infty} \int \tilde{F}_n dm.$$

证明　对 $\forall \lambda \in [0,1]$, 由 $\sum\limits_{n=1}^{\infty} \tilde{F}_n(x) \in \tilde{P}_k(R^n), \forall x \in X, a.e.$, 可得

$$\left[\sum_{n=1}^{\infty} \tilde{F}_n(x)\right]_\lambda = \sum_{n=1}^{\infty} F_{n\lambda}(x), \quad \forall x \in X, a.e.$$

又易知 $\sum\limits_{n=1}^{\infty} \tilde{F}_n$ 是可测且可积有界的, 进而, 由 Aumann 积分的可列可加性 (定理 7.2.8), 可得

$$\int \left[\sum_{n=1}^{\infty} \tilde{F}_n(x)\right]_\lambda dm = \sum_{n=1}^{\infty} \int F_{n\lambda}(x)dm,$$

从而 $\left[\int \sum\limits_{n=1}^{\infty} \tilde{F}_n(x)\right]_\lambda dm = \sum\limits_{n=1}^{\infty} \left[\int \tilde{F}_n(x)dm\right]_\lambda = \left[\sum\limits_{n=1}^{\infty} \int \tilde{F}_n(x)dm\right]_\lambda$, 故可知等式成立. 证毕.

推论 7.5.22　设 $\tilde{F} : X \to \tilde{P}_k(R^n)(n \geqslant 1)$ 是可测且可积有界的模糊紧值函数, $\{A_n\} \subseteq \Sigma$ 是两两不交的可测集列, 则

$$\int_{\bigcup\limits_{n=1}^{\infty} A_n} \tilde{F}dm = \sum_{n=1}^{\infty} \int_{A_n} \tilde{F}dm.$$

定理 7.5.23(Fatou 引理)　设 $\tilde{F}_n : X \to \tilde{P}_k(R^n)(n \geqslant 1)$ 是可测模糊紧值函数列, 若存在可积函数 $g : X \to R^+$, 使得对任意 $n \geqslant 1$, $\|F_n(x)\| \leqslant g(x), \forall x \in X, a.e.$, 则

(1) $\mathrm{Lim}\sup\limits_{n\to\infty} \int \tilde{F}_n dm \subseteq \mathrm{Lim}\sup\limits_{n\to\infty} \tilde{F}_n dm.$

(2) $\int \mathrm{Lim}\inf\limits_{n\to\infty} \tilde{F}_n dm \subseteq \mathrm{Lim}\inf\limits_{n\to\infty} \int \tilde{F}_n dm.$

证明　(1) 对 $\forall \lambda \in (0,1]$, 取 $\lambda_k \uparrow \lambda$ 有

$$\mathrm{Lim}\sup_{n\to\infty} \int \tilde{F}_n dm_\lambda = \bigcap_{\beta<\lambda} \mathrm{Lim}\sup_{n\to\infty} \left(\int \tilde{F}_n dm\right)_\beta$$

$$= \bigcap_{\beta<\lambda} \mathrm{Lim}\sup_{n\to\infty} \int F_{n\beta} dm$$

$$\subseteq \bigcap_{\beta<\lambda} \int \operatorname{Lim\,sup}_{n\to\infty} F_{n\beta}dm$$

$$= \bigcap_{k=1}^{\infty} \int \operatorname{Lim\,sup}_{n\to\infty} F_{n\lambda_k}dm$$

$$= \int \left(\bigcap_{k=1}^{\infty} \operatorname{Lim\,sup}_{n\to\infty} F_{n\lambda_k}\right) dm$$

$$= \int \left(\operatorname{Lim\,sup}_{n\to\infty} \tilde{F}_n\right)_{\lambda} dm$$

$$= \left[\int \operatorname{Lim\,sup}_{n\to\infty} \tilde{F}_n dm\right]_{\lambda}.$$

利用上述包含关系及支集的定义, 易证 $\lambda = 0$ 包含关系成立, 则 (1) 得证.

(2) 同理. 证毕.

定理 7.5.24(Lebesgue 控制收敛定理 I) 设 $\tilde{F}_n, \tilde{F} : X \to \tilde{P}_k(R^n)(n \geqslant 1)$ 是可测模糊紧值函数列, 若存在可积函数 $g : X \to R^+$, 使得对任意 $n \geqslant 1$, $\left\|\tilde{F}_n(x)\right\| \leqslant g(x), \forall x \in X, a.e.$, 则

$$(\mathrm{K})\operatorname{Lim}_{n\to\infty} \tilde{F}_n = \tilde{F} \text{蕴含} (\mathrm{K})\operatorname{Lim}_{n\to\infty} \int \tilde{F}_n dm = \int \tilde{F}dm.$$

定理 7.5.25(Lebesgue 控制收敛定理 II) 设 $\tilde{F}_n, \tilde{F} : X \to \tilde{P}_k(R^n)(n \geqslant 1)$ 是可测模糊紧值函数列, 若存在可积函数 $g : X \to R^+$, 使得对任意 $n \geqslant 1$, $\left\|\tilde{F}_n(x)\right\| \leqslant g(x), \forall x \in X, a.e.$, 则

(1) $(d_\infty)\operatorname{Lim}_{n\to\infty} \tilde{F}_n = \tilde{F}$ 蕴含 $(d_\infty)\operatorname{Lim}_{n\to\infty} \int \tilde{F}_n dm = \int \tilde{F}dm.$

(2) $(d_1)\operatorname{Lim}_{n\to\infty} \tilde{F}_n = \tilde{F}$ 蕴含 $(d_1)\operatorname{Lim}_{n\to\infty} \int \tilde{F}_n dm = \int \tilde{F}dm.$

7.5.5 模糊值积分的 Fubini 定理

本小节取自作者的工作 [51].

定理 7.5.26 给定完备的 σ-有限测度空间 (X, Σ, m) 与 (X', Σ', m') 及其乘积空间 $(X \times X', \Sigma \times \Sigma', m \times m')$. 若模糊集值函数 $\tilde{F} : X \times X' \to \tilde{R}^n$ 是 $\Sigma \times \Sigma'$-可测且 $m \times m'$-可积有界的, 则

(1) 模糊集值函数 $\tilde{F}(\cdot, x') : X \to \tilde{R}^n; x \mapsto \tilde{F}(x, x'), \forall x' \in X' a.e.$ 是 Σ-可测且 m-可积有界的; 模糊集值函数 $\tilde{F}(x,) : X' \to \tilde{R}^n; x' \mapsto \tilde{F}(x, x'), \forall x \in X, a.e.$ 是 Σ'-可测且 m'-可积有界的.

(2) 模糊集值函数 $\tilde{I}(x) = \displaystyle\int_{X'} \tilde{F}(x, x')dm'$ 是 Σ-可测且 m-可积有界的; 模糊集值函数 $\tilde{I}'(x') = \displaystyle\int_{X} \tilde{F}(x, x')dm$ 是 Σ'-可测且 m'-可积有界的.

(3) 下面等式成立

$$\int_{X\times X'} \tilde{F}(x,x')dm\times m' = \int_X \tilde{I}(x)dm = \int_{X'} \tilde{I}'(x')dm'.$$

7.5.6　模糊集值测度

定义 7.5.27　模糊集值函数 $\tilde{M} : \Sigma \to \tilde{P}_1(R^n)$ 称为模糊集值测度, 若对 $\forall \lambda \in (0,1]$,

$$M_\lambda : \Sigma \to P_0(R^n); \quad A \mapsto M_\lambda(A)$$

是集值测度.

模糊集值测度 $\tilde{M}$ 称为 m-连续的, 若 $m(A) = 0 \Rightarrow \tilde{M}(A) = \chi_{\{0\}}$;

模糊集值测度 $\tilde{M}$ 称为有界变差的, 若

$$\left|\tilde{M}\right|(X) = \left\|\tilde{M}(X)\right\| = \sup_{\lambda\in(0,1]} \|M_\lambda(X)\| < \infty.$$

例 7.5.28　设 $\tilde{F} : X \to \tilde{P}_k(R^n)(n \geqslant 1)$ 是可测且可积有界的模糊紧值函数, 则

$$\tilde{M}(A) = \int_A \tilde{F}dm, \quad \forall A \in \Sigma$$

是模糊集值测度.

例 7.5.29　设 $\{M_\lambda : \lambda \in (0,1]\}$ 是一族集值测度, 满足

(1) $0 < \alpha \leqslant \beta \leqslant 1 \Rightarrow M_\alpha \supseteq M_\beta$;

(2) $\lambda_n \uparrow \lambda \in (0,1] \Rightarrow M_\lambda = \bigcap_{n=1}^\infty M_{\lambda_n}$,

则

$$\tilde{M}(A) = \bigcup_{\lambda\in(0,1]} \lambda \cdot M_\lambda(A), \quad \forall A \in \Sigma$$

是模糊集值测度, 且 $[\tilde{M}(A)]_\lambda = M_\lambda(A), \forall \lambda \in (0,1]$.

定义 7.5.30　设 $\tilde{M}$ 是模糊集值测度, 若存在模糊集值函数 $\tilde{F} : X \to \tilde{P}_1(R^n)$, 使得

$$\tilde{M}(A) = \int_A \tilde{F}dm, \quad \forall A \in \Sigma,$$

则称 $\tilde{F}$ 为 $\tilde{M}$ 关于 m 的 Radon-Nikodym 导数, 简称为 Radon-Nikodym 导数.

定理 7.5.31　设 (X,Σ,m) 是无原子的有限测度空间. 若 $\tilde{M} : \Sigma \to \tilde{R}^n$ 是 m-连续的有界变差模糊集值测度, 则 $\tilde{M}$ 存在 Radon-Nikodym 导数.

7.6 $P_k(R)$-值与 $\tilde{P}_k(R)$-值积分的 Jensen 不等式

Jensen 不等式是经典分析中的重要内容, 并在概率论、优化理论、决策过程、机器学习等领域有广泛应用. 近年来, 基于 Sugeno 积分、Choquet 积分、拟积分等非可加积分的 Jensen 不等式被不断建立, 成为广义积分论的重要内容. 与此同时, Costa[9,10] 基于 Aumann 积分, 建立了取值于一维模糊数值的 Jensen 不等式, Štrboja[39] 基于集值拟积分, 建立了一种集值 Jensen 不等式, 从而开辟了集值与模糊值不等式的新领域. 我们在 [53] 中, 通过在实数集的幂集合及模糊幂集合上引入两种新的 "拟序", 定义了集值凸 (凹) 函数, 从而给出了新的集值 Jensen 不等式, 并推广到模糊集值函数, 使得 Costa 的结果成为特款.

7.6.1 凸函数与经典 Jensen 不等式

定义 7.6.1 设 $f : U \to R$ 是实值函数, $U \subset R$ 是凸集, 则
(i) f 是凸的当且仅当

$$f((1-\lambda)t_1 + \lambda t_2) \leqslant (1-\lambda)f(t_1) + \lambda f(t_2), \quad \forall t_1, t_2 \in U, \forall \lambda \in [0,1].$$

(ii) f 是凹的且仅当

$$f((1-\lambda)t_1 + \lambda t_2) \geqslant (1-\lambda)f(t_1) + \lambda f(t_2), \quad \forall t_1, t_2 \in U, \forall \lambda \in [0,1].$$

引理 7.6.2 给定实值函数 $\varphi : [a,b] \to R$, $g : X \to (a,b)$ 及复合函数 $\varphi \circ g : X \to R$. 设 g 与 $\varphi \circ g$ 是 $E \in \Sigma$ 上的可积函数且 $m(E) = 1$.
(1) (Jensen 不等式) 若 φ 是凸的, 则

$$\varphi\left(\int_E g\,dm\right) \leqslant \int_E (\varphi \circ g)\,dm.$$

(2) (逆 Jensen 不等式) 若 φ 是凹的, 则

$$\varphi\left(\int_E g\,dm\right) \geqslant \int_E (\varphi \circ g)\,dm.$$

7.6.2 集值函数与模糊集值函数积分的几个性质

引理 7.6.3 若 $F : X \to P_k(R)$ 是可测且可积有界的紧值函数, 则
(1) $\int (\inf F)\,dm = \inf \int F\,dm;$
(2) $\int (\sup F)\,dm = \sup \int F\,dm.$

证明　只需证 (1), 因为 (2) 同理.

因为 F 是可测且可积有界紧值的, 则由 Castaing 表示定理可知[9,24], 存在 $\{f_n(n \geqslant 1)\} \subseteq S_F^1$, 使得

$$F(x) = \mathrm{cl}(\{f_n(x) : n \geqslant 1\}), \quad \forall x \in X, a.e..$$

令

$$f^-(x) = \inf F(x) = \inf \mathrm{cl}(\{f_n(x) : n \geqslant 1\}) = \inf\{f_n(x) : n \geqslant 1\}, \quad \forall x \in X, a.e.,$$

则 $f^- \in S_F^1$. 因此

$$\int (\inf F) dm = \int f^- dm \geqslant \inf\left\{\int f dm : f \in S_F^1\right\} = \inf \int F dm.$$

另一方面, 对 $\forall f \in S_F^1$, 有 $f^- \leqslant f$, 从而

$$\int f^- dm \leqslant \int f dm,$$

进而

$$\int f^- dm \leqslant \inf \int F dm.$$

(1) 得证. 证毕.

定理 7.6.4(单调性)　设 $F_1, F_2 : X \to P_k(R)$ 是可测且可积有界的紧值函数, 则

(1) $F_1 \leqslant_p F_2$ 蕴含 $\int F_1 dm \leqslant_p \int F_2 dm$.

(2) $F_1 \subseteq_p F_2$ 蕴含 $\int F_1 dm \subseteq_p \int F_2 dm$.

证明　这里只证 (1), 因为 (2) 同理. 由已知条件, 存在 $\{f_i^{(n)} : n \geqslant 1\} \subseteq S_{F_i}^1$, 使得

$$F_i(x) = \mathrm{cl}(\{f_i^{(n)}(x) : n \geqslant 1\}), \quad i = 1, 2.$$

记

$$f_i^-(x) = \inf F_i(x) = \inf\{f_i^{(n)}(x) : n \geqslant 1\}, \quad i = 1, 2,$$
$$f_i^+(x) = \sup F_i(x) = \sup\{f_i^{(n)}(x) : n \geqslant 1\}, \quad i = 1, 2.$$

则 $f_i^-, f_i^+ \in S(F_i), i = 1, 2$. 由 $F_1 \leqslant_p F_2$ 及引理 7.5.7 有

$$f_1^- \leqslant f_2^-, \quad f_1^+ \leqslant f_2^+,$$

则

$$\int f_1^- dm \leqslant \int f_2^- dm, \quad \int f_1^+ dm \leqslant \int f_2^+ dm.$$

而

$$\inf \int F_i dm = \int (\inf F_i) dm, \quad \sup \int F_i dm = \int (\sup F_i) dm, \quad i = 1, 2.$$

则

$$\inf \int F_1 dm \leqslant \inf \int F_2 dm, \quad \sup \int F_1 dm \leqslant \sup \int F_2 dm.$$

因此, (1) 得证. 证毕.

引理 7.6.5 $\tilde{F}$ 是模糊数值的, 即 $\tilde{F} = \tilde{f} : X \to \tilde{R}$ 蕴含

$$\left(\int \tilde{f} dm \right)_\lambda = \int \bar{f}_\lambda dm = \left[\int f_\lambda^- dm, \int f_\lambda^+ dm \right], \quad \forall \lambda \in [0, 1].$$

定理 7.6.6 设 $\tilde{F}_1, \tilde{F}_2 : X \to \tilde{P}_k(R)$ 是可测且可积有界的模糊紧值函数, 则

(1) $\tilde{F}_1 \tilde{\leqslant}_p \tilde{F}_2$ 蕴含 $\int \tilde{F}_1 dm \tilde{\leqslant}_p \int \tilde{F}_2 dm$.

(2) $\tilde{F}_1 \tilde{\subseteq}_p \tilde{F}_2$ 蕴含 $\int \tilde{F}_1 dm \tilde{\subseteq}_p \int \tilde{F}_2 dm$.

7.6.3 集值 Jensen 不等式

情形 I 凸 (凹) 集值函数, 实值被积函数.

定义 7.6.7 给定集值函数 $F : U \subset R \to P_0(R), U$ 是凸集. 称

(1) F 是 LR-凸的, 若

$$F((1 - \lambda)t_1 + \lambda t_2) \leqslant_p (1 - \lambda)F(t_1) + \lambda F(t_2), \quad \forall t_1, t_2 \in U, \forall \lambda \in [0, 1];$$

(2) F 是 LR-凹的, 若

$$(1 - \lambda)F(t_1) + \lambda F(t_2) \leqslant_p F((1 - \lambda)t_1 + \lambda t_2), \quad \forall t_1, t_2 \in U, \forall \lambda \in [0, 1];$$

(3) F 是 UD-凸的, 若

$$(1 - \lambda)F(t_1) + \lambda F(t_2) \subseteq_p F((1 - \lambda)t_1 + \lambda t_2), \quad \forall t_1, t_2 \in U, \forall \lambda \in [0, 1];$$

(4) F 是 UD-凹的, 若

$$F((1 - \lambda)t_1 + \lambda t_2) \subseteq_p (1 - \lambda)F(t_1) + \lambda F(t_2), \quad \forall t_1, t_2 \in U, \forall \lambda \in [0, 1].$$

例 7.6.8 设 $f : [0, 1] \to R$ 是实值凸 (凹) 函数, 则集值函数

$$F : [0, 1] \to P_f(R); x \mapsto \{f(x)\}$$

是 LR-凸 (LR-凹) 的.

因此, 集值 LR-凸 (LR-凹) 函数是实值凸 (凹) 函数的推广.

定理 7.6.9　设 $F : U \subset R \to P_k(R)$ 是紧值函数, $U \subset R$ 是凸的. 记 $f^-(x) = \inf F(x), f^+(x) = \sup F(x), \forall x \in U$. 则

(1) F 是 LR-凸的当且仅当 f^-, f^+ 是实值凸函数;

(2) F 是 LR-凹的当且仅当 f^-, f^+ 是实值凹函数;

(3) F 是 UD-凸的当且仅当 f^- 是实值凸函数 f^+ 是实值凹函数;

(4) F 是 UD-凹的当且仅当 f^- 是实值凹函数 f^+ 是实值凸函数.

证明　只需证 (1), (2), (3) 同理.

F 是 LR-凸的

$$\Leftrightarrow F((1 - \lambda)t_1 + \lambda t_2) \leqslant_p (1 - \lambda)F(t_1) + \lambda F(t_2), \forall t_1, t_2 \in U, \forall \lambda \in [0, 1]$$

$$\Leftrightarrow f^-((1 - \lambda)t_1 + \lambda t_2) \leqslant \inf((1 - \lambda)F(t_1) + \lambda F(t_2))$$

$$= (1 - \lambda)\inf F(t_1) + \lambda \inf F(t_2)$$

$$= (1 - \lambda)f^-(t_1) + \lambda f^-(t_2), \forall t_1, t_2 \in U, \lambda \in [0, 1]$$

且

$$f^+((1 - \lambda)t_1 + \lambda t_2) \leqslant \sup((1 - \lambda)F(t_1) + \lambda F(t_2))$$

$$= (1 - \lambda)\sup F(t_1) + \lambda \sup F(t_2)$$

$$= (1 - \lambda)f^+(t_1) + \lambda f^+(t_2), \forall t_1, t_2 \in U, \lambda \in [0, 1],$$

这等价于 f^-, f^+ 是实值凸函数. 证毕.

定理 7.6.10　设 $\bar{f} : U \subset R \to K_c(R); x \mapsto [f^-(x), f^+(x)]$ 是紧值函数, $U \subset R$ 是凸的. 则

(1) $\bar{f}$ 是 LR-凸的当且仅当 f^-, f^+ 是实值凸函数;

(2) $\bar{f}$ 是 LR-凹的当且仅当 f^-, f^+ 是实值凹函数;

(3) $\bar{f}$ 是 UD-凸的当且仅当 f^- 是实值凸函数 f^+ 是实值凹函数;

(4) $\bar{f}$ 是 UD-凹的当且仅当 f^- 是实值凹函数 f^+ 是实值凸函数.

注 7.6.11　UD-凸 (UD-凹) 集值函数是凸 (凹) 区间值函数 (见 Costa[10]) 的推广.

例 7.6.12　(1) $F(x) = \{x^2, 1 + e^x\}$ 是 LR-凸集值函数, $x \in [0, 1]$;

(2) $F(x) = \{1 - x^2, 1 + \ln x\}$ 是 LR-凹集值函数, $x \in [0, 1]$;

(3) $F(x) = \{x^2, 1 + \ln x\}$ 是 UD-凸集值函数, $x \in [0, 1]$;

(4) $F(x) = \{1 - x^2, 1 + e^x\}$ 是 UD-凹集值函数, $x \in [0, 1]$.

定理 7.6.13 给定紧值函数 $F : [a, b] \to P_k(R)$ 与实值函数 $g : X \to (a, b)$. 记 $f^-(x) = \inf F(x), f^+(x) = \sup F(x)$. 若 $g, f^- \circ g$ 与 $f^+ \circ g$ 均在 $E \in \Sigma$ 上可积且 $m(E) = 1$. 则

(1) (集值 Jensen 不等式 I (i)) F 是 LR-凸的蕴含

$$F \left(\int_E g\,dm \right) \leqslant_p \int_E (F \circ g)\,dm;$$

(2) (集值 Jensen 不等式 I (ii)) F 是 UD-凹的蕴含

$$F \left(\int_E g\,dm \right) \subseteq_p \int_E (F \circ g)\,dm;$$

(3) (集值逆 Jensen 不等式 I (i)) F 是 LR-凹的蕴含

$$\int_E (F \circ g)\,dm \leqslant_p F \left(\int_E g\,dm \right);$$

(4) (集值逆 Jensen 不等式 I (ii)) F 是 UD-凸的蕴含

$$\int_E (F \circ g)\,dm \subseteq_p F \left(\int_E g\,dm \right).$$

这里 $(F \circ g)(x) = F(g(x)), x \in X$.

证明 这里只证 (1), 余者类似.

由 F 的 LR-凸性可知 f^-, f^+ 是凸的. 则由经典 Jensen 不等式得

$$f^- \left(\int_E g\,dm \right) \leqslant \int_E (f^- \circ g)\,dm,$$

$$f^+ \left(\int_E g\,dm \right) \leqslant \int_E (f^+ \circ g)\,dm.$$

由引理 7.6.3, 有

$$\inf \int_E (F \circ g)\,dm = \int_E (f^- \circ g)\,dm,$$

$$\sup \int_E (F \circ g)\,dm = \int_E (f^+ \circ g)\,dm.$$

所以

$$f^- \left(\int_E g\,dm \right) \leqslant \inf \int_E (F \circ g)\,dm,$$

$$f^+ \left(\int_E g\,dm \right) \leqslant \sup \int_E (F \circ g)\,dm.$$

因此

$$F\left(\int_E gdm\right) \leqslant_p \int_E (F \circ g)dm.$$

证毕.

推论 7.6.14　给定区间值函数 $\bar{f} : [a,b] \to \Delta(R)$ 与实值函数 $g : X \to (a,b)$, 记 $f^-(x) = \inf \bar{f}(x), f^+(x) = \sup \bar{f}(x)$. 若 $g, f^- \circ g$ 与 $f^+ \circ g$ 均在 $E \in \Sigma$ 上可积且 $m(E) = 1$, 则

(1) (区间值 Jensen 不等式 I (i))$\bar{f}$ 是 LR-凸的蕴含

$$\bar{f}\left(\int_E gdm\right) \leqslant \int_E (\bar{f} \circ g)dm;$$

(2) (区间值 Jensen 不等式 I (ii)) $\bar{f}$ 是 UD-凹的蕴含

$$\bar{f}\left(\int_E gdm\right) \subseteq \int_E (\bar{f} \circ g)dm;$$

(3) (区间值逆 Jensen 不等式 I (i)) $\bar{f}$ 是 LR-凹的蕴含

$$\int_E (\bar{f} \circ g)dm \leqslant \bar{f}\left(\int_E gdm\right);$$

(4) (区间值逆 Jensen 不等式 I (ii)) $\bar{f}$ 是 UD-凸的蕴含

$$\int_E (\bar{f} \circ g)dm \subseteq \bar{f}\left(\int_E gdm\right).$$

注 7.6.15　上述不等式涵盖了 Costa[10] 的定理 3.4 和定理 3.5.

情形 II　凸 (凹) 实值函数, 被积集值函数.

设 $F : X \to P_0(R)$ 是集值函数, 其值域为

$$\text{range}F = \cup\{\text{range}f : f \in S(F)\},$$

这里 range$f$ 表示 f 的值域.

定理 7.6.16　给定 $m(E) = 1$, 可积集值函数 $F : X \to P_0(R)$ 与实值函数 $\varphi : [a,b] \supseteq \text{range}F \to R$. 若 $f \in S_F^1$ 且 $\varphi \circ f \in S_{\varphi \circ F}^1$, 则

(1) (集值 Jensen 不等式 II)φ 是凸的蕴含

$$\varphi\left(\int_E Fdm\right) \leqslant_p \int_E (\varphi \circ F)dm.$$

(2) (集值逆 Jensen 不等式 II)φ 是凹的蕴含

$$\int_E (\varphi \circ F)dm \leqslant_p \varphi\left(\int_E Fdm\right).$$

证明 (1) 由 F 的可积性知, $\int_E Fdm \neq \varnothing$. 因为 $\mathrm{range}F \subseteq [a,b]$, 则对 $\forall g \in S_F^1$, 有

$$a = am(E) = \int_E adm \leqslant \int_E gdm \leqslant \int_E bdm = bm(E) = b.$$

即 $\int_E Fdm \subseteq [a,b]$, $\varphi\left(\int_E Fdm\right)$ 有意义且非空.

对 $u \in \varphi\left(\int_E Fdm\right)$, 存在 $f \in S_F^1$, 使得 $u = \varphi\left(\int_E fdm\right)$. 又 $\varphi \circ f$ 在 $E \in \Sigma$ 上可积, 则

$$u \leqslant \int_E (\varphi \circ f)dm \in \int_E (\varphi \circ F)dm.$$

对 $v \in \int_E (\varphi \circ F)dm$, 存在 $\varphi \circ h \in S_{\varphi \circ F}^1$, 使得 $v = \int_E (\varphi \circ h)dm$. 则 $h \in S_F^1$. 因 φ 是凸的, 则 $v \geqslant \varphi\left(\int_E hdm\right) \in \varphi\left(\int_E Fdm\right)$.

(1) 得证, (2) 同理. 证毕.

定理 7.6.17 给定 $m(E) = 1$, 可积区间值函数 $\bar{f} : X \to \Delta(R)$ 与实值函数 $\varphi : [a,b] \supseteq \mathrm{range}F \to R$. 若 $f \in S_{\bar{f}}^1$ 且 $\varphi \circ f \in S_{\varphi \circ \bar{f}}^1$, 则

(1) (区间值 Jensen 不等式 II) φ 是凸的蕴含

$$\varphi\left(\int_E \bar{f}dm\right) \leqslant \int_E (\varphi \circ \bar{f})dm.$$

(2) (区间值逆 Jensen 不等式 II) φ 是凹的蕴含

$$\int_E (\varphi \circ \bar{f})dm \leqslant \varphi\left(\int_E \bar{f}dm\right).$$

7.6.4 模糊集值 Jensen 不等式

情形 I 凸 (凹) 模糊集值函数, 被积实值函数.

定义 7.6.18 给定凸集 $U \subseteq R$. 模糊集值函数 $\tilde{F} : U \to P_1(\tilde{R})$ 称为 LR-凸 的 (对应地, LR-凹的, UD-凸的, UD-凹的), 若集值函数 $F_\lambda : U \to P_0(\tilde{R})$ 是 LR-凸 的 (对应地, LR-凹的, UD-凸的, UD-凹的), $\forall \lambda \in [0,1]$.

定理 7.6.19 给定模糊集值函数 $\tilde{F} : U \subset R \to \tilde{P}_k(R)$, 其中 U 是凸集. 则

(1) $\tilde{F}$ 是 LR-凸的当且仅当

$$\tilde{F}((1-\lambda)t_1 + \lambda t_2) \tilde{\leqslant}_p (1-\lambda) \cdot \tilde{F}(t_1) + \lambda \cdot \tilde{F}(t_2), \quad \forall t_1, t_2 \in U, \forall \lambda \in [0,1];$$

(2) $\tilde{F}$ 是 LR-凹的当且仅当

$$(1-\lambda)\cdot\tilde{F}(t_1)+\lambda\cdot\tilde{F}(t_2)\tilde{\leqslant}_p\tilde{F}((1-\lambda)t_1+\lambda t_2),\quad \forall t_1,t_2\in U,\forall\lambda\in[0,1];$$

(3) $\tilde{F}$ 是 UD-凸的当且仅当

$$(1-\lambda)\cdot\tilde{F}(t_1)+\lambda\cdot\tilde{F}(t_2)\tilde{\subseteq}_p\tilde{F}((1-\lambda)t_1+\lambda t_2),\quad \forall t_1,t_2\in U,\forall\lambda\in[0,1];$$

(4) $\tilde{F}$ 是 UD-凹的当且仅当

$$\tilde{F}((1-\lambda)t_1+\lambda t_2)\tilde{\subseteq}_p(1-\lambda)\cdot\tilde{F}(t_1)+\lambda\cdot\tilde{F}(t_2),\quad \forall t_1,t_2\in U,\forall\lambda\in[0,1].$$

推论 7.6.20　给定模糊值函数 $\tilde{f}:U\subset R\to\tilde{R}$, U 是凸集. 则
(1) $\tilde{f}$ 是 LR-凸的当且仅当

$$\tilde{f}((1-\lambda)t_1+\lambda t_2)\tilde{\leqslant}_p(1-\lambda)\cdot\tilde{f}(t_1)+\lambda\cdot\tilde{f}(t_2),\quad \forall t_1,t_2\in U,\forall\lambda\in[0,1];$$

(2) $\tilde{f}$ 是 LR-凹的当且仅当

$$(1-\lambda)\cdot\tilde{f}(t_1)+\lambda\cdot\tilde{f}(t_2)\tilde{\leqslant}_p\tilde{f}((1-\lambda)t_1+\lambda t_2),\quad \forall t_1,t_2\in U,\forall\lambda\in[0,1];$$

(3) $\tilde{f}$ 是 UD-凸的当且仅当

$$(1-\lambda)\cdot\tilde{f}(t_1)+\lambda\cdot\tilde{f}(t_2)\tilde{\subseteq}_p\tilde{f}((1-\lambda)t_1+\lambda t_2),\quad \forall t_1,t_2\in U,\forall\lambda\in[0,1];$$

(4) $\tilde{f}$ 是 UD-凹的当且仅当

$$\tilde{f}((1-\lambda)t_1+\lambda t_2)\tilde{\subseteq}_p(1-\lambda)\cdot\tilde{f}(t_1)+\lambda\cdot\tilde{f}(t_2),\quad \forall t_1,t_2\in U,\forall\lambda\in[0,1].$$

注 7.6.21　推论 7.6.20(3), (4) 恰好是 Costa[10] 的定义 5.1 和定义 5.2, 因此这里的关于凸模糊集值函数的定义是 Costa 相应定义的推广.

定理 7.6.22　给定模糊集值函数 $\tilde{F}:[a,b]\to\tilde{P}_k(R)$ 与实值函数 $g:X\to(a,b)$. 记 $f_\lambda^-(t)=\inf F_\lambda(t), f_\lambda^+(t)=\sup F_\lambda(t), \lambda\in[0,1], t\in[a,b]$. 若 $g, f_\lambda^-\circ g$ 与 $f_\lambda^+\circ g$ 在 $E\in\Sigma$ 上可积且 $m(E)=1$, 则
(1) (模糊集值 Jensen 不等式 I(i)) $\tilde{F}$ 是 LR-凸的蕴含

$$\tilde{F}\left(\int_E gdm\right)\tilde{\leqslant}_p\int_E(\tilde{F}\circ g)dm;$$

(2) (模糊集值 Jensen 不等式 I(ii)) $\tilde{F}$ 是 UD-凹的蕴含

$$\tilde{F}\left(\int_E gdm\right)\tilde{\subseteq}_p\int_E(\tilde{F}\circ g)dm;$$

(3) (模糊集值逆 Jensen 不等式 I(i)) $\tilde{F}$ 是 LR-凹的蕴含

$$\int_E (\tilde{F} \circ g)dm \tilde{\leqslant}_p \tilde{F}\left(\int_E gdm\right);$$

(4) (模糊集值逆 Jensen 不等式 I(ii)) $\tilde{F}$ 是 UD-凸的蕴含

$$\int_E (\tilde{F} \circ g)dm \tilde{\subseteq}_p \tilde{F}\left(\int_E gdm\right).$$

证明　(1) 对 $\forall \lambda \in [0,1]$, 得到集值函数 $F_\lambda : X \to P_k(R)$, 由定理 7.5.13 和定理 7.6.6 得

$$\left(\tilde{F}\left(\int_E gdm\right)\right)_\lambda = F_\lambda\left(\int_E gdm\right) \leqslant_p \int_E (F_\lambda \circ g)dm$$

$$= \int_E (\tilde{F} \circ g)_\lambda dm = \left(\int_E (\tilde{F} \circ g)dm\right)_\lambda.$$

得证, 余者同理. 证毕.

例 7.6.23　设 $\tilde{F}(x)(r) = \begin{cases} 1, & r \in \{x^2, 1+x^2\}, \\ 0, & 其他, \end{cases}$ $x \in [0,1], g(t) = \sqrt{t}, t \in$
$[0,1]$. 则 $F_\lambda(x) = \{x^2, 1+x^2\}, \lambda \in [0,1]$. 因此可知 $\tilde{F}$ 是 LR-凸的. 通过计算可得

$$\int_{[0,1]} gdt = \int_{[0,1]} \sqrt{t}dt = \frac{2}{3},$$

$$F_\lambda\left(\int_{[0,1]} g(t)dt\right) = F_\lambda\left(\frac{2}{3}\right) = \left\{\frac{4}{9}, \frac{13}{9}\right\},$$

$$\int_{[0,1]} (F_\lambda \circ g)dt = \int_{[0,1]} \{t, 1+t\}dt = [1,2].$$

因为 $\left\{\dfrac{4}{9}, \dfrac{13}{9}\right\} \leqslant_p [1,2]$, 则

$$\tilde{F}\left(\int_{[0,1]} gdt\right) \tilde{\leqslant}_p \int_{[0,1]} (\tilde{F} \circ g)dt.$$

例 7.6.24　设 $\tilde{F}(x)(r) = \begin{cases} 1, & r \in \{1-x^2, 2+x^2\}, \\ 0.5, & r \in \{0.5-x^2, 2,5+x^2\}, \\ 0, & 其他, \end{cases}$ $x \in [0,1], g(t) =$
$\sqrt{t}, t \in [0,1]$. 则

$$F_\lambda(x) = \begin{cases} \{1-x^2, 2+x^2\}, & \lambda \in (0.5, 1], \\ \{0.5-x^2, 1-x^2, 2+x^2, 2.5+x^2\}, & \lambda \in [0, 0.5]. \end{cases}$$

进而

$$\inf F_\lambda = \begin{cases} 1 - x^2, & \lambda \in (0.5, 1], \\ 0.5 - x^2, & \lambda \in [0, 0.5], \end{cases}$$

$$\sup F_\lambda = \begin{cases} 2 + x^2, & \lambda \in (0.5, 1], \\ 2.5 + x^2, & \lambda \in [0, 0.5]. \end{cases}$$

因为 $\inf F_\lambda$ 是凹的, $\sup F_\lambda$ 是凸的, $\forall \lambda \in [0, 1]$, 则 F_λ 是 UD-凹的, 进而 $\tilde{F}$ 是 UD-凹的. 通过计算可得

$$(F_\lambda \circ g)(t) = \begin{cases} \{1 - t, 2 + t\}, & \lambda \in (0.5, 1], \\ \{0.5 - t, 1 - t, 2 + t, 2.5 + t\}, & \lambda \in [0, 0.5], \end{cases}$$

$$\int_{[0.1]} (F_\lambda \circ g) dt = \begin{cases} \int_{[0,1]} \{1 - t, 2 + t\} dt = \left[\dfrac{1}{2}, \dfrac{5}{2}\right], & \lambda \in (0.5, 1], \\ \int_{[0,1]} \{0.5 - t, 1 - t, 2 + t, 2.5 + t\} dt = [0, 3], & \lambda \in [0, 0.5], \end{cases}$$

$$\int_{[0,1]} g dt = \int_{[0,1]} \sqrt{t} dt = \frac{2}{3},$$

$$F_\lambda \left(\int_{[0,1]} g dt \right) = F_\lambda \left(\frac{2}{3} \right) = \begin{cases} \left\{ \dfrac{5}{9}, \dfrac{22}{9} \right\}, & \lambda \in (0.5, 1], \\ \left\{ \dfrac{1}{18}, \dfrac{5}{9}, \dfrac{22}{9}, \dfrac{53}{18} \right\}, & \lambda \in [0, 0.5], \end{cases}$$

$$\inf \left(\int_{[0,1]} (F_\lambda \circ g) dt \right) = \begin{cases} \dfrac{1}{2}, & \lambda \in (0.5, 1], \\ 0, & \lambda \in [0, 0.5], \end{cases}$$

$$\sup \left(\int_{[0,1]} (F_\lambda \circ g) dt \right) = \begin{cases} \dfrac{5}{2}, & \lambda \in (0.5, 1], \\ 3, & \lambda \in [0, 0.5], \end{cases}$$

$$\inf F_\lambda \left(\int_{[0,1]} g dt \right) = \begin{cases} \dfrac{5}{9}, & \lambda \in (0.5, 1], \\ \dfrac{1}{18}, & \lambda \in [0, 0.5], \end{cases}$$

$$\sup F_\lambda \left(\int_{[0,1]} g dt \right) = \begin{cases} \dfrac{22}{9}, & \lambda \in (0.5, 1], \\ \dfrac{53}{18}, & \lambda \in [0, 0.5]. \end{cases}$$

则

$$\inf F_\lambda \left(\int_{[0,1]} g dt \right) \geqslant \inf \int_{[0,1]} (F_\lambda \circ g) dt,$$

$$\sup F_\lambda \left(\int_{[0,1]} g dt \right) \leqslant \sup \int_{[0,1]} (F_\lambda \circ g) dt.$$

因此 $\tilde{F} \left(\int_{[0,1]} g dt \right) \tilde{\subseteq}_p \int_{[0,1]} (\tilde{F} \circ g) dt.$

推论 7.6.25 给定模糊值函数 $\tilde{f} : [a,b] \to \tilde{R}$ 与实函数 $g : X \to (a,b)$. 记 $f_\lambda^-(t) = \inf \bar{f}_\lambda(t)$, $f_\lambda^+(t) = \sup \bar{f}_\lambda(t)$, $\lambda \in [0,1]$, $t \in [a,b]$. 若 g, $f_\lambda^- \circ g$ 与 $f_\lambda^+ \circ g$ 在 $E \in \Sigma$ 上可积且 $m(E) = 1$, 则

(1) (模糊值 Jensen 不等式 I(i)) $\tilde{f}$ 是 LR-凸的蕴含

$$\tilde{f} \left(\int_E g dm \right) \tilde{\leqslant}_p \int_E (\tilde{f} \circ g) dm;$$

(2) (模糊值 Jensen 不等式 I(ii)) $\tilde{f}$ 是 UD-凹的蕴含

$$\tilde{f} \left(\int_E g dm \right) \tilde{\subseteq}_p \int_E (\tilde{f} \circ g) dm;$$

(3) (模糊值逆 Jensen 不等式 I(i)) $\tilde{f}$ 是 LR-凹的蕴含

$$\int_E (\tilde{f} \circ g) dm \tilde{\leqslant}_p \tilde{f} \left(\int_E g dm \right);$$

(4) (模糊值逆 Jensen 不等式 I(ii)) $\tilde{f}$ 是 UD-凸的蕴含

$$\int_E (\tilde{f} \circ g) dm \tilde{\subseteq}_p \tilde{f} \left(\int_E g dm \right).$$

注 7.6.26 推论 7.6.25(2), (4) 是 Costa 的定理 5.2 和定理 5.3[10].

情形 II 实值凸函数, 被积集值函数.

引理 7.6.27 设 $\tilde{r} \in \tilde{R}$ 是模糊数, $\varphi : [a,b] \supseteq \bar{r}_0 \to R$ 是连续实值函数. 定义

$$\varphi(\tilde{r}) = \bigcup_{\lambda \in [0,1]} \lambda \cdot \varphi(\bar{r}_\lambda),$$

则 $\varphi(\tilde{r}) \in \tilde{R}$, 且对 $\forall \lambda \in [0,1]$,

$$(\varphi(\tilde{a}))_\lambda = \varphi(\bar{a}_\lambda).$$

对于模糊集 $\tilde{F} : X \to P_1(\tilde{R})$, 其值域定义为

$$\mathrm{range} \tilde{F} = \cup \{ \mathrm{range} F_\lambda : \lambda \in [0,1] \}.$$

定理 7.6.28　给定 $m(E) = 1$ 及可测且可积有界的模糊集值函数 $\tilde{F} : X \to \tilde{P}_k(R)$ 与连续实值函数 $\varphi : [a, b] \supseteq \text{range} F \to R$. 若对 $\forall \lambda \in [0, 1]$, $f_\lambda \in S^1_{F_\lambda}$ 且 $\varphi \circ f_\lambda \in S^1_{\varphi \circ F_\lambda}$, 则

(1) (模糊集值 Jensen 不等式 II)φ 是凸的蕴含

$$\varphi \left(\int_E \tilde{F} dm \right) \tilde{\leqslant}_p \int_E (\varphi \circ \tilde{F}) dm.$$

(2)(模糊集值逆 Jensen 不等式 II)φ 是凹的蕴含

$$\int_E (\varphi \circ \tilde{F}) dm \tilde{\leqslant}_p \varphi \left(\int_E \tilde{F} dm \right).$$

证明　只需证 (1), (2) 同理. 由性质 7.5.16 及性质 7.5.17, 可知

$$\int_E \tilde{F} dm \in \tilde{P}_{nc}(R), \quad \left(\int_E \tilde{F} dm \right)_\lambda = \int_E F_\lambda dm, \quad \forall \lambda \in [0, 1].$$

由 φ 是连续的. 对 $\forall \lambda \in [0, 1]$, 可得

$$
\begin{aligned}
\left(\varphi \left(\int_E \tilde{F} dm \right) \right)_\lambda &= \varphi \left(\left(\int_E \tilde{F} dm \right)_\lambda \right) \\
&= \varphi \left(\int_E F_\lambda dm \right) \\
&\leqslant_p \int_E (\varphi \circ F_\lambda) \, dm \\
&= \int_E \left(\varphi \circ \tilde{F} \right)_\lambda dm \\
&= \left(\int_E (\varphi \circ \tilde{F}) dm \right)_\lambda.
\end{aligned}
$$

证毕.

例 7.6.29　设 $\tilde{F}(x)(r) = \begin{cases} 1, & r \in \{x, 1 + x\}, \\ 0, & \text{其他}, \end{cases}$ $x \in [0, 1], \varphi(t) = t^2, t \geqslant 0$.

则 $F_\lambda(x) = \{x, 1 + x\}, \lambda \in [0, 1]$. 因 Lebesgue 测度是无原子的, 则

$$\int_{[0,1]} F_\lambda dx = \left[\int_{[0,1]} x dx, \int_{[0,1]} (1 + x) dx \right] = \left[\frac{1}{2}, \frac{3}{2} \right],$$

$$\varphi \left(\int_{[0,1]} F_\lambda dx \right) = \varphi \left(\left[\frac{1}{2}, \frac{3}{2} \right] \right) = \left[\frac{1}{4}, \frac{9}{4} \right],$$

$$(\varphi \circ F_\lambda)(x) = \{x^2, (1 + x)^2\},$$

$$\int_{[0,1]} (\varphi \circ F_\lambda)dx = \left[\int_{[0,1]} x^2 dx, \int_{[0,1]} (1+x)^2 dx \right] = \left[\frac{2}{3}, \frac{8}{3} \right].$$

又 $\left[\dfrac{1}{4}, \dfrac{9}{4} \right] \leqslant_p \left[\dfrac{2}{3}, \dfrac{8}{3} \right]$, 因此

$$\varphi \left(\int_{[0,1]} \tilde{F}dx \right) \tilde{\leqslant}_p \int_{[0,1]} (\varphi \circ \tilde{F})dx.$$

推论 7.6.30　给定 $m(E) = 1$. 设 $\tilde{f} : X \to \tilde{R}$ 是可测且可积有界的模糊值函数, $\varphi : [a,b] \subseteq \text{range}\tilde{f} \to R$ 是连续实值函数, 则

(1) (模糊值 Jensen 不等式 II) φ 是凸的蕴含

$$\varphi \left(\int_E \tilde{f}dm \right) \tilde{\leqslant}_p \int_E (\varphi \circ \tilde{f})dm.$$

(2) (模糊值逆 Jensen 不等式 II) φ 凹的蕴含

$$\int_E (\varphi \circ \tilde{f})dm \tilde{\leqslant}_p \varphi \left(\int_E \tilde{f}dm \right).$$

例 7.6.31　设 $\tilde{f}(x) = \tilde{a} + 2x$, $x \in [0,1]$, 其中

$$\tilde{a}(r) = \begin{cases} r-1, & r \in [1,2], \\ -r+3, & r \in [2,3], \\ 0, & \text{其他}, \end{cases} \qquad \varphi(t) = t^2, t \geqslant 0.$$

则

$$\bar{f}_\lambda(x) = [1 + \lambda + 2x, 3 - \lambda + 2x], \quad \lambda \in [0,1].$$

进而

$$\varphi(\bar{f}_\lambda) = [(1 + \lambda + 2x)^2, (3 - \lambda + 2x)^2],$$

$$\int_{[0,1]} \bar{f}_\lambda dx = \left[\int_{[0,1]} (1 + \lambda + 2x)dx, \int_{[0,1]} (3 - \lambda + 2x)dx \right] = [2 + \lambda, 4 - \lambda],$$

$$\int_{[0,1]} \varphi(\bar{f}_\lambda)dx = \left[\int_{[0,1]} (1 + \lambda + 2x)^2 dx, \int_{[0,1]} (3 - \lambda + 2x)^2 dx \right]$$

$$= \left[(2 + \lambda)^2 + \frac{1}{3}, (4 - \lambda)^2 + 3 \right],$$

$$\varphi \left(\int_{[0,1]} \bar{f}_\lambda dx \right) = [(2 + \lambda)^2, (4 - \lambda)^2].$$

易得

$$
\left(\varphi\left(\int_{[0,1]}\tilde{f}dx\right)\right)_\lambda = \varphi\left(\left(\int_{[0,1]}\tilde{f}dx\right)_\lambda\right)
$$

$$
= \varphi\left(\int_{[0,1]}\bar{f}_\lambda dx\right) = [(2+\lambda)^2, (4-\lambda)^2]
$$

$$
\leqslant_p \left[(2+\lambda)^2 + \frac{1}{3}, (4-\lambda)^2 + 3\right] = \int_{[0,1]}\varphi(\bar{f}_\lambda)dx
$$

$$
= \int_{[0,1]}(\varphi(\tilde{f}))_\lambda dx = \left(\int_{[0,1]}\varphi(\tilde{f})dx\right)_\lambda.
$$

因此

$$
\varphi\left(\int_{[0,1]}\tilde{f}dx\right) \tilde{\leqslant}_p \int_{[0,1]}\varphi(\tilde{f})dx.
$$

7.7　模糊数测度与积分

前文中所讨论的模糊集值函数的积分是关于数值测度的, 本节介绍模糊值函数关于模糊测度的积分, 从而诱导出 8 种模糊值积分. 本节取自作者的工作 [54].

7.7.1　模糊数测度

定义 7.7.1　给定可测空间 (X, Σ). 映射 $\bar{m} : \Sigma \to \Delta(R^+)$ 称为区间值测度, 若满足

(1) $m(\varnothing) = \bar{0}$;

(2) 对任意两两不交的可测集列 $\{A_n\} \subset \Sigma$, 有

$$
\bar{m}\left(\bigcup_{n=1}^\infty A_n\right) = \sum_{n=1}^\infty \bar{m}(A_n).
$$

映射 $\bar{m} : \Sigma \to \tilde{R}^+$ 称为模糊数测度, 若满足

(1) $m(\varnothing) = \tilde{0}$;

(2) 对任意两两不交的可测集列 $\{A_n\} \subset \Sigma$, 有

$$
\tilde{m}\left(\bigcup_{n=1}^\infty A_n\right) = \sum_{n=1}^\infty \tilde{m}(A_n).
$$

若 $\bar{m}$ 是区间值测度, 则三元组 $(X, \Sigma, \bar{m})$ 称为区间值测度空间.

若 $\tilde{m}$ 是模糊数测度, 则三元组 $(X, \Sigma, \tilde{m})$ 称为模糊数测度空间.

注 7.7.2　区间值测度是集值测度的特例, 模糊数测度是模糊值测度的特例.

引理 7.7.3 (1) $\bar{m}$ 是区间值测度当且仅当 m^-, m^+ 是实值有限测度, 这里

$$m^-(A) = [\bar{m}(A)]^-, \quad m^+(A) = [\bar{m}(A)]^+, \quad \forall A \in \Sigma;$$

(2) $\tilde{m}$ 是模糊数测度当且仅当 $\forall \lambda \in [0,1], \bar{m}_\lambda$ 是区间值测度, 这里

$$\bar{m}_\lambda(A) = [\tilde{m}(A)]_\lambda, \quad \forall A \in \Sigma;$$

(3) 设区间值测度族 $\{\bar{m}_\lambda : \lambda \in (0,1]\}$, 满足 $0 < \lambda_1 \leqslant \lambda_2 \leqslant 1$ 蕴含 $\bar{m}_{\lambda_1} \supseteq \bar{m}_{\lambda_2}$, 则

$$\tilde{m}(A) = \bigcup_{\lambda \in (0,1]} \lambda \cdot \bar{m}_\lambda(A), \quad \forall A \in \Sigma$$

是模糊数测度.

7.7.2 模糊值函数关于模糊数测度的积分

定义 7.7.4 给定区间值测度空间 $(X, \Sigma, \bar{m})$. 设 $\bar{f}$ 是区间值函数. 若 $\int_A f^- dm^-$, $\int_A f^+ dm^+$ 同时存在, 则 $\bar{f}$ 在 $A \in \Sigma$ 上关于 $\bar{m}$ 的积分定义为

$$\int_A \bar{f} d\bar{m} = \left[\int_A f^- dm^+, \int_A f^+ dm^+ \right].$$

若 $A = X$, 则 $\int_X \bar{f} d\bar{m}$ 简记为 $\int \bar{f} d\bar{m}$.

若 $\int_A \bar{f} d\bar{m} \in \Delta(R)$, 即 $\int_A f^- dm^-$, $\int_A f^+ dm^+$ 有限, 则称 $\bar{f}$ 在 A 上关于 $\bar{m}$ 可积, 简称可积.

命题 7.7.5 若 $\bar{f}$ 为可积有界且可测的区间值函数, 则 $\bar{f}$ 可积.

定义 7.7.6 给定模糊数测度空间 $(X, \Sigma, \tilde{m})$. 设 $\tilde{f}$ 是模糊值函数, $A \in \Sigma$. 若对 $\forall \lambda \in (0,1]$, $\int_A \bar{f}_\lambda d\bar{m}_\lambda$ 均存在, 则 $\tilde{f}$ 在 A 上关于 $\tilde{m}$ 的积分定义为

$$\int_A \tilde{f} d\tilde{m} = \bigcup_{\lambda \in (0,1]} \lambda \cdot \int_A \bar{f} d\bar{m}.$$

若 $A = X$, 则 $\int_X \tilde{f} d\tilde{m}$ 简记为 $\int \tilde{f} d\tilde{m}$.

若 $\int_A \tilde{f} d\tilde{m} \in \tilde{R}$, 则称 $\tilde{f}$ 在 A 上关于 $\tilde{m}$ 可积, 简称可积.

命题 7.7.7 若 $\tilde{f}$ 为可积有界且可测的模糊值函数, 则 $\tilde{f}$ 可积.

例 7.7.8　给定可测空间 (X, Σ). 设 $m, \bar{m}, \tilde{m}$ 分别为其上的测度、区间值测度、模糊数测度, $f, \bar{f}, \tilde{f}$ 分别为函数、区间值测度、模糊值函数, 则我们可以得到下列积分:

(1) $\displaystyle\int \bar{f} d\tilde{m} = \int \chi_{\bar{f}} d\tilde{m}$;

(2) $\displaystyle\int f d\tilde{m} = \int \chi_f d\tilde{m}$;

(3) $\displaystyle\int \tilde{f} d\bar{m} = \int \tilde{f} d\chi_{\bar{m}}$;

(4) $\displaystyle\int \tilde{f} dm = \int \tilde{f} d\chi_m$;

(5) $\chi_{\int \bar{f} d\bar{m}} = \displaystyle\int \chi_{\bar{f}} d\chi_{\bar{m}}$;

(6) $\chi_{\int \bar{f} dm} = \displaystyle\int \chi_{\bar{f}} d\chi_m$;

(7) $\chi_{\int f d\bar{m}} = \displaystyle\int \chi_f d\chi_{\bar{m}}$;

(8) $\chi_{\int f dm} = \displaystyle\int \chi_f d\chi_m$.

引理 7.7.9(广义 Lebesgue 收敛定理[22])　给定可测空间 (X, Σ). 设 $\{m_n\}$ 是收敛于测度 m 的测度序列, $\{f_n\}$ 与 $\{g_n\}$ 是收敛到 f 与 g 的可测函数列, 且 $|f_n| \leqslant g_n$, $\displaystyle\lim_{n \to \infty} \int g_n dm_n = \int g dm < \infty$, 则

$$\lim_{n \to \infty} \int f_n dm_n = \int f dm.$$

定理 7.7.10　给定模糊数测度空间 $(X, \Sigma, \tilde{m})$. 若 $\tilde{f}$ 是可积有界且可测模糊值函数, 则对 $\forall A \in \Sigma$, 有 $\displaystyle\int_A \tilde{f} d\tilde{m} \in \tilde{R}$, 且

$$\left(\int_A \tilde{f} d\tilde{m}\right)_\lambda = \int_A \bar{f}_\lambda d\bar{m}_\lambda, \quad \forall \lambda \in [0, 1].$$

证明　由于 $\tilde{f}$ 是可积有界可测模糊值函数, 故可知 $\tilde{f}$ 是可积的, 因此 $\bar{f}_1$ 是可积函数,

(1) $\displaystyle\int_A \tilde{f} d\tilde{m}$ 是正规的;

(2) $\lambda_1 \leqslant \lambda_2 \Rightarrow \bar{f}_{\lambda_1} \supseteq \bar{f}_{\lambda_2}, \bar{m}_{\lambda_1} \supseteq \bar{m}_{\lambda_2} \Rightarrow \displaystyle\int_A \bar{f}_{\lambda_1} d\bar{m}_{\lambda_1} \supseteq \int_A \bar{f}_{\lambda_2} d\bar{m}_{\lambda_2}$;

(3) 任取 $\lambda_n \uparrow \lambda \in (0,1]$, 则 $\bar{f}_\lambda = \bigcap\limits_{n=1}^{\infty} \bar{f}_{\lambda_n}$, $\bar{m}_\lambda = \bigcap\limits_{n=1}^{\infty} \bar{m}_{\lambda_n}$ 即

$$f_{\lambda_n}^- \uparrow f^-, \quad f_{\lambda_n}^+ \downarrow f^+, \quad m_{\lambda_n}^- \uparrow m^-, \quad m_{\lambda_n}^+ \downarrow m^+.$$

因为 $f_{\lambda_1}^- \leqslant f_{\lambda_n}^- \leqslant f_\lambda^-$, 且 $-\infty < \int_A f_\lambda^- dm_\lambda^-, \int_A f_{\lambda_n}^- dm_{\lambda_n}^- < \infty$, 则由广义 Lebesgue 收敛定理, 有

$$\int_A f_{\lambda_n}^- dm_{\lambda_n}^- \uparrow \int_A f_\lambda^- dm_\lambda^-.$$

同理

$$\int_A f_{\lambda_n}^+ dm_{\lambda_n}^+ \downarrow \int_A f_\lambda^+ dm_\lambda^+,$$

故

$$\int_A \bar{f}_\lambda d\bar{m}_\lambda = \mathop{\mathrm{Lim}}\limits_{n\to\infty} \int_A \bar{f}_{\lambda_n} d\bar{m}_{\lambda_n} = \bigcap\limits_{n=1}^{\infty} \int_A \bar{f}_{\lambda_n} d\bar{m}_{\lambda_n}.$$

由模糊数的表示定理可得, 存在模糊数 $\int_A \tilde{f} d\tilde{m} \in \tilde{R}$, 使得

$$\left(\int_A \tilde{f} d\tilde{m}\right)_\lambda = \int_A \bar{f}_\lambda d\bar{m}_\lambda, \quad \forall \lambda \in (0,1].$$

当 $\lambda = 0$ 时, 取 $\lambda_n \downarrow 0$, 则有 $f_{\lambda_n}^- \downarrow f^-, f_{\lambda_n}^+ \uparrow f^+, m_{\lambda_n}^- \downarrow m^-, m_{\lambda_n}^+ \uparrow m^+$, 则

$$\left(\int_A \tilde{f} d\tilde{m}\right)_0 = \mathrm{cl}\left(\bigcup\limits_{n=1}^{\infty} \left(\int_A \tilde{f} d\tilde{m}\right)_{\lambda_n}\right) = \mathop{\mathrm{Lim}}\limits_{n\to\infty} \int_A \bar{f}_{\lambda_n} d\bar{m}_{\lambda_n}$$

$$= \int_A \left(\mathop{\mathrm{Lim}}\limits_{n\to\infty} \bar{f}_{\lambda_n}\right) d\left(\mathop{\mathrm{Lim}}\limits_{n\to\infty} \bar{m}_{\lambda_n}\right) = \int \bar{f}_0 d\bar{m}_0.$$

证毕.

推论 7.7.11 若 $\tilde{f}$ 是非负有界可测模糊值函数, 即 $\tilde{f}(x) \in \tilde{R}^+$, 则 $\int_A \tilde{f} d\tilde{m} \in \tilde{R}^+$.

定理 7.7.12 设 $\tilde{f}, \tilde{g}$ 是可积有界的可测模糊值函数, $k \in R$, 则

(1) $\int (\tilde{f} + \tilde{g}) d\tilde{m} = \int \tilde{f} d\tilde{m} + \int \tilde{g} d\tilde{m}$;

(2) $\int k\tilde{f} d\tilde{m} = k \int \tilde{f} d\tilde{m}$;

(3) $\tilde{f} \leqslant \tilde{g} \Rightarrow \int \tilde{f} d\tilde{m} \leqslant \int \tilde{g} d\tilde{m}$;

(4) $A \cap B = \varnothing \Rightarrow \int_{A\cup B} \tilde{f} d\tilde{m} = \int_A \tilde{f} d\tilde{m} + \int_B \tilde{f} d\tilde{m}$;

(5) $\displaystyle\int_A \tilde{f} d\tilde{m} = \int \chi_A \cdot \tilde{f} d\tilde{m}$.

定理 7.7.13(广义单调收敛定理)　给定可测空间 (X, Σ). 设 $\{\tilde{m}_n(n \geqslant 1), \tilde{m}\}$ 是模糊数测度序列, $\{\tilde{f}_n(n \geqslant 1), \tilde{f}\}$ 是非负有界可测模糊值函数列, 则

$$\tilde{f}_n \uparrow (l)\tilde{f}, \tilde{m}_n \uparrow (l)\tilde{m} \quad \text{或} \quad \tilde{f}_n \downarrow (l)\tilde{f}, \tilde{m}_n \downarrow (l)\tilde{m} \Rightarrow \int \tilde{f}_n d\tilde{m}_n \xrightarrow{l} \int \tilde{f} d\tilde{m}.$$

证明　只证单调递增情形, 递减情形同理. 对 $\forall \lambda \in (0,1]$, 取 $\lambda_k = \left(1 - \dfrac{1}{k+1}\right)\lambda$, 则 $\lambda_k \uparrow \lambda$. 由 $\tilde{f}_n \uparrow (l)\tilde{f}, \tilde{m}_n \uparrow (l)\tilde{m}$, 进而

$$\bar{f}_\lambda = \bigcap_{k=1}^{\infty} \mathop{\mathrm{Lim}}_{n \to \infty} \bar{f}_{n\lambda_k} = \mathop{\mathrm{Lim}}_{k \to \infty} \mathop{\mathrm{Lim}}_{n \to \infty} \bar{f}_{n\lambda_k}, \quad \bar{m}_\lambda = \bigcap_{k=1}^{\infty} \mathop{\mathrm{Lim}}_{n \to \infty} \bar{m}_{n\lambda_k} = \mathop{\mathrm{Lim}}_{k \to \infty} \mathop{\mathrm{Lim}}_{n \to \infty} \bar{m}_{n\lambda_k},$$

由广义收敛定理, 可得

$$\left((l) \mathop{\mathrm{Lim}}_{n \to \infty} \int \tilde{f}_n d\tilde{m}_n\right)_\lambda = \bigcap_{k=1}^{\infty} \mathop{\mathrm{Lim}}_{n \to \infty} \left(\int \tilde{f}_n d\tilde{m}\right)_{\lambda_k}$$

$$= \bigcap_{k=1}^{\infty} \mathop{\mathrm{Lim}}_{n \to \infty} \int \bar{f}_{n\lambda_k} d\bar{m}_{n\lambda_k}$$

$$= \bigcap_{k=1}^{\infty} \int \mathop{\mathrm{Lim}}_{n \to \infty} \bar{f}_{n\lambda_k} d \mathop{\mathrm{Lim}}_{n \to \infty} \bar{m}_{n\lambda_k}$$

$$= \int \left(\bigcap_{k=1}^{\infty} \mathop{\mathrm{Lim}}_{n \to \infty} \bar{f}_{n\lambda_k}\right) d \left(\bigcap_{k=1}^{\infty} \mathop{\mathrm{Lim}}_{n \to \infty} \bar{m}_{n\lambda_k}\right)$$

$$= \int \bar{f}_\lambda d\bar{m}_\lambda$$

$$= \left(\int \tilde{f} d\tilde{m}\right)_\lambda.$$

当 $\lambda = 0$ 时, 易得上述等式. 故 $(l) \mathop{\mathrm{Lim}}\limits_{n \to \infty} \displaystyle\int \tilde{f}_n d\tilde{m}_n = \int \tilde{f} d\tilde{m}$. 证毕.

推论 7.7.14(单调收敛定理 I)　给定可测空间 (X, Σ). 设 $\{\tilde{f}_n(n \geqslant 1), \tilde{f}\}$ 是非负可积有界的可测模糊值函数列, $\tilde{m}$ 是模糊数测度, 则

$$\tilde{f}_n \uparrow (l)\tilde{f} \quad \text{或} \quad \tilde{f}_n \downarrow (l)\tilde{f} \Rightarrow \int \tilde{f}_n d\tilde{m} \xrightarrow{l} \int \tilde{f} d\tilde{m}.$$

推论 7.7.15(单调收敛定理 II)　给定可测空间 (X, Σ). 设 $\{\tilde{m}_n(n \geqslant 1), \tilde{m}\}$ 是模糊数测度序列, 是非负可积有界的可测模糊值函数列, $\tilde{f}$ 是非负有界可测模糊

值函数, 则

$$\tilde{m}_n \uparrow (l)\tilde{m} \quad \text{或} \quad \tilde{m}_n \downarrow (l)\tilde{m} \Rightarrow \int \tilde{f} d\tilde{m}_n \xrightarrow{l} \int \tilde{f} d\tilde{m}.$$

定理 7.7.16(广义 Fatou 引理) 给定可测空间 (X, Σ). 设 $\{\tilde{m}_n(n \geqslant 1), \tilde{m}\}$ 是模糊数测度序列, $\{\tilde{f}_n(n \geqslant 1), \tilde{f}\}$ 是非负可积有界的可测模糊值函数列, 且 $\tilde{f}_n \xrightarrow{l} \tilde{f}, \tilde{m}_n \xrightarrow{l} \tilde{m}$, 则 $\int \tilde{f} d\tilde{m} \leqslant (l) \varliminf\limits_{n \to \infty} \int \tilde{f}_n d\tilde{m}_n$.

推论 7.7.17(Fatou 引理 I) 给定可测空间 (X, Σ). 设 $\{\tilde{f}_n(n \geqslant 1), \tilde{f}\}$ 是非负可积有界且可测模糊值函数列, $\tilde{m}$ 是模糊数测度, 且 $\tilde{f}_n \xrightarrow{l} \tilde{f}$, 则

$$\int \tilde{f} d\tilde{m} \leqslant (l) \varliminf\limits_{n \to \infty} \int \tilde{f}_n d\tilde{m}.$$

推论 7.7.18(Fatou 引理 II) 给定可测空间 (X, Σ). 设 $\{\tilde{m}_n(n \geqslant 1), \tilde{m}\}$ 是模糊数测度序列, $\tilde{f}$ 是非负可积有界的可测模糊值函数, 且 $\tilde{m}_n \xrightarrow{l} \tilde{m}$, 则

$$\int \tilde{f} d\tilde{m} \leqslant (l) \varliminf\limits_{n \to \infty} \int \tilde{f} d\tilde{m}_n.$$

定理 7.7.19(广义 Lebesgue 收敛定理) 给定可测空间 (X, Σ). 设 $\{\tilde{m}_n\}$ 是水平收敛于模糊数测度 $\tilde{m}$ 的模糊数测度序列, $\{\tilde{f}_n\}$ 与 $\{\tilde{g}_n\}$ 是水平收敛到 $\tilde{f}$ 与 $\tilde{g}$ 的可测模糊值函数列, 且

$$\left\| \tilde{f}_n \right\| \leqslant \tilde{g}_n, \quad (l) \lim_{n \to \infty} \int \tilde{g}_n d\tilde{m}_n = \int \tilde{g} dm \in \tilde{R}^+,$$

则

$$(l) \lim_{n \to \infty} \int \tilde{f}_n d\tilde{m}_n = \int \tilde{f} d\tilde{m}.$$

定理 7.7.20(Lebesgue 收敛定理) 给定可测空间 (X, Σ). 设 $\tilde{m}$ 是模糊数测度, $\{\tilde{f}_n\}$ 是水平收敛到 $\tilde{f}$ 的可测模糊值函数列, 且存在非负可积模糊值函数 $\tilde{g}$, 使得 $\left\| \tilde{f}_n \right\| \leqslant \tilde{g}$, 则

$$(l) \lim_{n \to \infty} \int \tilde{f}_n d\tilde{m} = \int \tilde{f} d\tilde{m}.$$

7.7.3 Fubini 定理

定义 7.7.21 给定模糊数测度空间 $(X_i, \Sigma_i, \tilde{m}_i), i = 1, 2$. 记 $(X_1 \times X_2, \Sigma_1 \times \Sigma_2)$ 为乘积可测空间. 令

$$(\tilde{m}_1 \times \tilde{m}_2)(A) = \bigcup_{\lambda \in [0,1]} \lambda \cdot (\bar{m}_{1\lambda} \times \bar{m}_{2\lambda})(A), \quad \forall A \in \Sigma_1 \times \Sigma_2,$$

则由引理 7.7.3 可知, $\tilde{m}_1 \times \tilde{m}_2 : \Sigma_1 \times \Sigma_2 \to \tilde{R}^+$ 是模糊数测度, 称为乘积模糊数测度, $(X_1 \times X_2, \Sigma_1 \times \Sigma_2, \tilde{m}_1 \times \tilde{m}_2)$ 称为乘积模糊数测度空间.

定理 7.7.22　设 $\tilde{f} : X_1 \times X_2 \to \tilde{R}$ 是可积有界的 $\Sigma_1 \times \Sigma_2$-可测模糊值函数, 则

(1) $\tilde{I}(x_1, \cdot) = \displaystyle\int \tilde{f} d\tilde{m}_2$ 是有界 Σ_1-可测模糊值函数, $\tilde{I}(\cdot, x_2) = \displaystyle\int \tilde{f} d\tilde{m}_1$ 是有界 Σ_2-可测模糊值函数;

(2) $\displaystyle\iint \tilde{f} d\tilde{m}_1 \times \tilde{m}_2 = \iint \tilde{f} d\tilde{m}_1 d\tilde{m}_2 = \iint \tilde{f} d\tilde{m}_2 d\tilde{m}_1$.

7.7.4　Radon-Nikodym 定理

定义 7.7.23　给定可测空间 (X, Σ), 若映射 $\tilde{\nu} : \Sigma \to \tilde{R}$ 满足定义 7.7.1 的条件, 则称为广义模糊数测度.

定义 7.7.24　设 $\tilde{\nu}, \tilde{m}$ 是 (X, Σ) 上的广义模糊数测度, 称 $\tilde{\nu}$ 关于 $\tilde{m}$ 绝对连续, 记为 $\tilde{\nu} \ll \tilde{m}$, 若 $\tilde{m}(A) = \tilde{0} \Rightarrow \tilde{\nu}(A) = \tilde{0}$.

引理 7.7.25　设 $\tilde{\nu}, \tilde{m}$ 是 (X, Σ) 上的广义模糊数测度. 若对 $\forall \lambda \in (0, 1]$, $\nu_\lambda^- \ll m_\lambda^-$; $\nu_\lambda^+ \ll m_\lambda^+$, 则 $\tilde{\nu} \ll \tilde{m}$. 反之不成立.

引理 7.7.26　设 $\tilde{\nu}, m$ 是 (X, Σ) 上的广义模糊数测度与测度. 则 $\tilde{\nu} \ll m$ 当且仅当对 $\forall \lambda \in [0, 1]$, $\nu_\lambda^- \ll m$, $\nu_\lambda^+ \ll m$.

定理 7.7.27　给定模糊数测度空间 $(X, \Sigma, \tilde{m})$. 若 $\tilde{f}$ 是可积有界的可测模糊值函数, 则

$$\tilde{\nu}(A) = \int_A \tilde{f} d\tilde{m}, \quad \forall A \in \Sigma$$

是广义模糊数测度, 且 $\tilde{\nu} \ll \tilde{m}$.

定义 7.7.28　设 $\tilde{\nu}$ 是模糊数测度空间 $(X, \Sigma, \tilde{m})$ 上的广义模糊数测度. 若存在可积函数 $\tilde{f}$, 使得

$$\tilde{\nu}(A) = \int_A \tilde{f} d\tilde{m}, \quad \forall A \in \Sigma,$$

则称 $\tilde{f}$ 是 $\tilde{\nu}$ 关于 $\tilde{m}$ 的 Radon-Nikodym 导数.

定理 7.7.29(Radon-Nikodym 定理)　设 $\tilde{\nu}$ 是模糊数测度空间 $(X, \Sigma, \tilde{m})$ 上的广义模糊数测度. 则存在 $\tilde{\nu}$ 关于 $\tilde{m}$ 的 Radon-Nikodym 导数 $\tilde{f}$ 当且仅当 $\forall \lambda \in [0, 1]$, $\nu_\lambda^- \ll m$, $\nu_\lambda^+ \ll m$.

定理 7.7.30　设 $\tilde{\nu}$ 是测度空间 (X, Σ, m) 上的广义模糊数测度. 则存在 $\tilde{\nu}$ 关于 m 的 Radon-Nikodym 导数 $\tilde{f}$ 当且仅当 $\tilde{\nu} \ll m$.

7.8 进 展 与 注

传统函数的取值是实数, 也称为单值函数, 集值函数是取值为集合的函数, 是单值函数的推广. 以集值函数为研究对象的分析学为集值分析[4]、多值分析[8] 或对应理论[22], 集值函数的积分理论是集值分析的重要内容. 1965 年, 美国经济学家兼数学家 Aumann[5] 在经济学问题的启发下, 以可测集值函数的单值 Lebesgue 可积选择定义了取值于 $P_0(R^n)$ 的集值函数的积分, 其他学者又指出了该积分在相关理论与实际领域的应用 [2,17]. 1970 年, Datko[11] 首先将 Aumann 积分的结果推广到了 Banach 空间, Hiai[18] 给出了可积有界集值函数的积分表示等结果. 进入 80 年代, Papageoriou[32-34] 对 Aumaunn 积分的理论与应用做了系列深化工作, 张文修 [56-60] 的《集值测度与随机集》《集值随机过程》是有关集值积分方面的专著, 李世楷[25] 有集值积分的收敛定理方面的结果.

与 Aumann 积分几乎同时产生的另一种集值积分是 Debreu[12] 积分, 它是由诺贝尔经济学奖获得者 Debreu 于 1966 年定义的. Debreu 利用 Radstrom[37] 嵌入定理, 把集值函数转化为某一抽象空间的单值函数, 从而利用 Banach 空间中的抽象 Bochner 积分, 建立了另一种不同于 Aumann 积分的集值积分, 并且指出, 对于紧凸集值函数来说这两种集值积分是等价的. 还有其他类型的集值积分, 如薛小平[46] 的基于 Pettis 积分的 Pettis-Aumann 积分. 随着集值积分的发展, 与之相关的集值测度理论也被相应地建立起来, 如 Arstein[2]、Papageoriou[33]、张文修[58,59]、薛小平[46] 等的工作.

所谓模糊值函数, 即取值为模糊数的函数, 关于此函数的诸多问题 (如连续性, 微积分等) 是模糊分析学的重要内容之一.

对于取值于一维模糊数空间的模糊值函数, 其积分的定义最早见于 Dubois 与 Prade[14]. 1983 年, 罗承忠与王德谋[27] 定义了区间值函数与模糊值函数的 Riemann 积分. 1985 年, 何家儒[16] 给出了模糊值函数的 Lebesgue 积分. 1986 年, Matloka[28] 利用对积分区间进行分割, 再分别求大和、小和的方法, 定义了模糊值函数的 Riemann 积分. 同年, Goetschel 和 Voxman[15] 用分割、求和、取极限的办法, 也定义了模糊值函数的 Riemann 积分. 1989 年, Nanda[29] 又用求大和、小和的办法定义了模糊值函数的 Riemann-Stieltjes 积分, 作为这一积分的推广, 吴从炘与刘哈生[42] 于 1993 年, 吴冲[43] 于 1996 年又定义了模糊值函数的 RSu 积分, 1997 年, Kim 与 Ghil[21] 又重新定义了模糊值函数的抽象 Lebesgue 积分, 上述众多种类模糊值积分均是针对一维模糊数值函数的. 对于 n 维模糊数值函数 (或称模糊集值映射、模糊随机变量等) 也有各种积分的定义. 1986 年, Puri 和 Ralescu[35] 将集值映射的 Aumann 积分推广到模糊随机变量的情形, 提出了模糊随机变量均值的概念, 同时给出了它的性质, 并得到了一个收敛定理. 这在 Kaleva[19,20] 的工作中得到进一步完善和发展. 1990 年, 张文修与刘道远[57] 也等价地定义了 n 维模糊值函数的积分. 1994 年, 张德利与郭彩梅[52,53] 在 n 维模糊值积分的可列可加性及重积分方面作了探讨. 上述模糊值函数的各种积分之间的关系, 吴从炘与马明[44]、张博侃[50]、Butnariu[7] 都进行了讨论.

经典的集值测度延伸到模糊数学中, 张文修[55] 曾于 1986 年定义了模糊数测度, 后来 Puri 和 Ralescu[36], Stojakovic[38], 张文修[58], 薛小平和哈明虎[47] 等都作了进一步的探讨, 对于一维的模糊数测度, 我们率先定义了模糊值函数关于它的模糊值积分 [54], 后出现了类似的工作 [41]. 取值于一种称之为模糊实数的另外一种模糊值函数的积分于 1985 年被 Klement[23] 建立.

7.1 节和 7.2 节是集值积分的基本内容, 主要参考了张文修先生[58-60] 的著作; 7.3 节是关于 n 维空间的集值积分的一些基本结果, 主要参考了 Klein 和 Thompson[22] 的著作; 7.4 节是关于集值测度的基本结果, 主要参考了李雷、吴从炘[26] 的著作; 7.5 节关于模糊集基础始于 Zadeh[49], 这里主要参考了吴从炘先生等[45] 的著作, 关于模糊集值函数的积分是作者的工作[51,52], 尤其是可列可加性定理和 Fubini 是积分论中的重要结果, 模糊集值测度取自 [26]; 7.6 节集值与模糊集值 Jensen 不等式理论是作者的最新成果; 7.7 节模糊值函数关于模糊数测度的积分是作者的工作[54].

本章介绍的集值与模糊值积分均为可加积分, 基于 Sugeno 积分、Choquet 积分等非可加积分的集值积分理论亦被建立, 这些工作将在下一章中介绍.

参 考 文 献

[1] Abbaszadeh S, Gordji M E, Pap E, Szakái A. Jensen-type inequalities for Sugeno integral. Inf. Sci., 2017, 376: 148-157.

[2] Artstein Z. Set-valued measures. Tran. Amer. Math. Soc., 1972, 165: 103-125.

[3] Artstein Z. On the calculus of closed set-valued functions. India Univ. Math. J., 1974, 24: 433-441.

[4] Aubin J P, Frankowska H. Set-valued Analysis. Boston: Birkhauser, 1990.

[5] Aumann R J. Integrals of set-valued functions. J. Math. Anal. Appl., 1965, 12: 1-12.

[6] Brideland T. Trajectory integrals of set valued functions. Pacific J. Math., 1970, 33: 43-68.

[7] Butnariu D. Measurability concepts for fuzzy mappings. Fuzzy Sets and Systems, 1989, 31: 77-82.

[8] Castaing C H, Valadier M. Convex Analysis and Measurable Multifunctions. Lecture Notes in Math., 580. New York: Springer-Verlag, 1977.

[9] Costa T M. Jensen's inequality type integral for fuzzy-interval-valued functions. Fuzzy Sets and Systems, 2017, 327: 31-47.

[10] Costa T M. Román-Flores H. Some integral inequalities for fuzzy-interval-valued functions. Inf. Sci., 2017, 420: 110-125.

[11] Datko R. Measurability properties of set-valued mappings in a Banach space. SIAM J. Control, 1970, 8: 226-238.

[12] Debreu G. Integration of correspondence. Fifth Berkeley Symposium on Math. Stat. Prob. II, Part I, 1967: 351-372.

[13] Diestel J, Uht J J. Vector Measures. Math. Surveys, 15. New York: Amer. Math. Soc., 1977.

[14] Dubois D, Prade H. Towards fuzzy differential calculus: Part I, Integration of fuzzy mappings. Fuzzy Sets and Systems, 1982, 8: 1-17.

[15] Goetschel R, Voxman W. Elementary fuzzy calculus. Fuzzy Sets and Systems, 1986, 18: 31-43.

[16] 何家儒. Fuzzy 值函数的 Lebesgue 积分. 四川师范大学学报, 1985, 4: 31-40.

[17] Hermes H. Calculus of set-valued functions and control. J. Math. Mech., 1968, 18: 47-59.

[18] Hiai F, Umegaki H. Integrals, conditional expectations and martingales of multivalued functions. J. Multivar. Math. Anal., 1977, 7: 149-182.

[19] Kaleva O. Fuzzy different equations. Fuzzy Sets and Systems, 1990, 35: 389-396.

[20] Kaleva O. Fuzzy differential equations. Fuzzy Sets and Systems, 1987, 24: 301-317.

[21] Kim Y K, Ghil B M. Integrals of fuzzy-number-valued functions. Fuzzy Sets and Systems, 1997, 86: 213-222.

[22] Klein G, Thompson A. Theory of Correspondences. New York: Wiley-interscience, 1984.

[23] Klement E P. Integration of fuzzy-valued functions. Rev. Roumaine. Math. Pures Appl., 1985, 30: 375-384.

[24] Klement E P, Puri M L, Ralecsu D A. Limit theorems for fuzzy random variables. Proc. R. Soc. Lond A , 1986, 407: 171-182.

[25] 李世楷, 孔庆隆. 关于随机集积分序列的收敛定理. 科学通报, 1987, 32(7): 555-556.

[26] 李雷, 吴从炘. 集值分析. 北京: 科学出版社, 2003.

[27] 罗承忠, 王德谋. 区间值函数积分的推广与 Fuzzy 值函数的积分. 模糊数学, 1983, 3: 45-52.

[28] Matloka M. On fuzzy integral. Proc. Polish. Sympo. Interval & Fuzzy Math., 1986, 4-7: 163-170.

[29] Nanda S. On integration of fuzzy mappings. Fuzzy Sets and Systems, 1989, 32: 95-101.

[30] Negoita C V, Ralescu D A. Applications of Fuzzy Sets to Systems Analysis. Interdisciplinary Systems Reseach Series, vol. II. Basel, New York: Birkhäuser, Stuttgart and Halsted Press, 1975.

[31] Pap E, Štrboja M. Generalization of the Jensen inequality for pseudo-integral. Inf. Sci., 2010, 180: 543-548.

[32] Papageorgiou N S. On the theory of Banach space valued multifunctions(I): Integration and conditional expectation. J. Multiva. Anal., 1985, 17: 185-206.

[33] Papageorgiou N S. On the theory of Banach space valued multifunctions(II): Set-valued martingles and set-valued measures. J. Multiva. Anal., 1985, 17: 207-227.

[34] Papageorgiou N S. Convergence theorems for Banach space valued integrable multi-functions. Internat. J. Math. Math. Sci., 1987, 10: 433-442.

[35] Puri M, Ralescu D. Fuzzy random variables. J. Math. Anal. Appl., 1986, 114: 409-422.

[36] Puri M, Ralescu D. Convergence theorem for fuzzy martingales. J. Math. Anal. Appl., 1991, 160: 107-122.

[37] Radstrom H. An embedding theorem for spaces of convex sets. Proc. Amer. Math. Soc., 1952, 3: 165-169.

[38] Stojakovic M. Fuzzy valued measure. Fuzzy Sets and Systems, 1994, 65: 95-104.

[39] Štrboja M, Grbić T, Štajiner-Papuga I, Grujić G, Medic S. Jensen and Chebyshev inequalities for pseudo-integrals of set-valued functions. Fuzzy Sets Systems, 2013, 222: 18-32.

[40] Wang R S. Some inequalities and convergence theorems for Choquet integrals. J. Appl. Math. Comput., 2011, 35(1): 305-321.

[41] Wu H C. Fuzzy-valued integrals of fuzzy-valued measurable Functions with respect to fuzzy-valued measures based on closed intervals. Fuzzy Sets and Systems, 1997, 87: 65-78.

[42] Wu C X, Liu H S. On RSu-integral of interval-valued functions and fuzzy-valued functions. Fuzzy Sets and Systems, 1993, 55: 93-106.

[43] Wu C. RSu integral of interval-valued functions and fuzzy-valued functions redefined. Fuzzy Sets and Systems, 1996, 84: 301-308.

[44] Wu C X, Ma M. Embedding problem of fuzzy number space: Part II. Fuzzy Sets and Systems 1992, 45: 189-202.

[45] 吴从炘, 赵治涛, 任雪昆. 模糊分析学与特殊泛函空间. 哈尔滨: 哈尔滨工业大学出版社, 2003.

[46] 薛小平. 抽象空间中取值的函数、级数、测度与积分. 哈尔滨工业大学博士学位论文, 1991.

[47] Xue X P, Ha M H, Ma M. Random fuzzy number integrals in Banach spaces. Fuzzy Sets and Systems, 1994, 66: 97-111.

[48] Xue X P, Wang X M. Introduction to Set-Valued Analysis. Harbin: Harbin Press, 1997.

[49] Zadeh L A. Fuzzy sets. Inf. and Contr., 1965, 8: 338-353.

[50] 张博侃. 非紧模糊数空间的嵌入及应用. 哈尔滨工业大学博士学位论文, 1997.

[51] Zhang D L, Guo C M. Fubini theorem for F-valued integrals. Fuzzy Sets and Systems, 1994, 62: 355-358.

[52] Zhang D L, Guo C M. The countable additivity of set-valued integrals and F-valued integrals. Fuzzy Sets and Systems, 1994, 66: 113-117.

[53] Zhang D L, Guo C M, Chen D G, Wang G J. Jensen's inequalities for set-valued functions and fuzzy set-valued functions. Fuzzy Sets and Systems, 2021, 404: 178-204.

[54] 张德利, 王子孝. Fuzzy 数测度与积分. 模糊系统与数学, 1993, (1): 71-80.

[55] 张文修. 模糊数测度. 科学通报, 1986, (23): 1833.

[56] 张文修, 李腾. 集值测度的表示定理. 数学学报, 1988, (2): 201-208.

[57] 张文修, 刘道远. 随机 Fuzzy 集及其性质. 模糊系统与数学, 1990, 4: 1-8.

[58] Zhang W X, Li T, Ma J F, Li A J. Set-valued measure and fuzzy set-valued measure. Fuzzy Sets and Systems, 1990, 36: 181-188.

[59] 张文修. 集值测度与随机集. 西安: 西安交通大学出版社, 1989.

[60] 张文修, 汪振鹏, 高勇. 集值随机过程. 北京: 科学出版社, 1996.

第 8 章　集值函数与模糊集值函数的模糊积分

到目前为止, 模糊积分的理论已经相当广泛, 但是所有的模糊积分的被积函数都只是数值函数或者说是单值函数, 而单值函数又是集值函数的特例, 因而可以考虑建立集值函数的模糊积分理论, 这正是本章的目的所在. 本章分八节, 在 8.1 节中介绍一些必备的预备知识. 在 8.2 节中首先给出集值函数模糊积分的定义, 所采用的方法类似于 Aumann 积分, 是用单值可测选择的模糊积分来定义的. 然后详细讨论集值模糊积分的性质, 给出收敛定理. 由于取值于正规模糊集的映射, 被称为模糊集值函数, 并以集值函数为特例, 而且用模糊集的表现定理, 可以表示为一族集值函数 (水平集值函数), 因而可进一步建立模糊集值函数的模糊积分, 这是 8.3 节的内容. 在 8.4 节中, 对应于经典的集值测度, 提出不可加的集值模糊测度的概念, 并作了初步探讨, 尤其针对特殊的拟可加集值测度给出 Radon-Nikodym 定理. 8.5 节探讨了集值函数的 Choquet 积分, 进而在 8.6 节又把积分函数从集值推广到模糊集值情形, 建立了模糊集值 Choquet 积分. 8.7 节给出了集值函数的单值 Choquet 积分理论, 包括上、下、边界 Choquet 积分. 最后在 8.8 节讨论了与这些 Choquet 积分相关的 Jensen 不等式.

本章中, $P_0(\bar{R})(P_0(\bar{R}^+))$ 表示 $\bar{R}$ $(\bar{R}^+)$ 的非空幂集, $\tilde{P}_1(\bar{R})(\tilde{P}_1(\bar{R}^+))$ 表示 $\bar{R}(\bar{R}^+)$ 的非空正规模糊子集的全体, 同时第 7 章中的符号继续沿用. (X, Σ) 是可测空间, 如无特殊说明, μ 是连续模糊测度, "$\displaystyle\int_A$" 是 Sugeno 意义的模糊积分, "(C) $\displaystyle\int_A$" 是 Choquet 积分.

8.1　预备知识

定义 8.1.1　模糊测度 $\mu : \Sigma \to \bar{R}^+$ 称为 m-连续的, 若存在 (X, Σ) 上的完全、有限的测度 m(可加的), 使得 $\mu \ll m$(即 $m(A) = 0 \Rightarrow \mu(A) = 0$).

注 8.1.2　m-连续的模糊测度是大量存在的, 如扭曲测度.

引理 8.1.3　设 f_1, f_2 是非负可测函数, $A \in \Sigma$. 若 μ 是零可加和 m-连续的, 则 $f_1 = f_2$ $m\text{-}a.e.x \in A$ 蕴含 $\displaystyle\int_A f_1 d\mu = \int_A f_2 d\mu$.

注 8.1.4　本章的集值函数是指映射 $F : X \to P_0(\bar{R}^+)$. F 称为闭值的 (紧值的, 凸值的), 若对每个 $x \in X$, $F(x)$ 是 $\bar{R}^+$ 的闭子集 (紧子集, 凸子集); F 称

为可测的, 若它的图 $\mathrm{Gr}F = \left\{(x, r) \in X \times \bar{R}^+; r \in F(x)\right\}$ 属于 $\Sigma \times B\left(\bar{R}^+\right)$, 这里 $B(\bar{R}^+)$ 是 $\bar{R}^+$ 的 Borel 域. 模糊集值函数是指映射 $\tilde{F} : X \to \tilde{P}_1\left(\bar{R}^+\right)$. $\tilde{F}$ 称为闭值的 (紧值的, 凸值的, 可测的), 若它的水平集值函数是闭值的 (紧值的, 凸值的, 可测的).

注 8.1.5 设 $A, B \in P_0\left(\bar{R}^+\right)$. 本章继续沿用第 7 章中的序 "$\leqslant_p, \subseteq_p$", $A \leqslant_p B$ 也记为 $A \leqslant B$. $\left(P_0\left(\bar{R}^+\right), \leqslant\right)$ 是拟序集, 不是偏序集, 若在 $P_0\left(\bar{R}^+\right)$ 上规定等价关系:

$$A \sim B \Leftrightarrow A \leqslant B, \quad B \leqslant A,$$

则 $\left(P_0\left(\bar{R}^+\right) / \sim, \leqslant\right)$ 就构成一个偏序集.

8.2 集值函数的模糊积分

8.2.1 定义与性质

定义 8.2.1 设 F 是集值函数, 则 F 在 $A \in \Sigma$ 上关于 μ 的模糊积分为

$$\int_A F d\mu = \left\{\int_A f d\mu : f \in S\left(F\right)\right\},$$

其中 $S\left(F\right)$ 是 F 的可测选择的全体, $\int f d\mu$ 是 Sugeno 意义的模糊积分.

显然, $\int_A F d\mu$ 可能为空集. 若 $\int_A F d\mu \neq \varnothing$, 则称 F 在 A 上模糊积分存在, 且若 $\infty \notin \int_A F d\mu$, 则称 F 在 A 上模糊可积.

性质 8.2.2 $\int_A F d\mu = \int_X \chi_A \cdot F d\mu.$

由此性质, 有时我们只讨论 X 上的模糊积分, 且简记 "$\int_X$" 为 "$\int$".

性质 8.2.3 (1) 若 μ 是零可加的, 则

$$\int F d\mu = \left\{\int f d\mu : f \in S\left(F, \mu\right)\right\};$$

(2) 若 μ 是零可加且 m-连续的, 则

$$\int F d\mu = \left\{\int f d\mu : f \in S\left(F, m\right)\right\},$$

这里 $S\left(F, \mu\right)\left(S\left(F, m\right)\right)$ 是 F 的 μ-a.e. (m-a.e.) 可测选择的全体.

证明　(1) 是显然的. 为证 (2), 记

$$Q_m = \left\{ \int f d\mu : f \in S(F, m) \right\},$$

$$Q = \left\{ \int f d\mu : f \in S(F) \right\},$$

易见 $Q \subset Q_m$.

若 $Q_m = \varnothing$, 则 $Q_m = Q$.

若 $Q_m \neq \varnothing$, 可设 $r \in Q_m$, 故 $\exists f \in S(F, m)$, 使得 $r = \int f d\mu$.

记 $A = \{x \in X : f(x) \notin F(x)\}$, 则 $m(A) = 0$, 进一步由于 $\mu \ll m$, 故 $\mu(A) = 0$. 构造函数 f_1 如下:

$$f_1(x) = \begin{cases} f(x), & x \notin A, \\ q(x), & x \in A, \end{cases}$$

其中 $q(x) \in F(x)$, $x \in A$.

由于 $f_1 \in S(F)$, 且易见 $f_1 = f$ μ-a.e., 从而

$$\int f_1 d\mu = \int f d\mu = r.$$

故 $r \in Q$, 从而 $Q_m = Q$. 证毕.

性质 8.2.4　若 F 是闭值可测集值函数, 则 $\int F d\mu \neq \varnothing$.

性质 8.2.5　设 μ 是零可加且 m-连续的模糊测度. 若 F 是可测集值函数, 则 $\int F d\mu \neq \varnothing$.

性质 8.2.6　设 F 是集值函数. 若 $S(F) \neq \varnothing$, 则 $\mu(A) = 0$ 蕴含

$$\int_A F d\mu = \{0\}.$$

性质 8.2.7　设 $Q \in P_0(R^+)$. 则 $F(x) = Q$ 可积, 且

$$\int_A Q d\mu = Q \wedge \mu(A),$$

这里 $Q \wedge \mu(A) = \{q \wedge \mu(A) : q \in Q\}$.

性质 8.2.8　设 $c \in R^+$, 且 F 是可积集值函数, 则

$$\int (c \vee F) d\mu = \int c d\mu \vee \int F d\mu,$$

这里 $(c \vee F)(x) = c \vee F(x) = \{c \vee r : r \in F(x)\}$.

性质 8.2.9 对一切集值函数 F_1, F_2, 且 $F_1 = F_2$ μ-a.e. 于 X (即 $F_1(x) = F_2(x)$, $x \in X$ μ-a.e.) 蕴含 $\int F_1 d\mu = \int F_2 d\mu$ 当且仅当 μ 是零可加的.

性质 8.2.10 设 F 是可测集值函数.

(1) 若 F 是凸值的, 则 $\int F d\mu$ 是凸的;

(2) 若 F 是闭值的, 且 $\mu(X) < \infty$, 则 $\int F d\mu$ 是闭值的.

证明 (1) 若 $\int F d\mu$ 是单点集或空集, 则显然是凸集. 否则, 可设 $y_1, y_2 \in \int F d\mu$, 且 $y_1 < y_2$. 因而存在 $f_1, f_2 \in S(F)$, 使得 $y_1 = \int f_1 d\mu$, $y_2 = \int f_1 d\mu$. 对于区间 (y_1, y_2) 中的任一实数 y, 我们只需找到 $f \in S(F)$, 使得 $y = \int f d\mu$. 定义

$$f(x) = \begin{cases} y, & x \in (f_1 \leqslant y \leqslant f_2), \\ f_1(x), & x \in ((f_1 \wedge f_2) > y) \cup (f_1 > y > f_2), \\ f_2(x), & x \in ((f_1 \vee f_2) < y), \end{cases}$$

易见 $f \in S(F)$. 进一步, 由模糊测度的单调性有

$$\mu(f \geqslant y) \geqslant \mu(f_2 \geqslant y) \geqslant \mu(f_2 \geqslant y_2) \geqslant y_2 \geqslant y,$$

$$\mu(f > y) = \mu(f_1 > y) \leqslant \mu(f_1 > y_1) \leqslant y_1 \leqslant y,$$

即 $\mu(f \geqslant y) \geqslant y \geqslant \mu(f > y)$. 则由模糊积分的一个性质

$$\int f d\mu = r \Leftrightarrow (f \geqslant r) \geqslant r \geqslant \mu(f > r),$$

可知 $y = \int f d\mu$.

由 y 的任意性, 可知 $(y_1, y_2) \subset \int F d\mu$, 再由 y_1, y_2 的任意性, 知 $\int F d\mu$ 是一个区间, 故而是凸集.

(2) 因为 F 是可测闭值的, 所以不难看出 $S(F)$ 是 $\bar{R}^{+X}$ (赋予乘积拓扑) 的闭子空间. 又 $\bar{R}^{+X}$ 是紧致的, 因而 $S(F)$ 是紧的. 根据模糊积分的性质, 若 $\mu(X) < \infty$, 则 "$\int \cdot d\mu$" 是连续的泛函, 进而可知 $\int F d\mu$ 是紧致的, 因此是闭的. 证毕.

推论 8.2.11　设 F 是可测区间值函数, 即 $F(x) = [f^-(x), f^+(x)] \subset \bar{R}^+$, $x \in X$, 且 $\mu(X) < \infty$, 则

(1) $f^-, f^+ \in S(F)$;

(2) $\displaystyle\int F d\mu = \left[\int f^- d\mu, \int f^+ d\mu\right].$

证明　因为 F 是闭值可测的, 由 Castaing 表示定理, 则存在 $\{f_n\} \subset S(F)$, 使得 $F(x) = \mathrm{cl}\{f_n(x)\}, \forall x \in X$. 则 $f^-(x) = \inf\{f_n(x)\}$, $f^+(x) = \sup\{f_n(x)\}$, 因而 f^-, f^+ 是可测的, (1) 得以证明. (2) 是性质 8.2.10 的直接结果. 证毕.

性质 8.2.12　设 F_1, F_2 是集值函数, 若 $F_1 \subseteq F_2$ (即 $F_1(x) \subseteq F_2(x), \forall x \in X$), 则 $\displaystyle\int F_1 d\mu \subseteq \int F_2 d\mu.$

性质 8.2.13　设 μ 是零可加且 m-连续的, 若 F 是可测集值函数, 则

$$\mathrm{co}\int F d\mu = \int \mathrm{co} F d\mu,$$

这里 $\mathrm{co} F$ 是 F 的凸包函数, 即对 $x \in X$, $(\mathrm{co} F)(x) = \mathrm{co} F(x)$.

证明　由性质 8.2.10 (1) 及性质 8.2.12, 包含关系 "$\subseteq$" 是显然的. 下面只需证相反的包含关系 "$\supseteq$" 成立. 取 $\forall y \in \displaystyle\int \mathrm{co} F d\mu$, 则存在 $f \in S(\mathrm{co} F)$, 使得 $y = \displaystyle\int f d\mu$. 若 $f \in S(F)$, 则 $y \in \mathrm{co}\displaystyle\int F d\mu$.

下面假设 $f \notin S(F)$, 构造集值函数 E 如下:

$$\mathrm{Gr} E = \mathrm{Gr} F \cap \{(x, r) \in X \times R_+ : f(x) \leqslant r \leqslant \infty\},$$

由于 F 可测, $f(x)$ 也可测, 易见 $\mathrm{Gr} E$ 可测, 从而 E 是可测集值函数, 故存在 m-a.e. 可测选择 $f_1 \in S(E, m)$, 进一步当然有 $f_1 \in S(F, m)$, $f \leqslant f_1$, 因而 $\displaystyle\int f d\mu \leqslant \int f_1 d\mu$.

同理, 存在 $f_2 \in S(F, m)$, 使 $\displaystyle\int f_2 d\mu \leqslant \int f d\mu$.

综上, 我们得到 $y \in \mathrm{co}\displaystyle\int F d\mu$, 即相反的包含关系 "$\supseteq$" 成立. 证毕.

性质 8.2.14　设 F_1, F_2 是可测集值函数, μ 是零可加且 m-连续的. 如果 $F_1 \leqslant F_2$, 即对每个 $x \in X$ m-a.e., 有 $F_1(x) \leqslant F_2(x)$, 则

$$\int F_1 d\mu \leqslant \int F_2 d\mu.$$

证明 对 $x_1 \in \int F_1 d\mu$, 存在 $f_1 \in S(F)$, 使得 $x_1 = \int f_1 d\mu$. 构造 E 如下:

$$\mathrm{Gr} E = \mathrm{Gr} F \cap \left\{ (x, r) \in X \times R^+ : f_1(x) \leqslant r \leqslant \infty \right\}.$$

由 $F_1 \leqslant F_2$ 知 $\mathrm{Gr} E \neq \varnothing$, 进而知 E 是可测集值函数, 因此存在 $f_2 \in S(E, m)$, 使 $f_1 \leqslant f_2$, 即有 $\int f_1 d\mu \leqslant \int f_2 d\mu$, 但 $f_2 \in S(F, m)$, 故存在 $x_2 = \int f_2 d\mu$, 使 $x_1 \leqslant x_2$.

同理, 对 $y_2 \in \int F_2 d\mu$, 总能找到 $y_1 \in \int F_1 d\mu$, 使 $y_1 \leqslant y_2$.

综上, $\int F_1 d\mu \leqslant \int F_2 d\mu$. 证毕.

推论 8.2.15 设 F_1, F_2 是可测集值函数, μ 是零可加且 m-连续的. 则 $F_1 \sim F_2$ 蕴含

$$\int F_1 d\mu \sim \int F_2 d\mu.$$

推论 8.2.16 设 F 是可测集值函数, μ 是零可加且 m-连续的. 则 $A \subset B$ 蕴含

$$\int_A F d\mu \leqslant \int_B F d\mu.$$

8.2.2 收敛定理

定理 8.2.17 (Fatou 引理) 设 $\{F_n\}$ 是一列集值函数, $\mu(X) < \infty$. 则

(1) $\underset{n \to \infty}{\mathrm{Lim\,sup}} \int F_n d\mu \subset \int \underset{n \to \infty}{\mathrm{Lim\,sup}} F_n d\mu$;

(2) μ 是零可加且 m-连续的, $F_n (n \geqslant 1)$ 是可测的蕴含

$$\int \underset{n \to \infty}{\mathrm{Lim\,inf}} F_n d\mu \subset \underset{n \to \infty}{\mathrm{Lim\,inf}} \int F_n d\mu.$$

证明 (1) 若 $\underset{n \to \infty}{\mathrm{Lim\,sup}} \int F_n d\mu = \varnothing$, 则包含关系 "$\subset$" 自然成立. 否则, 对每个 $y \in \underset{n \to \infty}{\mathrm{Lim\,sup}} \int F_n d\mu$, 往证 $y \in \int \underset{n \to \infty}{\mathrm{Lim\,sup}} F_n d\mu$. 由上极限的定义, 有 $y = \underset{k \to \infty}{\lim} y_{nk}$, 其中 $y_n \in \int F_n d\mu (n \geqslant 1)$. 进而存在 $f_{nk} \in S(F_{nk})$, 使 $y_{nk} = \int f_{nk} d\mu (k \geqslant 1)$, 且 $\int f_{nk} d\mu \to y (k \to \infty)$.

因为 $\{f_{nk}\} \subset \bar{R}^{+^X}$ 且 $\bar{R}^{+^X}$ 是紧致的, 所以 $\{f_{nk}\}$ 存在收敛子列 $\{f_m\}$, 故而

$$\int f_m d\mu \to y' (m \to \infty). \text{ 由极限的唯一性, 有}$$

$$y = y' = \lim_{m \to \infty} \int f_m d\mu = \int \lim_{m \to \infty} f_m d\mu,$$

这说明 $y \in \int \operatorname*{Lim\,sup}_{n \to \infty} F_n d\mu$, (1) 得证.

(2) 若 $\int \operatorname*{Lim\,inf}_{n \to \infty} F_n d\mu = \varnothing$, 包含关系显然成立. 否则, 可设 $y \in \int \operatorname*{Lim\,inf}_{n \to \infty} F_n d\mu$, 则存在 $f \in S\left(\operatorname*{Lim\,inf}_{n \to \infty} F_n\right)$, 使 $y = \int f d\mu$. 记

$$\bar{R}^{+\infty} = \bar{R}^+ \times \bar{R}^+ \times \cdots,$$

则 $\bar{R}^{+\infty}$ 是紧拓扑空间. 对 $x \in X$, 定义 $\bar{R}^{+\infty}$ 的子集 $G(x)$ 如下:

$$G(x) = \left\{ (y_1, y_2, \cdots) : y_n \in F_n \,(n \geqslant 1), \lim_{n \to \infty} y_n = f(x) \right\},$$

则 $f \in S\left(\operatorname*{Lim\,inf}_{n \to \infty} F_n\right)$ 等价于 $G : X \to P\left(\bar{R}^{+\infty}\right) \setminus \{\varnothing\}$ 是集值映射. 易知 G 是可测的, 因而存在 m-a.e. 可测选择 $g \in S(G)$, 即一个可测函数列 $\{f_n\}$, $f_n \in S(F_n, m)\,(n \geqslant 1)$, 且 $\lim_{n \to \infty} f_n = f$. 由模糊积分的收敛定理, 有

$$\int f_n d\mu \to \int f d\mu = y,$$

故 $y \in \operatorname*{Lim\,inf}_{n \to \infty} \int F_n d\mu$, 至此 (2) 得证. 证毕.

定理 8.2.18 (Lebesgue 收敛定理)　设 $F_n\,(n \geqslant 1)$, F 是可测集值函数, μ 是零可加且 m-连续的, $\mu(X) < \infty$. 若 $F_n \to F$, 则

$$\int F_n d\mu \to \int F d\mu.$$

证明　由 $F(x) = \operatorname*{Lim\,inf}_{n \to \infty} F_n(x) = \operatorname*{Lim\,sup}_{n \to \infty} F_n(x)$, $x \in X$, 及 Fatou 引理, 有

$$\int F d\mu = \int \operatorname*{Lim\,inf}_{n \to \infty} F_n d\mu \subseteq \operatorname*{Lim\,inf}_{n \to \infty} \int F_n d\mu$$

$$\subseteq \operatorname*{Lim\,sup}_{n \to \infty} \int F_n d\mu \subseteq \int \operatorname*{Lim\,sup}_{n \to \infty} F_n d\mu = \int F d\mu.$$

因而 $\operatorname*{Lim}_{n \to \infty} \int F_n d\mu$ 存在且等于 $\int F d\mu$. 证毕.

推论 8.2.19 (单调收敛定理) 设 $F_n (n \geqslant 1)$, F 是可测集值函数, μ 是零可加且 m-连续的, 且 $\mu(X) < \infty$. 若 $F_n \uparrow (\downarrow) F$, 则

$$\int F_n d\mu \uparrow (\downarrow) \int F d\mu,$$

这里 "单调性" 的意义为 "$\subseteq$" 或 "$\leqslant$".

注 8.2.20 性质 8.2.10 (2) 的另一证明.

证明 记 $F_n = F (n \geqslant 1)$, 则由于 F 是闭值的, 我们有 $\underset{n \to \infty}{\text{Limsup}} F_n = F$. 进而由 Fatou 引理, 可知结论成立. 证毕.

8.3 模糊集值函数的模糊积分

8.3.1 定义与性质

定义 8.3.1 设 $\tilde{F}$ 是模糊集值函数, 则 $\tilde{F}$ 在 $A \in \Sigma$ 上关于 μ 的模糊积分为

$$\left(\int_A \tilde{F} d\mu \right)(r) = \sup \left\{ \lambda \in (0,1] : r \in \int_A F_\lambda d\mu \right\}.$$

显然 $\int_A \tilde{F} d\mu$ 可能为 $\varnothing$. 若 $\int_A \tilde{F} d\mu$ 不等于 $\varnothing$, 则称 $\tilde{F}$ 在 A 上可积.

性质 8.3.2 (1) $\int_A \tilde{F} d\mu = \int_X \chi_A \cdot \tilde{F} d\mu$;

(2) 设 $\tilde{F}$ 在 A 上可积, 则 $\mu(A) = 0$ 蕴含 $\int_A \tilde{F} d\mu = \{\tilde{0}\}$, 此处 $\tilde{0}(r) = \begin{cases} 1, & r = 0, \\ 0, & r \neq 0; \end{cases}$

(3) 若 $\tilde{F}$ 是闭值可测的, 则 $\tilde{F}$ 在 $A \in \Sigma$ 上可积.

由此性质, 不失一般性, 有时我们只讨论 X 上的模糊积分情形, 并简记 "$\int_X$" 为 "$\int$".

性质 8.3.3 对于模糊集值函数 $\tilde{F}$ 及 $\lambda \in (0,1]$, 有

$$\left(\int \tilde{F} d\mu \right)_\lambda = \bigcap_{\lambda' < \lambda} \int F'_\lambda d\mu.$$

性质 8.3.4 若 $\tilde{F}$ 是模糊凸值的, 则 $\int \tilde{F} d\mu$ 是模糊凸集.

性质 8.3.5　设 μ 是零可加且 m-连续的, $\mu(X) < \infty$. 则 $\tilde{F}$ 是可测模糊闭值的蕴含 $\int \tilde{F} d\mu$ 是模糊闭集, 且对 $\lambda \in [0, 1]$, 有

$$\left(\int \tilde{F} d\mu \right)_\lambda = \int F_\lambda d\mu. \tag{8.3.1}$$

证明　只需证出等式成立即可. 对 $\lambda \in (0, 1]$, 令 $\lambda_k = (1 - 1/(k+1))\lambda$, $k \geqslant 1$, 则 $\lambda_k \uparrow \lambda$, 由表现定理, 不难验证

$$\left(\int \tilde{F} d\mu \right)_\lambda = \bigcap_{k=1}^{\infty} \int F_{\lambda_k} d\mu.$$

因为 $\tilde{F}$ 是模糊闭值的, 故 F_{λ_k} 是闭值的, 因而 $\int F_{\lambda_k} d\mu$ 是闭的, $k = 1, 2, \cdots$. 由此我们可知

$$\bigcap_{k=1}^{\infty} \int F_{\lambda_k} d\mu = \operatorname*{Lim}_{n \to \infty} \int F_{\lambda_k} d\mu.$$

又由定理 8.2.18, 有

$$\operatorname*{Lim}_{n \to \infty} \int F_{\lambda_k} d\mu = \int \operatorname*{Lim}_{n \to \infty} F_{\lambda_k} d\mu$$

$$= \int \left(\bigcap_{k=1}^{\infty} F_{\lambda_k} \right) d\mu.$$

而 $F_\lambda = \bigcap_{k=1}^{\infty} F_{\lambda_k}$, 故

$$\left(\int \tilde{F} d\mu \right)_\lambda = \int F_\lambda d\mu.$$

若 $\lambda = 0$, 取 $\lambda_k \downarrow 0$, 则 $\tilde{F}_0(x) = \operatorname{cl}\left(\bigcup_{k=1}^{\infty} F_{\lambda_k}(x) \right) = \operatorname*{Lim}_{n \to \infty} F_{\lambda_k}$, 同样可得

$$\int F_0 d\mu = \int \operatorname*{Lim}_{n \to \infty} F_{\lambda_k} d\mu = \operatorname*{Lim}_{n \to \infty} \int F_{\lambda_k} d\mu$$

$$= \operatorname{cl}\left(\bigcup_{k=1}^{\infty} \int F_{\lambda_k} d\mu \right) = \operatorname{cl}\left(\bigcup_{k=1}^{\infty} \int F d\mu \right)_{\lambda_k} = \left(\int F d\mu \right)_0.$$

证毕.

本节余下部分 (包括 8.3.2 节) 我们始终假设 μ 是有限的零可加且 m-连续的模糊测度.

推论 8.3.6 设 $\tilde{F}$ 是可测模糊集值函数, 则 $\tilde{F}$ 是模糊闭凸值的蕴含 $\int \tilde{F} d\mu$ 是模糊闭凸集.

性质 8.3.7 设 $\tilde{F}$ 是可测模糊集值映射, 则

$$\int (\mathrm{co}\tilde{F}) d\mu = \mathrm{co} \int \tilde{F} d\mu.$$

8.3.2 收敛定理

定理 8.3.8 (Fatou 引理) 设 $\left\{\tilde{F}_n\right\}$ 是一列可测模糊集值函数. 则

(1) $\operatorname*{Lim\,sup}\limits_{n\to\infty} \int \tilde{F}_n d\mu \subseteq \int \operatorname*{Lim\,sup}\limits_{n\to\infty} \tilde{F}_n d\mu;$

(2) 若 $\tilde{F}_n(n \geqslant 1)$ 是模糊闭值的, 则

$$\int \operatorname*{Lim\,inf}_{n\to\infty} \tilde{F}_n d\mu \subseteq \operatorname*{Lim\,inf}_{n\to\infty} \int \tilde{F}_n d\mu.$$

证明 为行文简明, 略述如下.

(1) 首先, 当 $\lambda \in (0,1]$ 时, 由表现定理, 有

$$\left(\operatorname*{Lim}_{n\to\infty} \int \tilde{F} d\mu\right)_\lambda$$

$$= \bigcap_{\lambda'<\lambda} \operatorname*{Lim\,sup}_{n\to\infty} \left(\int F_n d\mu\right)_{\lambda'}$$

$$= \bigcap_{\lambda'<\lambda} \operatorname*{Lim\,sup}_{n\to\infty} \bigcap_{k=1}^{\infty} \int \left(\tilde{F}_n\right)_{\lambda_k} d\mu \, (\lambda_k(1-1/(k+1))\lambda')$$

$$\subseteq \bigcap_{\lambda'<\lambda} \bigcap_{k=1}^{\infty} \operatorname*{Lim\,sup}_{n\to\infty} \int \left(\tilde{F}_n\right)_{\lambda_k} d\mu$$

$$\subseteq \bigcap_{\lambda'<\lambda} \operatorname*{Lim}_{n\to\infty} \int \operatorname*{Lim\,sup}_{n\to\infty} \left(\tilde{F}_n\right)_{\lambda_k} d\mu$$

$$= \bigcap_{\lambda'<\lambda} \int \bigcap_{k=1}^{\infty} \operatorname*{Lim\,sup}_{n\to\infty} \left(\tilde{F}_n\right)_{\lambda_k} d\mu$$

$$= \bigcap_{\lambda'<\lambda} \int \left(\operatorname*{Lim\,sup}_{n\to\infty}\tilde{F}_n\right)_{\lambda'} d\mu$$

$$= \left(\int \operatorname*{Lim\,sup}_{n\to\infty} \tilde{F}_n d\mu\right)_\lambda.$$

其次, 我们有

$$\bigcup_{\lambda>0}\left(\operatorname{Lim\,sup}_{n\to\infty}\int \tilde{F}_n d\mu\right)_\lambda \subseteq \bigcup_{\lambda>0}\left(\int \operatorname{Lim\,sup}_{n\to\infty}\tilde{F}_n d\mu\right)_\lambda,$$

$$\operatorname{cl}\left(\bigcup_{\lambda>0}\left(\operatorname{Lim\,sup}_{n\to\infty}\int \tilde{F}_n d\mu\right)_\lambda\right) \subseteq \operatorname{cl}\left(\bigcup_{\lambda>0}\left(\int \operatorname{Lim\,sup}_{n\to\infty}\tilde{F}_n d\mu\right)_\lambda\right),$$

$$\left(\operatorname{Lim\,sup}_{n\to\infty}\int \tilde{F}_n d\mu\right)_0 \subseteq \left(\int \operatorname{Lim\,sup}_{n\to\infty}\tilde{F}_n d\mu\right)_0.$$

(2) 首先, 当 $\lambda \in (0,1]$ 时, 由表现定理, 有

$$\left(\int \operatorname{Lim\,inf}_{n\to\infty}\tilde{F}_n d\mu\right)_\lambda$$

$$= \int \left(\operatorname{Lim\,inf}_{n\to\infty}\tilde{F}_n\right)_\lambda d\mu$$

$$= \int \bigcap_{k=1}^\infty \operatorname{Lim\,inf}_{n\to\infty}(\tilde{F}_n)_{\lambda_k} d\mu(\lambda_k(1-1/(k+1))\lambda)$$

$$= \bigcap_{k=1}^\infty \int \operatorname{Lim\,inf}_{n\to\infty}(\tilde{F}_n)_{\lambda_k} d\mu$$

$$\subseteq \bigcap_{k=1}^\infty \operatorname{Lim\,inf}_{n\to\infty}\int (\tilde{F}_n)_{\lambda_k} d\mu$$

$$= \bigcap_{k=1}^\infty \operatorname{Lim\,inf}_{n\to\infty}\left(\int \tilde{F}_n d\mu\right)_{\lambda_k}$$

$$= \left(\operatorname{Lim\,inf}_{n\to\infty}\int \tilde{F}_n d\mu\right)_\lambda.$$

同理可得

$$\left(\int \operatorname{Lim\,inf}_{n\to\infty}\tilde{F}_n d\mu\right)_0 \subseteq \left(\operatorname{Lim\,inf}_{n\to\infty}\int \tilde{F}_n d\mu\right)_0.$$

证毕.

定理 8.3.9 (Lebesgue 收敛定理) 设 $\tilde{F}_n(n \geqslant 1)$, $\tilde{F}$ 是可测模糊集值函数, 且每个 $\tilde{F}_n$ 是模糊闭值的. 则 $\tilde{F}_n \to \tilde{F}$ 蕴含 $\int \tilde{F}_n d\mu \to \int \tilde{F} d\mu$.

注 8.3.10 因为模糊数 (R 上正规闭凸模糊集) 是特殊的模糊集, 且具有很好的运算结构和序结构, 因此考虑取值于模糊数空间的模糊集值函数 (第 9 章称为模糊值函数) 的模糊积分, 有着更丰富的内容, 其进一步的结果在第 9 章中可以得到.

8.4 集值模糊测度与拟可加集值测度

8.4.1 定义与例子

定义 8.4.1 给定集值集函数 $\pi : \Sigma \to P_0\left(\bar{R}^+\right)$, 若它满足

(1) $\pi(\varnothing) = \{0\}$;

(2) $A \subset B \Rightarrow \pi(A) \leqslant \pi(B)$;

(3) $A_n \uparrow A \Rightarrow \pi(A_n) \to \pi(A)$;

(4) $A_n \downarrow A, \exists n_0 \in N, \pi(A_{n_0}) < \{\infty\} \Rightarrow \pi(A_n) \to \pi(A)$,

则称 π 为集值模糊测度.

例 8.4.2 设 $\mu : \Sigma \to \bar{R}^+$ 是模糊测度, 则

$$\pi_1(A) = \{\mu(A)\},$$

$$\pi_2(A) = [0, \mu(A)]$$

均是集值模糊测度.

定义 8.4.3 集值模糊测度 π 称为闭值的 (紧值的, 凸值的), 若对每一个 $A \in \Sigma$, 有 $\pi(A)$ 是闭的 (紧的, 凸的).

性质 8.4.4 区间值集函数 $\bar{\mu} : \Sigma \to \Delta(\bar{R}^+)$ 是集值模糊测度, 当且仅当 μ^-, μ^+ 同为模糊测度, 此处 $\Delta(\bar{R}^+) = \{[a^-, a^+] : a^- \leqslant a^+\}$, $\mu^-(A) = \inf \bar{\mu}(A)$, $\mu^+(A) = \sup \bar{\mu}(A)$.

性质 8.4.5 若 $\pi : \Sigma \to P_0(\bar{R}^+)$ 是经典的紧集值测度, 则 π 是集值模糊测度.

注 8.4.6 集值模糊测度的定义也可不考虑连续性, 只要定义 8.4.1 中的 (1), (2).

8.4.2 集值模糊测度的一种构造方法

引理 8.4.7 给定可测集值函数 F 及有限且 m-连续的零可加模糊测度 μ, 对每个 $A \in \Sigma$, 规定

$$\pi_F(A) = \int_A F d\mu. \tag{8.4.1}$$

则 $\pi_F(A)$ 是集值模糊测度.

定义 8.4.8 由式 8.4.1 定义的集值模糊测度称为由 F 与 μ 诱导的集值模糊测度.

性质 8.4.9 若 F 是闭值 (凸值, 紧值) 的, 则 π_F 是闭值 (凸值, 紧值) 的.

定义 8.4.10 设 μ 是模糊测度, π 是集值模糊测度.

(1) 称 $\pi \ll \mu$, 若 $\mu(A) = 0$ 蕴含 $\pi(A) = \{0\}$;

(2) 称 π 是 μ-零可加的, 若 $\mu(A) = 0$ 蕴含 $\pi(A \cup B) = \pi(B)$.

例 8.4.11　设 μ 是模糊测度, 记 $\pi(A) = [0, \mu(A)]$. 则

(1) $\pi \ll \mu$;

(2) 若 μ 是零可加的, 则 π 是 μ-零可加的.

定理 8.4.12　由式 (8.4.1) 诱导的集值模糊测度具有下述性质:

(1) $\pi_F \ll \mu$;

(2) 若 μ 是零可加的, 则 π_F 是 μ-零可加的.

注 8.4.13　在集值模糊测度的定义中, 若取值域为 $P_0(\bar{R}^+) / \sim$, 因 "$\leqslant$" 是其上的偏序, 故可以定义满足偏序单调性的集值模糊测度, 并且可以证明 π_F 也是与其相应的集值模糊测度.

8.4.3　拟可加集值测度与 Radon-Nikodym 定理

这里继续沿用第 5 章中的概念与符号.

定义 8.4.14　集值集函数 $\pi : \Sigma \to P_0(R^+)$ 称为拟可加集值测度, 若它满足条件

(1) $\pi(\varnothing) = \{0\}$;

(2) $\{A_n\} \subseteq \Sigma$, $A_i \cap A_j = \varnothing$, $i \neq j$, 有

$$\pi \left(\bigcup_{n=1}^{\infty} A_n \right) = \overset{\infty}{\underset{n=1}{\hat{+}}} \pi(A_n),$$

这里 $\hat{+}$ 是第 5 章中的拟加运算, 且

$$\overset{\infty}{\underset{n=1}{\hat{+}}} A_n = \left\{ \overset{\infty}{\underset{n=1}{\hat{+}}} a_n : a_n \in A_n, n \geqslant 1, \text{且} \overset{\infty}{\underset{n=1}{\hat{+}}} a_n < \infty \right\}, \quad \forall A_n \in P_0(\bar{R}^+) \ (n \geqslant 1).$$

例 8.4.15　(1) 设 $\pi : \Sigma \to P_0(R^+)$ 是普通的集值测度 (可加的), 则 π 是拟可加集值测度.

(2) 若 $\pi : \Sigma \to R^+$ 是拟可加测度, 则 $\pi_1(A) = \{\mu(A)\}$, $\pi_2(A) = [0, \mu(A)]$ 均为拟可加集值测度.

性质 8.4.16　设 π 是拟可加集值测度, 且存在 $k \in K$, 使得 $\pi(A) \subset \{0\} \cup (a_k, \beta_k)$, $\forall A \in \Sigma$, 则存在集值测度 $\bar{\pi}$, 使得 $\pi = g_k^* \circ \bar{\pi}$, 且若 π 是凸值的, 则 $\bar{\pi}$ 是凸值的.

推论 8.4.17　设 π 是 g-可加集值测度, 则存在集值测度 $\bar{\pi}$, 使得 $\pi = g^{-1} \circ \bar{\pi}$.

注 8.4.18　g-可加集值测度有着与经典集值测度几乎全部相同的结论, 如凸性定理、选择定理、扩张定理等, 这里略去.

在集值函数的模糊积分的定义中, 把模糊积分换成拟可加积分, 就可以得到集值函数拟可加积分的定义, 即

定义 8.4.19 设 F 是集值函数, μ 是拟可加测度. 则 F 在 $A \in \Sigma$ 上关于 μ 的拟可加积分为

$$\int_A^{\hat{+}} F \hat{\cdot} d\mu = \left\{ \int_A^{\hat{+}} f \hat{\cdot} d\mu : f \in S(F) \right\}.$$

性质 8.4.20 设 μ 是拟可加测度, 且 X 满足性质 (WK1), $\pi = g_k^* \circ \bar{\mu}$, $\bar{\mu}$ 为测度, 则

$$\int_A^{\hat{+}} F \hat{\cdot} d\mu = g_k^* \left(\int_A h_k \circ F d\bar{\mu} \right).$$

推论 8.4.21 设 μ 是 g-可加测度, F 是集值函数, $A \in Z$, $\mu = g^{-1} \circ \bar{\mu}$, $\bar{\mu}$ 为测度, 则 F 在 A 上关于 μ 的 g-积分为

$$\int_A^{\hat{+}} F \hat{\cdot} d\mu = g^{-1} \left(\int_A g \circ F d\bar{\mu} \right).$$

注 8.4.22 集值函数的一类特殊的拟可加积分——Weber 的可分解积分已被作者研究[24], 那些结论对于 g-可加积分来说全部成立.

下面针对特殊的 g-可加集值测度与 g-可加集值积分, 来建立 Radon-Nikodym 定理.

定理 8.4.23 设 (X, Σ, μ) 是有限的 g-可加测度空间, π 是 g-可加凸集值测度, 且 $\pi \ll \mu$, 则 U 中有最大元 $\hat{\pi}$, 且 $\hat{\pi}$ 有取闭凸值的可测 Radon-Nikodym 导数 F, 即

$$\hat{\pi}(A) = \int_A^{\hat{+}} F \hat{\cdot} d\mu,$$

这里 $U = \{\pi' : \pi'$ 是凸 g-可加集值测度, 且 $\mathrm{cl}\pi' = \mathrm{cl}\pi\}$, 序关系为 "$\subset$", 即 $\pi_1 \subset \pi_2 \Leftrightarrow (A) \subset \pi_2(A)$.

推论 8.4.24 设 (X, Σ, μ) 是有限的 g-可加测度空间, π 是 g-可加闭凸集值测度. 则 $\pi \ll \mu$ 等价于存在可测闭凸集值函数 F, 使

$$\pi(A) = \int_A^{\hat{+}} F \hat{\cdot} d\mu.$$

8.5 集值函数的集值 Choquet 积分

8.5.1 定义与性质

若无特别说明, 本节的集值函数是指映射 $F : X \to P_0(\bar{R})$.

定义 8.5.1　设 $F : X \to P_0(\bar{R})$ 是集值函数, 则 F 在 $A \in \Sigma$ 上关于 μ 的 Choquet 积分为

$$(C)\int_A F d\mu = \left\{ (C)\int_A f d\mu : f \in S(F) \right\},$$

其中 $S(F)$ 是 F 的可测选择的全体, $(C)\int f d\mu$ 是非对称 Choquet 积分.

显然, $(C)\int_A F d\mu$ 可能为空集. 若 $(C)\int_A F d\mu \neq \varnothing$, 则称 F 在 A 上 Choquet 积分存在, 且若 $\pm\infty \notin (C)\int_A F d\mu$, 则称 F 在 A 上 Choquet 可积.

性质 8.5.2　$(C)\int_A F d\mu = (C)\int_X \chi_A \cdot F d\mu.$

由此性质, 有时我们只讨论 X 上的 Choquet 积分, 且简记 "$(C)\int_X$" 为 "$(C)\int$".

性质 8.5.3　(1) 若 μ 是零可加的, 则

$$(C)\int F d\mu = \left\{ (C)\int f d\mu : f \in S(F, \mu) \right\};$$

(2) 若 μ 是零可加且 m-连续的, 则

$$(C)\int F d\mu = \left\{ (C)\int f d\mu : f \in S(F, m) \right\},$$

这里 $S(F, \mu)(S(F, m))$ 是 F 的 μ-a.e. $(m$-a.e.$)$ 可测选择的全体.

性质 8.5.4　若 F 是闭值可测集值函数, 则 $(C)\int F d\mu \neq \varnothing$.

性质 8.5.5　设 μ 是零可加且 m-连续的模糊测度. 若 F 是可测集值函数, 则 $(C)\int F d\mu \neq \varnothing$.

性质 8.5.6　设 F 是任一集值函数. 若 $S(F) \neq \varnothing$, 则 $\mu(A) = 0$ 蕴含

$$(C)\int_A F d\mu = \{0\}.$$

性质 8.5.7　设 $Q \in P_0(R)$, 则 $F(x) = Q$ 可积, 且

$$(C)\int_A Q d\mu = Q \cdot \mu(A).$$

性质 8.5.8 设 $c \in R^+$, 且 $F : X \to P_0(\bar{R}^+)$ 是 Choquet 可积集值函数, 则

$$(C) \int (c \cdot F) \, d\mu = c \cdot (C) \int F d\mu.$$

这里 $(c \cdot F)(x) = c \cdot F(x) = \{cr : r \in F(x)\}$.

性质 8.5.9 设 F 是集值函数. 若 $S(F) \neq \varnothing$, 则

$$(C) \int_A (-F) \, d\mu = -(C) \int_A F d\bar{\mu}.$$

性质 8.5.10 设 F 是任一集值函数. 若 $S(F) \neq \varnothing$, $K \in P_0(R)$, 则

$$(C) \int_A (F + K) \, d\mu = (C) \int_A F d\mu + K\mu(A).$$

性质 8.5.11 对一切集值函数 F_1, F_2, $F_1 = F_2$ μ-a.e. 于 X (即 $F_1(x) = F_2(x)$, $x \in X$ μ-a.e.) 蕴含 $(C) \int F_1 d\mu = (C) \int F_2 d\mu$ 当且仅当 μ 是零可加的.

性质 8.5.12 设 F 是 Choquet 可积集值函数.

(1) 若 F 是凸值的, 则 $(C) \int F d\mu$ 是凸的;

(2) 若 F 是 Choquet 有界可积、可测闭值的, 则 $(C) \int F d\mu$ 是闭值的.

证明 (1) 因为 F 是可测凸值的, 所以不难看出 $S(F)$ 是 $\bar{R}^X$(赋予乘积拓扑) 的凸子集, 因而连通. 根据 Choquet 积分的性质, 若 $\mu(X) < \infty$, 则 "$(C) \int \cdot d\mu$" 是连续的泛函, 进而可知 $\int F d\mu$ 是连通的, 因此是凸的.

(2) 同理可证. 证毕.

推论 8.5.13 设 F 是可测区间值函数, 即 $F(x) = [f^-(x), f^+(x)] \subset \bar{R}^+$, $x \in X$, 且 $\mu(X) < \infty$, 则

(1) $f^-, f^+ \in S(F)$;

(2) $(C) \int F d\mu = \left[(C) \int f^- d\mu, (C) \int f^+ d\mu \right]$.

性质 8.5.14 设 F_1, F_2 是集值函数, 若 $F_1(x) \subset F_2(x)$(即 $F_1(x) \subset F_2(x)$, $\forall x \in X$), 则 $(C) \int F_1 d\mu \subset (C) \int F_2 d\mu$.

性质 8.5.15 设 μ 是零可加且 m-连续的, 若 F 是可测集值函数, 则

$$\mathrm{co}\left((C) \int F d\mu \right) = (C) \int \mathrm{co} F d\mu.$$

这里 $\mathrm{co}F$ 是 F 的凸包函数, 即对 $x \in X$, $(\mathrm{co}F)(x) = \mathrm{co}F(x)$.

性质 8.5.16 设 F 是可测紧值函数, 则

$$(\mathrm{C}) \int \sup F d\mu = \sup_{f \in S(F)} (\mathrm{C}) \int f d\mu,$$

$$(\mathrm{C}) \int \inf F d\mu = \inf_{f \in S(F)} (\mathrm{C}) \int f d\mu.$$

性质 8.5.17 设 F_1, F_2 是可测集值函数, μ 是零可加且 m-连续的. 如果 $F_1 \leqslant F_2$, 即对每个 $x \in X$ m-a.e., 有 $F_1(x) \leqslant F_2(x)$, 则

$$(\mathrm{C}) \int F_1 d\mu \leqslant (\mathrm{C}) \int F_2 d\mu.$$

推论 8.5.18 设 F_1, F_2 是可测集值函数, μ 是零可加且 m-连续的. 则 $F_1 \sim F_2$ 蕴含

$$(\mathrm{C}) \int F_1 d\mu \sim (\mathrm{C}) \int F_2 d\mu.$$

推论 8.5.19 设 F 是可测集值函数, μ 是零可加且 m-连续的. 则 $A \subset B$ 蕴含

$$(\mathrm{C}) \int_A F d\mu \leqslant (\mathrm{C}) \int_B F d\mu.$$

8.5.2 收敛定理

定理 8.5.20 (Fatou 引理) 设 $\{F_n\}$ 是一列集值函数, 且存在 Choquet 可积函数 $g : X \to \bar{R}^+$, 使得对 $\forall n \geqslant 1$, 有 $\| F_n \| \leqslant g$, 则

(1) $\varlimsup\limits_{n \to \infty} (\mathrm{C}) \int F_n d\mu \subseteq (\mathrm{C}) \int \varlimsup\limits_{n \to \infty} \sup F_n d\mu$;

(2) μ 是零可加且 m-连续的, $F_n (n \geqslant 1)$ 是可测的蕴含

$$(\mathrm{C}) \int \varliminf\limits_{n \to \infty} \inf F_n d\mu \subseteq \varliminf\limits_{n \to \infty} (\mathrm{C}) \int F_n d\mu.$$

定理 8.5.21 (Lebesgue 收敛定理) 设 $F_n (n \geqslant 1)$, F 是可测集值函数, 且存在 Choquet 可积函数 $g : X \to \bar{R}^+$ 使得对 $\forall n \geqslant 1$, 有 $\| F_n \| \leqslant g$, 又设 μ 是零可加且 m-连续的. 若 $F_n \to F$, 则

$$(\mathrm{C}) \int F_n d\mu \to (\mathrm{C}) \int F d\mu.$$

推论 8.5.22 (单调收敛定理) 设 $F_n (n \geqslant 1)$, F 是可测集值函数, 且存在 Choquet 可积函数 $g : X \to \bar{R}^+$, 使得对 $\forall n \geqslant 1$, 有 $\| F_n \| \leqslant g$, 又设 μ 是零可加

且 m-连续的, 若 $F_n \uparrow (\downarrow) F$, 则

$$(C) \int F_n d\mu \uparrow (\downarrow) (C) \int F d\mu,$$

这里 "单调性" 的意义为 "$\subseteq_p$" 或 "$\leqslant_p$".

8.6 模糊集值函数的 Choquet 积分

若无特别说明, 本节的模糊集值函数是指映射 $\tilde{F} : X \to \tilde{P}_1(R)$.

定义 8.6.1 设 $\tilde{F} : X \to \tilde{P}_1(R)$ 是模糊集值函数, 则 $\tilde{F}$ 在 $A \in \Sigma$ 上关于 μ 的 Choquet 积分为

$$\left((C) \int_A \tilde{F} d\mu \right)(r) = \sup \left\{ \lambda \in (0,1] : r \in (C) \int_A F_\lambda d\mu \right\}.$$

显然 $(C) \int_A \tilde{F} d\mu$ 可能为 $\varnothing$, 若 $(C) \int_A \tilde{F} d\mu$ 不等于 $\varnothing$, 则称 $\tilde{F}$ 在 A 上 Choquet 可积.

性质 8.6.2 (1)$(C) \int_A \tilde{F} d\mu = (C) \int_X \chi_A \cdot \tilde{F} d\mu$;

(2) 设 $\tilde{F}$ 在 A 上可积, 则 $\mu(A) = 0$ 蕴含 $(C) \int_A \tilde{F} d\mu = \{\tilde{0}\}$, 此处 $\tilde{0}(r) =$
$$\begin{cases} 1, & r = 0, \\ 0, & r \neq 0; \end{cases}$$

(3) 若 $\tilde{F}$ 是有界闭值可测的, 则 $\tilde{F}$ 在 $A \in \Sigma$ 上 Choquet 可积.

由此性质, 不失一般性, 有时我们只讨论 X 上的 Choquet 积分情形, 并简记 "$\int_X$" 为 "$\int$".

性质 8.6.3 对于模糊集值函数 $\tilde{F}$ 及 $\lambda \in (0,1]$, 有

$$\left((C) \int \tilde{F} d\mu \right)_\lambda = \bigcap_{\beta < \lambda} (C) \int F_\beta d\mu.$$

性质 8.6.4 若 $\tilde{F}$ 是 Choquet 可积的模糊凸值函数, 则 $(C) \int \tilde{F} d\mu$ 是模糊凸集.

性质 8.6.5 设 μ 是零可加且 m-连续的, 若 $\tilde{F}$ 是有界可测模糊闭值函数, 则 $(C) \int \tilde{F} d\mu$ 是模糊闭集, 且对 $\lambda \in [0,1]$, 有

$$\left((C)\int \tilde{F}d\mu\right)_\lambda = (C)\int F_\lambda d\mu. \tag{8.6.1}$$

推论 8.6.6　设 μ 是零可加且 m-连续的, 若 $\tilde{f}$ 是有界可测模糊值函数, 则 $(C)\int \tilde{f}d\mu$ 是模糊数, 且对 $\lambda \in [0,1]$, 有

$$\left((C)\int \tilde{f}d\mu\right)_\lambda = (C)\int \bar{f}_\lambda d\mu.$$

定理 8.6.7 (Fatou 引理)　设 μ 是零可加且 m-连续的, 又设 $\left\{\tilde{F}_n\right\}$ 是一列可测模糊集值函数, 且存在非负 Choquet 可积函数 g, 使得对一切 $n \geqslant 1$, 有 $||\tilde{F}_n|| \leqslant g$, 则

(1) $\displaystyle\mathop{\mathrm{Lim\,sup}}_{n\to\infty}(C)\int \tilde{F}_n d\mu \subseteq (C)\int \mathop{\mathrm{Lim\,sup}}_{n\to\infty} \tilde{F}_n d\mu$;

(2) 若 $\tilde{F}_n(n \geqslant 1)$ 是模糊闭值的, 则

$$(C)\int \mathop{\mathrm{Lim\,inf}}_{n\to\infty} \tilde{F}_n d\mu \subseteq \mathop{\mathrm{Lim\,inf}}_{n\to\infty}(C)\int \tilde{F}_n d\mu.$$

定理 8.6.8 (Lebesgue 收敛定理)　设 μ 是连续的、零可加且 m-连续的, 又设 $\tilde{F}_n(n \geqslant 1)$, $\tilde{F}$ 是可测模糊闭值函数, 且存在非负 Choquet 可积函数 g 使得对每个 $n \geqslant 1$, 有 $\left\|\tilde{F}_n\right\| \leqslant g$. 则 $\tilde{F}_n \to \tilde{F}$ 蕴含 $(C)\int \tilde{F}_n d\mu \to (C)\int \tilde{F}d\mu$.

8.7　集值函数的实值 Choquet 积分

本节中若无特殊标明, 所涉及的集值函数取值于 $P_0\left(\bar{R}\right)$.

8.7.1　定义与性质

定义 8.7.1　设 F 是可测集值函数, μ 是模糊测度. 则 F 在 $A \in \Sigma$ 上关于 μ 的上 Choquet 积分为

$$(\mathrm{C_{su}})\int_A Fd\mu = \int_{-\infty}^0 (\mu\left(F^\alpha \cap A\right) - \mu\left(A\right))\,d\alpha + \int_0^\infty \mu\left(F^\alpha \cap A\right)d\alpha,$$

这里 $F^\alpha = \{x \in X : F(x) \cap [\alpha,\infty] \neq \varnothing\}, \alpha \in R$.

若 $\left|(\mathrm{C_{su}})\displaystyle\int_A Fd\mu\right| < \infty$, 则称则 F 在 A 上关于 μ 的上 Choquet 可积.

若 $A = X$, 则简记 $(\mathrm{C_{su}})\displaystyle\int_A Fd\mu$ 为 $(\mathrm{C_{su}})\displaystyle\int Fd\mu$.

定理 8.7.2 设 $F : X \to P_k(R)$ 是可测紧值函数, μ 是有限模糊测度, $A \in \Sigma$. 则

$$(\mathrm{C_{su}}) \int_A F d\mu = (\mathrm{C}) \int_A f^+ d\mu,$$

这里 $f^+(x) = \sup F(x), x \in X$.

证明 因 F 是有紧值的, 故 $f^+(x) = \sup F(x)$ 存在且是可测的. 对任意 $\alpha \in R$ 及 $x \in F^\alpha = \{x \in X : F(x) \cap [\alpha, \infty] \neq \varnothing\}$, 有 $F(x) \cap [\alpha, \infty] \neq \varnothing$. 故知 $f^+(x) \geqslant \alpha$, 从而 $x \in f^+_\alpha = \{x \in X : f^+(x) \geqslant \alpha\}$, 即 $F^\alpha \subseteq f^+_\alpha$, 同理 $F^\alpha \supseteq f^+_\alpha$, 故 $F^\alpha = f^+_\alpha$. 因此结论成立. 证毕.

注 8.7.3 若集值函数取值为 $P_k(R^+)$, 则上 Choquet 积分退化为 Huang 和 Wu[10] 的情形. 从定理 8.6.2 可以看出, 集值函数 F 的上 Choquet 积分值只由其上确界函数 f^+ 决定, 与集值函数的其他值 $F(x) \setminus \{f^+(x)\}$ 无关, 如集值函数 $F(x) = [0, f(x)]$ 与 $F(x) = [1, f(x)]$ 的上 Choquet 积分是相等的, 这显然有不合理性. 为此, 我们引入下 Choquet 积分, 可以作为对上述不合理性的弥补.

定义 8.7.4 设 F 是可测集值函数, μ 是模糊测度, $A \in \Sigma$. 则 F 在 A 上关于 μ 的下 Choquet 积分为

$$(\mathrm{C_{sl}}) \int_A F d\mu = \int_{-\infty}^0 (\mu(F_\alpha \cap A) - \mu(A)) \, d\alpha + \int_0^\infty \mu(F_\alpha \cap A) \, d\alpha,$$

这里 $F_\alpha = \{x \in X : F(x) \subseteq [\alpha, \infty]\}, \alpha \in R$.

若 $\left| (\mathrm{C_{sl}}) \int_A F d\mu \right| < \infty$, 则称则 F 在 A 上关于 μ 的下 Choquet 可积.

若 $A = X$, 则简记 $(\mathrm{C_{sl}}) \int_A F d\mu$ 为 $(\mathrm{C_{sl}}) \int F d\mu$.

定理 8.7.5 设 $F : X \to P_k(R)$ 是可测紧值函数, μ 是有限模糊测度, $A \in \Sigma$. 则

$$(\mathrm{C_{sl}}) \int_A F d\mu = (\mathrm{C}) \int_A f^- d\mu,$$

这里 $f^-(x) = \inf F(x), x \in X$.

注 8.7.6 设 $f : X \to R$ 是可测函数, 记 $F(x) = \{f(x)\}, x \in X$, 则

$$(\mathrm{C_{su}}) \int_A F d\mu = (\mathrm{C_{sl}}) \int_A F d\mu = (\mathrm{C}) \int_A f d\mu.$$

因此, 集值函数的上、下 Choquet 积分是函数 Choquet 积分的推广.

定理 8.7.7 集值函数的上、下 Choquet 积分具有下列性质:

(1) $(\mathrm{C_{su(l)}}) \int_A F d\mu = (\mathrm{C_{su(l)}}) \int \chi_A \cdot F d\mu;$

(2) $(C_{su(l)}) \int_A cF d\mu = c \, (C_{su(l)}) \int_A F d\mu, \, c \geqslant 0, F(x) \geqslant \{0\};$

(3) $(C_{su(l)}) \int_A (-F) \, d\mu = - \, (C_{su(l)}) \int_A F d\bar{\mu};$

(4) $F \leqslant_p G$ 蕴含 $(C_{su(l)}) \int_A F d\mu \leqslant (C_{su(l)}) \int_A G d\mu;$

(5) $F \subseteq_p G$ 蕴含

$$(C_{su}) \int_A F d\mu \leqslant (C_{su}) \int_A G d\mu, \quad (C_{sl}) \int_A F d\mu \geqslant (C_{sl}) \int_A G d\mu;$$

(6) $(C_{su(l)}) \int_A (K + F) d\mu = (C_{su(l)}) \int_A F d\mu + K\mu(A), \, K \in P_0(R).$

定义 8.7.8　设 F 是可测集值函数, μ 是模糊测度, $A \in \Sigma$. 则 F 在 A 上关于 μ 的边界 Choquet 积分为

$$(C_b) \int_A F d\mu = \left\{ (C_{sl}) \int_A F d\mu, (C_{su}) \int_A F d\mu \right\}.$$

定理 8.7.9　集值函数的边界 Choquet 积分具有下列性质:

(1) $(C_b) \int_A F d\mu = (C_b) \int \chi_A \cdot F d\mu;$

(2) $(C_b) \int_A cF d\mu = c \, (C_b) \int_A F d\mu, \, c \geqslant 0, F(x) \geqslant \{0\};$

(3) $(C_b) \int_A (-F) \, d\mu = - \, (C_b) \int_A F d\bar{\mu};$

(4) $F \leqslant_p G$ 蕴含 $(C_b) \int_A F d\mu \leqslant (C_b) \int_A G d\mu;$

(5) $F \subseteq_p G$ 蕴含

$$(C_b) \int_A F d\mu \subseteq_p (C_b) \int_A G d\mu;$$

(6) $(C_b) \int_A (K + F) d\mu = (C_b) \int_A F d\mu + K\mu(A), \, K \in P_0(R).$

注 8.7.10　边界 Choquet 积分考虑了集值函数的上下边界, 所以一定程度上克服了上、下 Choquet 积分的不足.

8.7.2　收敛定理

定义 8.7.11　设 $A_n \, (n \geqslant 1), A \in P_0(R)$, 定义如下

(1) 若 $\sup A_n \to \sup A$, 则称 $\{A_n\}$ 上边界收敛于 A, 记为 (ub) $A_n \to A;$

(2) 若 $\inf A_n \to \inf A$, 则称 $\{A_n\}$ 下边界收敛于 A, 记为 $(\mathrm{lb})\, A_n \to A$;

(3) 若 $\{A_n\}$ 同时上、下边界收敛于 A, 则称 $\{A_n\}$ 边界收敛于 A, 记为 $(\mathrm{b})\, A_n \to A$.

定理 8.7.12 (1) 设 $A_n, A \in P_k(R), n \geqslant 1$, 则 $(d)\, A_n \to A$ 蕴含 $(\mathrm{b})\, A_n \to A$.

(2) 设 $A_n, A \in \Delta(R), n \geqslant 1$, 则 $(d)\, A_n \to A$ 等价于 $(\mathrm{b})\, A_n \to A$.

注 8.7.13 $(\mathrm{b})\, A_n \to A$ 未必有 $(d)\, A_n \to A$. 如取 $A_n = \{1, 2, 3\}, A = \{1, 3\}$, 则 $(\mathrm{b})\, A_n \to A$, 但 $(d)\, A_n \nrightarrow A$.

定理 8.7.14 设 μ 是连续模糊测度, 又设 $F_n, F : X \to P_k(R), n \geqslant 1$ 是可测紧值函数, 且存在 Choquet 可积函数 $g : X \to R^+$, 使得 $\| F_n \| \leqslant g, n \geqslant 1$. 则

(1) $(\mathrm{ub})\, F_n \to F$ 蕴含 $(\mathrm{C_{su}}) \displaystyle\int F_n d\mu \to (\mathrm{C_{su}}) \int F d\mu$;

(2) $(\mathrm{lb})\, F_n \to F$ 蕴含 $(\mathrm{C_{sl}}) \displaystyle\int F_n d\mu \to (\mathrm{C_{sl}}) \int F d\mu$;

(3) $(\mathrm{b})\, F_n \to F$ 蕴含 $(\mathrm{C_b}) \displaystyle\int F_n d\mu \to (\mathrm{C_b}) \int F d\mu$.

推论 8.7.15 $F_n\, (n \geqslant 1), F : X \to P_k(R)$ 是可测紧值函数, 且存在 Choquet 可积函数 $g : X \to R^+$, 使得 $\| F_n \| \leqslant g, n \geqslant 1$. 则

$$(d)\, F_n \to F \text{ 蕴含 } (\mathrm{C_b}) \int F_n d\mu \to (\mathrm{C_b}) \int F d\mu.$$

8.8 Choquet 积分的 Jensen 不等式

8.8.1 实值 Jensen 不等式

定理 8.8.1 给定单调递增函数 $\varphi : [a, b] \subseteq R^+ \to R^+$, $f : X \to (a, b)$, $A \in \Sigma, \mu(A) = 1$. 设 f, φ 及 $\varphi \circ f$ Choquet 可积, 则

(1) (Jensen 不等式) φ 是凸的蕴含

$$\varphi \left((\mathrm{C}) \int_A f d\mu \right) \leqslant (\mathrm{C}) \int_A (\varphi \circ f) \, d\mu.$$

(2) (逆 Jensen 不等式) φ 是凹的蕴含

$$\varphi \left((\mathrm{C}) \int_A f d\mu \right) \geqslant (\mathrm{C}) \int_A (\varphi \circ f) \, d\mu.$$

证明 记 $r_0 = (\mathrm{C}) \displaystyle\int_A f d\mu$, 由 $a < f(x) < b$ 及 Choquet 积分的单调性可知

$$a = a\mu(A) = (\mathrm{C}) \int_A a d\mu \leqslant (\mathrm{C}) \int_A f d\mu \leqslant (\mathrm{C}) \int_A b d\mu = b\mu(A) = b,$$

即 $r_0 \in [a, b]$.

(1) 若 φ 是单调递增的凸函数, 则可知, 存在过点 $(r_0, \varphi(r_0))$ 的直线 $l = kr + c\,(k \geqslant 0)$, 使得曲线 φ 在 l 的上方, 即

$$\varphi(r_0) = kr_0 + c, \quad \varphi(r) \geqslant (kr + c) \vee 0,$$

从而, 当 $c \geqslant 0$ 时, 有

$$\begin{aligned}
\varphi\left((\mathrm{C})\int_A f d\mu\right) &= k\,(\mathrm{C})\int_A f d\mu + c \\
&= (\mathrm{C})\int_A kf d\mu + c\mu(A) \\
&= (\mathrm{C})\int_A (kf + c)\, d\mu \\
&\leqslant (\mathrm{C})\int_A (\varphi \circ f) d\mu.
\end{aligned}$$

当 $c < 0$ 时,

$$\begin{aligned}
\varphi\left((\mathrm{C})\int_A f d\mu\right) &= k\,(\mathrm{C})\int_A f d\mu + c \\
&= (\mathrm{C})\int_A kf d\mu + c \\
&= (\mathrm{C})\int_A (kf + c - c)\, d\mu + c \\
&\leqslant (\mathrm{C})\int_A ((kf + c) \vee 0 - c)\, d\mu + c \\
&= (\mathrm{C})\int_A ((kf + c) \vee 0)\, d\mu + (-c)\mu(A) + c \\
&= (\mathrm{C})\int_A ((kf + c) \vee 0)\, d\mu \\
&\leqslant (\mathrm{C})\int_A (\varphi \circ f) d\mu.
\end{aligned}$$

(2) 若 φ 是单调递增的凹函数, 可知, 存在过点 $(r_0, \varphi(r_0))$ 的直线 $l = kr + c\,(k \geqslant 0)$, 使得曲线 φ 在 l 的下方, 即

$$\varphi(r_0) = kr_0 + c, \quad \varphi(r) \leqslant kr + c,$$

从而, 当 $c \geqslant 0$ 时, 有

$$\varphi\left((\mathrm{C})\int_A f d\mu\right) = k\,(\mathrm{C})\int_A f d\mu + c$$

$$= (\mathrm{C})\int_A k f d\mu + c\mu\,(A)$$

$$= (\mathrm{C})\int_A (kf + c)\,d\mu$$

$$\geqslant (\mathrm{C})\int_A (\varphi \circ f)d\mu.$$

当 $c < 0$ 时,

$$\varphi\left((\mathrm{C})\int_A f d\mu\right) = k\,(\mathrm{C})\int_A f d\mu + c$$

$$= (\mathrm{C})\int_A k f d\mu + c$$

$$= (\mathrm{C})\int_A (kf + c - c)\,d\mu + c$$

$$= (\mathrm{C})\int_A (kf + c)\,d\mu + (-c)\,\mu\,(A) + c$$

$$= (\mathrm{C})\int_A (kf + c)\,d\mu$$

$$\geqslant (\mathrm{C})\int_A (\varphi \circ f)d\mu.$$

证毕.

例 8.8.2　设 $X = (0,1)$, $f(x) = x, \varphi(t) = t^2, t \in [0,1]$, $\mu = \lambda^2$, λ 为 Lebesgue 测度. 则 φ 是单调递增凸函数. 通过计算, 可得

$$(\mathrm{C})\int_X f d\mu = (\mathrm{C})\int_X x d\mu$$

$$= \int_0^1 \lambda^2\,((x \geqslant \alpha) \cap (0,1))\,d\alpha$$

$$= \int_0^1 (1 - \alpha)^2\,d\alpha = \frac{1}{3},$$

$$\varphi\left((\mathrm{C})\int_A f d\mu\right) = \left(\frac{1}{3}\right)^2 = \frac{1}{9}.$$

又

$$(C) \int_X (\varphi \circ f) \, d\mu = (C) \int_X x^2 d\mu$$

$$= \int_0^1 \lambda^2 \left((x^2 \geqslant \alpha) \cap (0,1) \right) d\alpha$$

$$= \int_0^1 \left(1 - \sqrt{\alpha} \right)^2 d\alpha = \frac{1}{6},$$

所以

$$\varphi \left((C) \int_X f d\mu \right) \leqslant (C) \int_X (\varphi \circ f) \, d\mu.$$

注 8.8.3　在定理 8.8.1 的 Jensen 不等式中, φ 是单调递增的条件不能去掉.

反例 8.8.4　设 $X = (0,1)$, $f(x) = x, \varphi(t) = (t-1)^2, t \in [0,1], \mu = \lambda^2, \lambda$ 为 Lebesgue 测度. 则 φ 是单调递减凸函数. 通过计算, 可得

$$(C) \int_X f d\mu = (C) \int_X x d\mu$$

$$= \int_0^1 \lambda^2 \left((x \geqslant \alpha) \cap (0,1) \right) d\alpha$$

$$= \int_0^1 (1 - \alpha)^2 \, d\alpha = \frac{1}{3},$$

所以

$$\varphi \left((C) \int_A f d\mu \right) = \left(\frac{1}{3} - 1 \right)^2 = \frac{4}{9}.$$

又

$$(C) \int_X (\varphi \circ f) \, d\mu = (C) \int_X (x-1)^2 \, d\mu$$

$$= \int_0^1 \lambda^2 \left(((x-1)^2 \geqslant \alpha) \cap (0,1) \right) d\alpha$$

$$= \int_0^1 \left(1 - \sqrt{\alpha} \right)^2 \, d\alpha = \frac{1}{6},$$

所以

$$\varphi \left((C) \int_X f d\mu \right) > (C) \int_X (\varphi \circ f) \, d\mu.$$

注 8.8.5　对于对称 Choquet 积分, 即使 φ 是单调递增函数, Jensen 不等式也不再成立.

反例 8.8.6 设 $X = (-1, 0)$, $f(x) = x, \varphi(t) = (t+1)^2 - 1, t \in [-1, 0], \mu = \lambda^2$, λ 为 Lebesgue 测度. 则 φ 是单调递增凸函数. 通过计算, 可得

$$
\begin{aligned}
(\mathrm{C}) \int_X f d\mu &= (\mathrm{C}) \int_X x d\mu \\
&= \int_{-\infty}^0 (\lambda^2 ((x \geqslant \alpha) \cap (-1, 0)) - 1) d\alpha \\
&= \int_{-1}^0 (\lambda^2 ((x \geqslant \alpha) \cap (-1, 0)) - 1) d\alpha \\
&= \int_{-1}^0 (\alpha^2 - 1) d\alpha = -\frac{2}{3},
\end{aligned}
$$

所以

$$
\varphi \left((\mathrm{C}) \int_X f d\mu \right) = \left(-\frac{2}{3} + 1 \right)^2 - 1 = -\frac{8}{9}.
$$

又

$$
\begin{aligned}
(\mathrm{C}) \int_X (\varphi \circ f) d\mu &= (\mathrm{C}) \int_X ((x+1)^2 - 1) d\mu \\
&= \int_{-1}^0 (\lambda^2 (((x+1)^2 - 1 \geqslant \alpha) \cap (-1, 0)) - 1) d\alpha \\
&= \int_{-1}^0 ((\sqrt{\alpha + 1} - 1)^2 - 1) d\alpha \\
&= \int_{-1}^0 (\alpha + 1 - 2\sqrt{\alpha + 1}) d\alpha \\
&= \left(\frac{1}{2} \alpha^2 + \alpha \right) \Big|_{-1}^0 - 2 \int_{-1}^0 \sqrt{\alpha + 1} d\alpha \\
&= -\frac{1}{2} - 2 \times \frac{2}{3} = -\frac{11}{6},
\end{aligned}
$$

所以

$$
\varphi \left((\mathrm{C}) \int_X f d\mu \right) > (\mathrm{C}) \int_X (\varphi \circ f) d\mu.
$$

8.8.2 集值函数实值 Choquet 积分的 Jensen 不等式

定理 8.8.7 给定单调递增函数 $\varphi : R^+ \to R^+$ 及紧值可测函数 $F : X \to P_k(R^+)$, $A \in \Sigma, \mu(A) = 1$. 设 $f^+, \varphi \circ f^+$ 是 Choquet 可积的, 则

(1) (Jensen 不等式) φ 是凸的蕴含

$$\varphi\left((\mathrm{C_{su}})\int_A Fd\mu\right) \leqslant (\mathrm{C_{su}})\int_A (\varphi \circ F)\,d\mu;$$

(2) (逆 Jensen 不等式) φ 是凹的蕴含

$$\varphi\left((\mathrm{C_{su}})\int_A Fd\mu\right) \geqslant (\mathrm{C_{su}})\int_A (\varphi \circ F)\,d\mu.$$

证明　因为 φ 是单调递增的, F 是紧值的, 则对一切 $x \in X$, 有 $(\varphi \circ f^+)(x) = \varphi(\sup F(x)) \geqslant \sup \varphi(F(x)) = \sup(\varphi \circ F)(x)$.

又显然 $(\varphi \circ f^+)(x) \leqslant \sup(\varphi \circ F)(x)$, 所以 $(\varphi \circ f^+)(x) = \sup(\varphi \circ F)(x)$.

(1) 若 φ 是凸的, 则

$$\begin{aligned}
\varphi\left((\mathrm{C_{su}})\int_A Fd\mu\right) &= \varphi\left((\mathrm{C})\int_A f^+d\mu\right) \\
&\leqslant (\mathrm{C})\int_A (\varphi \circ f^+)\,d\mu \\
&= (\mathrm{C})\int_A \sup(\varphi \circ F)\,d\mu \\
&= (\mathrm{C_{su}})\int_A (\varphi \circ F)\,d\mu;
\end{aligned}$$

(2) 若 φ 是凹的, 则

$$\begin{aligned}
\varphi\left((\mathrm{C_{su}})\int_A Fd\mu\right) &= \varphi\left((\mathrm{C})\int_A f^+d\mu\right) \\
&\geqslant (\mathrm{C})\int_A (\varphi \circ f^+)\,d\mu \\
&= (\mathrm{C})\int_A \sup(\varphi \circ F)\,d\mu \\
&= (\mathrm{C_{su}})\int_A (\varphi \circ F)\,d\mu.
\end{aligned}$$

证毕.

定理 8.8.8　给定单调递增函数 $\varphi : R^+ \to R^+$ 及紧值可测函数 $F : X \to P_k(R^+)$, $A \in \Sigma$, $\mu(A) = 1$. 设 f^-, $\varphi \circ f^-$ 是 Choquet 可积的, 则

(1) (Jensen 不等式) φ 是凸的蕴含

$$\varphi\left((\mathrm{C_{sl}})\int_A Fd\mu\right) \leqslant (\mathrm{C_{sl}})\int_A (\varphi \circ F)\,d\mu;$$

(2) (逆 Jensen 不等式) φ 是凹的蕴含

$$\varphi\left((\mathrm{C_{sl}})\int_A F d\mu\right) \geqslant (\mathrm{C_{sl}})\int_A (\varphi \circ F) \, d\mu.$$

推论 8.8.9 给定单调递增函数 $\varphi: R^+ \to R^+$ 及紧值可测函数 $F: X \to P_k(R^+)$, $A \in \Sigma$, $\mu(A) = 1$. 设 $f^{-(+)}$, $\varphi \circ f^{-(+)}$ 是 Choquet 可积的, 则

(1) (Jensen 不等式) φ 是凸的蕴含

$$\varphi\left((\mathrm{C_b})\int_A F d\mu\right) \leqslant (\mathrm{C_b})\int_A (\varphi \circ F) \, d\mu;$$

(2) (逆 Jensen 不等式) φ 是凹的蕴含

$$\varphi\left((\mathrm{C_b})\int_A F d\mu\right) \geqslant (\mathrm{C_b})\int_A (\varphi \circ F) \, d\mu.$$

8.8.3 集值 Choquet 积分的 Jensen 不等式

定义 8.8.10 设集值函数 $F: [a,b] \to P_k(R^+)$, 若 $\forall x, y, x \leqslant y$, 均有 $F(x) \leqslant_p F(y)$, 则称 F 是 $[a,b]$ 上的单调递增函数.

显然, $F: [a,b] \to P_k(R^+)$ 单调递增当且仅当 $\sup F$, $\inf F$ 是单调递增的.

定理 8.8.11 给定单调递增紧值可测函数 $F: [a,b] \subseteq R^+ \to P_k(R^+)$ 及可测函数 $g: X \to [a,b]$, $A \in \Sigma$, $\mu(A) = 1$. 设 g, $f^- \circ g$, $f^+ \circ g$ 是 Choquet 可积的, 则

(1) (集值 Jensen 不等式 I) F 是 LR-凸的蕴含

$$F\left((\mathrm{C})\int_A g d\mu\right) \leqslant_p (\mathrm{C})\int_A (F \circ g) \, d\mu;$$

(2) (集值逆 Jensen 不等式 I) F 是 LR-凹的蕴含

$$F\left((\mathrm{C})\int_A g d\mu\right) \geqslant_p (\mathrm{C})\int_A (F \circ g) \, d\mu;$$

(3) (集值 Jensen 不等式 II) F 是 UP-凸的蕴含

$$F\left((\mathrm{C})\int_A g d\mu\right) \supseteq_p (\mathrm{C})\int_A (F \circ g) \, d\mu;$$

(4) (集值逆 Jensen 不等式 II) F 是 UP-凹的蕴含

$$F\left((\mathrm{C})\int_A g d\mu\right) \subseteq_p (\mathrm{C})\int_A (F \circ g) \, d\mu.$$

推论 8.8.12　给定单调递增区间值可测函数 $\bar{f} : [a,b] \subseteq R^+ \to \Delta(R^+)$ 及可测函数 $g : X \to [a,b]$, $A \in \Sigma$, $\mu(A) = 1$. 设 g, $f^- \circ g$, $f^+ \circ g$ 是 Choquet 可积的, 则

(1) $\bar{f}$ 是 LR-凸的蕴含

$$\bar{f}\left((\mathrm{C})\int_A g\,d\mu\right) \leqslant_p (\mathrm{C})\int_A (\bar{f} \circ g)d\mu;$$

(2) $\bar{f}$ 是 LR-凹的蕴含

$$\bar{f}\left((\mathrm{C})\int_A g\,d\mu\right) \geqslant_p (\mathrm{C})\int_A (\bar{f} \circ g)d\mu;$$

(3) $\bar{f}$ 是 UP-凸的蕴含

$$\bar{f}\left((\mathrm{C})\int_A gd\mu\right) \supseteq_p (\mathrm{C})\int_A (\bar{f} \circ g)d\mu;$$

(4) $\bar{f}$ 是 UP-凹的蕴含

$$\bar{f}\left((\mathrm{C})\int_A gd\mu\right) \subseteq_p (\mathrm{C})\int_A (\bar{f} \circ g)d\mu.$$

定理 8.8.13　给定单调递增函数 $\varphi : R^+ \to R^+$ 及紧值可测函数 $F : X \to P_k(R^+)$, $A \in \Sigma$, $\mu(A) = 1$. 若 $f \in S(F, \mu)$ 且 $\varphi \circ f \in S(\varphi \circ F, \mu)$, 则

(1) (集值 Jensen 不等式 III) φ 是凸的蕴含

$$\varphi\left((\mathrm{C})\int_A Fd\mu\right) \leqslant_p (\mathrm{C})\int_A (\varphi \circ F)\,d\mu;$$

(2) (集值逆 Jensen 不等式 III) φ 是凹的蕴含

$$\varphi\left((\mathrm{C})\int_A Fd\mu\right) \geqslant_p (\mathrm{C})\int_A (\varphi \circ F)\,d\mu.$$

推论 8.8.14　给定单调递增函数 $\varphi : R^+ \to R^+$ 及区间值可测函数 $\bar{f} : X \to \Delta(R^+)$, $A \in \Sigma$, $\mu(A) = 1$. 若 $f \in S(\bar{f}, \mu)$ 且 $\varphi \circ f \in S(\varphi \circ \bar{f}, \mu)$, 则

(1) φ 是凸的蕴含

$$\varphi\left((\mathrm{C})\int_A \bar{f}d\mu\right) \leqslant_p (\mathrm{C})\int_A (\varphi \circ \bar{f})d\mu;$$

(2) φ 是凹的蕴含

$$\varphi\left((\mathrm{C})\int_A \bar{f}d\mu\right) \geqslant_p (\mathrm{C})\int_A (\varphi \circ \bar{f})d\mu.$$

8.8.4 模糊集值 Choquet 积分的 Jensen 不等式

本小节中, 我们设 μ 为连续的 m-连续模糊测度.

定义 8.8.15 设模糊集值函数 $\tilde{F} : [a,b] \to P_{nc}(\tilde{R}^+)$, 若 $\forall x,y, x \leqslant y$, 均有 $\tilde{F}(x) \tilde{\leqslant}_p \tilde{F}(y)$, 则称 F 是 $[a,b]$ 上的单调递增函数.

定理 8.8.16 给定单调递增有界可测模糊集值函数 $\tilde{F} : [a,b] \subseteq R^+ \to P_{nc}(\tilde{R}^+)$ 及可测函数 $g : X \to [a,b]$, $A \in \Sigma$, $\mu(A) = 1$. 设 $g, f_\lambda^+ \circ g, f_\lambda^- \circ g$ 是 Choquet 可积的, $\lambda \in [0,1]$, 则

(1) (模糊集值 Jensen 不等式 I) $\tilde{F}$ 是 LR-凸的蕴含

$$\tilde{F}\left((C)\int_A g d\mu\right) \tilde{\leqslant}_p (C)\int_A (\tilde{F} \circ g) d\mu;$$

(2) (模糊集值逆 Jensen 不等式 I) $\tilde{F}$ 是 LR-凹的蕴含

$$\tilde{F}\left((C)\int_A g d\mu\right) \tilde{\geqslant}_p (C)\int_A (\tilde{F} \circ g) d\mu;$$

(3) (模糊集值 Jensen 不等式 II) $\tilde{F}$ 是 UP-凸的蕴含

$$\tilde{F}\left((C)\int_A g d\mu\right) \tilde{\supseteq}_p (C)\int_A (\tilde{F} \circ g) d\mu;$$

(4) (模糊集值逆 Jensen 不等式 II) $\tilde{F}$ 是 UP-凹的蕴含

$$\tilde{F}\left((C)\int_A g d\mu\right) \tilde{\subseteq}_p (C)\int_A (\tilde{F} \circ g) d\mu.$$

推论 8.8.17 给定单调递增有界可测模糊值函数 $\tilde{f} : [a,b] \subseteq R^+ \to \tilde{R}^+$ 及可测函数 $g : X \to [a,b]$, $A \in \Sigma$, $\mu(A) = 1$. 设 $g, f_\lambda^+ \circ g, f_\lambda^- \circ g$ 是 Choquet 可积的, $\lambda \in [0,1]$, 则

(1) (模糊值 Jensen 不等式 I) $\tilde{f}$ 是 LR-凸的蕴含

$$\tilde{f}\left((C)\int_A g d\mu\right) \tilde{\leqslant}_p (C)\int_A (\tilde{f} \circ g) d\mu;$$

(2) (模糊值逆 Jensen 不等式 I) $\tilde{f}$ 是 LR-凹的蕴含

$$\tilde{f}\left((C)\int_A g d\mu\right) \tilde{\geqslant}_p (C)\int_A (\tilde{f} \circ g) d\mu;$$

(3) (模糊值 Jensen 不等式 II) $\tilde{f}$ 是 UP-凸的蕴含

$$\tilde{f}\left((C)\int_A g d\mu\right) \tilde{\supseteq}_p (C)\int_A (\tilde{f} \circ g) d\mu;$$

(4) (模糊值逆 Jensen 不等式 II) $\tilde{f}$ 是 UP-凹的蕴含

$$\tilde{f}\left((\mathrm{C})\int_A g d\mu\right) \widetilde{\subseteq}_p (\mathrm{C})\int_A (\tilde{f} \circ g) d\mu.$$

定理 8.8.18　给定单调递增函数 $\varphi : R^+ \to R^+$ 及有界可测模糊集值函数 $\tilde{F} : X \to P_{nc}(\tilde{R}^+)$, $A \in \Sigma$, $\mu(A) = 1$. 若 $f \in S(F)$ 和 $\varphi \circ f \in S(\varphi \circ F_\lambda)$, $\lambda \in [0,1]$ 同是 Choquet 可积的, 则

(1) (模糊集值 Jensen 不等式 III) φ 是凸的蕴含

$$\varphi\left((\mathrm{C})\int_A \tilde{F} d\mu\right) \widetilde{\leqslant}_p (\mathrm{C})\int_A (\varphi \circ \tilde{F}) d\mu;$$

(2) (模糊集值逆 Jensen 不等式 III) φ 是凹的蕴含

$$\varphi\left((\mathrm{C})\int_A \tilde{F} d\mu\right) \widetilde{\geqslant}_p (\mathrm{C})\int_A (\varphi \circ \tilde{F}) d\mu.$$

推论 8.8.19　给定单调递增函数 $\varphi : R^+ \to R^+$ 及紧值可测函数 $\tilde{f} : X \to \tilde{R}^+$, $A \in \Sigma$, $\mu(A) = 1$. 若 $f \in S(\bar{f}_\lambda)$ 和 $\varphi \circ f \in S(\varphi \circ \bar{f}_\lambda)$, $\lambda \in [0,1]$ 同是 Choquet 可积的, 则

(1) φ 是凸的蕴含

$$\varphi\left((\mathrm{C})\int_A \tilde{f} d\mu\right) \widetilde{\leqslant}_p (\mathrm{C})\int_A (\varphi \circ \tilde{f}) d\mu;$$

(2) φ 是凹的蕴含

$$\varphi\left((\mathrm{C})\int_A \tilde{f} d\mu\right) \widetilde{\geqslant}_p (\mathrm{C})\int_A (\varphi \circ \tilde{f}) d\mu.$$

8.9　进 展 与 注

集值函数的经典积分由 Aumann 提出, 集值函数的模糊积分始于我们的工作[15,16], 该工作是对满足模糊可加性的模糊积分与拟可加积分的. 1993 年, 我们在文献 [21] 中仿照 Aumann 积分的定义, 利用集值函数的可测选择的模糊积分定义了集值模糊积分, 并给出了若干性质及收敛定理, 开辟了模糊测度论的集值方向 (8.2 节). 1995 年, 这一理论又被推广到模糊集值函数的情形, 模糊集值函数的模糊积分被建立起来[22](8.3 节), 同时基于广义模糊积分、⊥-可分解积分建立了集值函数的广义模糊积分[23]、⊥-可分解积分理论[24](限于篇幅本章没有介绍). 同时另外一种集值函数的实值 (单值) 模糊积分理论也被建立[1,2].

集值模糊测度理论是由我们在 2004 年率先提出的[8], 主要结果是在一维实数空间上讨论的, 包括了集值模糊测度的定义、性质、构造及特殊 ⊥-可分解集值测度的 Radon-Nikodym 定理 (8.4 节), 后又有多位学者[3,4,18] 在这一领域做了深入研究, 把集值模糊测度推广到 n 维空间, 并研究了其自连续等各种结构特征 (限于篇幅本章没有介绍).

集值 Choquet 积分首先由 Jang[11,12] 提出, 我们指出了其定义的不合理性及文中的多处错误, 重新建立了这一理论[26]. Wang[13] 在收敛定理上做了进一步的工作. 与集值函数的实值模糊积分类似, Huang 和 Wu[10] 建立了集值函数的实值 Choquet 积分理论. 在最新的进展中[27], 我们把集值函数的集值、实值 Choquet 积分推广到了非对称 Choquet 积分的情形, 并针对实值情形的片面性, 定义了集值函数的上、下边界 Choquet 积分, 进一步建立了模糊集值函数的 Choquet 积分理论 (8.5 节—8.7 节).

Jensen 不等式是经典分析的重要内容. 基于 Choquet 积分的 Jensen 不等式首先由 Wang[14] 给出, 但其存在错误, 我们做了修正, 并基于此给出了集值函数与模糊值函数 Choquet 积分的 Jensen 不等式[27,28] (8.8 节).

集值与模糊集值函数的模糊积分、Choquet 积分理论尚需完善和发展, 如在 Fubini 定理、Radon-Nikodym 定理上尚属空白.

参 考 文 献

[1] Cho S J, Lee B S, Lee G M, Kim D S. Fuzzy integrals for set-valued mappings. Fuzzy Sets and Systems, 2001,117: 333-337.

[2] Croitoru A. Strong integral of multifunctions relative to a fuzzy measure. Fuzzy Sets and Systems, 2004, 244: 20-33.

[3] Gavrilut A C. Non-atomicity and the Darboux property for fuzzy and non-fuzzy Borel/ Baire multivalued set functions. Fuzzy Sets and Systems, 2009, 160: 1308-1317.

[4] Gavrilut A C. Regularity and autocontinuity of set multifunctions. Fuzzy Sets and Systems, 2010, 161: 681-693.

[5] Grbić T, Štajner-Papuga T, Štrboja M. An approach to pseudo-integration of set-valued functions. Inf. Sci., 2001, 181: 2278-2292.

[6] Guo C M, Zhang D L, Li Y H. Fuzzy-valued Choquet integrals (I). Fuzzy Systems and Math., 2001, 15: 52-54.

[7] Guo C M, Zhang D L. Fuzzy-valued Choquet integrals (II). Fuzzy Systems and Math., 2003, 17: 23-28.

[8] Guo C M, Zhang D L. On set-valued fuzzy measures. Inf. Sci., 2004, 160: 13-25.

[9] 郭彩梅, 张德利, 集值函数的对偶半模模糊积分. 清华大学学报 (自然科学版), 2004, 44(3): 369-371.

[10] Huang Y, Wu C X. Real-valued Choquet integrals for set-valued mappings. Inter. J. Appr. Reason., 2014, 55: 683-688.

[11] Jang L C, Kim B M, Kim Y K, Kwon J S. Some properties of Choquet integrals of set-valued functions. Fuzzy Sets and Systems, 1997, 91: 95-98.

[12] Jang L C, Kwon J S. On the representation of Choquet integrals of set-valued functions, and null sets. Fuzzy Sets and Systems, 2000, 112: 233-239.

[13] Wang H, Li S. Some properties and convergence theorems of set-valued Choquet integrals. Fuzzy Sets and Systems, 2013, 219: 81-97.

[14] Wang R S. Some inequalities and convergence theorems for Choquet integrals. J. Appl. Math. Comput., 2011, 35(1): 305-321.

[15] Wang Z X, Zhang D L. The pseudo-additive integral of set-valuedfunctions. Proc. of Sino-Japan Sympo. on Fuzzy Sets and Systems. Beijing: International Academic Press, 1990.

[16] 王子孝, 张德利. 集值函数的模糊积分. 中国模糊数学与模糊系统学会第五届年会论文集. 成都: 西南交通大学出版社, 1990.

[17] 吴从炘, 张德利, 郭彩梅. 集值函数的半模 Fuzzy 积分. 应用数学, 1996, 9: 105-107.

[18] Wu J R, Liu H Y. Autocontinuity of set-valued fuzzy measures and applications. Fuzzy Sets and Systems, 2001, 175: 57-64.

[19] 张德利, 王子孝. Fuzzy 值函数的半模 Fuzzy 积分. 中国模糊数学与模糊系统学会第五届年会论文集, 成都: 西南交通大学出版社, 1990.

[20] Zhang D L, Wang Z X. Fuzzy integrals of fuzzy-valued functions. Fuzzy Sets and Systems, 1993, 54: 63-67.

[21] Zhang D L, Wang Z X. On set-valued fuzzy integrals. Fuzzy Sets and Systems, 1993, 56: 237-241.

[22] Zhang D L, Guo C M. Fuzzy integrals of set-valued mappings and fuzzy mappings. Fuzzy Sets and Systems, 1995, 75: 103-109.

[23] Zhang D L, Guo C M. Generalized fuzzy integrals of set-valued functions. Fuzzy Sets and Systems, 1995, 76: 365-373.

[24] Zhang D L, Guo C M. Integrals of set-valued functions for ⊥-decomposable measures. Fuzzy Sets and Systems, 1996, 78: 341-346.

[25] 张德利, 郭彩梅, 吴从炘. 模糊积分论进展. 模糊系统与数学, 2003, 17(4): 1-10.

[26] Zhang D L, Guo C M, Liu D Y. Set-valued Choquet integrals revisited. Fuzzy Sets and Systems, 2004, 147: 475-485.

[27] Zhang D L, Guo C M, Chen D G, Wang G J. Choquet integral Jensen's inequalities for set-valued and fuzzy set-valued functions. Soft Computing, 2021, 25(2): 903-918.

[28] Zhang D L, Mesiar R, Pap E. Jensen's inequality for Choquet integral revisited and a note on Jensen's inequality for generalized Choquet integral. Fuzzy Sets and Systems. https://doi.org/10.1016/j.fss.2021.09.004.

第 9 章　模糊数模糊测度与模糊积分

前几章讨论的模糊积分都是关于数值 (或单值) 模糊测度的, 因而不论在理论上还是在应用上都有其局限性. 本章则考虑取值于 (一维) 模糊数空间的模糊测度, 进而考虑关于此种模糊测度的模糊积分. 我们选择的被积函数也是取值于 (一维) 模糊数空间的函数. 本章分四节, 在 9.1 节的预备知识中回顾区间数、模糊数、区间值函数与模糊值函数的基本知识; 在 9.2 节中给出区间数模糊测度与模糊数模糊测度的概念, 并讨论二者之间的关系; 在 9.3 节中讨论模糊值函数关于模糊数模糊测度的模糊积分; 9.4 节建立模糊值函数关于模糊数模糊测度的广义模糊积分理论; 9.5 节进一步建立模糊值函数关于模糊数模糊测度的广义 Choquet 积分理论.

本章始终采用下述符号和约定: $\bar{R}^+$ 表示区间 $[0,\infty]$; X 是任一固定的非空集合, $\tilde{\Sigma}$ 是由 X 的模糊子集构成的模糊 σ-代数, $\left(X,\tilde{\Sigma}\right)$ 是模糊可测空间; 运算 $S:\bar{R}^+\times\bar{R}^+\to\bar{R}^+$ 是广义半模; $(\bar{R}^+,\oplus,\otimes)$ 是半环; $F(X)$ 表示所有 $\tilde{\Sigma}$-非负可测函数, $M(X)$ 表示 $\left(X,\tilde{\Sigma}\right)$ 上所有模糊测度.

9.1　预 备 知 识

因为与第 7 章中的概念有所不同, 为本章的完整性, 我们首先回顾所需要的符号和概念.

定义 9.1.1　有限闭区间 $\bar{r}=[r^-,r^+]\subseteq R^+$ 被称为区间数, 其全体记为 $\Delta(R^+)$. 对 $\forall\bar{r},\bar{p}\in\Delta(R^+),k\in R^+$, 规定:

(1) $S[\bar{r},\bar{p}]=[S[r^-,p^-],S[r^+,p^+]]$;

(2) $\bar{r}\oplus\bar{p}=[r^-\oplus p^-,r^+\oplus p^+]$;

(3) $\bar{r}\otimes\bar{p}=[r^-\otimes p^-,r^+\otimes p^+]$;

(4) $k\otimes\bar{r}=[k\otimes r^-,k\otimes r^+]$;

(5) $\bar{r}\leqslant\bar{p}\Leftrightarrow r^-\leqslant p^-,r^+\leqslant p^+$;

(6) $d\left(\bar{a},\bar{b}\right)=\max\left(|a^--b^-|,|a^+-b^+|\right)$.

注 9.1.2　闭区间 $\bar{r}=[r^-,r^+]\subseteq\bar{R}^+$ 被称为广义区间数, 其全体记为 $\Delta(\bar{R}^+)$, 在其上可定义同样的运算.

定义 9.1.3 设 $\{\bar{r}_n\} \subset \Delta(R^+)$ 是区间数序列. 若存在 $\bar{r} \in \Delta(R^+)$, 使得 $d(\bar{r}_n, \bar{r}) \to 0$, 则称 $\bar{r}_n$ 收敛于 $\bar{r}$, 简记为 $\bar{r}_n \to \bar{r}$ 或 $\lim\limits_{n\to\infty} \bar{r}_n = \bar{r}$.

引理 9.1.4 $\bar{r}_n \to \bar{r} \Leftrightarrow r_n^- \to r^-, r_n^+ \to r^+$.

定义 9.1.5 R^+ 上的模糊集 $\tilde{r}$ 被称为模糊数. 若它满足下述条件:

(1) (正规性) $\exists r_0 \in R^+$, 使 $\tilde{r}(r_0) = 1$.

(2) (闭凸性) 对 $\forall \lambda \in (0,1], \bar{r}_\lambda = \{r \in R_+ : \tilde{r}(r) \geqslant \lambda\} \in \Delta(R^+)$.

记 R^+ 上的模糊数全体为 $\tilde{R}^+$.

定义 9.1.6 对 $\forall \tilde{r}, \tilde{p} \in \tilde{R}^+, k \in R^+, \forall \lambda \in (0,1]$, 规定

(1) $(S[\tilde{r}, \tilde{p}])_\lambda = S[\bar{r}_\lambda, \bar{p}_\lambda]$;

(2) $(\tilde{r} \oplus \tilde{p})_\lambda = \bar{r}_\lambda \oplus \bar{p}_\lambda$;

(3) $(\tilde{r} \otimes \tilde{p})_\lambda = \bar{r}_\lambda \otimes \bar{p}_\lambda$;

(4) $(k \otimes \tilde{r})_\lambda = k \otimes \bar{r}_\lambda$;

(5) $\tilde{r} \leqslant \tilde{p} \Leftrightarrow \bar{r}_\lambda \leqslant \bar{p}_\lambda$;

(6) $d_\infty\left(\tilde{a}, \tilde{b}\right) = \sup\limits_{\lambda \in (0,1]} d\left(\bar{a}_\lambda, \bar{b}_\lambda\right)$;

(7) $\rho\left(\tilde{a}, \tilde{b}\right) = \bigcup\limits_{\lambda \in (0,1]} \lambda \cdot \left[\left|a_\mu^- - b_\mu^-\right|, \sup\limits_{0<\lambda\leqslant\mu\leqslant 1} \left|a_\mu^- - b_\mu^-\right| \vee \left|a_\mu^+ - b_\mu^+\right|\right]$.

引理 9.1.7 $\left(\tilde{R}^+, d_\infty\right)$ 是完备距离空间, $\left(\tilde{R}^+, \rho\right)$ 是模糊距离空间[17].

定义 9.1.8 设模糊数序列 $\{\tilde{r}_n\} \subset \tilde{R}^+$.

(1) 称它为水平收敛的 (强收敛的) 若对每个 $\lambda \in (0,1]$, 区间数序列 $\{(\tilde{r})_n\}_\lambda$ 是收敛的 (关于 $\lambda \in (0,1]$ 是一致收敛的), 且其极限为

$$\tilde{r}(r) = \sup\left\{\lambda \in (0,1] : r \in \lim\limits_{n\to\infty} (\tilde{r}_n)_\lambda\right\},$$

简记为 $\tilde{r}_n \to \tilde{r}$ 或 $\lim\limits_{n\to\infty} \tilde{r}_n = \tilde{r} \left(\tilde{r}_n \xrightarrow{s} \tilde{r} 或 (s) \lim\limits_{n\to\infty} \tilde{r}_n = \tilde{r}\right)$.

(2) 称其为 d_∞ 收敛 (ρ 收敛) 的, 若 $d_\infty(\tilde{r}_n, \tilde{r}) \to 0$(或 $\rho(\tilde{r}_n, \tilde{r}) \to 0$), 记为 $\tilde{r}_n \xrightarrow{d_\infty} \tilde{r}$(或 $\tilde{r}_n \xrightarrow{\rho} \tilde{r}$).

引理 9.1.9 设 $\{\tilde{r}_n\} \subset \tilde{R}_+$ 是模糊数序列, 则

(1) $\tilde{r}_n \to \tilde{r} \Rightarrow \bar{r}_\lambda = \bigcap\limits_{\lambda'<\lambda} \lim\limits_{n\to\infty} (\tilde{r}_n)_{\lambda'}, \lambda \in (0,1]$.

(2) $\tilde{r}_n \xrightarrow{s} \tilde{r} \Rightarrow \bar{r}_\lambda = \lim\limits_{n\to\infty} (\tilde{r}_n)_\lambda, \lambda \in (0,1]$.

证明 由模糊集的表现定理, (1) 显然. 为证 (2), 设 $\lambda \in (0,1]$, 取 $\lambda_k = (1 - 1/(1+k))\lambda, k \geqslant 1$, 则

$$a_\lambda = \left(\lim_{n\to\infty} \tilde{r}_n\right)_\lambda = \bigcap_{\lambda'>\lambda} \lim_{n\to\infty} (\tilde{r}_n)_{\lambda'}$$

$$= \bigcap_{k=1}^\infty \lim_{n\to\infty} (\tilde{r}_n)_{\lambda_k}$$

$$= \lim_{k\to\infty} \lim_{n\to\infty} (\tilde{r}_n)_{\lambda_k}$$

$$= \lim_{k\to\infty} \lim_{n\to\infty} \left[r_{n\,\lambda_k}^-, r_{n\,\lambda_k}^+\right]$$

$$= \left[\lim_{k\to\infty} \lim_{n\to\infty} r_{n\,\lambda_k}^-, \lim_{k\to\infty} \lim_{n\to\infty} r_{n\,\lambda_k}^+\right].$$

因 $\left\{r_n^{-(+)}{}_{\lambda_k}\right\}$ 关于 $\lambda_k\,(k \geqslant 1)$ 一致收敛, 由经典分析知, 上式中的极限可交换顺序, 故

$$a_\lambda = \left[\lim_{k\to\infty} \lim_{n\to\infty} r_{n\,\lambda_k}^-, \lim_{k\to\infty} \lim_{n\to\infty} r_{n\,\lambda_k}^+\right]$$

$$= \lim_{k\to\infty} \lim_{n\to\infty} (\tilde{r}_n)_{\lambda_k}$$

$$= \lim_{n\to\infty} \tilde{r}_n \left[\bigcap_{k=1}^\infty (\tilde{r}_n)_{\lambda_k}\right]$$

$$= \lim_{n\to\infty} (\tilde{r}_n)_\lambda.$$

证毕.

引理 9.1.10 $\tilde{r}_n \xrightarrow{s} \tilde{r}$ 等价于 $\tilde{r}_n \xrightarrow{d_\infty} \tilde{r}$ 等价于 $\tilde{r}_n \xrightarrow{\rho} \tilde{r}$.

注 9.1.11 设 $\tilde{r}_n \to \tilde{r}$, 则 $\bar{r}_\lambda = \bigcap_{\lambda'<\lambda} \lim_{n\to\infty} (\tilde{r}_n)_{\lambda'}$, 通常 $\bar{r}_\lambda \neq \lim_{n\to\infty} (\tilde{r}_n)_\lambda$, 对某些 $\lambda \in (0,1]$.

例 9.1.12 设 $\tilde{r}_n(r) = \sqrt[n]{r}\chi_{[0,1]}(r)$, 则 $\tilde{r}_n \in \tilde{R}^+$, 且

$$\lim_{n\to\infty} (\tilde{r}_n)_\lambda = \begin{cases} [0,1], & 0 < \lambda < 1, \\ [1,1], & \lambda = 1, \end{cases}$$

$$\left(\lim_{n\to\infty} \tilde{r}_n\right)_1 = \bigcap_{\lambda<1} \lim_{n\to\infty} (\tilde{r}_n)_\lambda = [0,1],$$

故 $\lim_{n\to\infty} (\tilde{r}_n)_1 \neq (\lim \tilde{r}_n)_1$.

注 9.1.13 (1) 这里的模糊数定义与前文中的定义略有不同, 没有要求支集是紧致的, 因为这样更方便本章的讨论, 且不影响问题的本质;

(2) 可以定义 $\bar{R}^+$ 上的模糊数, 称为广义模糊数, 全体记为 $\tilde{\bar{R}}^+$. 特别地称 $\tilde{\infty}$, 其隶属函数

$$\tilde{\infty}(r) = \begin{cases} 1, & r = \infty, \\ 0, & r \neq \infty \end{cases} \quad \text{为模糊无穷大}.$$

(3) 类似于 $\lim\limits_{n\to\infty} \tilde{r}_n$ 的定义, 我们可以用水平集来定义 $\lim\limits_{n\to\infty} \inf \tilde{r}_n, \lim\limits_{n\to\infty} \sup \tilde{r}_n$ 等有关概念.

定义 9.1.14 所谓区间值函数是指特殊的集值函数:

$$\bar{f} : X \to \Delta\left(R^+\right), \quad x \to \bar{f}(x) = \left[f^-(x), f^+(x)\right],$$

这里 $f^-(x) = \inf \bar{f}(x), f^+(x) = \sup \bar{f}(x)$;

所谓模糊值函数是指特殊的模糊集值函数:

$$\tilde{f} : X \to \tilde{R}^+, \quad x \to \tilde{f}(x) \in \tilde{R}^+.$$

注 9.1.15 关于区间值函数与模糊值函数的可测性概念继续沿用第 8 章的相应定义, 区间值函数 $\bar{f}$ 可测当且仅当 f^-, f^+ 同时可测. 区间值函数与模糊值函数的可测性关于各种运算 (不超过可列次) 是封闭的, 这里所说的函数运算是点态的. 以下用 $\bar{F}(X)$ 表示可测区间值函数的全体, $\tilde{F}(X)$ 表示可测模糊值函数的全体. 下文中涉及的模糊积分, 其积分域为模糊集, 第 3 章中的理论仍然成立.

9.2   区间数模糊测度与模糊数模糊测度

定义 9.2.1 映射 $\bar{\mu} : \tilde{\Sigma} \to \Delta\left(\bar{R}^+\right)$ 称为区间数模糊测度, 若满足

(1) $\bar{\mu}(\varnothing) = \bar{0}$;

(2) $\tilde{A} \subset \tilde{B} \Rightarrow \bar{\mu}(\tilde{A}) \leqslant \bar{\mu}(\tilde{B})$;

(3) $\tilde{A}_n \uparrow \tilde{A} \Rightarrow \bar{\mu}(\tilde{A}_n) \uparrow \bar{\mu}(\tilde{A})$;

(4) $\tilde{A}_n \downarrow \tilde{A}, \exists n_0 \in N, \bar{\mu}(\tilde{A}_{n_0}) < \overline{\infty} \Rightarrow \bar{\mu}(\tilde{A}_n) \downarrow \bar{\mu}(\tilde{A})$. 此处 $\bar{0} = [0,0]$, $\overline{\infty} = [\infty, \infty]$.

记 $\bar{M}(X)$ 是 $(X, \tilde{\Sigma})$ 上区间数模糊测度的全体.

定义 9.2.2 映射 $\tilde{\mu} : \tilde{\Sigma} \to \tilde{R}^+$ 称为模糊数模糊测度, 若满足

(1) $\tilde{\mu}(\varnothing) = \tilde{0}$;

(2) $\tilde{A} \subset \tilde{B} \Rightarrow \tilde{\mu}(\tilde{A}) \leqslant \tilde{\mu}(\tilde{B})$;

(3) $\tilde{A}_n \uparrow \tilde{A} \Rightarrow \tilde{\mu}(\tilde{A}_n) \xrightarrow{s} \tilde{\mu}(\tilde{A})$;

(4) $\tilde{A}_n \downarrow \tilde{A}$, $\exists n_0 \in N$, $\tilde{\mu}(\tilde{A}_{n_0}) < \tilde{\infty} \Rightarrow \tilde{\mu}(\tilde{A}_n) \overset{s}{\longrightarrow} \tilde{\mu}(\tilde{A})$.

此处, $\tilde{0}(r) = \begin{cases} 1, & r = 0 \\ 0, & r \neq 0 \end{cases}$.

记 $\tilde{M}(X)$ 是 $(X, \tilde{\Sigma})$ 上模糊数模糊测度的全体.

例 9.2.3 设 $\mu \in M(X)$, $\bar{f} \in \bar{F}(X)$, $\tilde{f} \in \tilde{F}(X)$, 记

$$\bar{\mu}(\tilde{A}) = \left\{ \int_{\tilde{A}} \bar{f} d\mu : f \text{ 是 } \bar{f} \text{ 的可测选择} \right\},$$

$$\tilde{\mu}(\tilde{A}) = \sup \left\{ \lambda \in (0, 1] : r \in \int_{\tilde{A}} \bar{f}_\lambda d\mu \right\}.$$

$\bar{\mu} \in \bar{M}(X)$, $\tilde{\mu} \in \tilde{M}(X)$, 且称为由 $\bar{f}$, $\tilde{f}$ 诱导的区间数模糊测度, 模糊数模糊测度.

注 9.2.4 为行文方便, 本章所定义的区间值模糊测度与模糊数测度, 均要求了连续性, 因而是连续模糊测度的推广. 当然我们可以把满足 (1), (2) 的情形称为模糊数模糊测度, 称 (3) 为下半连续性, (4) 为上半连续性.

性质 9.2.5 设 $\bar{\mu} \in \bar{M}(X)$, 则

$$\bar{\mu} \in \bar{M}(X) \Leftrightarrow \mu^-, \quad \mu^+ \in M(X).$$

这里 $\mu^+(\tilde{A}) = [\bar{\mu}(\tilde{A})]^+$, $\mu^-(\tilde{A}) = [\bar{\mu}(\tilde{A})]^-$.

性质 9.2.6 设 $\tilde{\mu} \in \tilde{M}(X)$, 则对 $\forall \lambda \in (0, 1]$, $\bar{\mu}_\lambda \in \bar{M}(X)$. 这里 $\bar{\mu}_\lambda(\tilde{A}) = [\tilde{\mu}(\tilde{A})]_\lambda$.

性质 9.2.7 设 $\{\bar{\mu}_\lambda : \lambda \in (0, 1]\} \subset \bar{M}(X)$, 满足

(1) $0 < \lambda_1 \leqslant \lambda_2 \leqslant 1 \Rightarrow \bar{\mu}_{\lambda_1} \supset \bar{\mu}_{\lambda_2}$;

(2) $\tilde{A}_n \uparrow \tilde{A} \Rightarrow \bar{\mu}_\lambda(\tilde{A}_n) \uparrow \bar{\mu}_\lambda(\tilde{A})$ 关于 $\lambda \in (0, 1]$ 是一致的;

(3) $\tilde{A}_n \downarrow \tilde{A}$, $\exists n_0 \in N$, $\sup_{\lambda \in (0,1]} (\bar{\mu}_\lambda(\tilde{A}_{n_0})) < \overline{\infty} \Rightarrow \bar{\mu}_\lambda(\tilde{A}_n) \downarrow \bar{\mu}_\lambda(\tilde{A})$ 关于 $\lambda \in (0, 1]$ 是一致的. 则如下定义的 $\tilde{\mu}$:

$$\tilde{\mu}(\tilde{A})(r) = \sup \left\{ \lambda \in (0, 1] : r \in \bar{\mu}_\lambda(\tilde{A}) \right\}$$

是模糊数模糊测度.

定义 9.2.8 设 $\{\bar{\mu}_n\} \subset \bar{M}(X)(\{\tilde{\mu}_n\} \subset \tilde{M}(X))$, $\tilde{A} \in \tilde{\Sigma}$, 记

$$\left(\lim_{n \to \infty} \inf \bar{\mu}_n \right)(\tilde{A}) = \lim_{n \to \infty} \inf \bar{\mu}_n(\tilde{A}) \quad \left(\left(\lim_{n \to \infty} \inf \tilde{\mu}_n \right)(\tilde{A}) = \lim_{n \to \infty} \inf \tilde{\mu}_n(\tilde{A}) \right),$$

$$\left(\lim_{n\to\infty}\sup\bar{\mu}_n\right)(\tilde{A})=\lim_{n\to\infty}\sup\bar{\mu}_n(\tilde{A})\quad\left(\left(\lim_{n\to\infty}\sup\tilde{\mu}_n\right)(\tilde{A})=\lim_{n\to\infty}\sup\tilde{\mu}_n(\tilde{A})\right),$$

则称 $\lim\limits_{n\to\infty}\inf\bar{\mu}_n,\ \lim\limits_{n\to\infty}\sup\bar{\mu}_n\ \left(\lim\limits_{n\to\infty}\inf\tilde{\mu}_n,\ \lim\limits_{n\to\infty}\sup\tilde{\mu}_n\right)$ 为 $\{\bar{\mu}_n\}(\{\tilde{\mu}_n\})$ 的下极限、上极限.

若存在 $\bar{\mu}:\tilde{\Sigma}\to\Delta(R_+)(\tilde{\mu}:\tilde{\Sigma}\to\tilde{R}_+)$, 使对 $\forall\tilde{A}\in\tilde{\Sigma}$, 均有

$$\bar{\mu}(\tilde{A})=\left(\lim_{n\to\infty}\inf\bar{\mu}_n\right)(\tilde{A})=\left(\lim_{n\to\infty}\sup\bar{\mu}\right)(\tilde{A})$$

$$\left(\tilde{\mu}(\tilde{A})=\left(\lim_{n\to\infty}\inf\tilde{\mu}_n\right)(\tilde{A})=\left(\lim_{n\to\infty}\sup\tilde{\mu}\right)(\tilde{A})\right),$$

则称 $\{\bar{\mu}_n\}(\{\tilde{\mu}_n\})$ 收敛于 $\bar{\mu}(\tilde{\mu})$, 简记为

$$\bar{\mu}_n\to\bar{\mu}\ \text{或}\ \lim_{n\to\infty}\bar{\mu}_n=\bar{\mu}\quad(\tilde{\mu}_n\to\tilde{\mu}\ \text{或}\ \lim_{n\to\infty}\tilde{\mu}_n=\tilde{\mu}).$$

注 9.2.9　由第 2 章的讨论, 我们可知, 若 $\bar{\mu}_n\to\bar{\mu}(\tilde{\mu}_n\to\tilde{\mu})$, 则 $\bar{\mu}(\tilde{\mu})$ 唯一, 但未必是区间数模糊测度 (模糊数模糊测度), 因为连续性不再保持. 关于区间数模糊测度、模糊数模糊测度, 可定义零可加、自连续、次可加、超可加、模糊可加等概念, 可完全仿数值模糊测度的相关概念进行, 为行文简明这里略去.

9.3　模糊值函数关于模糊数模糊测度的模糊积分

9.3.1　区间值函数关于区间数模糊测度的模糊积分

定义 9.3.1　设 $\bar{f}\in\bar{F}(X),\ \bar{\mu}\in\bar{M}(X)$. 则 $\bar{f}$ 在 $\tilde{A}\in\tilde{\Sigma}$ 上关于 $\bar{\mu}$ 的模糊积分为 $\displaystyle\int_{\tilde{A}}\bar{f}d\bar{\mu}=\left[\int_{\tilde{A}}f^-d\mu^-,\int_{\tilde{A}}f^+d\mu^+\right].$

定理 9.3.2

$$\int_{\tilde{A}}\bar{f}d\bar{\mu}=\bigvee_{\tilde{F}\in B(\bar{f})}\left[\left(\bigwedge_{x\in\mathrm{supp}\tilde{F}}\bar{f}(x)\right)\wedge\bar{\mu}(\tilde{A}\cap\tilde{F})\right]$$

$$=\bigvee_{F\in\Sigma_0}\left[\left(\bigwedge_{x\in F}\bar{f}(x)\right)\wedge\bar{\mu}(\tilde{A}\cap\chi_F)\right],$$

此处, $B(\bar{f})$ 是使 $\bar{f}$ 可测的最小 σ-代数, $\Sigma_0=\left\{F:F\text{是}\tilde{\Sigma}\text{中的经典集}\right\}$. 另外, 设 $\{\bar{r}_\alpha\in\Delta(R_+):\alpha\in D\}$ 是一族区间数, 则规定

$$\bigvee_{\alpha\in D}\bar{r}_\alpha=\left[\bigvee_{\alpha\in D}r_\alpha^-,\bigvee_{\alpha\in D}r_\alpha^+\right],\quad\bigwedge_{\alpha\in D}\bar{r}_\alpha=\left[\bigwedge_{\alpha\in D}r_\alpha^-,\bigwedge_{\alpha\in D}r_\alpha^+\right].$$

定理 9.3.3 设 $\bar{s}$ 是简单区间值函数, 即 $\bar{s} = \sum\limits_{i=1}^{n} \bar{\alpha}_i \cdot \chi_{A_i}$, $\bar{\alpha}_i \in \Delta(R_+)$, $A_i \cap A_j = \varnothing (i \neq j) A_i \in \Sigma_0$, $i = 1, 2, \cdots, n$. 记 $Q_{\tilde{A}}(\bar{s}, \bar{\mu}) = \bigvee\limits_{i=1}^{n} \left[\bar{\alpha}_i \wedge \bar{\mu}(\tilde{A} \cap \chi_{A_i}) \right]$. 设 $\bar{f} \in \bar{F}(X)$, $\bar{\mu} \in \bar{M}(X)$, $\tilde{A} \in \tilde{\Sigma}$, 则

$$\int_{\tilde{A}} \bar{f} d\bar{\mu} = \sup \left\{ Q_{\tilde{A}}(\bar{s}, \bar{\mu}) : \bar{s} \leqslant \bar{f} \right\}.$$

注 9.3.4 定理 9.3.2 和定理 9.3.3 的证明可由区间数的运算及数值模糊积分的相应结果直接得到. 由这两个定理可以看出, 若把 $(\Delta(\bar{R}^+), \leqslant)$ 看成完备格, 考虑积分域为分明集, 则我们这里的定义与第 4 章中格值模糊积分的定义是一致的, 只需把运算 T, S 换成 $\vee, \wedge$ 即可.

定理 9.3.5 区间值函数关于区间数模糊测度的模糊积分具有下述性质:

(1) $\bar{f}_1 \leqslant \bar{f}_2 \leqslant \Rightarrow \int_{\tilde{A}} \bar{f}_1 d\bar{\mu} \leqslant \int_{\tilde{A}} \bar{f}_2 d\bar{\mu}$;

(2) $\tilde{A} \subset \tilde{B} \Rightarrow \int_{\tilde{A}} \bar{f} d\bar{\mu} \leqslant \int_{\tilde{B}} \bar{f} d\bar{\mu}$;

(3) $\bar{\mu}_1 \leqslant \bar{\mu}_2 \Rightarrow \int_{\tilde{A}} \bar{f} d\bar{\mu}_1 \leqslant \int_{\tilde{A}} \bar{f} d\bar{\mu}_2$;

(4) $\int_{\tilde{A}} \bar{r} d\bar{\mu}_1 = \tilde{r} \wedge \mu(\tilde{A})$, $\bar{r} \in \Delta(\bar{R}^+)$;

(5) $\int_{\tilde{A}} (\bar{f} + \bar{r}) d\bar{\mu} \leqslant \int_{\tilde{A}} \bar{f} d\bar{\mu} + \int_{\tilde{A}} \bar{r} d\bar{\mu}$, $\bar{r} \in \Delta(\bar{R}^+)$;

(6) 设 $r \in [0, \infty)$, $\bar{f}_1, \bar{f}_2$ 是有限区间值函数.

若 $\sup \left\{ d(\bar{f}_1(x), \bar{f}_2(x)) : x \in \mathrm{supp}\tilde{A} \right\} < r$, 且 $\int_{\tilde{A}} f^+ d\mu^+ < \infty$, 则

$$d \left(\int_{\tilde{A}} \bar{f}_1 d\bar{\mu}, \int_{\tilde{A}} \bar{f}_2 d\bar{\mu} \right) < r.$$

证明 只证 (6), 余者类似.

由条件 $\sup \left\{ d(\bar{f}_1(x), \bar{f}_2(x) : x \in \mathrm{supp}\tilde{A}) \right\} < r$ 知

$$\left| f_1^-(x) - f_2^-(x) \right| \vee \left| f_1^+(x) - f_2^+(x) \right| < r,$$

对 $\forall x \in \mathrm{supp}\tilde{A}$ 成立, 故 $\left| f_1^-(x) - f_2^-(x) \right| < r$, $\left| f_1^+(x) - f_2^+(x) \right| < r$.

由模糊积分的性质及 $\displaystyle\int_{\tilde{A}} f^+ d\mu^+ < \infty$ 知

$$\left| \int_{\tilde{A}} f_1^- d\mu^- - \int_{\tilde{A}} f_2^- d\mu^- \right| < r,$$

$$\left| \int_{\tilde{A}} f_1^+ d\mu^+ - \int_{\tilde{A}} f_2^+ d\mu^+ \right| < r,$$

从而

$$d\left(\int_{\tilde{A}} \bar{f}_1 d\bar{\mu} - \int_{\tilde{A}} \bar{f}_2 d\bar{\mu} \right) = \max \left(\left| \int_{\tilde{A}} f_1^- d\mu^- - \int_{\tilde{A}} f_2^- d\mu^- \right|, \left| \int_{\tilde{A}} f_1^+ d\mu^+ \right. \right.$$
$$\left. \left. - \int_{\tilde{A}} f_2^+ d\mu^+ \right| \right) < r.$$

证毕.

下面给出广义单调收敛定理.

定理 9.3.6 设 $\left\{ \bar{f}_n (n > 1), \bar{f} \right\} \subset \bar{F}(X)$, $\{\bar{\mu}_n (n \geqslant 1), \bar{\mu}\} \subset \bar{M}(X)$. 若 $\bar{f}_n \uparrow \bar{f}$, $\bar{\mu}_n \uparrow \bar{\mu}$, 则

$$\int_{\tilde{A}} \bar{f}_n d\bar{\mu}_n \uparrow \int_{\tilde{A}} \bar{f} d\bar{\mu}.$$

定理 9.3.7 设 $\left\{ \bar{f}_n (n \geqslant 1), \bar{f} \right\} \subset \bar{F}(X)$, $\{\bar{\mu}_n (n \geqslant 1), \bar{\mu}\} \subset \bar{M}(X)$, $\mu^+(\tilde{A}) < \infty$. 则 $\bar{f}_n \downarrow \bar{f}$, $\bar{\mu}_n \downarrow \bar{\mu}$ 蕴含 $\displaystyle\int_{\tilde{A}} \bar{f}_n d\bar{\mu}_n \downarrow \int_{\tilde{A}} \bar{f} d\bar{\mu}$.

推论 9.3.8 设 $\left\{ \bar{f}_n (n \geqslant 1), \bar{f} \right\} \subset \bar{F}(X)$, $\{\bar{\mu}_n (n \geqslant 1), \bar{\mu}\} \subset \bar{M}(X)$, 且 $\bar{f}_n \to \bar{f}$, $\bar{\mu}_n \to \bar{\mu}$, $\mu^+(\tilde{A}) < \infty$.

(1) 若 $\bar{f}_1 \subset \bar{f}_2 \subset \cdots$, $\bar{\mu}_1 \subset \bar{\mu}_2 \subset \cdots$, 则

$$\int_{\tilde{A}} \bar{f} d\bar{\mu} = \bigcup_{n=1}^{\infty} \int_{\tilde{A}} \bar{f}_n d\bar{\mu}_n;$$

(2) 若 $\bar{f}_1 \supset \bar{f}_2 \supset \cdots$, $\bar{\mu}_1 \supset \bar{\mu}_2 \supset \cdots$, 则

$$\int_{\tilde{A}} \bar{f} d\bar{\mu} = \bigcap_{n=1}^{\infty} \int_{\tilde{A}} \bar{f}_n d\bar{\mu}_n.$$

注 9.3.9 由广义单调收敛定理可得广义 Fatou 引理, 还可得到单调收敛定理等结果, 为行文简明这里略去.

9.3.2 模糊值函数关于模糊数模糊测度的模糊积分

定义 9.3.10 设 $\tilde{f} \in \tilde{F}(X)$, $\tilde{\mu} \in \tilde{M}(X)$, $\tilde{A} \in \tilde{\Sigma}$. 则 $\tilde{f}$ 关于 $\tilde{\mu}$ 在 $\tilde{A}$ 上的模糊积分为

$$\left(\int_{\tilde{A}} \tilde{f} d\tilde{\mu} \right)(r) = \sup \left\{ \lambda \in (0,1] : r \in \int_{\tilde{A}} \bar{f}_\lambda d\bar{\mu}_\lambda \right\}.$$

例 9.3.11 记 χ_A 为 A 的特征函数. 设 $\mu \in M(X)$, $\bar{\mu} \in \bar{M}(X)$, $\tilde{\mu} \in \tilde{M}(X)$, $f \in F(X)$, $\bar{f} \in \bar{F}(X)$, $\tilde{f} \in \tilde{F}(X)$. 利用 χ_A 可把各类值化为模糊值, 因而有如下定义:

$$\int_{\tilde{A}} \bar{f} d\tilde{\mu} = \int_A \chi_{\bar{f}} d\tilde{\mu}; \quad \int_{\tilde{A}} f d\tilde{\mu} = \int_{\tilde{A}} \chi_f d\tilde{\mu};$$

$$\int_{\tilde{A}} \tilde{f} d\bar{\mu} = \int_{\tilde{A}} \tilde{f} d\chi_{\bar{\mu}}; \quad \int_{\tilde{A}} \tilde{f} d\mu = \int_{\tilde{A}} \tilde{f} d\chi_\mu.$$

另外

$$\chi_{\int_{\tilde{A}} \bar{f} d\bar{\mu}} = \int_{\tilde{A}} \chi_{\bar{f}} d\chi_{\bar{\mu}}; \quad \chi_{\int_{\tilde{A}} \bar{f} d\mu} = \int_A \chi_{\bar{f}} d\chi_\mu;$$

$$\chi_{\int_{\tilde{A}} \bar{f} d\mu} = \int_{\tilde{A}} \chi_{\bar{f}} d\chi_\mu.$$

故此, 利用上述定义可表示其余七种类型值的模糊积分, 因而它是一种比较广泛的模糊积分.

定理 9.3.12 设 $\tilde{f} \in \tilde{F}(X)$, $\tilde{\mu} \in \tilde{M}(X)$, $\tilde{A} \in \tilde{\Sigma}$. 则 $\int_{\tilde{A}} \tilde{f} d\tilde{\mu} \in \tilde{R}^+$, 且对 $\forall \lambda \in (0,1]$, 有

$$\left(\int_{\tilde{A}} \tilde{f} d\tilde{\mu} \right)_\lambda = \bigcap_{k=1}^\infty \int_{\tilde{A}} \bar{f}_{\lambda_k} d\bar{\mu}_{\lambda_k}, \tag{9.3.1}$$

这里 $\lambda_k = (1 - 1/(1+k))\lambda$, $k \geqslant 1$.

进一步, 对于这样的 $\lambda \in (0,1]$, 满足条件: 对 $\forall \varepsilon > 0$, $\exists k_0 \in N$, $\delta \in (0,\varepsilon)$, 使

$$\mu_\lambda^+ \left(\chi_{(f_{\lambda_{k_0}}^+ \geqslant c_0 + \delta)} \cap \tilde{A} \right) < \infty,$$

其中 $c_0 = \sup \left\{ a > 0 \,\middle|\, a \leqslant \int_{\tilde{A}} f_{\lambda_{k_0}}^+ d\mu_{\lambda_{k_0}}^+ \right\}$, 则有

$$\left(\int_{\tilde{A}} \tilde{f} d\tilde{\mu} \right)_\lambda = \int_{\tilde{A}} \bar{f}_\lambda d\bar{\mu}_\lambda. \tag{9.3.2}$$

证明 由表现定理, (9.3.1) 式显然. 下面来证 (9.3.2) 式. 由 $\lambda_k \uparrow \lambda$ 知

$$\bar{f}_\lambda(x) = \bigcap_{k=1}^\infty \bar{f}_{\lambda_k}(x) = \lim_{k\to\infty} \bar{f}_{\lambda_k}(x),$$

故 $f_{\lambda_k}^- \uparrow f_\lambda^-, f_{\lambda_k}^+ \downarrow f_\lambda^+$. 同理 $\mu_{\lambda_k}^- \uparrow \mu_\lambda^-, \mu_{\lambda_k}^+ \downarrow \mu_\lambda^+$.

由广义单调上升收敛定理, 有

$$\int_{\tilde A} f_\lambda^- d\mu_\lambda^- = \lim_{k\to\infty} \int_{\tilde A} f_{\lambda_k}^- d\mu_{\lambda_k}^-.$$

又由 λ 满足的条件, 再由广义单调下降收敛定理, 有

$$\int_{\tilde A} f_\lambda^+ d\mu_\lambda^+ = \lim_{k\to\infty} \int_{\tilde A} f_{\lambda_k}^+ d\mu_{\lambda_k}^+.$$

因而

$$\left(\int_{\tilde A} \tilde f d\tilde\mu\right)_\lambda = \left[\lim_{k\to\infty} \int_{\tilde A} f_{\lambda_k}^- d\mu_{\lambda_k}^-, \lim_{k\to\infty} \int_{\tilde A} f_{\lambda_k}^+ d\mu_{\lambda_k}^+\right]$$

$$= \left[\int_{\tilde A} f_\lambda^- d\mu_\lambda^-, \int_{\tilde A} f_\lambda^+ d\mu_\lambda^+\right]$$

$$= \int_{\tilde A} \bar{f}_\lambda d\bar\mu_\lambda.$$

证毕.

推论 9.3.13 设 $\tilde f \in \tilde F(X), \tilde\mu \in \tilde M(X), \tilde A \in \tilde\Sigma$. 若对每一个 $\lambda \in (0,1]$, 均满足条件: $\forall \varepsilon > 0, \exists \delta(\lambda) \in (0,\varepsilon)$, 使 $\mu_\lambda^+((\tilde A \cap (\chi_{(f_\lambda^+ \geqslant c_0(\lambda)+\delta)}))) < \infty$, 这里 $c_0(\lambda) = \sup\left\{a > 0 \Big| a \leqslant \int_{\tilde A} f_\lambda^+ d\mu_\lambda^+\right\}$, 则

$$\left(\int_{\tilde A} \tilde f d\tilde\mu\right)_\lambda = \int_{\tilde A} \bar{f}_\lambda d\bar\mu_\lambda.$$

推论 9.3.14 设 $\tilde f \in \tilde F(X), \tilde\mu \in \tilde M(X), \tilde A \in \tilde\Sigma$ 且 $\mu(\tilde A) < \tilde\infty$, 则对 $\forall\lambda \in (0,1]$,

$$\left(\int_{\tilde A} \tilde f d\tilde\mu\right)_\lambda = \int_{\tilde A} \bar{f}_\lambda d\bar\mu_\lambda.$$

定理 9.3.15 模糊值函数关于模糊数模糊测度的模糊积分具有下述性质:

(1) $\tilde f_1 \leqslant \tilde f_2 \Rightarrow \int_{\tilde A} \tilde f_1 d\tilde\mu \leqslant \int_{\tilde A} \tilde f_2 d\tilde\mu$;

(2) $A \subset B \Rightarrow \int_{\tilde{A}} \tilde{f} d\tilde{\mu} \leqslant \int_{\tilde{B}} \tilde{f} d\tilde{\mu}$;

(3) $\int_{\tilde{A}} \tilde{r} d\tilde{\mu} = \hat{r} \wedge \tilde{\mu}(\tilde{A}), \tilde{r} \in \tilde{R}^+$;

(4) $\int_{\tilde{A}} (\tilde{f} + \tilde{r}) d\tilde{\mu} \leqslant \int_{\tilde{A}} \tilde{f} d\tilde{\mu} + \int_{\tilde{A}} \tilde{r} d\tilde{\mu}, \tilde{r} \in \tilde{R}^+$;

(5) 设 $r \in [0, \infty)$, $\tilde{f}_1$, $\tilde{f}_2$ 是模糊数值函数, 若 $\sup \left\{ d_\infty \left(\tilde{f}_1(x), \tilde{f}_2(x) \right) : x \in \mathrm{supp}\tilde{A} \right\} < r$, 且 $\int_{\tilde{A}} \tilde{f} d\tilde{\mu} < \tilde{\infty}, i = 1, 2$, 则

$$d_\infty \left(\int_{\tilde{A}} \tilde{f}_1 d\tilde{\mu}, \int_{\tilde{A}} \tilde{f}_2 d\tilde{\mu} \right) < r;$$

(6) $\tilde{\mu}_1 \leqslant \tilde{\mu}_2 \Rightarrow \int_{\tilde{A}} \tilde{f} d\tilde{\mu}_1 \leqslant \int_{\tilde{A}} \tilde{f} d\tilde{\mu}_2$.

推论 9.3.16 (1) $\int_{\tilde{A}} \tilde{f}_1 d\tilde{\mu} \vee \int_{\tilde{A}} \tilde{f}_2 d\tilde{\mu} \leqslant \int_{\tilde{A}} \left(\tilde{f}_1 \vee \tilde{f}_2 \right) d\tilde{\mu}$;

(2) $\int_{\tilde{A}} \left(\tilde{f}_1 \wedge \tilde{f}_2 \right) d\tilde{\mu} \leqslant \int_{\tilde{A}} \tilde{f}_1 d\tilde{\mu} \wedge \int_{\tilde{A}} \tilde{f}_2 d\tilde{\mu}$;

(3) $\int_{\tilde{A}} \tilde{f} d\tilde{\mu}_1 \vee \int_{\tilde{A}} \tilde{f} d\tilde{\mu}_2 \leqslant \int_{\tilde{A}} \tilde{f} d(\tilde{\mu}_1 \vee \tilde{\mu}_2)$;

(4) $\int_{\tilde{A}} \tilde{f} d(\tilde{\mu}_1 \wedge \tilde{\mu}_2) \leqslant \int_{\tilde{A}} \tilde{f} d\tilde{\mu}_1 \wedge \int_{\tilde{A}} \tilde{f} d\tilde{\mu}_2$;

(5) $\int_{\tilde{A}} \tilde{f} d\tilde{\mu} \vee \int_{\tilde{B}} \tilde{f} d\tilde{\mu} \leqslant \int_{\tilde{A} \cup \tilde{B}} \tilde{f} d\tilde{\mu}$;

(6) $\int_{\tilde{A} \cap \tilde{B}} \tilde{f} d\tilde{\mu} \leqslant \int_{\tilde{A}} \tilde{f} d\tilde{\mu} \wedge \int_{\tilde{B}} \tilde{f} d\tilde{\mu}$;

(7) $\tilde{\mu}(\tilde{A}) = \tilde{0} \Rightarrow \int_{\tilde{A}} \tilde{f} d\tilde{\mu} = \tilde{0}$;

(8) $\tilde{\mu}_1 \leqslant \tilde{\mu}_2, \tilde{f}_1 \leqslant f_2 \Rightarrow \int_{\tilde{A}} \tilde{f}_1 d\tilde{\mu}_1 \leqslant \int_{\tilde{A}} \tilde{f}_2 d\tilde{\mu}_2$.

定理 9.3.17 设 $\left\{ \tilde{f}_n(n \geqslant 1), \tilde{f} \right\} \subset \tilde{F}(X), \{\tilde{\mu}_n(n \geqslant 1), \tilde{\mu}\} \subset \tilde{M}(X), \tilde{\mu}(\tilde{A}) < \tilde{\infty}$.

(1) $\tilde{f}_n \uparrow \tilde{f}, \tilde{\mu}_n \uparrow \tilde{\mu} \Rightarrow \int_{\tilde{A}} \tilde{f}_n d\tilde{\mu}_n \uparrow \int_{\tilde{A}} \tilde{f} d\tilde{\mu}$;

(2) $\tilde{f}_n \downarrow \tilde{f}, \tilde{\mu}_n \downarrow \tilde{\mu} \Rightarrow \int_{\tilde{A}} \tilde{f}_n d\tilde{\mu}_n \downarrow \int_{\tilde{A}} \tilde{f} d\tilde{\mu}$.

证明　(1) 单调性显然, 因而只需证等式, 对 $\forall \lambda \in (0,1]$, 令 $\lambda_k = (1 - 1/(k+1))\lambda, k \geqslant 1$, 则 $\lambda_k \uparrow \lambda$, 由表现定理及模糊极限的定义, 有

$$\bar{f}_\lambda = \bigcap_{k=1}^{\infty} \left(\lim_{n \to \infty} \bar{f}_{n_{\lambda_k}} \right), \quad \bar{\mu}_\lambda = \bigcap_{k=1}^{\infty} \left(\lim_{n \to \infty} \bar{\mu}_{n_{\lambda_k}} \right),$$

故

$$
\begin{aligned}
\left(\lim_{n \to \infty} \int_{\tilde{A}} \tilde{f}_n d\tilde{\mu}_n \right)_\lambda &= \bigcap_{k=1}^{\infty} \lim_{n \to \infty} \left(\int_{\tilde{A}} \tilde{f}_n d\tilde{\mu}_n \right)_{\lambda_k} \quad (\text{极限定义}) \\
&= \bigcap_{k=1}^{\infty} \lim_{n \to \infty} \left(\int_{\tilde{A}} \bar{f}_{n\lambda_k} d\bar{\mu}_{n_{\lambda_k}} \right) \\
&= \bigcap_{k=1}^{\infty} \int_{\tilde{A}} \left(\lim_{n \to \infty} \bar{f}_{n\lambda_k} \right) d \left(\lim_{k \to \infty} \bar{\mu}_{n_{\lambda_k}} \right) \\
&= \int_{\tilde{A}} \left[\bigcap_{k=1}^{\infty} \left(\lim_{n \to \infty} \bar{f}_{n\lambda_k} \right) \right] d \int_{\tilde{A}} \left[\bigcap_{k=1}^{\infty} \left(\lim_{n \to \infty} \bar{\mu}_{n\lambda_k} \right) \right] \\
&= \int_{\tilde{A}} \bar{f}_\lambda d\bar{\mu}_\lambda \\
&= \left(\int_{\tilde{A}} \tilde{f} d\tilde{\mu} \right)_\lambda.
\end{aligned}
$$

因而 (1) 得证. (2) 同理可证. 证毕.

定理 9.3.18 (广义 Fatou 引理)　设 $\left\{ \tilde{f}_n \right\} \subset \tilde{F}(X), \left\{ \tilde{\mu}_n (n \geqslant 1), \lim\limits_{n \to \infty} \inf \tilde{\mu}_n, \lim\limits_{n \to \infty} \sup \tilde{\mu}_n \right\} \subset \tilde{M}(X)$, 且 $\lim\limits_{n \to \infty} \inf \tilde{\mu}_n(\tilde{A}), \lim\limits_{n \to \infty} \sup \tilde{\mu}_n(\tilde{A})$ 均有限, 则

(1) $\int_{\tilde{A}} \left(\lim\limits_{n \to \infty} \inf \tilde{f}_n \right) d \left(\lim\limits_{n \to \infty} \inf \tilde{\mu}_n \right) \leqslant \lim\limits_{n \to \infty} \inf \int_{\tilde{A}} \tilde{f}_n d\tilde{\mu}_n;$

(2) $\lim\limits_{n \to \infty} \sup \int_{\tilde{A}} \tilde{f}_n d\tilde{\mu}_n \leqslant \int_{\tilde{A}} \left(\lim\limits_{n \to \infty} \sup \tilde{f}_n \right) d \left(\lim\limits_{n \to \infty} \sup \tilde{\mu}_n \right).$

推论 9.3.19 (单调收敛定理)　设 $\left\{ \tilde{f}_n (n \geqslant 1), \tilde{f} \right\} \subset \tilde{F}(X), \tilde{\mu} \in \tilde{M}(X)$, 且 $\tilde{\mu}(\tilde{A}) < \tilde{\infty}$, 则

(1) $\tilde{f}_n \uparrow \tilde{f} \Rightarrow \int_{\tilde{A}} \tilde{f}_n d\tilde{\mu} \uparrow \int_{\tilde{A}} \tilde{f} d\tilde{\mu};$

(2) $\tilde{f}_n \downarrow \tilde{f} \Rightarrow \int_{\tilde{A}} \tilde{f}_n d\tilde{\mu} \downarrow \int_{\tilde{A}} \tilde{f} d\tilde{\mu}.$

推论 9.3.20 (Fatou 引理)　设 $\left\{ \tilde{f}_n \right\} \subset \tilde{F}(X), \tilde{\mu} \in \tilde{M}(X)$, 且 $\tilde{\mu}(\tilde{A}) < \tilde{\infty}$, 则

(1) $\displaystyle\int_{\tilde{A}} \left(\lim_{n\to\infty} \inf \tilde{f}_n \right) d\tilde{\mu} \leqslant \lim_{n\to\infty} \inf \int_{\tilde{A}} \tilde{f}_n d\tilde{\mu};$

(2) $\displaystyle\lim_{n\to\infty} \sup \int_{\tilde{A}} \tilde{f}_n d\tilde{\mu} \leqslant \int_{\tilde{A}} \lim_{n\to\infty} \sup \tilde{f}_n d\tilde{\mu}.$

推论 9.3.21 设 $\left\{ \tilde{\mu}_n (n \geqslant 1), \lim\limits_{n\to\infty} \inf \tilde{\mu}_n(\tilde{A}), \lim\limits_{n\to\infty} \sup \tilde{\mu}_n(\tilde{A}) \right\} \subset \tilde{M}(X)$, 并且 $\lim\limits_{n\to\infty} \inf \tilde{\mu}_n(\tilde{A}), \lim\limits_{n\to\infty} \sup \tilde{\mu}_n(\tilde{A})$ 均有限, 则

(1) $\displaystyle\int_{\tilde{A}} \tilde{f} d \left(\lim_{n\to\infty} \inf \tilde{\mu}_n \right) \leqslant \lim_{n\to\infty} \inf \int_{\tilde{A}} \tilde{f} d\tilde{\mu}_n;$

(2) $\displaystyle\lim_{n\to\infty} \sup \int_{\tilde{A}} \tilde{f} d\tilde{\mu}_n \leqslant \int_{\tilde{A}} \tilde{f} d \lim_{n\to\infty} \sup \tilde{\mu}_n.$

定理 9.3.22 设 $\left\{ \tilde{f}_n (n \geqslant 1), \tilde{f} \right\} \subset \tilde{F}(X), \{\tilde{\mu}_n (n \geqslant 1), \tilde{\mu}\} \subset \tilde{M}(X), \tilde{\mu}(A) < \tilde{\infty},$ 若 $\tilde{f}_n \to \tilde{f}, \tilde{\mu}_n \to \tilde{\mu},$ 则 $\displaystyle\int_{\tilde{A}} \tilde{f}_n d\tilde{\mu}_n \to \int_{\tilde{A}} \tilde{f} d\tilde{\mu}.$

定理 9.3.23 设 $\left\{ \tilde{f}_n (n \geqslant 1), \tilde{f} \right\} \subset \tilde{F}(X)$ 是有限可测模糊值函数, 并且 $\displaystyle\int_{\tilde{A}} \tilde{f}_n d\tilde{\mu} (n \geqslant 1)$ 与 $\displaystyle\int_{\tilde{A}} \tilde{f} d\tilde{\mu}$ 均有限, 若 $\tilde{f}_n \xrightarrow{s} \tilde{f},$ 则

$$\int_{\tilde{A}} \tilde{f}_n d\tilde{\mu} \xrightarrow{s} \int_{\tilde{A}} \tilde{f} d\tilde{\mu}.$$

定理 9.3.24 设 $\tilde{\mu} \in \tilde{M}(X), \tilde{\mu}(X) < \tilde{\infty}, \Sigma$ 是 $\bar{\Sigma}$ 中的经典子 σ-代数, 对给定的 $\tilde{A} \in \tilde{\Sigma}$, 对 $\forall E \in \Sigma$, 定义 $\tilde{\mu}^*(E) = \tilde{\mu}(\tilde{A} \cap \chi_E),$ 则 $\tilde{\mu}^*$ 是 (X, Σ) 上的模糊数模糊测度, 被称为由 $\tilde{\mu}$ 诱导的模糊数模糊测度.

引理 9.3.25 (转化定理) 设 $\tilde{A} \in \tilde{\Sigma}, \tilde{f} \in \tilde{F}(X), \tilde{\mu} \in \tilde{M}(X),$ 且 $\tilde{\mu}^*$ 是定理 9.3.24 中的模糊数模糊测度. 则

$$\int_{\tilde{A} \cap \chi_E} \tilde{f} d\tilde{\mu} = \int_E \tilde{f} d\tilde{\mu}^*, \quad E \in \Sigma.$$

特别地,

$$\int_{\tilde{A}} \tilde{f} d\tilde{\mu} = \int_X \tilde{f} d\tilde{\mu}^*.$$

定理 9.3.26 设 $\tilde{f} \in \tilde{F}(X), \tilde{\mu} \in \tilde{M}(X), \tilde{A} \in \tilde{\Sigma}$ 且 $\tilde{\mu}(\tilde{A}) < \tilde{\infty},$ 则由等式

$$\tilde{\mu}(E) = \int_{\tilde{A} \cap \chi_E} \tilde{f} d\tilde{\mu}, \quad E \in \Sigma$$

定义的映射 $\tilde{\mu} : \Sigma \to \tilde{R}^+$ 是模糊数模糊测度.

9.4　模糊值函数关于模糊数模糊测度的广义模糊积分

9.4.1　区间值函数关于区间数模糊测度的广义模糊积分

定义 9.4.1　设 $\bar{f} \in \bar{F}(X)$，$\bar{\mu} \in \bar{M}(X)$，则 $\bar{f}$ 在 $\tilde{A} \in \tilde{\Sigma}$ 上关于 $\bar{\mu}$ 的广义模糊积分为

$$(G)\int_{\tilde{A}} \bar{f} d\bar{\mu} = \left[(G)\int_{\tilde{A}} f^- d\mu^-, (G)\int_{\tilde{A}} f^+ d\mu^+ \right].$$

定理 9.4.2　设 $\bar{f} \in \bar{F}(X)$，$\bar{\mu} \in \bar{M}(X)$，则 $\bar{f}$ 关于 $\bar{\mu}$ 在 $\tilde{A} \in \tilde{\Sigma}$ 上的模糊积分具有下述表示:

$$(G)\int_{\tilde{A}} \bar{f} d\bar{\mu} = \bigvee_{\tilde{F} \in \tilde{\Sigma}} S\left[\left(\bigwedge_{x \in \operatorname{supp}\tilde{F}} \bar{f}(x) \right), \bar{\mu}(\tilde{A} \cap \tilde{F}) \right]$$

$$= \bigvee_{\tilde{F} \in B(\bar{f})} S\left[\left(\bigwedge_{x \in \operatorname{supp}\tilde{F}} \bar{f}(x) \right), \bar{\mu}(\tilde{A} \cap \tilde{F}) \right]$$

$$= \bigvee_{F \in \Sigma_0} S\left[\left(\bigwedge_{x \in F} \bar{f}(x) \right), \bar{\mu}(\tilde{A} \cap \chi_F) \right]$$

此处，$B(\bar{f})$ 是使 $\bar{f}$ 可测的最小 σ-代数，$\Sigma_0 = \left\{ F : F \text{是} \tilde{\Sigma} \text{中的经典集} \right\}$。

定理 9.4.3　设 $\bar{s}$ 是简单区间值函数，即 $\bar{s} = \sum\limits_{i=1}^{n} \bar{\alpha}_i \cdot \chi_{A_i}$，$\bar{\alpha}_i \in \Delta(R^+)$，$A_i \cap A_j = \varnothing (i \neq j)$，$A_i \in \Sigma_0$，$i = 1, 2, \cdots, n$。记 $Q_{G\tilde{A}}(\bar{s}, \bar{\mu}) = \bigvee\limits_{i=1}^{n} S[\bar{\alpha}_i, \bar{\mu}(\tilde{A} \cap \chi_{A_i})]$。设 $\bar{f} \in \bar{F}(X)$，$\bar{\mu} \in \bar{M}(X)$，$\tilde{A} \in \tilde{\Sigma}$，则

$$(G)\int_{\tilde{A}} \bar{f} d\bar{\mu} = \sup \left\{ Q_{G\tilde{A}}(\bar{s}, \bar{\mu}) : \bar{s} \leqslant \bar{f} \right\}.$$

定理 9.4.4　区间值函数关于区间数模糊测度的广义模糊积分具有下述性质:

(1) $\bar{f}_1 \leqslant \bar{f}_2 \leqslant \Rightarrow (G)\int_{\tilde{A}} \bar{f}_1 d\bar{\mu} \leqslant (G)\int_{\tilde{A}} \bar{f}_2 d\bar{\mu}$;

(2) $\tilde{A} \subset \tilde{B} \Rightarrow (G)\int_{\tilde{A}} \bar{f} d\bar{\mu} \leqslant (G)\int_{\tilde{B}} \bar{f} d\bar{\mu}$;

(3) $\bar{\mu}_1 \leqslant \bar{\mu}_2 \Rightarrow (G)\int_{\tilde{A}} \bar{f} d\bar{\mu}_1 \leqslant (G)\int_{\tilde{A}} \bar{f} d\bar{\mu}_2$;

(4) $(G)\int_{\tilde{A}} \bar{r} d\bar{\mu} = S[\bar{r}, \bar{\mu}(\tilde{A})]$，$\bar{r} \in \Delta(\bar{R}^+)$.

定理 9.4.5 设 $\{\bar{f}_n(n > 1), \bar{f}\} \subset \bar{F}(X), \{\bar{\mu}_n(n \geqslant 1), \bar{\mu}\} \subset \bar{M}(X)$. 若 $\bar{f}_n \uparrow \bar{f}$, $\bar{\mu}_n \uparrow \bar{\mu}$, 则

$$(\text{G}) \int_{\tilde{A}} \bar{f}_n d\bar{\mu}_n \uparrow (\text{G}) \int_{\tilde{A}} \bar{f} d\bar{\mu}.$$

定理 9.4.6 设 $\{\bar{f}_n(n \geqslant 1), \bar{f}\} \subset \bar{F}(X), \{\tilde{\mu}_n(n \geqslant 1), \tilde{\mu}\} \subset \bar{M}(X), \mu^+(\tilde{A}) < \infty$. 若 $\bar{f}_n \downarrow \bar{f}, \bar{\mu}_n \downarrow \bar{\mu}$, 则

$$(\text{G}) \int_{\tilde{A}} \bar{f}_n d\bar{\mu}_n \downarrow (\text{G}) \int_{\tilde{A}} \bar{f} d\bar{\mu}.$$

推论 9.4.7 设 $\{\bar{f}_n(n \geqslant 1), \bar{f}\} \subset \bar{F}(X), \{\bar{\mu}_n(n \geqslant 1), \bar{\mu}\} \subset \bar{M}(X)$, 且 $\bar{f}_n \to \bar{f}, \bar{\mu}_n \to \bar{\mu}, \mu^+(\tilde{A}) < \infty$.

(1) 若 $\bar{f}_1 \subset \bar{f}_2 \subset \cdots, \bar{\mu}_1 \subset \bar{\mu}_2 \subset \cdots$, 则

$$(\text{G}) \int_{\tilde{A}} \bar{f} d\bar{\mu} = \bigcup_{n=1}^{\infty} (\text{G}) \int_{\tilde{A}} \bar{f}_n d\bar{\mu}_n;$$

(2) 若 $\bar{f}_1 \supset \bar{f}_2 \supset \cdots, \bar{\mu}_1 \supset \bar{\mu}_2 \supset \cdots$, 则

$$(\text{G}) \int_{\tilde{A}} \bar{f} d\bar{\mu} = \bigcap_{n=1}^{\infty} (\text{G}) \int_{\tilde{A}} \bar{f}_n d\bar{\mu}_n.$$

9.4.2 模糊值函数关于模糊数模糊测度的广义模糊积分

定义 9.4.8 设 $\tilde{f} \in \tilde{F}(X), \tilde{\mu} \in \tilde{M}(X)$, 则 $\tilde{f}$ 关于 $\tilde{\mu}$ 在 $\tilde{A} \in \tilde{\Sigma}$ 上的模糊积分为

$$\left((\text{G}) \int_{\tilde{A}} \tilde{f} d\tilde{\mu} \right)(r) = \sup\left\{ \lambda \in (0, 1] : r \in (\text{G}) \int_{\tilde{A}} \bar{f}_\lambda d\bar{\mu}_\lambda \right\}.$$

例 9.4.9 设 $\mu \in M(X), \bar{\mu} \in \bar{M}(X), \tilde{\mu} \in \tilde{M}(X), f \in F(X), \bar{f} \in \bar{F}(X), \tilde{f} \in \tilde{F}(X)$. 利用 χ_A 可把各类值化为模糊值, 因而有如下定义:

$$(\text{G}) \int_{\tilde{A}} \bar{f} d\tilde{\mu} = (\text{G}) \int_A \chi_{\bar{f}} d\tilde{\mu}; \quad (\text{G}) \int_{\tilde{A}} f d\tilde{\mu} = (\text{G}) \int_A \chi_f d\tilde{\mu};$$

$$(\text{G}) \int_{\tilde{A}} \tilde{f} d\bar{\mu} = (\text{G}) \int_A \tilde{f} d\chi_{\bar{\mu}}; \quad (\text{G}) \int_{\tilde{A}} \tilde{f} d\mu = (\text{G}) \int_A \tilde{f} d\chi_\mu.$$

另外

$$\chi_{(\text{G}) \int_{\tilde{A}} \bar{f} d\bar{\mu}} = (\text{G}) \int_{\tilde{A}} \chi_{\bar{f}} d\chi_{\bar{\mu}}; \quad \chi_{(\text{G}) \int_{\tilde{A}} \bar{f} d\mu} = (\text{G}) \int_A \chi_{\bar{f}} d\chi_\mu;$$

$$\chi_{(G)\int_{\tilde{A}} fd\mu} = (G)\int_{\tilde{A}} \chi_f d\chi_\mu.$$

定理 9.4.10　设 $\tilde{f} \in \tilde{F}(X)$, $\tilde{\mu} \in \tilde{M}(X)$, $\tilde{A} \in \tilde{\Sigma}$. 则 $\int_{\tilde{A}} \tilde{f} d\tilde{\mu} \in \tilde{R}^+$, 且对 $\forall \lambda \in (0,1]$, 有

$$\left((G)\int_{\tilde{A}} \tilde{f} d\tilde{\mu}\right)_\lambda = \bigcap_{k=1}^{\infty} (G)\int_{\tilde{A}} \bar{f}_{\lambda_k} d\bar{\mu}_{\lambda_k}, \tag{9.4.1}$$

这里 $\lambda_k = (1 - 1/(1+k))\lambda$, $k \geqslant 1$.

进一步, 对于这样的 $\lambda \in (0,1]$, 满足条件: 对 $\forall \varepsilon > 0$, $\exists k_0 \in N$, $\delta \in (0, \varepsilon)$, 使

$$\mu_\lambda^+ \left(\chi_{(f^+_{\lambda_{k_0}} \geqslant c_0 + \delta)} \cap \tilde{A}\right) < \infty,$$

其中 $c_0 = \sup \left\{ a > 0 \,\middle|\, a \leqslant \int_{\tilde{A}} f^+_{\lambda_{k_0}} d\mu^+_{\lambda_{k_0}} \right\}$, 则有

$$\left((G)\int_{\tilde{A}} \tilde{f} d\tilde{\mu}\right)_\lambda = (G)\int_{\tilde{A}} \bar{f}_\lambda d\bar{\mu}_\lambda. \tag{9.4.2}$$

推论 9.4.11　设 $\tilde{f} \in \tilde{F}(X)$, $\tilde{\mu} \in \tilde{M}(X)$, $\tilde{A} \in \tilde{\Sigma}$. 若对每一个 $\lambda \in (0,1]$, 均满足条件: $\forall \varepsilon > 0$, $\exists \delta(\lambda) \in (0, \varepsilon)$, 使 $\mu_\lambda^+((\tilde{A} \cap (\chi_{(f^+_\lambda \geqslant c_0(\lambda)+\delta)}))) < \infty$, 这里 $c_0(\lambda) = \sup \left\{ a > 0 \,\middle|\, a \leqslant \int_{\tilde{A}} f^+_\lambda d\mu^+_\lambda \right\}$, 则

$$\left((G)\int_{\tilde{A}} \tilde{f} d\tilde{\mu}\right)_\lambda = (G)\int_{\tilde{A}} \bar{f}_\lambda d\bar{\mu}_\lambda.$$

推论 9.4.12　设 $\tilde{f} \in \tilde{F}(X)$, $\tilde{\mu} \in \tilde{M}(X)$, $\tilde{A} \in \tilde{\Sigma}$, $\mu(\tilde{A}) < \tilde{\infty}$, 则对 $\forall \lambda \in (0,1]$,

$$\left((G)\int_{\tilde{A}} \tilde{f} d\tilde{\mu}\right)_\lambda = (G)\int_{\tilde{A}} \bar{f}_\lambda d\bar{\mu}_\lambda.$$

定理 9.4.13　模糊值函数关于模糊数模糊测度的广义模糊积分具有下述性质:

(1) $\tilde{f}_1 \leqslant \tilde{f}_2 \Rightarrow (G)\int_A \tilde{f}_1 d\tilde{\mu} \leqslant (G)\int_{\tilde{A}} \tilde{f}_2 d\tilde{\mu}$;

(2) $A \subset B \Rightarrow (G)\int_{\tilde{A}} \tilde{f} d\tilde{\mu} \leqslant (G)\int_{\tilde{B}} \tilde{f} d\tilde{\mu}$;

(3) $(G)\int_\lambda \tilde{r} d\tilde{\mu} = S[\tilde{r}, \tilde{\mu}(A)]$, $\tilde{r} \in \tilde{R}^+$;

(4) $\tilde{\mu}_1 \leqslant \tilde{\mu}_2 \Rightarrow (G)\int_{\tilde{A}} \tilde{f}d\tilde{\mu}_1 \leqslant (G)\int_{\tilde{A}} \tilde{f}d\tilde{\mu}_2.$

推论 9.4.14 (1) $(G)\int_{\tilde{A}} \tilde{f}_1 d\tilde{\mu} \vee (G)\int_{\tilde{A}} \tilde{f}_2 d\tilde{\mu} \leqslant (G)\int_{\tilde{A}} \left(\tilde{f}_1 \vee \tilde{f}_2\right)d\tilde{\mu};$

(2) $(G)\int_{\tilde{A}} \left(\tilde{f}_1 \wedge \tilde{f}_2\right)d\tilde{\mu} \leqslant (G)\int_{\tilde{A}} \tilde{f}_1 d\tilde{\mu} \wedge (G)\int_{\tilde{A}} \tilde{f}_2 d\tilde{\mu};$

(3) $(G)\int_{\tilde{A}} \tilde{f}d\tilde{\mu}_1 \vee (G)\int_{\tilde{A}} \tilde{f}d\tilde{\mu}_2 \leqslant (G)\int_{\tilde{A}} \tilde{f}d(\tilde{\mu}_1 \vee \tilde{\mu}_2);$

(4) $(G)\int_{\tilde{A}} \tilde{f}d(\tilde{\mu}_1 \wedge \tilde{\mu}_2) \leqslant (G)\int_{\tilde{A}} \tilde{f}d\tilde{\mu}_1 \wedge (G)\int_{\tilde{A}} \tilde{f}d\tilde{\mu}_2;$

(5) $(G)\int_{\tilde{A}} \tilde{f}d\tilde{\mu} \vee (G)\int_{\tilde{B}} \tilde{f}d\tilde{\mu} \leqslant (G)\int_{\tilde{A}\cup\tilde{B}} \tilde{f}d\tilde{\mu};$

(6) $(G)\int_{\tilde{A}\cap\tilde{B}} \tilde{f}d\tilde{\mu} \leqslant (G)\int_{\tilde{A}} \tilde{f}d\tilde{\mu} \wedge (G)\int_{\tilde{B}} \tilde{f}d\tilde{\mu};$

(7) $\tilde{\mu}(\tilde{A}) = \tilde{0} \Rightarrow (G)\int_{\tilde{A}} \tilde{f}d\tilde{\mu} = \tilde{0};$

(8) $\tilde{\mu}_1 \leqslant \tilde{\mu}_2, \tilde{f}_1 \leqslant \tilde{f}_2 \Rightarrow (G)\int_{\tilde{A}} \tilde{f}_1 d\tilde{\mu}_1 \leqslant (G)\int_{\tilde{A}} \tilde{f}_2 d\tilde{\mu}_2.$

定理 9.4.15 设 $\left\{\tilde{f}_n(n \geqslant 1), \tilde{f}\right\} \subset \tilde{F}(X), \{\tilde{\mu}_n(n \geqslant 1), \tilde{\mu}\} \subset \tilde{M}(\tilde{X}),$ $\tilde{\mu}(\tilde{A}) < \tilde{\infty}.$ 则

(1) $\tilde{f}_n \uparrow \tilde{f}, \tilde{\mu}_n \uparrow \tilde{\mu} \Rightarrow (G)\int_{\tilde{A}} \tilde{f}_n d\tilde{\mu}_n \uparrow (G)\int_{\tilde{A}} \tilde{f}d\tilde{\mu};$

(2) $\tilde{f}_n \downarrow \tilde{f}, \tilde{\mu}_n \downarrow \tilde{\mu} \Rightarrow (G)\int_{\tilde{A}} \tilde{f}_n d\tilde{\mu}_n \downarrow (G)\int_{\tilde{A}} \tilde{f}d\tilde{\mu}.$

定理 9.4.16 (广义 Fatou 引理) 设 $\left\{\tilde{f}_n\right\} \subset \tilde{F}(X), \left\{\tilde{\mu}_n(n \geqslant 1), \lim_{n\to\infty}\inf\tilde{\mu}_n, \lim_{n\to\infty}\sup\tilde{\mu}_n, \right\} \subseteq \tilde{M}(X),$ $\lim_{n\to\infty}\inf\tilde{\mu}_n$ 与 $\lim_{n\to\infty}\sup\tilde{\mu}_n(\tilde{A})$ 均有限, 则

(1) $(G)\int_{\tilde{A}} \left(\lim_{n\to\infty}\inf\tilde{f}_n\right)d\left(\lim_{n\to\infty}\inf\tilde{\mu}_n\right) \leqslant \lim_{n\to\infty}\inf(G)\int_{\tilde{A}} \tilde{f}_n d\tilde{\mu}_n;$

(2) $\lim_{n\to\infty}\sup(G)\int_{\tilde{A}} \tilde{f}_n d\tilde{\mu}_n \leqslant (G)\int_{\tilde{A}} \left(\lim_{n\to\infty}\sup\tilde{f}_n\right)d\left(\lim_{n\to\infty}\sup\tilde{\mu}_n\right).$

推论 9.4.17 (单调收敛定理) 设 $\left\{\tilde{f}_n(n \geqslant 1), \tilde{f}\right\} \subset \tilde{F}(X), \tilde{\mu} \in \tilde{M}(X),$ 且 $\tilde{\mu}(\tilde{A}) < \tilde{\infty},$ 则

(1) $\tilde{f}_n \uparrow \tilde{f} \Rightarrow (\mathrm{G}) \displaystyle\int_{\tilde{A}} \tilde{f}_n d\tilde{\mu} \uparrow (\mathrm{G}) \int_{\tilde{A}} \tilde{f} d\tilde{\mu};$

(2) $\tilde{f}_n \downarrow \tilde{f} \Rightarrow (\mathrm{G}) \displaystyle\int_{\tilde{A}} \tilde{f}_n d\tilde{\mu} \downarrow (\mathrm{G}) \int_{\tilde{A}} \tilde{f} d\tilde{\mu}.$

推论 9.4.18 (Fatou 引理)　设 $\left\{\tilde{f}_n\right\} \subset \tilde{F}(X), \tilde{\mu} \in \tilde{M}(X)$, 且 $\tilde{\mu}(\tilde{A}) < \tilde{\infty}$, 则

(1) $(\mathrm{G}) \displaystyle\int_{\tilde{A}} \left(\liminf_{n\to\infty} \tilde{f}_n\right) d\tilde{\mu} \leqslant \liminf_{n\to\infty} (\mathrm{G}) \int_{\tilde{A}} \tilde{f}_n d\tilde{\mu};$

(2) $\displaystyle\limsup_{n\to\infty} (\mathrm{G}) \int_{\tilde{A}} \tilde{f}_n d\tilde{\mu} \leqslant (\mathrm{G}) \int_{\tilde{A}} \limsup_{n\to\infty} \tilde{f}_n d\tilde{\mu}.$

推论 9.4.19　设 $\left\{\tilde{\mu}_n(n \geqslant 1), \liminf\limits_{n\to\infty} \tilde{\mu}_n(\tilde{A}), \limsup\limits_{n\to\infty} \tilde{\mu}_n(\tilde{A})\right\} \subset \tilde{M}(X)$, 并且 $\liminf\limits_{n\to\infty} \tilde{\mu}_n(\tilde{A}), \limsup\limits_{n\to\infty} \tilde{\mu}_n(\tilde{A})$ 均有限, 则

(1) $(\mathrm{G}) \displaystyle\int_{\tilde{A}} \tilde{f} d\left(\liminf_{n\to\infty} \tilde{\mu}_n\right) \leqslant \liminf_{n\to\infty} (\mathrm{G}) \int_{\tilde{A}} \tilde{f} d\tilde{\mu}_n;$

(2) $\displaystyle\limsup_{n\to\infty} \int_{\tilde{A}} f d\tilde{\mu}_n \leqslant \int_{\tilde{A}} f d \limsup_{n\to\infty} \tilde{\mu}_n.$

定理 9.4.20　设 $\left\{\tilde{f}_n(n \geqslant 1), \tilde{f}\right\} \subset \tilde{F}(X), \{\tilde{\mu}_n(n \geqslant 1), \tilde{\mu}\} \subset \tilde{M}(X), \tilde{\mu}(A) < \tilde{\infty}$, 若 $\tilde{f}_n \to \tilde{f}, \tilde{\mu}_n \to \tilde{\mu}$, 则 $(\mathrm{G}) \displaystyle\int_{\tilde{A}} \tilde{f}_n d\tilde{\mu}_n \to (\mathrm{G}) \int_{\tilde{A}} \tilde{f} d\tilde{\mu}.$

引理 9.4.21 (转化定理)　设 $\tilde{\mu}(X) < \tilde{\infty}, \tilde{A} \in \tilde{\Sigma}, \Sigma$ 是 $\tilde{\Sigma}$ 的经典子集构成的 σ-代数, $\tilde{f} \in \tilde{F}(X), \tilde{\mu} \in \tilde{M}(X)$, 且 $\tilde{\mu}^*$ 是定理 9.3.24 中的模糊数模糊测度. 则

$$(\mathrm{G}) \int_{\tilde{A} \cap \chi_E} \tilde{f} d\tilde{\mu} = (\mathrm{G}) \int_E \tilde{f} d\tilde{\mu}^*, \quad E \in \Sigma.$$

特别地,

$$(\mathrm{G}) \int_{\tilde{A}} \tilde{f} d\tilde{\mu} = (\mathrm{G}) \int_X \tilde{f} d\tilde{\mu}^*.$$

定理 9.4.22　设 $\tilde{f} \in \tilde{F}(X), \tilde{\mu} \in \tilde{M}(X), \tilde{A} \in \tilde{\Sigma}$ 且 $\tilde{\mu}(\tilde{A}) < \tilde{\infty}, \Sigma$ 是 $\tilde{\Sigma}$ 的经典子集构成的 σ-代数, 则由等式

$$\tilde{\mu}(E) = (\mathrm{G}) \int_{\tilde{A} \cap \chi_E} \tilde{f} d\tilde{\mu}, \quad E \in \Sigma$$

定义的映射 $\tilde{\mu} : \Sigma \to \tilde{R}^+$ 是模糊数模糊测度.

9.5 模糊值函数关于模糊数模糊测度的 广义 Choquet 积分

9.5.1 区间值函数关于区间值模糊测度的广义 Choquet 积分——一般情形

本节设 $(\bar{R}^+, \oplus, \otimes)$ 是半环. (X, Σ) 是可测空间.

定义 9.5.1 模糊数 (区间值) 模糊测度 $\tilde{v}(\bar{v}) : \Sigma \to \tilde{R}^+(\Delta(\bar{R}^+))$ 称为 σ-$\oplus$-可加模糊数 (区间值) 测度, 若对 $\forall A, B \in \Sigma$, $A \cap B = \varnothing$, 有

$$\tilde{v}(A \cup B) = \tilde{v}(A) \oplus \tilde{v}(B) \quad (\bar{v}(A \cup B) = \bar{v}(A) \oplus \bar{v}(B)).$$

定理 9.5.2 $\tilde{v}$ 是 σ-$\oplus$-可加模糊数测度当且仅当对 $\forall \lambda \in (0, 1]$, 有 $\bar{v}_\lambda$ 是 σ-$\oplus$-可加区间值测度当且仅当 v_λ^+, v_λ^- 是 σ-$\oplus$-可加测度.

定义 9.5.3 设 $\bar{f} \in \bar{F}(X)$, $\bar{\mu} \in \bar{M}(X)$, $\bar{v} : \mathrm{Borel}(\bar{R}^+) \to \Delta(\bar{R}^+)$ 是 σ-$\oplus$-可加区间值测度. 则 $\bar{f}$ 在 $A \in \Sigma$ 上关于 $(\bar{\mu}, \bar{v})$ 的广义 Choquet 积分为

$$(\mathrm{C}) \int_A^\oplus \bar{f} \otimes d(\bar{\mu}, \bar{v}) = \left[(\mathrm{C}) \int_A^\oplus f^- \otimes d(\mu^-, v^-), (\mathrm{C}) \int_A^\oplus f^+ \otimes d(\mu^+, v^+) \right].$$

定理 9.5.4 区间值函数关于区间数模糊测度的广义 Choquet 积分具有下述性质:

(1) $\bar{f}_1 \leqslant \bar{f}_2 \Rightarrow (\mathrm{C}) \int_A^\oplus \bar{f}_1 \otimes d(\bar{\mu}, \bar{v}) \leqslant (\mathrm{C}) \int_A^\oplus \bar{f}_2 \otimes d(\bar{\mu}, \bar{v})$;

(2) $A \subset B \Rightarrow (\mathrm{C}) \int_A^\oplus \bar{f} \otimes d(\bar{\mu}, \bar{v}) \leqslant (\mathrm{C}) \int_B^\oplus \bar{f} \otimes d(\bar{\mu}, \bar{v})$;

(3) $\bar{\mu}_1 \leqslant \bar{\mu}_2 \Rightarrow (\mathrm{C}) \int_A^\oplus \bar{f} \otimes d(\bar{\mu}_1, \bar{v}) \leqslant (\mathrm{C}) \int_B^\oplus \bar{f} \otimes d(\bar{\mu}_2, \bar{v})$;

(4) $(\mathrm{C}) \int_A^\oplus r \otimes d(\bar{\mu}, \bar{v}) = \bar{\mu}(A) \otimes \bar{v}([0, r])$, $r \in R^+$;

(5) $(\mathrm{C}) \int_A^\oplus \bar{f} \otimes d(\bar{\mu}, \bar{v}) = (\mathrm{C}) \int_X^\oplus (\chi_A \otimes \bar{f}) \otimes d(\bar{\mu}, \bar{v})$;

(6) 对于半环情形 I—情形 III, 若 $\bar{\mu} = \bar{\mu}_1 \oplus \bar{\mu}_2$, 则

$$(\mathrm{C}) \int_A^\oplus \bar{f} \otimes d(\bar{\mu}, \bar{v}) = (\mathrm{C}) \int_A^\oplus \bar{f} \otimes d(\bar{\mu}_1, \bar{v}) \oplus (\mathrm{C}) \int_A^\oplus \bar{f} \otimes d(\bar{\mu}_2, \bar{v}).$$

例 9.5.5 设 $e = \bigoplus_{i=1}^n a_i \otimes \chi_A$ 是简单区间值函数, 且 $0 = a_0 \leqslant a_1 \leqslant \cdots \leqslant a_n$, 则

$$(\text{C}) \int_A^{\oplus} e \otimes d(\bar{\mu}, \bar{\nu}) = \bigoplus_{i=1}^{n} \bar{\nu}([a_{i-1}, a_i)) \otimes \bar{\mu} \left(\bigcup_{k=i}^{n} A_k \right).$$

定理 9.5.6　设 $\{\bar{f}_n (n \geqslant 1), \bar{f}\} \subset \bar{F}(X)$, $\bar{\mu} \in \bar{M}(X)$. 若 $\bar{f}_n \uparrow \bar{f}$, 则

$$(\text{C}) \int_A^{\oplus} \bar{f}_n \otimes d(\bar{\mu}, \bar{\nu}) \uparrow (\text{C}) \int_A^{\oplus} \bar{f} \otimes d(\bar{\mu}, \bar{\nu}).$$

定理 9.5.7　设 $\{\bar{f}_n (n \geqslant 1), \bar{f}\} \subset \bar{F}(X)$, $\bar{\mu} \in \bar{M}(X)$, 则

$$(\text{C}) \int_A^{\oplus} \lim_{n \to \infty} \inf \bar{f}_n \otimes d(\bar{\mu}, \bar{\nu}) \leqslant (\text{C}) \lim_{n \to \infty} \inf \int_A^{\oplus} \bar{f}_n \otimes d(\bar{\mu}, \bar{\nu}).$$

定理 9.5.8　设 $\{\bar{f}_n (n \geqslant 1), \bar{f}\} \subseteq \bar{F}(X)$, $\{\bar{\mu}_n (n \geqslant 1), \bar{\mu}\} \subseteq \bar{M}(X)$, 若 $\bar{f}_n \uparrow \bar{f}, \bar{\mu}_n \uparrow \bar{\mu}$ 则

$$(\text{C}) \int_A^{\oplus} \bar{f}_n \otimes d(\bar{\mu}_n, \bar{\nu}) \uparrow (\text{C}) \int_A^{\oplus} \bar{f} \otimes d(\bar{\mu}, \bar{\nu}).$$

9.5.2　区间值函数关于区间值模糊测度的广义 Choquet 积分——半环情形 I —情形 III

定义 9.5.9　设 $(\bar{R}^+, \oplus, \otimes)$ 是 g-半环. $\bar{\alpha} : \bar{R}^+ \to \Delta(\bar{R}^+)$ 是单调递增函数 (即 $\forall x, y \in \bar{R}^+, x \leqslant y \Rightarrow \bar{\alpha}(x) \leqslant \bar{\alpha}(y)$), 取 $\bar{\alpha}([0, t]) = g^{-1}(\bar{\alpha}(g(t)))$, $\bar{f} \in \bar{F}(X)$, $\bar{\mu} \in \bar{M}(X)$, 则称区间值广义 Choquet 积分 $(\text{C}) \int_A^{\oplus} \bar{f} \otimes d(\bar{\mu}, \bar{\nu})$ 为拟 Choquet-Stieltjes 积分, 记为 $(\text{CS}_{\bar{\alpha}}) \int_A^{\oplus} \bar{f} \, d\bar{\mu}$.

特别地,

(1) 当半环为 $(\bar{R}^+, +, \times)$ 时, $(\text{CS}_{\bar{\alpha}}) \int_A^{\oplus} \bar{f} \, d\bar{\mu}$ 退化为区间值 Choquet-Stieltjes 积分;

(2) 当 $\bar{\alpha}(t) = t$ 时, $(\text{CS}_{\bar{\alpha}}) \int_A^{\oplus} \bar{f} \, d\bar{\mu}$ 称为区间值 g-Choquet 积分, 记为 $(\text{C}_g) \int_A^{\oplus} \bar{f} \, d\bar{\mu}$;

(3) 进一步, 当 $g(t) = t$ 时, 区间值 g-Choquet 积分称为区间值 Choquet 积分, 记为 $(\text{C}) \int_A \bar{f} \, d\bar{\mu}$.

定理 9.5.10 广义区间值 Choquet 积分具有下列性质:

(1) $(\mathrm{CS}_{\bar{\alpha}}) \displaystyle\int_A^{\oplus} \bar{f} \otimes d\bar{\mu} = \left[(\mathrm{CS}_{\alpha-}) \displaystyle\int_A^{\oplus} f^- \otimes d\mu^-, (\mathrm{CS}_{\alpha+}) \displaystyle\int_A^{\oplus} f^+ \otimes d\mu^+ \right];$

(2) $(\mathrm{C}_g) \displaystyle\int_A^{\oplus} \bar{f} \otimes d\bar{\mu} = \left[(\mathrm{C}_g) \displaystyle\int_A^{\oplus} f^- \otimes d\mu^-, (\mathrm{C}_g) \displaystyle\int_A^{\oplus} f^+ \otimes d\mu^+ \right];$

(3) $(\mathrm{CS}_{\bar{\alpha}}) \displaystyle\int_A \bar{f} d\bar{\mu} = \left[(\mathrm{CS}_{\alpha-}) \displaystyle\int_A f^- d\mu^-, (\mathrm{CS}_{\alpha+}) \displaystyle\int_A f^+ d\mu^+ \right];$

(4) $(\mathrm{CS}_{\bar{\alpha}}) \displaystyle\int_A^{\oplus} \bar{f} \otimes d\bar{\mu} = g^{-1}\left((\mathrm{CS}_{\bar{\alpha}}) \displaystyle\int_A (g \circ \bar{f}) d(g \circ \bar{\mu}) \right);$

(5) $(\mathrm{C}) \displaystyle\int_A \bar{f} d\bar{\mu} = \left[(\mathrm{C}) \displaystyle\int_A f^- d\mu^-, (\mathrm{C}) \displaystyle\int_A f^+ d\mu^+ \right];$

(6) $(\mathrm{C}_g) \displaystyle\int_A^{\oplus} \bar{f} \otimes d\bar{\mu} = g^{-1}\left((\mathrm{C}) \displaystyle\int_A (g \circ \bar{f}) d(g \circ \bar{\mu}) \right).$

注 9.5.11 设 $(\bar{R}^+, \oplus, \otimes)$ 是半环 I, III, 则可以得到区间值拟 (N) 模糊 Stieltjes 积分、拟 (S) 模糊 Stieltjes 积分如下:

(1) $(\mathrm{CS}_{\alpha\mathrm{N}}) \displaystyle\int_A^{\sup} \bar{f} \otimes d\bar{\mu} = \left[(\mathrm{CS}_{\alpha\mathrm{N}}) \displaystyle\int_A^{\sup} f^- \otimes d\mu^-, (\mathrm{CS}_{\alpha\mathrm{N}}) \displaystyle\int_A^{\sup} f^+ \otimes d\mu^+ \right];$

(2) $(\mathrm{CS}_{\alpha\mathrm{S}}) \displaystyle\int_A^{\sup} \bar{f} \wedge d\bar{\mu} = \left[(\mathrm{CS}_{\alpha\mathrm{S}}) \displaystyle\int_A^{\sup} f^- \wedge d\mu^-, (\mathrm{CS}_{\alpha\mathrm{S}}) \displaystyle\int_A^{\sup} f^+ \wedge d\mu^+ \right];$

(3) $(\mathrm{C}_{\mathrm{N(S)}}) \displaystyle\int_A^{\sup} \bar{f} d\bar{\mu} = \left[(\mathrm{C}_{\mathrm{N(S)}}) \displaystyle\int_A^{\sup} f^- d\mu^-, (\mathrm{C}_{\mathrm{N(S)}}) \displaystyle\int_A^{\sup} f^+ d\mu^+ \right];$

(4) $(\mathrm{C}_{\mathrm{N(S)}}) \displaystyle\int_A^{\sup} \bar{f} d\bar{\mu} = g^{-1}\left((\mathrm{N(S)}) \displaystyle\int_A^{\sup} (g \circ \bar{f}) d(g \circ \bar{\mu}) \right).$

定义 9.5.12 区间值函数 $\bar{f}, \bar{g} : X \to \Delta(\bar{R}^+)$ 是共同单调的, 若对 $\forall x, y \in X, \bar{f}(x) < \bar{f}(y) \Rightarrow \bar{g}(x) \leqslant \bar{g}(y)$, 记为 $\bar{f} \sim \bar{g}$.

引理 9.5.13 $\bar{f} \sim \bar{g}$ 当且仅当 $f^- \sim g^-$, $f^+ \sim g^+$.

定理 9.5.14 (1) 设 $\bar{\alpha}$ 是线性增函数, 若 $\bar{f} \sim \bar{g}$, 则

$$(\mathrm{CS}_{\bar{\alpha}}) \int_A^{\oplus} (\bar{f} \oplus \bar{g}) \otimes d\bar{\mu} = (\mathrm{CS}_{\bar{\alpha}}) \int_A^{\oplus} \bar{f} \otimes d\bar{\mu} \oplus (\mathrm{CS}_{\bar{\alpha}}) \int_A^{\oplus} \bar{g} \otimes d\bar{\mu}.$$

(2) 若 $\bar{f} \sim \bar{g}$, 则

$$(\mathrm{C}_{\mathrm{N(S)}}) \int_A^{\sup} (\bar{f} \vee \bar{g}) \otimes d\bar{\mu} = (\mathrm{C}_{\mathrm{N(S)}}) \int_A^{\sup} \bar{f} d\bar{\mu} \vee (\mathrm{C}_{\mathrm{N(S)}}) \int_A^{\sup} \bar{g} d\bar{\mu}.$$

定理 9.5.15 设 $c \geqslant 0$, 则

$$(\mathrm{C}_{\mathrm{N}(g)(\mathrm{S})}) \int_A^{\oplus} (c \otimes \bar{f}) \otimes d\bar{\mu} = c \otimes (\mathrm{C}_{\mathrm{N}(g)(\mathrm{S})}) \int_A^{\oplus} \bar{f} \otimes d\bar{\mu}.$$

定理 9.5.16 (单调收敛定理)　给定半环情形 I—情形 III. 设 $\{\bar{f}_n(n \geqslant 1), \bar{f}\} \subset \bar{F}(X), \bar{\mu} \in \bar{M}(X)$.

(1) 若 $\bar{f}_n \uparrow \bar{f}$, 则

$$(\mathrm{C}_{\mathrm{N}(g)(\mathrm{S})}) \int_A^{\oplus} \bar{f}_n \otimes d\bar{\mu} \uparrow (\mathrm{C}_{\mathrm{N}(g)(\mathrm{S})}) \int_A^{\oplus} \bar{f} \otimes d\bar{\mu};$$

(2) 设存在广义 Choquet 可积函数 h 及 $\bar{f}_{n_0}, n_0 \in N$, 使得 $\bar{f}_{n_0} \leqslant h$ 对于情形 II,

$$\mu^+ \left((\mathrm{C}_{\mathrm{N}(\mathrm{S})}) \int_X^{\sup} f^+ \otimes d\mu^+ \leqslant f_{n_0}^+ \right) < \infty$$

对于情形 I 和情形 III. 若 $\bar{f}_n \downarrow \bar{f}$, 则

$$(\mathrm{C}_{\mathrm{N}(g)(\mathrm{S})}) \int_A^{\oplus} \bar{f}_n \otimes d\bar{\mu} \downarrow (\mathrm{C}_{\mathrm{N}(g)(\mathrm{S})}) \int_A^{\oplus} \bar{f} \otimes d\bar{\mu}.$$

定理 9.5.17　给定半环情形 I—情形 III. 设 $\{\bar{f}_n(n \geqslant 1)\} \subset \bar{F}(X), \bar{\mu} \in \bar{M}(X)$, 且存在广义 Choquet 可积函数 h 及 $n_0 \in N$, 使得 $\sup\limits_{k \geqslant n_0} \bar{f}_k \leqslant h$ 对于情形 I 和情形 II 或 $\mu^+(X) < \infty$ 对于情形 III. 则

$$(\mathrm{C}_{\mathrm{N}(g)(\mathrm{S})}) \int_A^{\oplus} \lim_{n\to\infty} \sup \bar{f}_n \otimes d\bar{\mu} \geqslant \lim_{n\to\infty} \sup (\mathrm{C}_{\mathrm{N}(g)(\mathrm{S})}) \int_A^{\oplus} \bar{f}_n \otimes d\bar{\mu}.$$

定理 9.5.18 (Lebesgue 收敛定理)　给定半环情形 I—情形 III. 设 $\{\bar{f}_n(n \geqslant 1), \bar{f}\} \subset \bar{F}(X) \bar{\mu} \in \bar{M}(X)$, 且存在广义 Choquet 可积函数 h 及 $n_0 \in N$, 使得 $\sup\limits_{k \geqslant n_0} \bar{f}_k \leqslant h$ 对于情形 I 和情形 II 或 $\mu^+(X) < \infty$ 对于情形 III. 若 $\bar{f}_n \to \bar{f}$, 则

$$(\mathrm{C}_{\mathrm{N}(g)(\mathrm{S})}) \int_A^{\oplus} \bar{f}_n \otimes d\bar{\mu} \to (\mathrm{C}_{\mathrm{N}(g)(\mathrm{S})}) \int_A^{\oplus} \bar{f} \otimes d\bar{\mu}.$$

9.5.3　模糊值函数关于模糊数模糊测度的广义 Choquet 积分——半环情形 I —情形 III

本小节中, 只考虑. 半环情形 I—情形 III. $\tilde{\mu}$ 是有限的.

定义 9.5.19　设 $\tilde{f} \in \tilde{F}(X)$ 是广义 Choquet 可积的, $\tilde{\mu} \in \tilde{M}(X)$, 则 $\tilde{f}$ 关于 $\tilde{\mu}$ 在 $A \in \Sigma$ 上的广义 Choquet 积分为

$$\left((\mathrm{C}_{\mathrm{N}(g)(\mathrm{S})}) \int_A^{\oplus} \tilde{f} \otimes d\tilde{\mu} \right)(r) = \sup \left\{ \lambda \in (0,1] : r \in (\mathrm{C}_{\mathrm{N}(g)(\mathrm{S})}) \int_A^{\oplus} \bar{f}_\lambda d\bar{\mu}_\lambda \right\}.$$

定理 9.5.20 设 $\tilde{f} \in \tilde{F}(X)$ 是广义 Choquet 可积的, $\tilde{\mu} \in \tilde{M}(X)$, 则对 $\forall \lambda \in (0,1]$, 有

$$\left((\mathrm{C}_{\mathrm{N}(g)(\mathrm{S})}) \int_A^{\oplus} \tilde{f} \otimes d\tilde{\mu}\right)_\lambda = (\mathrm{C}_{\mathrm{N}(g)(\mathrm{S})}) \int_A^{\oplus} \bar{f}_\lambda \otimes d\bar{\mu}_\lambda.$$

定理 9.5.21 模糊值广义 Choquet 积分具有下列性质:

(1) $\tilde{f}_1 \leqslant \tilde{f}_2 \leqslant \Rightarrow (\mathrm{C}_{\mathrm{N}(g)(\mathrm{S})}) \int_A^{\oplus} \tilde{f}_1 \otimes d\tilde{\mu} \leqslant (\mathrm{C}_{\mathrm{N}(g)(\mathrm{S})}) \int_A^{\oplus} \tilde{f}_2 \otimes d\tilde{\mu};$

(2) $A \subset B \Rightarrow (\mathrm{C}_{\mathrm{N}(g)(\mathrm{S})}) \int_A^{\oplus} \tilde{f} \otimes d\tilde{\mu} \leqslant (\mathrm{C}_{\mathrm{N}(g)(\mathrm{S})}) \int_B^{\oplus} \tilde{f} \otimes d\tilde{\mu};$

(3) $\tilde{\mu}_1 \leqslant \tilde{\mu}_2 \Rightarrow (\mathrm{C}_{\mathrm{N}(g)(\mathrm{S})}) \int_A^{\oplus} \tilde{f} \otimes d\tilde{\mu}_1 \leqslant (\mathrm{C}_{\mathrm{N}(g)(\mathrm{S})}) \int_A^{\oplus} \tilde{f} \otimes d\tilde{\mu}_2;$

(4) $(\mathrm{C}_{\mathrm{N}(g)(\mathrm{S})}) \int_A^{\oplus} \tilde{f} \otimes d\tilde{\mu} = (\mathrm{C}_{\mathrm{N}(g)(\mathrm{S})}) \int_X^{\oplus} (\chi_A \otimes \tilde{f}) \otimes d\tilde{\mu};$

(5) 若 $\tilde{\mu} = \tilde{\mu}_1 \oplus \tilde{\mu}_2$, 则

$$(\mathrm{C}_{\mathrm{N}(g)(\mathrm{S})}) \int_A^{\oplus} \tilde{f} \otimes d\tilde{\mu} = (\mathrm{C}_{\mathrm{N}(g)(\mathrm{S})}) \int_A^{\oplus} \tilde{f} \otimes d\tilde{\mu}_1 \oplus (\mathrm{C}_{\mathrm{N}(g)(\mathrm{S})}) \int_A^{\oplus} \tilde{f} \otimes d\tilde{\mu}_2.$$

定义 9.5.22 模糊值函数 $\tilde{f}, \tilde{g} : X \to \tilde{R}^+$ 是共同单调的, 若对 $\forall \lambda \in (0,1]$, 有 $\bar{f}_\lambda \sim \bar{g}_\lambda$, 记为 $\tilde{f} \sim \tilde{g}$.

定理 9.5.23 若 $\tilde{f} \sim \tilde{g}$, 则

$$(\mathrm{C}_{\mathrm{N}(g)(\mathrm{S})}) \int_A^{\oplus} (\tilde{f} \oplus \tilde{g}) \otimes d\bar{\mu} = (\mathrm{C}_{\mathrm{N}(g)(\mathrm{S})}) \int_A^{\oplus} \tilde{f} \otimes d\tilde{\mu} \oplus (\mathrm{C}_{\mathrm{N}(g)(\mathrm{S})}) \int_A^{\oplus} \tilde{g} \otimes d\tilde{\mu}.$$

定理 9.5.24 设 $\tilde{c} \geqslant \tilde{0}$, 则

$$(\mathrm{C}_{\mathrm{N}(g)(\mathrm{S})}) \int_A^{\oplus} (\tilde{c} \otimes \tilde{f}) \otimes d\tilde{\mu} = \tilde{c} \otimes (\mathrm{C}_{\mathrm{N}(g)(\mathrm{S})}) \int_A^{\oplus} \tilde{f} \otimes d\tilde{\mu}.$$

定理 9.5.25 (单调递增收敛定理)　设 $\{\tilde{f}_n(n \geqslant 1), \tilde{f}\} \subset \tilde{F}(X)$, 若 $\tilde{f}_n \uparrow \tilde{f}$, 则

$$(\mathrm{C}_{\mathrm{N}(g)(\mathrm{S})}) \int_A^{\oplus} \tilde{f}_n \otimes d\tilde{\mu} \uparrow (\mathrm{C}_{\mathrm{N}(g)(\mathrm{S})}) \int_A^{\oplus} \tilde{f} \otimes d\tilde{\mu}.$$

定理 9.5.26 (Fatou 引理 I)　设 $\{\tilde{f}_n(n \geqslant 1), \tilde{f}\} \subset \tilde{F}(X)$, 则

$$(\mathrm{C}_{\mathrm{N}(g)(\mathrm{S})}) \int_A^{\oplus} \liminf_{n\to\infty} \tilde{f}_n \otimes d\tilde{\mu} \leqslant \liminf_{n\to\infty} (\mathrm{C}_{\mathrm{N}(g)(\mathrm{S})}) \int_A^{\oplus} \tilde{f}_n \otimes d\tilde{\mu}.$$

定理 9.5.27 (单调递减收敛定理)　设 $\{\tilde{f}_n(n \geqslant 1), \tilde{f}\} \subset \tilde{F}(X)$, 且存在广义 Choquet 可积函数 h 及 $n_0 \in N$, 使得 $\tilde{f}_{n_0} \leqslant h$. 若 $\tilde{f}_n \downarrow \tilde{f}$, 则

$$(\mathrm{C}_{\mathrm{N}(g)(\mathrm{S})}) \int_A^{\oplus} \tilde{f}_n \otimes d\tilde{\mu} \downarrow (\mathrm{C}_{\mathrm{N}(g)(\mathrm{S})}) \int_A^{\oplus} \tilde{f} \otimes d\tilde{\mu}.$$

定理 9.5.28 (Fatou 引理 II)　设 $\{\tilde{f}_n(n \geqslant 1), \tilde{f}\} \subset \tilde{F}(X)$, 且存在广义 Choquet 可积函数 h 及 $n_0 \in N$, 使得 $\sup\limits_{k \geqslant n_0} \tilde{f}_k \leqslant h$, 则

$$(\mathrm{C}_{\mathrm{N}(g)(\mathrm{S})}) \int_A^{\oplus} \lim_{n \to \infty} \sup \tilde{f}_n \otimes d\tilde{\mu} \geqslant \lim_{n \to \infty} \sup (\mathrm{C}_{\mathrm{N}(g)(\mathrm{S})}) \int_A^{\oplus} \tilde{f}_n \otimes d\tilde{\mu}.$$

定理 9.5.29　给定半环情形 I—情形 III. 设 $\{\tilde{f}_n(n \geqslant 1), \tilde{f}\} \subset \tilde{F}(X)$, 且存在广义 Choquet 可积函数 h 及 $n_0 \in N$, 使得 $\sup\limits_{k \geqslant n_0} \tilde{f}_k \leqslant h$. 若 $\tilde{f}_n \to \tilde{f}$, 则

$$(\mathrm{C}_{\mathrm{N}(g)(\mathrm{S})}) \int_A^{\oplus} \tilde{f}_n \otimes d\tilde{\mu} \to (\mathrm{C}_{\mathrm{N}(g)(\mathrm{S})}) \int_A^{\oplus} \tilde{f} \otimes d\tilde{\mu}.$$

9.6　进 展 与 注

关于模糊值函数的模糊积分最早见于罗与曾[7]、Zhang 和 Wang[16,17], 但这些工作是关于数值模糊测度的. 模糊数模糊测度的概念由 Zhang[18-21] 引入, Zhang 通过定义一种所谓的模糊距离, 来建立模糊收敛的概念, 从而引入了模糊数模糊测度, 并在其系列文章中建立了完整的模糊值函数关于模糊值模糊测度的模糊积分理论. 我们依据经典的 Hausdorff 距离[23] 及其推广的 Puri 和 Ralescu 距离[8], 定义了区间值模糊测度和模糊数模糊测度, 并探讨了二者之间的关系 (9.2 节), 然后定义了区间值函数关于区间值模糊测度的模糊积分, 并用模糊值函数与模糊数模糊测度的水平函数和水平区间值模糊测度定义了模糊值函数关于模糊数模糊测度的模糊积分 (9.3 节)[2,11,12]. 用类似的方法分别建立了基于广义模糊积分 (9.4 节)[3,10,14] 与 Choquet 积分[5,6] 的相应理论, 限于篇幅, 这里没有介绍与 Choquet 积分相关的工作. 模糊值函数关于模糊数模糊测度的广义 Choquet 积分 (9.5 节) 是作者的最新成果.

基于 Choquet 积分的模糊值积分还有 Wang[9] 等学者的工作.

参 考 文 献

[1] Dubois D, Prade H. Fuzzy Sets and Systems—Theory and Applications. New York: Academic Press, 1980.

[2] 郭彩梅, 张德利. Fuzzy 数 Fuzzy 测度与 Fuzzy 积分. 工程数学学报, 1998, (1): 17-24.

[3] Guo C M, Zhang D L, Wu C X. Generalized fuzzy integrals of fuzzy-valued functions. Fuzzy Sets and Systems, 1998, 97: 123-128.

[4]   Guo C M, Zhang D L. Convergence theorems of the Choquet integrals. Fuzzy Systems and Math., 2001,15: 51-54.

[5]   Guo C M, Zhang D L. Li Y H. Fuzzy-valued Choquet integrals (I). Fuzzy Systems and Math., 2001, 15: 52-54.

[6]   Guo C M, Zhang D L. Fuzzy-valued Choquet integrals (II). Fuzzy Systems and Math., 2003, 17: 23-28.

[7]   罗承忠, 曾文艺. Fuzzy 值函数的积分收敛. 中国模糊数学与模糊系统学会第五届年会论文集. 成都: 西南交通大学出版社, 1990.

[8]   Puri M, Ralescu D. Fuzzy random variables. J. Math. Anal. Appl., 1986,114: 409-422.

[9]   Wang Z. Real-valued Choquet integrals with fuzzy-valued integrands. Fuzzy Sets and Systems , 2006, 157(2): 256-269.

[10] Wu C X, Zhang D L, Guo C M. Generalized fuzzy integrals with respect to fuzzy number fuzzy measures. J. Fuzzy Math., 1997, 5: 925-933.

[11] Wu C X, Zhang D L, Guo C M, Wu C. Fuzzy number fuzzy measures and fuzzy integrals: Part I. Fuzzy Sets and Systems, 1998, 98: 355-360.

[12] Wu C X, Zhang D L, Zhang B K, Guo C M. Fuzzy number fuzzy measures and fuzzy integrals: Part II. Fuzzy Sets and Systems, 1999, 101: 137-141.

[13] 吴从炘, 马明. 模糊分析学基础. 北京: 国防工业出版社, 1991.

[14] Guo C M, Zhang D L, Wu C X. Fuzzy-valued fuzzy measures and generalized fuzzy integrals. Fuzzy Sets and Systems, 1998, 97: 255-260.

[15] Zhang D L, Mesiar R, Pap E. Pseudo-integral and generalized Choquet integral. Fuzzy Sets and Systems. https://doi.org/10.1016/j.fss.2020.12.005.

[16] 张德利, 王子孝. Fuzzy 值函数的半模 Fuzzy 积分. 中国模糊数学与模糊系统学会第五届年会论文集. 成都: 西南交通大学出版社, 1990.

[17] Zhang D L, Wang Z X. Fuzzy integrals of fuzzy-valued functions. Fuzzy Sets and Systems, 1993, 54: 63-67.

[18] Zhang G Q. Fuzzy number-valued fuzzy measure and fuzzy number-valued fuzzy integrals on the fuzzy set. Fuzzy Sets and Systems, 1992, 49: 357-376.

[19] Zhang G Q. Fuzzy number-valued fuzzy integrals of fuzzy number-valued functions with respect to fuzzy number-valued fuzzy measures on the fuzzy sets// Trappl R, ed. Cybernetis and Systems, 92, London: World Sciertific, 1992: 375-382.

[20] Zhang G Q. On fuzzy number-valued fuzzy measures defined by fuzzy number-valued fuzzy integrals I. Fuzzy Sets and Systems, 1992, 45: 227-237.

[21] Zhang G Q. On fuzzy number-valued fuzzy measures defined by fuzzy number-valued fuzzy integrals II. Fuzzy Sets and Systems, 1992, 48: 257-265.

[22] 张文修. 模糊数学基础. 西安: 西安交通大学出版社, 1984.

[23] 张文修, 集值测度与随机集. 西安: 西安交通大学出版社, 1989.

[24] Zimmermann H J. Fuzzy Set Theory and Its Applications. 2nd ed. London: Kluwer Academic Publishers, 1991.

第 10 章　广义模糊数

CH 广义模糊数的概念由 Chen 和 Hsieh[9] 提出, 但其不以模糊数为特款, 本章重新定义了广义模糊数, 使其成为模糊数的拓广. 并给出了广义模糊数的广义分解定理和广义表示定理. 以此为基础, 在广义模糊数集上引入了序、运算和距离, 得出了它们的一些性质, 并研究了广义模糊数序列收敛问题, 初步建立了广义模糊数的基本理论.

本章继续沿用上一章的概念和符号, R 为实数集, R^+ 为非负实数集, $\Delta(R)$ 为区间数集, $\tilde{R}$ 为模糊数集.

10.1　定义与基本定理

10.1.1　CH 广义模糊数

定义 10.1.1[9]　设模糊集 $\tilde{A}$: $R \to [0, \omega]$, $\omega \in (0, 1]$. 若 $A(x)$ 连续, 且

$$
\tilde{A}(x) = \begin{cases} L(x), & a \leqslant x < b, \\ \omega, & b \leqslant x \leqslant c, \\ R(x), & c < x \leqslant d, \\ 0, & 其他. \end{cases}
$$

则称 $\tilde{A}$ 为 CH 广义模糊数, 这里 $a, b, c, d \in R$, $L(x)$ 是严格单调增函数, $R(x)$ 是严格单调减函数.

当 $L(x)$, $R(x)$ 是线性函数时, 称 $\tilde{A}$ 是广义梯形模糊数, 记为 $(a, b, c, d; \omega)$;

若 $b = c$, 则称 $\tilde{A}$ 为三角形广义模糊数, 记为 $(a, b, d; \omega)$;

若 $a = b$, $c = d$, 则称梯形广义模糊数 $\tilde{A}$ 为矩形广义模糊数或广义模糊区间;

若 $\omega = 1$, 则 $\tilde{A}$ 是普通模糊数;

若 $a = b = c = d$, $\omega = 1$, 则此广义模糊数退化为普通实数.

记 $G_{ch}\tilde{R}$ 为 CH 广义模糊数的全体.

注 10.1.2 [9]　关于 CH 梯形模糊数, 其运算、序、距离、相似度通常有如下的被广泛接受和使用的定义:

对 $\forall \tilde{a}_1 = (a_1, b_1, c_1, d_1; h_1)$, $\tilde{a}_2 = (a_2, b_2, c_2, d_2; h_2)$, 关于运算: 规定

$$(O_1): \tilde{a}_1 + \tilde{a}_2 = (a_1 + a_2, b_1 + b_2, c_1 + c_2, d_1 + d_2; h_1 \wedge h_2),$$

$$\tilde{a}_1 \cdot \tilde{a}_2 = (a, b, c, d; h_1 \wedge h_2),$$

这里

$$a = a_1 a_2 \wedge d_1 d_2,$$
$$b = a_1 b_2 \wedge a_1 c_2 \wedge b_1 b_2 \wedge b_1 c_2 \wedge b_2 c_1 \wedge c_1 c_2 \wedge c_1 d_2 \wedge b_1 d_2,$$
$$c = a_1 b_2 \vee a_1 c_2 \vee b_1 b_2 \vee b_1 c_2 \vee b_2 c_1 \vee c_1 c_2 \vee c_1 d_2 \vee b_1 d_2,$$
$$d = a_1 a_2 \vee d_1 d_2.$$

注 10.1.3 CH 广义模糊数定义的不足:

(1) 关于 "广义模糊数" 的定义是不够 "广义" 的, 因为规定了 $L(x)$, $R(x)$ 是 "连续、严格单调的" 函数, 而通常的模糊数的定义中, 隶属函数只是 "单调、半连续" 的, 这导致通常的模糊数不在其中;

(2) 此定义更为不合理的是, 其甚至不能包含区间数、普通实数, 因为把区间数、普通实数作为模糊集来看, 其隶属函数是跳跃的间断函数, 连续的 $L(x)$, $R(x)$ 是不存在的, 故定义中所提及的梯形模糊数在一定条件下退化为 "广义模糊区间""普通实数" 是错误的;

(3) 现有工作主要集中在 "梯形" 等特殊的广义模糊数上, 使现有的理论成果尚缺一般意义.

10.1.2 广义模糊数的再定义

定义 10.1.4 给定模糊集 $\tilde{a}: R \to [0,1]$ 及下列条件:

(1) h-正规性: 即存在 $x_0 \in R$, 使得 $\tilde{a}(x_0) = h$, 这里 $h = \sup_{x \in R} \tilde{a}(x) \in (0,1]$, 称为 $\tilde{a}$ 的高;

(2) 上半连续性: 即对任意 $\lambda \in (0, h]$, 有截集 $\bar{a}_\lambda = (\tilde{a} \geqslant \lambda) = \{x \in R : \tilde{a}(x) \geqslant \lambda\}$ 是区间数;

(3) 凸性: 即对任意 $x, y \in R$, 任意 $\alpha \in [0,1]$, 有

$$\tilde{a}(\alpha x + (1-\alpha)y) \geqslant \min \{\tilde{a}(x), \tilde{a}(y)\};$$

(4) 有界性: $\tilde{a}$ 的支撑集 $\bar{a}_0 = \text{cl}\{x \in R : \tilde{a}(x) > 0\}$ 是紧集;

(4′) 非紧性 (无界性): $\tilde{a}$ 的支撑集 $\bar{a}_0 = \text{cl}\{x \in R : \tilde{a}(x) > 0\}$ 无界.

若 $\tilde{a}$ 满足条件 (1)—(4), 则称为 h-广义模糊数; 若 $\tilde{a}$ 满足 (1)—(3), (4′), 则称 $\tilde{a}$ 为 h-广义非紧模糊数.

注 10.1.5　下文所讨论的广义模糊数是定义 10.1.4 意义的. 有时为明确高 h, h-广义模糊数 $\tilde{a}$ 也记为 $\tilde{a}^h$. h-广义模糊数、h-广义非紧模糊数的全体分别记为 $G\tilde{R}(h)$, $NG\tilde{R}(h)$.

定义 10.1.6　记

$$G\tilde{R} = \bigcup_{0<h\leqslant 1} G\tilde{R}(h), \quad NG\tilde{R} = \bigcup_{0<h\leqslant 1} NG\tilde{R}(h),$$

则称 $G\tilde{R}$, $NG\tilde{R}$ 中的元素分别为广义模糊数、广义非紧模糊数.

注 10.1.7　若 $\tilde{a}$ 的论域为非负实数集 R^+, 则相应的广义模糊数称为非负广义模糊数, 标记中只需把 R 换成 R^+, 如非负广义模糊数全体记为 $G\tilde{R}^+$. $h = 1$ 时的广义模糊数即为通常的模糊数, 即 $\tilde{R} = G\tilde{R}(1)$.

定理 10.1.8 (广义表示定理 I)　若 $\tilde{a} \in G\tilde{R}$, 则 $\tilde{a}$ 的隶属函数为

$$A(x) = \begin{cases} l(x), & a \leqslant x < b, \\ h, & b \leqslant x \leqslant c, \\ r(x), & c < x \leqslant d, \\ 0, & \text{其他}, \end{cases} \quad \text{这里} a \leqslant b \leqslant c \leqslant d, \ a,b,c,d \in R, \ h \in (0,1],$$

这里 $l: [a,b) \to [0,h)$ 单调不减右连续, $r: (c,d] \to (0,h]$ 单调不增左连续.

注 10.1.9　由定理 10.1.8 知, 现有的被普遍采用的广义模糊数、梯形广义模糊数、三角广义模糊数均为定义 10.1.3 的广义模糊数的特例.

下面再举几个例子.

例 10.1.10　模糊集 $\tilde{p}: R \to [0,1]$ 称为模糊点, 若

$$\tilde{p}(x) = \begin{cases} m, & x = p, \\ 0, & x \neq p, \end{cases} \quad p \in R, \quad m \in (0,1].$$

模糊点是有界广义模糊数. 特别地, 当 $m = 1$ 时, 模糊点即为普通实数, 因此普通实数是广义有界模糊数.

例 10.1.11　模糊集 $\tilde{I}: R \to [0,1]$ 称为 h-模糊区间数, 若

$$\tilde{I}(x) = \begin{cases} h, & x \in \bar{a}, \\ 0, & x \notin \bar{a}, \end{cases} \quad \text{这里} \bar{a} \text{是区间数}.$$

模糊区间数是广义有界模糊数, 特别地, 当 $h = 1$ 时, 模糊区间数即为区间数, 因此区间数是广义有界模糊数.

例 10.1.12 设模糊集 $\tilde{a} : R \to [0,1]$ 的隶属函数为

$$
\tilde{a}(x) = \begin{cases}
h \cdot L\left(\dfrac{a_2 - x}{a_2 - a_1} \right), & a_1 \leqslant x < a_2, \\[2mm]
h, & a_2 \leqslant x \leqslant a_3, \\[2mm]
h \cdot R\left(\dfrac{x - a_3}{a_4 - a_3} \right), & a_3 < x \leqslant a_4, \\[2mm]
0, & \text{其他},
\end{cases}
$$

这里 $-\infty < a_1 < a_2 < a_3 < a_4 < +\infty$, $h \in (0,1]$, $L, R : [0,1] \to [0,1]$ 是严格单调递减连续函数, 满足 $L(0) = R(0) = 1$, $L(1) = R(1) = 0$, 则 $\tilde{a}$ 是广义模糊数, 称为 Dubios 和 Prade[17-19] 意义的 LR-广义模糊数, 记为 $(a_1, a_2, a_3, a_4; h)_{\mathrm{LR}}$, 且当 $h = 1$ 时即为 LR-模糊数.

例 10.1.13 设模糊集 $\tilde{a} : R \to [0,1]$ 的隶属函数为

$$
\tilde{a}(x) = h \exp\left(-\left(\frac{x - a}{\sigma} \right) \right), \quad \sigma > 0, \quad h \in (0,1],
$$

则 $\tilde{a}$ 是广义模糊数, 称为正态广义模糊数[74]. 正态广义模糊数是非紧的.

例 10.1.14 设模糊集 $\tilde{a} : R \to [0,1]$ 的隶属函数为

$$
\tilde{a}(x) = \begin{cases}
hr_1, & x \in [a_1, a_2), \\
hr_2, & x \in [a_2, a_3), \\
\cdots\cdots & \\
hr_{m-1}, & x \in [a_{m-1}, a_m), \\
h, & x \in [a_m, b_n], \\
hs_{n-1}, & x \in (b_n, b_{n-1}], \\
\cdots\cdots & \\
hs_2, & x \in (b_3, b_2], \\
hs_1, & x \in (b_2, b_1], \\
0, & \text{其他},
\end{cases}
$$

这里, m, n 是正整数, $r_i, s_j \in (0,1)(i = 1, 2, \cdots, m-1; j = 1, 2, \cdots, n-1)$, $a_i, b_j \in R(i = 1, 2, \cdots, m;\ j = 1, 2, \cdots, n)$, $h \in [0,1]$, $r_1 < r_2 < \cdots < r_{m-1}$, $s_1 < s_2 < \cdots < s_{n-1}, a_1 < a_2 < \cdots < a_m < b_n < \cdots < b_2 < b_1$. 则称 $\tilde{a}$ 为广义阶梯模糊数.

下面给出广义模糊数的基本定理.

定理 10.1.15 (广义分解定理)　设 $\tilde{a}$ 是 h-广义模糊数, 则

(1) $\tilde{a} = \bigcup\limits_{\lambda \in [0,h]} \lambda \cdot \bar{a}_\lambda$, 即 $\tilde{a}(x) = \bigvee\limits_{\lambda \in [0,h]} (\lambda \wedge \chi_{\bar{a}}(x))$;

(2) $\tilde{a} = \bigcup\limits_{\lambda \in [0,1]} ((h\lambda) \cdot \bar{a}_{h\lambda})$, 即 $\tilde{a}(x) = \bigvee\limits_{\lambda \in [0,1]} ((h\lambda) \wedge \chi_{\bar{a}_{h\lambda}}(x))$.

这里 $h\lambda$ 是乘积, $\bar{a}_{h\lambda} = \{x \in R : \tilde{a}(x) \geqslant h\lambda\}$ 称为 h-广义截集, $\chi_{\bar{a}}$ 表示 $\bar{a}$ 的特征函数, $\chi_{\bar{a}_{h\lambda}}$ 表示 $\bar{a}_{h\lambda}$ 的特征函数.

证明　(1) 显然, 下面证 (2).

因 $\bar{a}_{h\lambda}$ 是普通集合,

$$\chi_{\bar{a}_{h\lambda}}(x) = \begin{cases} 1, & \tilde{a}(x) \geqslant h\lambda, \\ 0, & \tilde{a}(x) < h\lambda, \end{cases}$$

则

$$\begin{aligned}
\left(\bigcup\limits_{\lambda \in [0,1]} ((h\lambda)\bar{a}_{h\lambda}) \right)(x) &= \bigvee\limits_{\lambda \in [0,1]} ((h\lambda)\bar{a}_{h\lambda})(x) \\
&= \bigvee\limits_{\lambda \in [0,1]} ((h\lambda) \wedge \chi_{\bar{a}_{h\lambda}}(x)) \\
&= \bigvee\limits_{h\lambda \in [0,h]} ((h\lambda) \wedge \chi_{\bar{a}_{h\lambda}}(x)) \\
&= \left(\bigvee\limits_{0 \leqslant h\lambda \leqslant \tilde{a}(x)} ((h\lambda) \wedge \chi_{\bar{a}_{h\lambda}}(x)) \right) \\
&\quad \vee \left(\bigvee\limits_{\tilde{a}(x) < h\lambda \leqslant h} ((h\lambda) \wedge \chi_{\bar{a}_{h\lambda}}(x)) \right) \\
&= \bigvee\limits_{0 \leqslant h\lambda \leqslant \tilde{a}(x)} (h\lambda) \\
&= \tilde{a}(x).
\end{aligned}$$

证毕.

注 10.1.16　与模糊数的其他形式的分解定理相同, 可以得到广义模糊数的关于强截集的广义分解定理、对偶形式的广义分解定理等, 为行文简明, 这里略去.

定理 10.1.17 (广义表示定理 II)　设 $\tilde{a}$ 是 h-广义模糊数, 则

(1) $\bar{a}_\lambda$ 是区间数, 对任意 $\lambda \in [0,h]$;

(2) $\bar{a}_{\lambda_2} \subseteq \bar{a}_{\lambda_1}$, 对 $0 \leqslant \lambda_1 \leqslant \lambda_2 \leqslant h$;

(3) $\bigcap\limits_{n=1}^{\infty} \bar{a}_{\lambda_n} = \bar{a}_\lambda$, 这 $\lambda_n, \lambda \in (0,h], n \geqslant 1, \lambda_n \uparrow \lambda$.

反之, 若有区间数族 $\{\bar{a}(\lambda) : \lambda \in [0, h]\}$, 满足 (1)—(3), 则存在唯一模糊数 $\tilde{a}$, $\bar{a}_\lambda = \bar{a}(\lambda)$, 对于 $\lambda \in (0, 1]$, 且 $\bar{a}_0 \subseteq \bar{a}(0)$.

定理 10.1.18 (广义表示定理 III) 设 $\tilde{a}$ 是 h-广义模糊数, 则

(1) $\bar{a}_{h\lambda}$ 是区间数, 对任意 $\lambda \in [0, 1]$;

(2) $\bar{a}_{h\lambda_2} \subseteq \bar{a}_{h\lambda_1}$, 对 $0 \leqslant \lambda_1 \leqslant \lambda_2 \leqslant 1$;

(3) $\bigcap\limits_{n=1}^{\infty} \bar{a}_{h\lambda_n} = \bar{a}_{h\lambda}$, 这里 $\lambda_n, \lambda \in (0, 1], n \geqslant 1, \lambda_n \uparrow \lambda$.

反之, 若有区间数族 $\{\bar{a}(h\lambda) : \lambda \in [0, 1]\}$, 满足 (1)—(3), 则存在 h-广义模糊数 $\tilde{a}$, 且 $\bar{a}_{h\lambda} = \bar{a}(h\lambda)$, 对于 $\lambda \in (0, 1]$, $\bar{a}_0 \subseteq \bar{a}(0)$.

注 10.1.19 定理 10.1.17 的证明与模糊数的表示定理相同, 反之部分, 所构造的模糊数应是广义分解定理的表示形式, 即

$$\tilde{a} = \bigcup_{\lambda \in [0,1]} ((h\lambda) \cdot \bar{a}(h\lambda)),$$

有时 h-广义模糊数也可记为 $\{\bar{a}(\lambda) : \lambda \in [0, h]\}$ 或 $\{\bar{a}(h\lambda) : \lambda \in [0, 1]\}$.

推论 10.1.20 设 $\tilde{a}, \tilde{b} \in G\tilde{R}(h)$, 则 $\tilde{a} = \tilde{b}$ 当且仅当对 $\forall \lambda \in [0, 1]$, 有 $\bar{a}_{\lambda h} = \bar{b}_{\lambda h}$.

定理 10.1.21 (广义表示定理 IV) 设 $\tilde{a}$ 是 h-广义模糊数, 记 $\forall \lambda \in [0, h]$, $a^-(\lambda) = a_\lambda^-, a^+(\lambda) = a_\lambda^+$, 则二者为 $[0, h]$ 上的函数 (称为左、右函数), 且满足

(1) $a^-(\lambda)$ 单调不减左连续;

(2) $a^+(\lambda)$ 单调不增左连续;

(3) $a^-(h) \leqslant a^+(h)$;

(4) $a^-(\lambda), a^+(\lambda)$ 在 $\lambda = 0$ 处右连续.

反之, 对任意满足上述条件 (1)—(4) 的函数, 则存在唯一的 h-广义模糊数 $\tilde{a}$, 使得对任意 $\lambda \in [0, 1]$, 有 $\bar{a}_\lambda = [a^-(\lambda), a^+(\lambda)]$.

定理 10.1.22 (广义表示定理 V) 设 $\tilde{a}$ 是 h-广义模糊数, 记 $\forall \lambda \in [0, 1]$, $a^-(h\lambda) = a_{h\lambda}^-, a^+(h\lambda) = a_{h\lambda}^+$, 则二者为 $[0, 1]$ 上的 (复合) 函数, 且满足:

(1) $a^-(h\lambda)$ 单调不减左连续;

(2) $a^+(h\lambda)$ 单调不增左连续;

(3) $a^-(h) \leqslant a^+(h)$;

(4) $a^-(\lambda), a^+(\lambda)$ 在 $\lambda = 0$ 处右连续.

反之, 对任意满足上述条件 (1)—(4) 的函数, 则存在唯一的 h-广义模糊数 $\tilde{a}$, 使得对任意 $\lambda \in [0, 1]$, 有 $\bar{a}_{h\lambda} = [a^-(h\lambda), a^+(h\lambda)]$.

注 10.1.23 若 $h = 1$, 此时 $\tilde{a}$ 是模糊数, 上述定理就是模糊数的分解定理和表示定理.

10.2 广义模糊数空间: 序、运算、距离

我们设定读者已知偏序集、环及距离空间的概念, 这里只介绍 "拟序"、"半环" 和 "拟距离" 的概念.

设 X 是非空集.

X 上的二元关系 "$\leqslant$" 称为 "拟序", 若对 $\forall a, b, c \in X$ 有

(1) 自反性: $a \leqslant a$;

(2) 传递性: $a \leqslant b, b \leqslant c \Rightarrow a \leqslant c$.

同时 $(X, \leqslant)$ 被称为拟序集.

设 $(X, +, \cdot)$ 是代数系统. 对 $\forall a, b, c \in X$, 有

(1) 结合性: $(a+b)+c = a+(b+c)$, $(\bar{a} \cdot \bar{b}) \cdot \bar{c} = \bar{a} \cdot (\bar{b} \cdot \bar{c})$;

(2) 交换性: $a+b = b+a, a \cdot b = b \cdot a$;

(3) 分配律: $(a+b) \cdot c = a \cdot c + b \cdot c$;

(4) 存在 $\exists 0, 1 \in X$: $a + 0 = 0 + a = a$, $a \cdot 1 = 1 \cdot a = a$.

称 $(X, +, \cdot)$ 为交换半环.

若 $d: X \times X \to R^+$ 满足下列条件:

(1) $x = y \Rightarrow d(x, y) = 0$, $\forall x, y \in X$;

(2) $d(x, y) = d(y, x)$, $\forall x, y \in X$;

(3) $d(x, y) \leqslant d(x, z) + d(z, y)$, $\forall x, y, z \in X$.

则称 (X, d) 是拟距离空间.

10.2.1 h-广义模糊数

本小节研究具有同一高度 h 的广义模糊数, 即 $G\tilde{R}(h)$ 中的元素, 给出序、运算、距离等.

定义 10.2.1   设 $\tilde{a}, \tilde{b} \in G\tilde{R}(h)$, 规定

(1) $\tilde{a} \leqslant \tilde{b}$ 当且仅当 $\bar{a}_\lambda \leqslant \bar{b}_\lambda$, 对任意 $\lambda \in [0, h]$,

当且仅当 $\bar{a}_{h\lambda} \leqslant \bar{b}_{h\lambda}$, 对任意 $\lambda \in [0, 1]$(等价地);

(2) $(\tilde{a}^h * \tilde{b}^k)(z) = \bigvee\limits_{x*y=z} (\tilde{a}^h(x) \wedge \tilde{b}^k(y))$, $* \in \{+, \cdot\}$;

(3) $D_\infty^h(\tilde{a}, \tilde{b}) = \sup\limits_{\lambda \in [0, h]} d(\bar{a}_\lambda, \bar{b}_\lambda)$

$\qquad\qquad\quad = \sup\limits_{\lambda \in [0, 1]} d(\bar{a}_{h\lambda}, \bar{b}_{h\lambda})$.

定理 10.2.2   设 $\tilde{a}, \tilde{b} \in G\tilde{R}(h)$, $* \in \{+, \cdot\}$, 则

(1) $(\tilde{a} * \tilde{b})_\lambda = \bar{a}_\lambda * \bar{b}_\lambda$, $\lambda \in [0, h]$; $(\tilde{a} * \tilde{b})_{h\lambda} = \bar{a}_{h\lambda} * \bar{b}_{h\lambda}$, $\lambda \in [0, 1]$.

(2) $(k\tilde{a})_\lambda = k\bar{a}_\lambda$, $\lambda \in [0, h]$; $(k\tilde{a})_{h\lambda} = k\bar{a}_{h\lambda}$, $\lambda \in [0, 1]$, $k \in R$.

定理 10.2.3 (1) $(G\tilde{R}(h), \leqslant)$ 是偏序集.

(2) $G\tilde{R}(h)$ 关于四则运算封闭, 即 $(G\tilde{R}(h), +, \cdot)$ 是半环, 即

(i) $(\tilde{a} + \tilde{b}) + \tilde{c} = \tilde{a} + (\tilde{b} + \tilde{c})$;

(ii) $\tilde{a} + \tilde{b} = \tilde{b} + \tilde{a}$;

(iii) $\tilde{a} + \tilde{0}^h = \tilde{a} = \tilde{0}^h + \tilde{a}$;

(iv) $(\tilde{a} + \tilde{b}) \cdot \tilde{c} = \tilde{a}\tilde{c} + \tilde{b}\tilde{c}$;

(v) $\tilde{a} \cdot \tilde{b} = \tilde{b} \cdot \tilde{a}$;

(vi) $\tilde{a} \cdot \tilde{1}^h = \tilde{a} = \tilde{1}^h \cdot \tilde{a}$,

这里

$$\tilde{0}^h(x) = \begin{cases} h, & x = 0, \\ 0, & x \neq 0, \end{cases} \qquad \tilde{1}^h(x) = \begin{cases} h, & x = 1, \\ 0, & x \neq 1. \end{cases}$$

(3) $(G\tilde{R}(h), D_\infty)$ 是度量空间, 且

(i) $D_\infty(k\tilde{a}, k\tilde{b}) = |k| \, D_\infty(\tilde{a}, \tilde{b})$, $k \in R$;

(ii) $D_\infty(\tilde{a} + \tilde{v}, \tilde{b} + \tilde{v}) = D_\infty(\tilde{a}, \tilde{b})$.

定理 10.2.4 (等距同构定理) 令 $\phi\colon G\tilde{R}(h) \to \tilde{R}$, $\tilde{a}^h \to \tilde{a}$, 且

$$\tilde{a}(x) = \begin{cases} \tilde{a}^h(x), & \tilde{a}^h(x) < h, \\ 1, & \tilde{a}^h(x) = h. \end{cases}$$

则

(1) ϕ 是双射且保持四则运算, 即 $(G\tilde{R}(h), *)$ 与 $(\tilde{R}, *)$ 同构;

(2) ϕ 是保序的, 即 $\tilde{a}^h \leqslant \tilde{b}^h$ 蕴含 $\phi(\tilde{a}^h) \leqslant \phi(\tilde{b}^h)$;

(3) ϕ 是等距的, 即 $D_\infty(\phi(\tilde{a}^h), \phi(\tilde{b}^h)) = D_\infty^h(\tilde{a}^h, \tilde{b}^h)$.

证明 (1) 由 ϕ 和 $\tilde{a}$ 的定义可知, ϕ 是双射. 对任意 $\lambda \in [0, 1]$, 以加法为例, 由

$$(\tilde{a}^h + \tilde{b}^h)_{h\lambda}^h = \bar{a}_{h\lambda}^h + \bar{b}_{h\lambda}^h$$

可得

$$\bar{a}_\lambda + \bar{b}_\lambda = (\tilde{a} + \tilde{b})_\lambda,$$

所以

$$\phi(\tilde{a}^h + \tilde{b}^h) = \tilde{a} + \tilde{b} = \phi(\tilde{a}^h) + \phi(\tilde{b}^h).$$

余者同理. 故知 ϕ 为同构映射.

(2), (3) 的证明略去. 证毕.

推论 10.2.5　$(G\tilde{R}(h), D_\infty)$ 是完备的不可分空间.

证明　可由 $(\tilde{R}, D_\infty)$ 的完备性、不可分性 [67,68] 直接得到. 证毕.

注 10.2.6　由定理 10.2.2—定理 10.2.4 可以看出, 关与模糊数的结果, 都可以毫无困难地移植到等高的 h-广义模糊数 (h-非紧广义模糊数) 集上, 如模糊数的嵌入定理[70]、确界定理[65,66] 等, 为行文简明, 这里不再赘述.

10.2.2　广义模糊数

本小节主要讨论高度未必相等的广义模糊数, 即集合 $G\tilde{R}$ 中的元素, 研究了高度不同的广义模糊数的序、运算、距离等, 所有结果是等高广义模糊数空间情形的推广.

1. 基于 λ-截集的讨论

定义 10.2.7　设 $\tilde{a}^h, \tilde{b}^k \in G\tilde{R}$, 定义

(1) $\tilde{a}^h \leqslant_1 \tilde{b}^k \Leftrightarrow \bar{a}^h_\lambda \leqslant \bar{b}^k_\lambda, \forall \lambda \in [0,1]$, 这里, 规定 $\varnothing \leqslant A \neq \varnothing$.

(2) $(O_2) : (\tilde{a}^h * \tilde{b}^k)(z) = \sup_{x*y=z} (\tilde{a}^h(x) \wedge \tilde{b}^k(y))$, $* \in \{+, \cdot\}$.

(3) $\hat{d}_\infty(\tilde{a}^h, \tilde{b}^k) = \sup_{\lambda \in [0,1]} d(\bar{a}^h_\lambda, \bar{b}^k_\lambda),$

$$d_\infty(\tilde{a}^h, \tilde{b}^k) = |h - k| \vee \sup_{\lambda \in [0,1]} d(\bar{a}^h_\lambda, \bar{b}^k_\lambda),$$

这里, 规定 $d(\varnothing, A) = 0, A \neq \varnothing$.

定理 10.2.8

(1) $(G\tilde{R}, \leqslant_1)$ 是偏序集;

(2) $(\tilde{a}^h \tilde{*} \tilde{b}^k)_\lambda = \begin{cases} \bar{a}^h_\lambda * \bar{b}^k_\lambda, & \lambda \in [0, h \wedge k], \\ \varnothing, & \lambda \in (h \wedge k, 1]; \end{cases}$

(3) $(G\tilde{R}, \hat{d}_\infty)$ 是拟距离空间;

(4) $(G\tilde{R}, d_\infty)$ 是距离空间.

证明　(1) 显然.　(2) 只需证明 "$+$" 的情形, "$\cdot$" 类似.

(i) 对 $\forall \lambda \in (h \wedge k, 1]$, 可知 $(\tilde{a}^h \tilde{+} \tilde{b}^k)_\lambda = \varnothing$.

(ii) 对 $\forall \lambda \in (0, h \wedge k]$, 一方面, 取 $z \in (\tilde{a}^h \tilde{+} \tilde{b}^k)_\lambda$, 则 $\bigvee_{x+y=z} (\tilde{a}^h(x) \wedge \tilde{b}^k(y)) \geqslant \lambda$. 取 $\varepsilon_n \downarrow 0, \lambda - \varepsilon_n > 0$, 则存在 $\{x_n\}, \{y_n\} \subset R, x_n + y_n = z$, 使得 $\tilde{a}^h(x_n) \wedge \tilde{b}^k(y_n) \geqslant \lambda - \varepsilon_n$. 故 $x_n \in \bar{a}^h_{\lambda - \varepsilon_n}, y_n \in \bar{b}^k_{\lambda - \varepsilon_n}$. 因为 λ-截集是有限闭区间, 可知存在子序列 $\{x_{n_j}\} \subset \{x_n\}$ 与 $\{y_{n_j}\} \subset \{y_n\}$ 满足 $x_{n_j} \to x_0, y_{n_j} \to y_0$. 由于隶属函数是上半连续的, 可知 $\tilde{a}^h(x_0) \wedge \tilde{b}^k(y_0) \geqslant \lambda$, 进而知 $x_0 \in \bar{a}^h_\lambda, y_0 \in \bar{b}^h_\lambda, x_0 + y_0 = z$, 从而得

$z \in \bar{a}_\lambda^h + \bar{b}_\lambda^k$.

另一方面取 $z \in \bar{a}_\lambda^h + \bar{b}_\lambda^k$, 则存在 $x_0 \in \bar{a}_\lambda^h$ 与 $y_0 \in \bar{b}_\lambda^h$, 使得 $x_0 + y_0 = z$, 则

$$(\tilde{a}^h \tilde{+} \tilde{b}^k)(z) = \bigvee_{x+y=z} (\tilde{a}^h(x) \wedge \tilde{b}^k(y)) \geqslant \tilde{a}^h(x_0) \wedge \tilde{b}^k(y_0) \geqslant \lambda,$$

即 $z \in (\tilde{a}^h \tilde{+} \tilde{b}^k)_\lambda$. 综上, 可以得到 $(\tilde{a}^h + \tilde{b}^k)_\lambda = \bar{a}_\lambda^h + \bar{b}_\lambda^k$.

(iii) 当 $\lambda = 0$ 时, 取 $\lambda_n \downarrow 0$, 由于 $a_\lambda^{-(+)}$ 在 $\lambda = 0$ 点右连续, 可得

$$(\tilde{a}^h \tilde{+} b^k)_0 = \mathrm{cl}\left(\bigcup_{\lambda > 0} (\tilde{a}^h \tilde{+} \tilde{b}^k)_\lambda\right) = \mathrm{cl}\left(\lim_{\lambda_n \to 0^+} (\tilde{a}^h \tilde{+} \tilde{b}^k)_{\lambda_n}\right)$$

$$= \mathrm{cl}\left(\lim_{\lambda_n \to 0^+} \bar{a}_{\lambda_n}^h + \lim_{\lambda_n \to 0^+} \bar{b}_{\lambda_n}^k\right)$$

$$= \mathrm{cl}(\bar{a}_0^h + \bar{b}_0^k) = \bar{a}_0^h + \bar{b}_0^k.$$

综合 (i)—(iii), (2) 得证.

(3), (4) 易证. 证毕.

推论 10.2.9 $(G\tilde{R}, \tilde{+}, \tilde{\cdot})$ 是交换半环.

例 10.2.10 设 $\tilde{a} = (0, 1, 2; 1)$, $\tilde{b} = (0, 1, 2; 0.5)$. 则在 Chen 和 Hsieh 的意义下, 我们有 $\tilde{a} + \tilde{b} = (0, 2, 4; 0.5)$, $\tilde{a} \cdot \tilde{b} = (0, 1, 4; 0.5)$. 但在定理 10.2.7 意义下, 我们有

$$\tilde{a} \tilde{+} \tilde{b} = (0, 1.5, 2, 5, 4; 0.5),$$

$$(\tilde{a} \tilde{\cdot} \tilde{b})(x) = \begin{cases} \sqrt{\dfrac{x}{2}}, & x \in [0, 0.5), \\ 0.5, & x \in [0.5, 1.5], \\ \dfrac{3 - \sqrt{1+2x}}{2}, & x \in (1.5, 4], \\ 0, & x \notin [0, 4]. \end{cases}$$

显然, $\tilde{a} \cdot \tilde{b}$ 不是梯形模糊数.

注 10.2.11 $\hat{d}_\infty$ 不是 $G\tilde{R}$ 上的距离, 因为 $\hat{d}_\infty(\tilde{a}, \tilde{b}) = 0$ 未必有 $\tilde{a} = \tilde{b}$.

例 10.2.12 设 $\tilde{a}(x) = \begin{cases} 0.5, & x \in [1, 2], \\ 0, & x \notin [1, 2], \end{cases}$ $\tilde{b}(x) = \begin{cases} 0.3, & x \in [1, 2], \\ 0, & x \notin [1, 2], \end{cases}$ 则 $\tilde{a} \neq \tilde{b}$, 但 $\hat{d}_\infty(\tilde{a}, \tilde{b}) = 0$.

2. 基于广义 λ-截集的讨论

定义 10.2.13 设 $\tilde{a}^h, \tilde{b}^k \in G\tilde{R}$, 规定

$\tilde{a}^h \prec \tilde{b}^k$ 当且仅当 $\bar{a}^h_{h\lambda} \leqslant \bar{b}^k_{k\lambda}$, 对任意 $\lambda \in [0,1]$;

$\tilde{a}^h \leqslant \tilde{b}^k$ 当且仅当 $h \leqslant k$, $\bar{a}^h_{h\lambda} \leqslant \bar{b}^k_{k\lambda}$, 对任意 $\lambda \in [0,1]$.

定理 10.2.14 (1) $(G\tilde{R}, \prec)$ 是拟序集, 即满足

(i) 自反性: $\tilde{a}^h \prec \tilde{a}^h$;

(ii) 传递性: $\tilde{a}^h \prec \tilde{b}^k$, $\tilde{b}^k \prec \tilde{c}^l$ 蕴含 $\tilde{a}^h \prec \tilde{c}^l$.

(2) $(G\tilde{R}, \leqslant)$ 是偏序集, 即满足

(i) 自反性: $\tilde{a}^h \leqslant \tilde{a}^h$;

(ii) 反对称性: $\tilde{a}^h \leqslant \tilde{b}^k$, $\tilde{b}^k \leqslant \tilde{a}^h$ 蕴含 $\tilde{a}^h = \tilde{b}^k$;

(iii) 传递性: $\tilde{a}^h \leqslant \tilde{b}^k$, $\tilde{b}^k \leqslant \tilde{c}^l$ 蕴含 $\tilde{a}^h \leqslant \tilde{c}^l$.

注 10.2.15 "$\prec$" 不满足反对称性, 即 $\tilde{a}^h \prec \tilde{b}^k$ 与 $\tilde{a}^h \succ \tilde{b}^k$ 未必有 $\tilde{a}^h = \tilde{b}^k$.

例 10.2.16 设

$$\tilde{a}^{0.6}(x) = \begin{cases} 0.6, & x \in [0,1], \\ 0, & x \notin [0,1], \end{cases} \qquad \tilde{b}^{0.8}(x) = \begin{cases} 0.8, & x \in [0,1], \\ 0, & x \notin [0,1]. \end{cases}$$

显然 $\tilde{a}^{0.6}, \tilde{b}^{0.8}$ 是不相等的广义模糊数, 但 $\bar{a}^{0.6}_{0.6\lambda} = [0,1] = \bar{b}^{0.8}_{0.8\lambda}$, 对 $\forall \lambda \in [0,1]$.

定义 10.2.17 设 $\tilde{a}^h, \tilde{b}^k \in G\tilde{R}$, $* \in \{+, \cdot\}$. 由扩张原理, 规定

$$(O_3): (\tilde{a}^h * \tilde{b}^k)(z) = \bigvee_{x*y=z} (\tilde{a}^h(x) \wedge \tilde{b}^k(y)).$$

定理 10.2.18 $G\tilde{R}$ 关于上述四则运算封闭, 且任意 $\lambda \in [0,1]$, 有

(1) $(\tilde{a}^h * \tilde{b}^k)_{(h\wedge k)\lambda} = \bar{a}^h_{(h\wedge k)\lambda} * \bar{b}^k_{(h\wedge k)\lambda}$;

(2) $(k\tilde{a})_{h\lambda} = k\bar{a}_{h\lambda}$, $\lambda \in [0,1]$,

这里 $\tilde{a}^h, \tilde{b}^k \in G\tilde{R}$, $k \in R$, $* \in \{+, \cdot\}$.

例 10.2.19 取例 10.2.10 中的 $\tilde{a} = (0,1,2;1)$, $\tilde{b} = (0,1,2;0.5)$, 则

$$\tilde{a} + \tilde{b} = (0,2,4;0.5),$$

$$(\tilde{a} \cdot \tilde{b})(x) = \begin{cases} 0.5\sqrt{x}, & x \in [0,1), \\ 0.5, & x = 1, \\ 0.5(2-\sqrt{x}), & x \in (1,4], \\ 0, & x \notin [0,4]. \end{cases}$$

注 10.2.20 至此, 对于梯形广义模糊数, 我们已经给出了三种运算, 即 (O_1) 注 10.1.2; (O_2) 定义 10.2.7; (O_3) 定义 10.2.17; 易知除 (O_1) 与 (O_2) 的加法相同外, 其余的运算皆不同.

定理 10.2.21 $(G\tilde{R}, +, \cdot)$ 是交换半环, 即 $\forall \tilde{a}^h, \tilde{b}^k, \tilde{c}^l \in G\tilde{R}$, 有

(1) $(\tilde{a}^h + \tilde{b}^k) + \tilde{c}^l = \tilde{a}^h + (\tilde{b}^k + \tilde{c}^l)$;

(2) $\tilde{a}^h + \tilde{b}^k = \tilde{b}^k + \tilde{a}^h$;

(3) $\tilde{a}^h + \tilde{0} = \tilde{a}^h = \tilde{0} + \tilde{a}^h$;

(4) $(\tilde{a}^h + \tilde{b}^k) \cdot \tilde{c}^l = \tilde{a}^h \cdot \tilde{c}^l + \tilde{b}^k \cdot \tilde{c}^l$;

(5) $\tilde{a}^h \cdot \tilde{b}^k = \tilde{b}^k \cdot \tilde{a}^h$;

(6) $\tilde{a}^h \cdot \tilde{1} = \tilde{a} = \tilde{1} \cdot \tilde{a}^h$,

其中 $\tilde{0}(x) = \begin{cases} 1, & x = 0, \\ 0, & x \neq 0, \end{cases}$ $\tilde{1}(x) = \begin{cases} 1, & x = 1, \\ 0, & x \neq 1. \end{cases}$

定理 10.2.22 设 $\tilde{a}^h, \tilde{b}^k \in G\tilde{R}$, 规定

$$\hat{D}_\infty(\tilde{a}^h, \tilde{b}^k) = \sup_{\lambda \in [0,1]} d(\bar{a}^h_{h\lambda}, \bar{b}^k_{k\lambda}),$$

$$D_\infty(\tilde{a}^h, \tilde{b}^k) = |h - k| \vee \hat{D}_\infty(\tilde{a}^h, \tilde{b}^k).$$

则

(1) $(G\tilde{R}, \hat{D}_\infty)$ 是拟度量空间, 即对任意 $\tilde{a}^h, \tilde{b}^k, \tilde{c}^l \in G\tilde{R}$ 满足

(i) $\hat{D}_\infty(\tilde{a}^h, \tilde{a}^h) = 0$;

(ii) $\hat{D}_\infty(\tilde{a}^h, \tilde{b}^k) = \hat{D}_\infty(\tilde{b}^k, \tilde{a}^h)$;

(iii) $\hat{D}_\infty(\tilde{a}^h, \tilde{c}^l) \leqslant \hat{D}_\infty(\tilde{a}^h, \tilde{b}^k) + \hat{D}_\infty(\tilde{b}^k, \tilde{c}^l)$.

(2) $(G\tilde{R}, D_\infty)$ 是度量空间, 即除满足上述 (ii), (iii) 外, 还满足 $(i')D_\infty(\tilde{a}^h, \tilde{b}^k) = 0$ 当且仅当 $\tilde{a}^h = \tilde{b}^k$.

(3) $\hat{D}_\infty(\rho\tilde{a}^h, \rho\tilde{b}^k) = |\rho| \hat{D}_\infty(\tilde{a}^h, \tilde{b}^k), \rho \in R$.

证明 (1) 中的 (i), (ii) 是显然的, 只需证 (iii).

对 $\forall \tilde{a}^h, \tilde{b}^k, \tilde{c}^l \in G\tilde{R}, \forall \lambda \in [0,1]$, 由 d 是区间数集上的度量, 有

$$d(\bar{a}^h_{h\lambda}, \bar{c}^l_{l\lambda}) \leqslant d(\bar{a}^h_{h\lambda}, \bar{b}^k_{k\lambda}) + d(\bar{b}^k_{k\lambda}, \bar{c}^l_{l\lambda})$$

$$\leqslant \sup_{\lambda \in [0,1]} d(\bar{a}^h_{h\lambda}, \bar{b}^k_{k\lambda}) + \sup_{\lambda \in [0,1]} d(\bar{b}^k_{k\lambda}, \bar{c}^l_{l\lambda})$$

$$= \hat{D}_\infty(\tilde{a}^h, \tilde{b}^k) + \hat{D}_\infty(\tilde{b}^k, \tilde{c}^l),$$

从而

$$\hat{D}_\infty(\tilde{a}^h, \tilde{c}^l) = \sup_{\lambda \in [0,1]} d(\bar{a}^h_{h\lambda}, \bar{c}^l_{l\lambda}) \leqslant \hat{D}_\infty(\tilde{a}^h, \tilde{b}^k) + \hat{D}_\infty(\tilde{b}^k, \tilde{c}^l),$$

(iii) 得证.

下面来证 (2). 首先证 (i′), 只需证 $D_\infty(\tilde{a}^h, \tilde{b}^k) = 0$ 蕴含 $\tilde{a}^h = \tilde{b}^k$.

若 $D_\infty(\tilde{a}^h, \tilde{b}^k) = 0$, 则由其定义有

$$|h - k| = 0, \quad \hat{D}_\infty(\tilde{a}^h, \tilde{b}^k) = 0,$$

从而

$$h = k, \quad d(\bar{a}^h_{h\lambda}, \bar{b}^k_{k\lambda}) = 0, \quad \lambda \in [0,1],$$

即

$$\begin{cases} h = k, \\ \bar{a}^h_{h\lambda} = \bar{b}^k_{k\lambda}, \end{cases} \quad \lambda \in [0,1],$$

所以

$$\tilde{a}^h = \tilde{b}^k.$$

(ii) 显然, 下面证 (iii). 由 (1) 的 (iii), 可得

$$\begin{aligned} \hat{D}_\infty(\tilde{a}^h, \tilde{c}^l) &\leqslant \hat{D}_\infty(\tilde{a}^h, \tilde{b}^k) + \hat{D}_\infty(\tilde{b}^k, \tilde{c}^l) \\ &\leqslant |h - k| \vee \hat{D}_\infty(\tilde{a}^h, \tilde{b}^k) + |k - l| \vee \hat{D}_\infty(\tilde{b}^k, \tilde{c}^l) \\ &= D_\infty(\tilde{a}^h, \tilde{b}^k) + D_\infty(\tilde{b}^k, \tilde{c}^l). \end{aligned}$$

又

$$\begin{aligned} |h - l| &\leqslant |h - k| + |k - l| \\ &\leqslant |h - k| \vee \hat{D}_\infty(\tilde{a}^h, \tilde{b}^k) + |k - l| \vee \hat{D}_\infty(\tilde{b}^k, \tilde{c}^l) \\ &= D_\infty(\tilde{a}^h, \tilde{b}^k) + D_\infty(\tilde{b}^k, \tilde{c}^l), \end{aligned}$$

综合上述两个不等式, 即可得

$$D_\infty(\tilde{a}^h, \tilde{c}^k) = |h - l| \vee \hat{D}_\infty(\tilde{a}^h, \tilde{c}^l) \leqslant D_\infty(\tilde{a}^h, \tilde{b}^k) + D_\infty(\tilde{b}^k, \tilde{c}^l),$$

(iii) 得证.

(3) 显然. 证毕.

注 10.2.23 拟度量 $\hat{D}_\infty$ 不是度量, 因为 $\hat{D}_\infty(\tilde{a}^h, \tilde{b}^k) = 0$, 未必有 $\tilde{a}^h = \tilde{b}^k$.

例 10.2.24 设

$$\tilde{a}^{0.3}(x) = \begin{cases} 0.3, & x = 1, \\ 0, & x \neq 1, \end{cases} \qquad \tilde{b}^{0.5}(x) = \begin{cases} 0.5, & x = 1, \\ 0, & x \neq 1. \end{cases}$$

则 $\hat{D}_\infty(\tilde{a}^{0.3}, \tilde{b}^{0.5}) = 0$, 但 $\tilde{a}^{0.3} \neq \tilde{b}^{0.5}$.

注 10.2.25 下列等式未必成立:

(i) $\hat{D}_\infty(\tilde{a}^h + \tilde{v}^m, \tilde{b}^k + \tilde{v}^m) = \hat{D}_\infty(\tilde{a}^h, \tilde{b}^k)$;

(ii) $D_\infty(\tilde{a}^h + \tilde{v}^m, \tilde{b}^k + \tilde{v}^m) = D_\infty(\tilde{a}^h, \tilde{b}^k)$;

(iii) $D_\infty(\rho\tilde{a}^h, \rho\tilde{b}^k) = |\rho|\, D_\infty(\tilde{a}^h, \tilde{b}^k)$.

说明 (i), 只需取 $m < h \wedge k$, 则

$$\hat{D}_\infty(\tilde{a}^h + \tilde{v}^m, \tilde{b}^k + \tilde{v}^m) = \hat{D}_\infty(\tilde{a}^m, \tilde{b}^m) \leqslant \hat{D}_\infty(\tilde{a}^h, \tilde{b}^k),$$

所以 (i) 不成立.

同理 (ii) 也不成立. 再看 (iii),

$$左边 = |h - k| \vee \hat{D}_\infty(\rho\tilde{a}^h, \rho\tilde{b}^k) = |h - k| \vee |\rho|\,\hat{D}_\infty(\tilde{a}^h, \tilde{b}^k),$$
$$右边 = |\rho|\,(|h - k| \vee \hat{D}_\infty(\tilde{a}^h, \tilde{b}^k)).$$

取满足条件 $h \neq k$ 及 $\hat{D}_\infty(\tilde{a}^h, \tilde{b}^k) = 0$ 的 $\tilde{a}^h, \tilde{b}^k$ (如 $\tilde{1}^{0.8}, \tilde{1}^{0.2}$), 再取 $|\rho| \neq 1$, 则左边和右边不等.

定理 10.2.26 $(G\tilde{R}, D_\infty)$ 与 $(G\tilde{R}, \hat{D}_\infty)$ 均是完备的不可分空间.

证明 $(G\tilde{R}, D_\infty)$ 的完备性见性质 10.3.9. 又 $(G\tilde{R}(1), D_\infty)$ 作为完备子空间是不可分的, 所以 $(G\tilde{R}, D_\infty)$ 也是不可分的. $(G\tilde{R}, \hat{D}_\infty)$ 的情形同理. 证毕.

3. 其他问题的讨论

由于决策等实际问题的需要, 模糊数的排序一直是热点问题. 关于模糊数的排序已有丰富成果[29,38], 关于梯形广义模糊数的排序及应用亦有研究[9,10,41,74]. 需指出, 关于一般情形的广义模糊数, 除上面给出的排序外, 还可以参照模糊数通用的排序方法, 很自然地得到广义模糊数的其他排序.

定义 10.2.27 给定映射 $\tau : G\tilde{R} \to R$, 规定

$$\tilde{a} \prec \tilde{b} \text{ 当且仅当 } \tau(\tilde{a}) < \tau(\tilde{b});$$

$$\tilde{a} \approx \tilde{b} \text{ 当且仅当 } \tau(\tilde{a}) = \tau(\tilde{b});$$

$$\tilde{a} \succ \tilde{b} \text{ 当且仅当 } \tau(\tilde{a}) > \tau(\tilde{b}),$$

则对于任意两个广义模糊数, 上述三种情形必居其一, τ 被称为排序函数.

由定义 10.2.27, 排序问题就变成构造排序函数的问题.

例 10.2.28　设 $\tilde{a}$ 是广义模糊数, 下列函数都可用作排序函数

(1) $\tau_1(\tilde{a}) = D_\infty(\tilde{a}, \tilde{0})$;

(2) $\tau_2(\tilde{a}) = \displaystyle\int_0^h \frac{a_\lambda^- + a_\lambda^+}{2} d\lambda$([21] 称之为 Y_2);

(3) $\tau_3(\tilde{a}) = \displaystyle\int_0^h (\alpha(\lambda)a_\lambda^- + (1 - \alpha(\lambda))a_\lambda^+)d\lambda$,

这里 α 是权重函数, 即

$$\alpha : [0, 1] \to [0, 1], \quad \int_0^1 \alpha(x)dx = 1.$$

(4) $\tau_4(\tilde{a}) = f(x_*, y_*)$, 其中 $f : R^2 \to R$, (x_*, y_*) 是 $\tilde{a}$ 的重心 [11,12], 即

$$x_* = \frac{\displaystyle\int_a^b xl(x)dx + \int_b^c xhdx + \int_c^d xr(x)dx}{\displaystyle\int_a^b l(x)dx + \int_b^c hdx + \int_c^d r(x)dx},$$

$$y_* = \frac{\displaystyle\int_0^h \lambda(l^{-1}(\lambda) - r^{-1}(\lambda))d\lambda}{\displaystyle\int_0^h (l^{-1}(\lambda) - r^{-1}(\lambda))d\lambda},$$

$l(x), r(x)$ 是 $\tilde{a}$ 的表示定理 (定理 10.1.20) 中的左、右函数, 其拟逆为

$$l^{-1}(\lambda) = \inf\{x \in R : l(x) = \lambda\}, \quad r^{-1}(\lambda) = \sup\{x \in R : r(x) = \lambda\}.$$

在模式识别领域, 模式通常可表示为一个广义模糊数等, 而待识别模式与标准模式之间的比较则需要相似度的概念. 相似度与距离恰好是相反的, 因此可以用距离来定义相似度.

定理 10.2.29　设 $\tilde{a}, \tilde{b}, \tilde{c} \in G\tilde{R}$, 规定

$$S(\tilde{a}, \tilde{b}) = \frac{1}{1 + D_\infty(\tilde{a}, \tilde{b})},$$

则 S 是 $G\tilde{R}$ 上的相似度, 即满足

(1) $S(\tilde{a}, \tilde{a}) = 1$;

(2) $S(\tilde{a}, \tilde{b}) = S(\tilde{b}, \tilde{a})$;

(3) $\tilde{a} \leqslant \tilde{b} \leqslant \tilde{c}$ 蕴含 $S(\tilde{a}, \tilde{b}) \geqslant S(\tilde{a}, \tilde{c})$.

既然由距离函数可以定义排序函数和相似度函数, 可以说距离函数是基础. 我们知道模糊数空间上可以定义多种距离, 那么在广义模糊数空间上也可以定义多种距离.

例 10.2.30 设 $\tilde{a}, \tilde{b} \in G\tilde{R}$, 规定

$$D_p(\tilde{a}^h, \tilde{b}^k) = |h - k| \vee \left(\int_0^1 d^p(\bar{a}_{h\lambda}^h, \bar{b}_{h\lambda}^k) d\lambda \right)^{\frac{1}{p}}, \quad 1 \leqslant p < \infty,$$

同样 $(G\tilde{R}, D_p)$ 是距离空间.

我们还可以探讨其他形式的距离与拟距离[68,69], 这里略去.

10.3 广义模糊数序列

本节主要研究广义模糊数序列, 给出其极限的定义, 得到唯一性、保号性等基本性质, 给出运算保持、两边夹定理、Cauchy 准则、确界定理、有界性定理、单调收敛定理及区间套等重要定理.

定义 10.3.1 设 $\{\tilde{a}_n^{h_n}\} \subset G\tilde{R}$. 若存在 $\tilde{a}^h \in G\tilde{R}$, 使得对任意 $\varepsilon > 0$, 均存在 N, 当 $n > N$ 时, 有 $D_\infty(\tilde{a}_n^{h_n}, \tilde{a}^h) < \varepsilon$, 则称 $\{\tilde{a}_n^{h_n}\}$ 依 D_∞ 收敛于 $\tilde{a}^h$, 记为 $\tilde{a}_n^{h_n} \xrightarrow{D_\infty} \tilde{a}^h$, $\tilde{a}_n^{h_n} \to \tilde{a}^h$ 或 $\lim\limits_{n \to \infty} \tilde{a}_n^{h_n} = \tilde{a}^h$.

由距离的定义, 可直接得到下面的定理.

定理 10.3.2 设 $\{\tilde{a}_n^{h_n}\} \subset G\tilde{R}$, $\tilde{a}^h \in G\tilde{R}$. 记

$$\bar{a}_{h_n\lambda}^{h_n} = \bar{a}^{h_n}(h_n\lambda) = [a^{-h_n}(h\lambda), a^{+h_n}(h\lambda)],$$

$$\bar{a}_{h\lambda}^h = \bar{a}^h(h\lambda) = [a^{-h}(h\lambda), a^{+h}(h\lambda)],$$

则下列陈述等价:

(1) $\tilde{a}_n^{h_n} \xrightarrow{D_\infty} \tilde{a}^h$;

(2) $\begin{cases} h_n \to h, \\ \bar{a}_n^{h_n}(h_n\lambda) \to \bar{a}(h\lambda) \end{cases}$ 一致于 $\lambda \in [0,1]$;

(3) $\begin{cases} h_n \to h, \\ a_n^{-h_n}(h_n\lambda) \to a^-(h\lambda), a_n^{+h_n}(h_n\lambda) \to a^{+h}(h\lambda) \end{cases}$ 一致于 $\lambda \in [0,1]$.

定义 10.3.3 设 $\{\tilde{a}_n^{h_n}\} \subset G\tilde{R}$. 若存在 $\tilde{a}^h \in G\tilde{R}$, 使得 $\begin{cases} h_n \to h, \\ \bar{a}_n^{h_n}(h_n\lambda) \to \bar{a}(h\lambda), \end{cases}$

对 $\forall \lambda \in [0,1]$, 则称 $\{\tilde{a}_n^{h_n}\}$ 水平收敛于 $\tilde{a}^h$, 记为 $\tilde{a}_n^{h_n} \xrightarrow{l} \tilde{a}^h$ 或 $\lim\limits_{n\to\infty} \tilde{a}_n^{h_n} = \tilde{a}^h(l)$.

性质 10.3.4　设 $\{\tilde{a}_n^{h_n}\} \subset G\tilde{R}$, $\tilde{a}^h \in G\tilde{R}$, 则 $\tilde{a}_n^{h_n} \to \tilde{a}^h$ 蕴含 $\tilde{a}_n^{h_n} \xrightarrow{l} \tilde{a}^h$.

性质 10.3.5 (唯一性)　设 $\{\tilde{a}_n^{h_n}\} \subset G\tilde{R}$, $\tilde{a}^h \in G\tilde{R}$, 则 $\tilde{a}_n^{h_n} \xrightarrow{l} \tilde{a}^h$ 蕴含 $\tilde{a}^h$ 是唯一的.

性质 10.3.6 (保号性)　设 $\{\tilde{a}_n^{h_n}\}, \{\tilde{b}_n^{k_n}\} \subset G\tilde{R}$, $\tilde{a}^h, \tilde{b}^k \in G\tilde{R}$, 且 $\tilde{a}_n^{h_n} \xrightarrow{l} \tilde{a}^h$, $\tilde{b}_n^{k_n} \xrightarrow{l} \tilde{b}^k$. 若存在 N, 当 $n > N$ 时, 有 $\tilde{a}_n^{h_n} \leqslant \tilde{b}_n^{k_n}$, 则 $\tilde{a}^h \leqslant \tilde{b}^k$.

注 10.3.7　由于性质 10.3.4, 性质 10.3.5 和性质 10.3.6 对于 $\tilde{a}_n^{h_n} \to \tilde{a}^h$ 当然成立.

性质 10.3.8 (两边夹定理)　设 $\{\tilde{a}_n^{h_n}\}, \{\tilde{b}_n^{k_n}\}, \{\tilde{c}_n^{l_n}\} \subset G\tilde{R}$, $\tilde{a}^h \in G\tilde{R}$ 且存在 N, 当 $n > N$ 时, 有 $\tilde{a}_n^{h_n} \leqslant \tilde{c}_n^{l_n} \leqslant \tilde{b}_n^{k_n}$, 则

(1) $\tilde{a}_n^{h_n} \xrightarrow{l} \tilde{a}^h$, $\tilde{b}_n^{k_n} \xrightarrow{l} \tilde{a}^h$ 蕴含 $\tilde{c}_n^{l_n} \xrightarrow{l} \tilde{a}^h$;

(2) $\tilde{a}_n^{h_n} \to \tilde{a}^h$, $\tilde{b}_n^{k_n} \to \tilde{a}^h$ 蕴含 $\tilde{c}_n^{l_n} \to \tilde{a}^h$.

性质 10.3.9 (Cauchy 准则)　设 $\{\tilde{a}_n^{h_n}\} \subset G\tilde{R}$ 是 Cauchy 序列, 即对任意 $\varepsilon > 0$, 总存在 N, 当 $m, n > N$ 时有 $D_\infty(\tilde{a}_n^{h_n}, \tilde{a}_m^{h_m}) < \varepsilon$, 则 $\{\tilde{a}_n^{h_n}\}$ 收敛.

证明　对 Cauchy 序列 $\{\tilde{a}_n^{h_n}\} \subset G\tilde{R}$, 由 D_∞ 的定义可知 $\{h_n\}$ 是 Cauchy 数列. 对任意 $\lambda \in [0,1]$, 记 $\bar{a}_n(\lambda) = \bar{a}_{h_n\lambda}^{h_n}$, $n \geqslant 1$, 则 $\{\bar{a}_n(\lambda)\}$ 是 $\Delta(R)$ 中的 Cauchy 列. 由 $(R, |\ |)$ 与 $(\Delta(R), d)$ 的完备性知, $h_n \to h$, $\bar{a}_n(\lambda) \to \bar{a}(\lambda)$ 一致的关于 $\lambda \in [0,1]$. 下面来证 $\{\bar{a}(\lambda): \lambda \in [0,h]\}$ 满足定理 10.1.16 的条件.

(1) 显然成立;

(2) 对 $\lambda_1 \leqslant \lambda_2$ 及任意 $n \geqslant 1$, 有 $\bar{a}_n(\lambda_2) \subseteq \bar{a}_n(\lambda_1)$, 则

$$\bar{a}(\lambda_2) = \lim_{n\to\infty} \bar{a}_n(\lambda_2) \subseteq \lim_{n\to\infty} \bar{a}_n(\lambda_1) = \bar{a}(\lambda_1).$$

(3) 对 $\lambda \in (0,1]$, 取 $\lambda_n \uparrow \lambda$, 则

$$\bigcap_{n=1}^{\infty} \bar{a}(\lambda_n) = \left[\lim_{n\to\infty} a^-(\lambda_n), \lim_{n\to\infty} a^+(\lambda_n)\right]$$
$$= \left[\lim_{n\to\infty}\lim_{k\to\infty} a_k^-(\lambda_n), \lim_{n\to\infty}\lim_{k\to\infty} a_k^+(\lambda_n)\right]$$
$$= \left[\lim_{k\to\infty}\lim_{n\to\infty} a_k^-(\lambda_n), \lim_{k\to\infty}\lim_{n\to\infty} a_k^+(\lambda_n)\right]$$

($\bar{a}_k(\lambda) \to \bar{a}(\lambda)$ 关于 $\lambda \in [0,1]$ 是一致的, 所以上述极限可交换顺序)

$$= \left[\lim_{k\to\infty} a_k^-(\lambda), \lim_{k\to\infty} a_k^+(\lambda)\right]\quad (a_k^-(\lambda), a_k^+(\lambda)\text{左连续})$$

$$= [a^-(\lambda), a^+(\lambda)]$$
$$= \bar{a}(\lambda),$$

所以可确定唯一的广义模糊数 $\tilde{a}^h$, 使当 $\lambda \in (0,1]$ 时, 有 $\bar{a}^h_{h\lambda} = \bar{a}(\lambda)$, 且 $\bar{a}^h_0 = \mathrm{cl}\left(\bigcup_{\lambda \in (0,1]} \bar{a}^h_{h\lambda}\right) \subseteq \bar{a}(0)$, 又 $\mathrm{cl}\left(\bigcup_{\lambda \in (0,1]} \bar{a}_n(\lambda)\right) = \bar{a}_n(0)$ 及 $\bar{a}_k(\lambda) \to \bar{a}(\lambda)$ 关于 $\lambda \in [0,1]$ 是一致的, 有 $\bar{a}^h_0 = \bar{a}(0)$, 从而有 $D_\infty(\tilde{a}^{h_n}_n, \tilde{a}^h) \to 0$, 证毕.

性质 10.3.10 设 $\{\tilde{a}^{h_n}_n\}, \{\tilde{b}^{k_n}_n\} \subset G\tilde{R}$, $\tilde{a}^h, \tilde{b}^k \in G\tilde{R}$, 则

(1) $\tilde{a}^{h_n}_n \xrightarrow{l} \tilde{a}^h$, $\tilde{b}^{k_n}_n \xrightarrow{l} \tilde{b}^k$ 蕴含 $\tilde{a}^{h_n}_n + \tilde{b}^{k_n}_n \xrightarrow{l} \tilde{a}^h + \tilde{b}^k$, $\tilde{a}^{h_n}_n \cdot \tilde{b}^{k_n}_n \xrightarrow{l} \tilde{a}^h \cdot \tilde{b}^k$;

(2) $\tilde{a}^{h_n}_n \to \tilde{a}^h$, $\tilde{b}^{k_n}_n \to \tilde{b}^k$ 蕴含 $\tilde{a}^{h_n}_n + \tilde{b}^{k_n}_n \to \tilde{a}^h + \tilde{b}^k$, $\tilde{a}^{h_n}_n \cdot \tilde{b}^{k_n}_n \to \tilde{a}^h \cdot \tilde{b}^k$.

定义 10.3.11 设 $\{\tilde{a}^{h_n}_n\} \subset G\tilde{R}$. 若存在 $M \geqslant 0$, 使得对任意 $n \geqslant 1$, 有 $D_\infty(\tilde{a}^{h_n}_n, 0) \leqslant M$, 则称 $\{\tilde{a}^{h_n}_n\}$ 是有界的, 称模糊数 $\chi_{\{M\}}$ 为 $\{\tilde{a}^{h_n}_n\}$ 的一个上界, 模糊数 $\chi_{\{-M\}}$ 为 $\{\tilde{a}^{h_n}_n\}$ 的一个下界. 称有界序列 $\{\tilde{a}^{h_n}_n\}$ 的最小广义模糊数上界为上确界, 记为 $\sup \tilde{a}^{h_n}_n$, 最大广义模糊数下界为下确界, 记为 $\inf \tilde{a}^{h_n}_n$.

定理 10.3.12 设 $\{\tilde{a}^{h_n}_n\} \subset G\tilde{R}$ 是有界的, 则 $\sup \tilde{a}^{h_n}_n$ 及 $\inf \tilde{a}^{h_n}_n$ 一定存在, 且

(1) $\tilde{a}^h = \sup \tilde{a}^{h_n}_n = \bigcup_{\lambda \in [0,1]} \left(\left(\bigvee_{n=1}^\infty h_n\right)\lambda\right) \cdot [\sup a^{-h_n}_{nh_n\lambda}, \sup a^{+h_n}_{nh_n\lambda}]$;

(2) $\tilde{a}^h = \inf \tilde{a}^{h_n}_n = \bigcup_{\lambda \in [0,1]} \left(\left(\bigwedge_{n=1}^\infty h_n\right)\lambda\right) \cdot [\inf a^{-h_n}_{nh_n\lambda}, \inf a^{+h_n}_{nh_n\lambda}]$.

证明 类似文献 [65] 的证明, 可知 $\sup \tilde{a}^{h_n}_n$ 及 $\inf \tilde{a}^{h_n}_n$ 一定存在. 这里只证 (1) 即可, 因为 (2) 是同理的. 对任意 $n \geqslant 1$, $\lambda \in [0,1]$, 由 $\tilde{a}^{h_n}_n \leqslant \sup \tilde{a}^{h_n}_n$, 有 $\bar{a}^{h_n}_{h_n\lambda} \leqslant (\sup \tilde{a}^{h_n}_n)_\lambda$, $h_n \leqslant h$, $\sup \bar{a}^{h_n}_{nh_n\lambda} \leqslant (\sup \tilde{a}^{h_n}_n)_\lambda$, $\bigvee_{n=1}^\infty h_n \leqslant h$. 从而

$$\bigcup_{\lambda \in [0,1]} \left(\left(\bigvee_{n=1}^\infty h_n\right)\lambda\right) \cdot [\sup a^{-h_n}_{nh_n\lambda}, \sup a^{+h_n}_{nh_n\lambda}] \leqslant \sup \tilde{a}^{h_n}_n. \tag{10.3.1}$$

反之, 对任意 $\varepsilon > 0$, 存在 $\tilde{a}^{h_n}_n$, 使得 $\sup \tilde{a}^{h_n}_n < \tilde{a}^{h_n}_n + \varepsilon$. 从而对 $\lambda \in [0,1]$, 有

$$(\sup \tilde{a}^{h_n}_n)_{h\lambda} \leqslant (\tilde{a}^{h_n}_n)_{h_n\lambda} + \varepsilon, \quad h \leqslant h_n + \varepsilon.$$

进一步,

$$(\sup \tilde{a}^{h_n}_n)_{h\lambda} \leqslant \sup(\tilde{a}^{h_n}_n)_{h_n\lambda} + \varepsilon, h \leqslant \bigvee_{n=1}^\infty h_n + \varepsilon,$$

即

$$\sup \tilde{a}_n^{h_n} \leqslant \bigcup_{\lambda \in [0,1]} \left(\left(\bigvee_{n=1}^{\infty} h_n \right) \lambda \right) \cdot [\sup a_{nh_n\lambda}^{-h_n}, \sup a_{nh_n\lambda}^{+h_n}]. \tag{10.3.2}$$

综合 (10.3.1) 和 (10.3.2), (1) 得证. 同理可证 (2), 证毕.

注 10.3.13　(1) 关于有界的概念, 这里是关于广义模糊数序列给出的, 上述定义和结果, 对于一般的广义模糊数子集 $A \subset G\tilde{R}$ 仍然成立.

(2) 正如文献 [65] 所指出的那样, 以 $a_h^{-h}(\lambda) = \sup a_{nh_n\lambda}^{-h_n}$, $a_h^{+h}(\lambda) = \sup a_{nh_n\lambda}^{+h_n}$ 为函数不能确定一个广义模糊数. 反例见 [65].

(3) 正如文献 [33] 所指出的那样, 由广义表示定理, 可知对 $\lambda \in (0,1], \lambda_n \uparrow \lambda$, 有

$$(\sup \tilde{a}_n^{h_n})_{h\lambda} = \bigcap_{n=1}^{\infty} [\sup a_{nh_n\lambda_n}^{-h_n}, \sup a_{nh_n\lambda_n}^{+h_n}] \neq [\sup a_{nh_n\lambda}^{-h_n}, \sup a_{nh_n\lambda}^{+h\lambda}],$$

$$(\inf \tilde{a}_n^{h_n})_{h\lambda} = \bigcap_{n=1}^{\infty} [\inf a_{nh_n\lambda_n}^{-h_n}, \inf a_{nh_n\lambda_n}^{+h_n}] \neq [\inf a_{nh_n\lambda}^{-h_n}, \inf a_{nh_n\lambda}^{+h\lambda}],$$

反例见 [33].

性质 10.3.14 (有界性)　$\tilde{a}_n^{h_n} \to \tilde{a}^h$ 蕴含 $\{\tilde{a}_n^{h_n}\}$ 是有界的.

证明　由 $\tilde{a}_n^{h_n} \to \tilde{a}^h$, 取 $\varepsilon = 1$, 则存在 N_1, 当 $n > N_1$ 时, $D_\infty(\tilde{a}_n^{h_n}, \tilde{a}^h) < 1$, 进而当 $n > N_1$ 时, 有

$$D_\infty(\tilde{a}_n^{h_n}, 0) \leqslant D_\infty(\tilde{a}_n^{h_n}, \tilde{a}^h) + D_\infty(\tilde{a}^h, 0) \leqslant 1 + |a_0^-| \vee |a_0^+|.$$

又对每个 $1 \leqslant n \leqslant N_1$, 存在 $M_n \geqslant 0$, 且 $D_\infty(\tilde{a}_n^{h_n}, 0) \leqslant M_n$, 令

$$M = \max_{1 \leqslant n \leqslant N_1} \{M_n\} \vee (1 + |a_0^-| \vee |a_0^+|),$$

则对一切 $n \geqslant 1$, 均有 $D_\infty(\tilde{a}_n^{h_n}, 0) \leqslant M$, 从而证明了 $\{\tilde{a}_n^{h_n}\}$ 有界, 证毕.

定理 10.3.15　设 $\{\tilde{a}_n^{h_n}\} \subset G\tilde{R}$ 是有界序列, $\tilde{a}^h \in G\tilde{R}$, $h_n \to h$, $\{(\bar{a}_n^{h_n})_{h_n\lambda}\}$ 关于 $\lambda \in [0,1]$ 一致收敛于 $\bar{a}_{h\lambda}^{\lambda} \in \Delta(R)$, 则

(1) $\tilde{a}_n^{h_n} \leqslant \tilde{a}_{n+1}^{h_{n+1}}$ $(n \geqslant 1)$ 蕴含 $\tilde{a}_n^{h_n} \to \tilde{a}^h = \sup \tilde{a}_n^{h_n}$;

(2) $\tilde{a}_n^{h_n} \geqslant \tilde{a}_{n+1}^{h_{n+1}}$ $(n \geqslant 1)$ 蕴含 $\tilde{a}_n^{h_n} \to \tilde{a}^h = \inf \tilde{a}_n^{h_n}$.

注 10.3.16　文献 [33] 指出, 即使对于水平收敛, 通常的单调有界模糊数列, 不能保证其一定收敛, 对于广义模糊数序列, 当然这一结论也不能成立, 所以我们增加了 "$h_n \to h$, $\{(\bar{a}_n^{h_n})_{h_n\lambda}\}$ 关于 $\lambda \in [0,1]$ 一致收敛于 $\bar{a}_{h\lambda}^{\lambda} \in \Delta(R)$" 的条件.

下面给出闭区间套定理.

设 $\tilde{a}^h, \tilde{b}^k \in G\tilde{R}$, $\tilde{a}^h \leqslant \tilde{b}^k$, 记 $[\tilde{a}^h, \tilde{b}^k] = \{\tilde{z}^m \in G\tilde{R} : \tilde{a}^h \leqslant \tilde{z}^m \leqslant \tilde{b}^k\}$, 称为广义模糊数区间.

定理 10.3.17 设 $\{\tilde{a}_n^{h_n}\}, \{\tilde{b}_n^{k_n}\} \subset G\tilde{R}$, 满足

(1) $\tilde{a}_n^{h_n} \leqslant \tilde{a}_{n+1}^{h_{n+1}} \leqslant \tilde{b}_{n+1}^{h_{n+1}} \leqslant \tilde{b}_n^{h_n} (n \geqslant 1)$;

(2) $D_\infty(\tilde{a}_n^{h_n}, \tilde{b}_n^{k_n}) \to 0$.

则存在唯一的广义模糊数 $\tilde{a}^h \in \bigcap\limits_{n=1}^{\infty} [\tilde{a}_n^{h_n}, \tilde{b}_n^{k_n}]$, 且 $\lim\limits_{n\to\infty} \tilde{a}_n^{h_n} = \tilde{a}^h = \lim\limits_{n\to\infty} \tilde{b}_n^{k_n}$.

至此, 我们初步建立了广义模糊数的基本理论, 包括定义、分解定理、表示定理、序、运算、度量等, 同时定义了广义模糊数序列的极限, 得到了与经典极限论相应的一些基本结果. 因为经典模糊数集是广义模糊数集的特例, 即 $\tilde{R} = G\tilde{R}(1)$, 所以本章自然是经典模糊数理论的推广.

10.4 进 展 与 注

对于模糊数的研究一直是模糊分析学的热点. 模糊数的概念最早由 Chang 和 Zadeh[6] 于 1972 年提出, Mizumoto[45]、Nahmias[46]、Dubois 和 Prade[17-19] 进一步明确定义模糊数是实数域上的正规闭凸模糊集, 并对模糊数的运算、序等代数性质进行了研究. Negeită 和 Ralescu[47] 建立了模糊数与区间分析的联系, 给出了模糊数可以表示为一族区间的表示定理, Goetschel 和 Voxman[26] 给出了模糊数可以由左右函数表示的表示定理, 为模糊数与区间分析、函数论建立了联系, 使得后者成为模糊数的研究工具. Goetschel 和 Voxman[27], Kaleva[35,36], Puri 和 Ralescu[49] 又在模糊数集上引入了距离, 从而开启了模糊数空间距离或拓扑的研究, 证明了模糊数空间作为闭凸锥能嵌入到 Banach 空间, Wu 和 Ma[70] 等对嵌入问题做了深入研究, 找到了所嵌入的具体 Banach 空间, 以此为基础, 吴从炘学派开始了广泛的模糊分析学研究, 取得了丰硕的成果. 模糊数理论包含的问题丰富, 由于决策过程、模式识别等的需要, 模糊数的距离[29,56,69]、排序[38]、表示[5]、逼近[34,60,72] 以及相似度 [44] 等始终是研究重点.

模糊数理论的发展大致有两个方向.

第一是模糊数的拓广, 分为三个方向:

(1) 基于模糊数的论域的拓广, 得到 n 维模糊数[28,61,68,76]、模糊复数[3];

(2) 基于模糊集的拓广, 得到二型模糊数[24]、区间值模糊数[38,50,54,55,58,59]、直觉模糊数[1,31,40,44]、n 值模糊数[53] 等等;

(3) 基于模糊数定义本身条件的减弱, 去掉支撑集有界的条件, 得到非紧模糊数[76]; 去掉正规性的条件, 得到广义模糊数[9]; 等等.

　　第二是特殊模糊数的研究, 如 L-R 型模糊数[8]、阶梯模糊数[60]、梯形模糊数[1,2,37]、三角模糊数[25] 等, 其意义在于应用方便, 同时一般的模糊数可以由这些特殊的模糊数来表示或逼近, 还有论域有限情形的离散模糊数[57]、分布数模糊数[39] 等等.

　　本章的研究主要聚焦在广义模糊数上.

　　广义模糊数的概念由 Chen 和 Hsieh[9] 提出 (CH 广义模糊数), 众多学者[23,25,30,41,51,60] 对其距离、相似度、排序等理论问题进行了探讨, 尤其是广义梯形模糊数的相似度、排序等有丰硕的成果, 且在风险控制[10-12,48,62,63,71]、决策过程[7,74,82]、模式识别[16]、故障诊断[64]、交通运输[37,70]、机器人[50] 等领域有着很好的应用, 显示出光明前景. 基于此定义, 对广义模糊数所做的研究, 都集中在具体的广义模糊数上, 如梯形广义模糊数、三角形广义模糊数, 而主要研究的是排序、相似度等少数问题, 因此出现了梯形广义模糊数的各种排序方法和相似度定义, 并通过相应的实验数据或案例验证其所具有的合理性. 当然这些研究也涉及了代数运算等其他问题. 这里可以肯定, 上述研究工作的价值毋庸置疑, 我们在 [77—79] 中指出了现存工作的不足, 尤其是 CH 广义模糊数不能涵盖模糊数, 其不够 "广义". 基于上述认知, 重新定义了广义模糊数, 并给出了广义模糊数的广义分解定理和广义表示定理. 以此为基础, 在广义模糊数集上引入了序、运算和距离, 得出了它们的一些性质, 并研究了广义模糊数序列收敛问题, 初步建立了广义模糊数的基本理论, 这些均以模糊数相应理论为特款, 从而拓广了模糊数理论.

　　由于模糊数理论内容相当丰富, 如序、度量就有多种[56,68,69], 所以可以在广义模糊数集上定义其他的序和度量. 另外, 本章只是讨论了一维的广义模糊数, 自然我们可以把它推广到 n 维情形, 来建立 n 维广义模糊数理论. 有本章的基础, 我们可以建立广义模糊数值函数的微积分理论.

参 考 文 献

[1] Ban A I. Trapezoidal approximations of intuitionistic fuzzy numbers expressed by value, ambiguity, width and weighted expected value. 12th Int. Conf. On IFSs, 2008, NIFS, Vol.14: 38-47.

[2] Ban A I, Coroianu L C. A method to obtain trapezoidal approximations of intuitionistic fuzzy numbers from trapezoidal approximations of fuzzy numbers. 13th Int.Conf. On IFSs, 2009, NIFS, Vol.15: 13-25.

[3] Buckley J J. Fuzzy complex numbers. Fuzzy Sets and Systems, 1989, 33(3): 333-345.

[4] Burillo P, Bustince H, Mohedeno V. Some definition of intuitionistic fuzzy number. Fuzzy based Expert Systems, Fuzzy Bulgarian Enthusiasts, 1994.

[5] Chai Y, Zhang D X. A representation of fuzzy numbers. Fuzzy Sets and Systems, 2016, 295: 1-18.

[6] Chang S S, Zadeh L A. On fuzzy mapping and control. IEEE Trans. Systems Man Cybernet., 1972, 2(1): 30-34.

[7] 常志朋, 王先柱, 曹蕾. 基于广义区间梯形模糊数的区间证据决策方法. 模糊系统与数学, 2016, 30(5): 146-156.

[8] 陈桂秀, 李生刚, 赵虎. 广义梯形模糊数与其重心间的关系. 四川大学学报 (自然科学版), 2014, 51(2): 255-261.

[9] Chen S H, Hsieh C H. Ranking generalized fuzzy numbers with grade mean integration. Proceedings of the 8th International Fuzzy Systems Association World Congress, 1999, Vol.2: 889-902.

[10] Chen S M, Munif A, Chen G S, et al. Fuzzy risk analysis based on ranking generalized fuzzy numbers with different left heights and right heights. Expert Systems with Applications, 2012, 39(7): 6320-6334.

[11] Chen S J, Chen S M. Fuzzy risk analysis based on the ranking of generalized trapezoidal fuzzy numbers. Applied Intelligence, 2007, 26: 1-11.

[12] Chen S J, Chen S M. Fuzzy risk analysis based on similarity measures of generalized fuzzy numbers. IEEE Tran. Fuzzy Systems, 2003, 11: 45-56.

[13] 陈树伟, 王延昭, 周威. 一种新的广义模糊数相似度计算方法. 郑州大学学报 (工学版), 2013, 34(4): 50-53.

[14] Ching F F, Rong J, Jin S S. Fuzzy systems reliability analysis based on level$(\lambda,1)$ interval-valued fuzzy number. Information Sciences, 2014, 272: 185-197.

[15] Chuan Y. Ageometric approach for ranking interval-valued intuitionistic fuzzy numbers with an application to group decision-making. Computers & industrial Engineering, 2016, 102: 233-245.

[16] Deng Y, Shi W, Du F, Liu Q. A new similarity measure of generalized fuzzy numbers and its application to pattern recognition. Pattern Recognition Letters, 2004, 25: 875-883.

[17] Dubois D, Prade H. Operations on fuzzy numbers. Int. J. Systems Science, 1978, 9: 613-626.

[18] Dubois D, Prade H. Fuzzy Sets and Systems: Theory and Applications. New York: Wiley, 1980.

[19] Dubois D, Prade H. Towards fuzzy differential calculas I-Ⅲ. Fuzzy Sets and Systems, 1982, 8(1): 1-17; 8(2): 105-116; 8(3): 225-233.

[20] Ebrahimnejad A. A simplified new approach for solving fuzzy transportation problems with generalized trapezoidal fuzzy numbers. Applied Soft Computing, 2014, 19: 171-176.

[21] Fang J X, Huang H. Some properties of the level convergence topology on fuzzy number space E^n. Fuzzy Sets and Systems, 2003, 140: 509-517.

[22] Fang J X, Huang H. On the level convergence of a sequence of fuzzy numbers. Fuzzy Sets and Systems, 2004, 147: 417-435.

[23] Farhadinia B, Adrian J B. Developing new similarity measures of generalized intuitionistic fuzzy numbers and generalized interval-valued fuzzy numbers from similarity

measures of generalized fuzzy numbers. Mathematical and Computer Modelling, 2013, 57: 812-825.

[24] Figueroa-Garcia J C, Chalco-Cano Y, Roman-Flores H. Distance measures for interval type-2 fuzzy numbers. Discrete Applied Mathematics, 2015, 197: 93-102.

[25] Franco M. A new criterion of choice between generalized triangular fuzzy numbers. Fuzzy Sets and Systems, 2016,296: 51-69.

[26] Goetschel R, Voxman W. Elementary fuzzy calculus. Fuzzy Sets and Systems, 1986, 18(1): 31-43.

[27] Goetschel R, Voxman W. Topological properties of fuzzy numbers. Fuzzy Sets and Systems, 1983, 10(1): 87-99.

[28] 巩增泰, 吴冲, 陈得刚. n 维模糊数的序、距离、确界及其逼近问题. 兰州大学学报 (自然科学版), 2006, 42(4): 95-100.

[29] Grzegorzewski P. Metrics and orders in space of fuzzy numbers. Fuzzy Sets and Systems, 1998, 97: 83-94.

[30] Guha D, Chakraborty. A new approach to fuzzy distance measure and similarity measure between two generalized fuzzy numbers. Applied Soft Computing 2010,10: 90-99.

[31] 郭嗣琮, 吕金辉. 直觉模糊数的研究. 模糊系统与数学, 2013, 27(5): 11-20.

[32] 胡宝清. 模糊理论基础. 武汉: 武汉大学出版社, 2010.

[33] 黄欢, 方锦暄. 关于 Fuzzy 数理论的几个重要定理. 模糊系统与数学, 2011,15(4): 58-60.

[34] Huang H, Wu C X, Xie J L, Zhang D X. Approximation of fuzzy numbers using the convolution method. Fuzzy Sets and Systems, 2017, 310: 14-46.

[35] Kaleva O. On the convergence of fuzzy sets. Fuzzy Sets and Systems, 1985, 17(1): 53-65.

[36] Kaleva O, Seikkala S. On fuzzy metric spaces. Fuzzy Sets and Systems, 1984, 12: 215-229.

[37] Kaur A, Kumar A. A new approach for solving fuzzy transportation problems using generalized trapezoidal fuzzy numbers. Applied Soft Computing, 2012,12: 1201-1213.

[38] Kim J D, Moon E L, Jeong E, Hong D H. Ranking methods for fuzzy numbers: the solution to Brunelli and conjecture. Fuzzy Sets and Systems, 2017, 315: 109-113.

[39] Klement E P. Integration of fuzzy-valued functions. Rev. Roumaine Math. Pures Appl., 1985, 30(3): 375-384.

[40] Kumar G, Bajaj R K, Gandotra N. Algorithm for shortest path problem in a network with interval-valued intuitionistic trapezoidal fuzzy number. Procedia Computer Science, 2015, 70: 123-129.

[41] Kumar A, Singh P, Kuur P, Kaur A. A new approach for ranking of L-R type generalized fuzzy numbers. Expert Systems with Applications, 2011, 38: 10906-10910.

[42] 李俊红, 曾文艺. 广义梯形模糊数相似性度量的新方法及应用. 北京师范大学学报 (自然科学版). 2015, 51(2): 120-125.

[43] 李晓萍, 王贵君. 连续区间值模糊数的相关性. 系统工程理论与实践, 2001, (7): 71-76.

[44] Liang Z Z, Shi P F. Similarity measures on intuitionistic fuzzy numbers. Pattern Recognition Letter, 2003, 24: 2687-2693.

[45] Mizumoto M, Tanaka K. The four operations of arithmetic on fuzzy numbers. Systems Comput. Controls, 1976, 7(5): 73-81.

[46] Nahmias S. Fuzzy variables. Fuzzy Sets and Systems, 1978, 1(2): 97-111.

[47] Negeiţă C V, Ralescu D A. Application of Fuzzy Sets To System Analysis. New York: Wiley, 1975.

[48] Patra K, Mondal S K. Fuzzy risk analysis using area and height based similarity measure on generalized trapezoidal fuzzy numbers and its application. Applied Soft Computing, 2015, 28: 276-284.

[49] Puri M, Ralescu D A. Differential of fuzzy functions. J. Math. Anal. Appl., 1983, 91(2): 552-558.

[50] Rashid T, Beg I, Muhammad H S. Robot selection by using generalized interval-valued fuzzy numbers with TOPSIS. Applied Soft Computing, 2014, 21: 462-468.

[51] Rouhparvar H, Panahi A. A new definition for defuzzification of generalized fuzzy numbers and its applications. Applied Soft Computing, 2015, 30: 577-584.

[52] Aytar S, Pehlivan S, Mammadov M A. The core of a sequence of fuzzy numbers. Fuzzy Sets and Systems, 2008, 159: 3369-3379.

[53] 商有光, 张成, 夏尊铨, n 维凸模糊集与 n 维模糊数. 大连理工大学学报, 2012, 52(2): 304-308.

[54] 孙秉珍. 区间值模糊数与区间值粗糙模糊数. 模糊系统与数学, 2009, 23(5): 157-162.

[55] Tseng M L, Lim M, Wu K J, et al. A novel approach for enhancing green supply chian management using converged interval-valued triangular fuzzy numbers-grey relation analysis. Resourse, Conservation and Recycling, 2018, 128: 122-133.

[56] Voxman W. Some remarks on distances between fuzzy numbers. Fuzzy Sets and Systems, 1998, 100: 353-365.

[57] Voxman W. Canonical representations of discrete fuzzy numbers. Fuzzy Sets and Systems, 2001,118: 457-466.

[58] Wang G J, Li X P. The applications of interval-valued fuzzy numbers and interval distribution numbers. Fuzzy Sets and Systems, 1998, 98(3): 331-335.

[59] Wang G J, Li X P. Correlation and information energy of interval-valued fuzzy numbers. Fuzzy Sets and Systems, 1999, 103(1): 169-175.

[60] Wang G X, Li J. Approximations of fuzzy numbers by step type fuzzy numbers. Fuzzy Sets and Systems, 2017, 310: 47-59.

[61] Wang G X, Wu C X. Fuzzy n-cell numbers and the differential of fuzzy n-cell number value mappings. Fuzzy Sets and Systems, 2002, 130: 367-381.

[62] Wei S H, Chen S M. Fuzzy risk analysis based on interval-valued fuzzy numbers. Expert Systems with Applications, 2009, 36: 2285-2299.

[63] Chen S M, Chen J H. Fuzzy risk analysis based on similarity measures between interval-valued fuzzy numbers and interval-valued fuzzy number arithmetic operators. Expert

Systems with Applications, 2009, 36: 6309-6317.

[64] 文成林, 周哲, 徐晓滨. 一种新的广义梯形模糊数相似性度量方法及在故障诊断中的应用. 电子学报, 2011, 39(3A): 1-6.

[65] Wu C X, Wu C. The supremum and infimum of the set of fuzzy numbers and its application. J. Math. Anal. Appl., 1997, 210: 499-511.

[66] Wu C X, Wu C. Some notes on the supremum and infimum of the set of fuzzy numbers. Fuzzy Sets and Systems, 1999, 103: 183-187.

[67] 吴从炘, 马明. 模糊分析学基础. 北京: 国防工业出版社, 1991.

[68] 吴从炘, 赵治涛, 任雪昆. 模糊分析学与特殊泛函空间. 哈尔滨: 哈尔滨工业大学出版社, 2013.

[69] Wu C X, Li H, Ren X K. A note on the sendograph metric of fuzzy numbers. Information Sciences, 2009,179: 3410-3417.

[70] Wu C X, Ma M, Embedding problem of fuzzy number space, Part I,II,III,IV. Fuzzy Sets and Systems, 1991, 44: 33-38; 1992, 45: 189-202; 1992, 46: 281-286; 1993, 58: 185-193.

[71] Xu Z, Shang S, Qian W B, et al. A method for fuzzy risk analysis based on the new similarity of trapezoidal fuzzy numbers. Expert System with Applications, 2010, 37(3): 1920-1928.

[72] Yeh C T. Existence of interval triangular and trapezoidal approximations of fuzzy numbers under a general condition. Fuzzy Sets and Systems, 1999, 103(1): 169-175.

[73] Yeh C T, Chu H M. Approximations by LR-type fuzzy numbers. Fuzzy Sets and Systems, 2014, 257: 23-40.

[74] Yu V F, Chi H T X, Dat L Q, et al. Ranking generalized fuzzy numbers in fuzzy decision making based on the left and right transfer coefficients and areas. Applied Mathematical Modelling, 2013, 37(16): 8106-8117.

[75] Zadeh L A. Fuzzy sets. Information and Control, 1965, 8: 338-353.

[76] Zhang B K, Wu C X. On the representation of n-dimensional fuzzy numbers and their informational content. Fuzzy Sets and Systems, 2002, 138: 227-235.

[77] Zhang D L, Guo C M, Chen D G. On generalized fuzzy numbers. Iran. J. of Fuzzy Systems, 2019, 16(1): 61-73.

[78] 张德利, 郭彩梅, 李晓萍. 广义模糊数及其序列的收敛性. 数学的实践与认识, 2021, 51(7): 176-186.

[79] 张德利, 郭彩梅, 李晓萍, 裴东河. 广义模糊数研究. 模糊系统与数学, 2018, 32(4): 67-81.

[80] 张德利, 郭彩梅. 模糊积分论. 长春: 东北师范大学出版社, 2004.

[81] 张广全. Fuzzy 数的 Fuzzy 距离与 Fuzzy 极限. 模糊系统与数学, 1992, 6(1): 21-28.

[82] 钟映竑, 张培新. 广义梯形模糊数决策粗糙集. 数学的实践与认识, 2015, 45(6): 82-88.

《模糊数学与系统及其应用丛书》已出版书目

(按出版时间排序)